地址：河南省南阳市中州西路869号
邮编：473006
电话：0377-63577535/63577390
传真：0377-63552942
E-mail：ejc@ejpetro.com
法人代表：杨汉立

宏华海洋基地

中国机械工业年鉴系列

中国石油石化设备工业年鉴

2009

中国机械工业年鉴编辑委员会
中国石油和石油化工设备工业协会 编

机械工业出版社
China Machine Press

图书在版编目(CIP)数据

中国石油石化设备工业年鉴.2009/中国机械工业年鉴编辑委员会,中国石油和石油化工设备工业协会编.—北京:机械工业出版社,2010.2

(中国机械工业年鉴系列)

ISBN 978-7-111-29740-6

Ⅰ.①中… Ⅱ. ①中… ②中… Ⅲ.①石油化工—化工设备—中国—2009—年鉴 Ⅳ.①TQ050.7-54

中国版本图书馆CIP数据核字(2010)第023920号

机械工业出版社(北京市百万庄大街22号 邮政编码100037)

责任编辑:董 蕾

北京卓诚恒信彩色印刷有限公司和谐分公司印制

2010年2月第1版第1次印刷

210mm×285mm · 15印张 · 50插页 · 389千字

定价:260.00元

中国机械工业年鉴系列

作为『工业发展报告』
记录企业成长的每一阶段

中国机械工业年鉴

编辑委员会

中国石油石化设备工业年鉴

精鉴石油石化设备工业

服务能源供给

中国石油石化设备工业年鉴
执行编辑委员会

中国石油石化设备工业年鉴

精鉴石油石化设备工业

服务能源供给

中国石油石化设备工业年鉴
编辑出版工作人员

总　编　辑　郭　锐
主　　　编　李卫玲
副　主　编　刘世博
责任编辑　董　蕾
编　　　辑　王　纛
编辑部主任　朱彩绵　电话(010)88379829　传真(010)68998970
广告部主任　赵　敏　电话(010)88379812　传真(010)68997968
发行部主任　王海臣　电话(010)68326643　传真(010)68326017
设计部主任　李　晶　电话(010)88379809
市场编辑　李雪松　马焕英　蒋　斌
地　　　址　北京市西城区百万庄大街22号
邮　　　编　100037
E-mail: cmiy@vip.163.com
http: //www.cmiy.com

中国石油石化设备工业年鉴

精鉴石油石化设备工业

服务能源供给

中国石油石化设备工业年鉴
理事单位及特约顾问

中国石油石化设备工业年鉴

精鉴石油石化设备工业
服务能源供给

中国石油石化设备工业年鉴
理事单位特约编辑

（排名不分先后）

公司名称	特约编辑
宝鸡石油机械有限责任公司	李百政
中国石油集团渤海石油装备制造有限公司	郭　东
四川宏华石油设备有限公司	刘传俊
南阳二机石油装备（集团）有限公司	王立涛
中国石化集团江汉石油管理局第四石油机械厂	周向东　郭艾斌
河北华北石油荣盛机械制造有限公司	赵永军
胜利油田孚瑞特石油装备有限责任公司	党　静
江苏金石机械集团	汤学耕
江苏如石机械有限公司	陈　杰
通化石油化工机械制造有限责任公司	姜淑芬
盐城特达钻采设备有限公司	唐德乾
江苏如东通用机械有限公司	袁新康
北京天海工业有限公司	杨　鹤
中油特种车辆有限公司	王兴朴
中国石油勘探开发研究院采油采气装备研究所	李益良
任丘市博科机电新技术有限公司	王　亮
中船重工中南装备有限责任公司（三八八厂）	程启发
哈尔滨空调股份有限公司	田大鹏
浙江佳力科技股份有限公司	蒋明月
山东省金圣隆机械有限公司	杨　鑫
江苏新象股份有限公司	潘世明
番禺珠江钢管有限公司	曾达潮
兰州通用机器制造有限公司	潘新国
山西风雷钻具有限公司	徐宝莉
攀钢集团成都钢钒有限公司	兰敦超
托格（上海）压缩机有限公司	李　竞
中国通用机械工程总公司	孙　杰
贵州凯星液力传动机械有限公司	杨　波
兰州兰石集团有限公司	王　超
兰州城临石油钻采设备有限公司	金胜钰
天津立林机械集团有限公司	孙金强
河北中原钢管制造有限公司	邢立昆　刘法雷
四川大川压缩机有限责任公司	杨晓岚

前　言

2008年下半年开始蔓延的国际金融危机是20世纪30年代世界经济大萧条以来最严重的一次危机，这次金融危机导致世界经济增速明显放缓。在国际市场上，随着油价大幅下跌，石油公司和服务公司纷纷缩减投资，技术装备出口订单明显减少，部分正在履约和在谈项目被搁置，市场形势严峻。

但从石油和石油化工设备行业2009年的经济运行情况分析，全行业生产销售等主要经济指标已经开始缓慢回升，行业经济运行开始好转。2009年1～11月，石油和石油化工设备行业规模以上企业完成工业总产值1 867.68亿元，同比增长12.2%；实现工业销售产值1 783.78亿元，同比增长12.87%；实现新产品产值205.78亿元，同比增长3.83%；实现出口交货值140.59亿元，同比下降26.31%。需要注意的是，新产品产值增幅远低于产销增幅，而出口交货值更是出现了负增长，国内外的市场需求还较疲软。而在石油和石油化工设备行业内部，国内石油钻采设备的生产能力大大超过市场实际需求，研发力量薄弱、技术水平不高、缺乏核心技术和拳头产品的企业面临被淘汰的危险。

从2008年末至2009年初，国家陆续推出了4万亿元投资、十大产业调整和振兴规划以及出口退税调整等多项利好政策，以帮扶企业渡过难关。2009年，国务院通过石化产业调整和振兴规划、装备制造业产业调整和振兴规划，确定了“保持产业平稳运行，统筹重大项目布局，控制总量，淘汰落后产能”等重要策略，这向石油和石油化工设备行业发出了调整、优化产业结构的信息。为此，各制造企业还需要进一步优化生产组织、加速提升整体制造能力，优化产品结构、提高独有和领先产品比例，加快企业转型升级和结构调整步伐，不断提高企业核心竞争力。为此，年鉴特开辟50强专栏与人物访谈栏目，以达到在全行业内交流优秀企业先进经验的目的。

2009年是新中国成立60周年。60年来，我国石油装备产品综合性能快速提升，高科技产品攻关获得重大突破，研制成功9 000m和12 000m超深井石油钻机、石油钻机顶部驱动装置系列、石油输送大口径高级钢管和快速测井平台等具有国际领先水平的新产品，已可自行设计、建造单点系泊系统，海上采油（气）井口装置基本实现国产化。

经过60年的发展，我国陆上石油钻井设备已达到国际水平，近钻头地质导向钻井系统处于世界领先水平，钻机顶部驱动装置填补国内空白。60年来，我国在海洋石油装备研发生产方面也取得了一定的突破，可以自行设计、建造单点系泊系统，海上采油（气）井口装置基本实现国产化。部分大型石油化工、化肥、无机化工装备的制造技术达到较高水平。年产千万吨级的大型炼油厂设备国产化率达90%，化工装备国产化率也达到80%，4万m^3等级大型空分设备、年产30万t合成氨和52万t尿素成套装置、年产60万～70万t乙烯改造工程所需的压缩机等关键设备已实现国产化，已经成功地完成了首台套百万吨级乙烯“三机”国产化任务。2009年，大型甲醇合成塔自主技术和装备研发及产业化已走在了世界前列。

2010年，我国将能源工作重点确定为加大国内油气资源勘探开发力度，加快天然气开发利用，推进大型炼化基地建设，推动能源行业科技装备进步和节能工作。未来，石油和化工产业将沿着“绿色、环保、节能、安全”的道路走向新型工业化，这也为石油和石油化工设备行业指明了一条未来发展之路。

中国石油和石油化工设备工业协会常务副理事长

2010年1月

广告索引

精鉴石油石化设备工业
服务能源供给

广告索引

企业logo集锦

热烈祝贺河北中原钢管制造有限公司成为《中国石油石化设备工业年鉴》理事单位

河北中原钢管制造有限公司
董事长兼总经理 张爱明

携手石油石化设备年鉴
实施品牌战略，走向行业高端
河北中原钢管制造有限公司
张爱明

河北中原钢管制造有限
公司总工程师 邢立坤

提高技术水平，确保产品质量，
促进石油石化装备行业发展。
河北中原钢管制造有限公司
邢立坤

携手石油石化设备年鉴
实施品牌战略，走向行业高端
河北中原钢管制造有限公司
张爱明

河北中原钢管制造有限公司
董事长兼总经理 张爱明

提高技术水平，确保产品质量，
促进石油石化装备行业发展。
河北中原钢管制造有限公司
邢立坤

河北中原钢管制造有限
公司总工程师 邢立坤

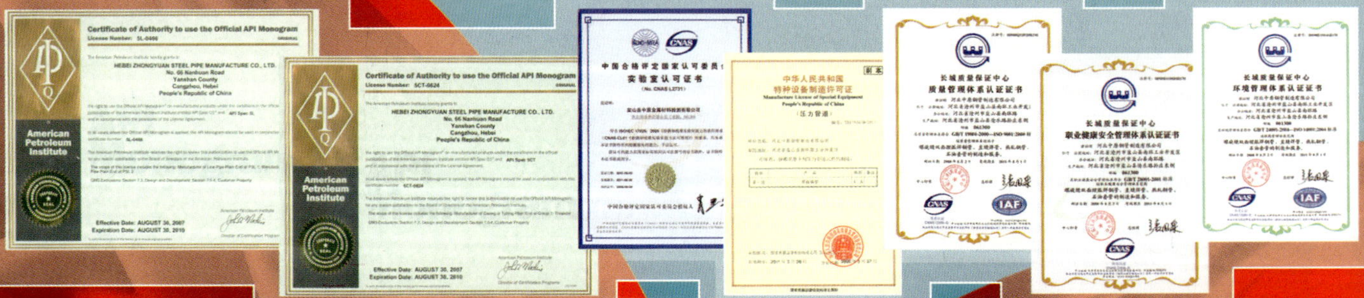

团结 务实
创新 自强

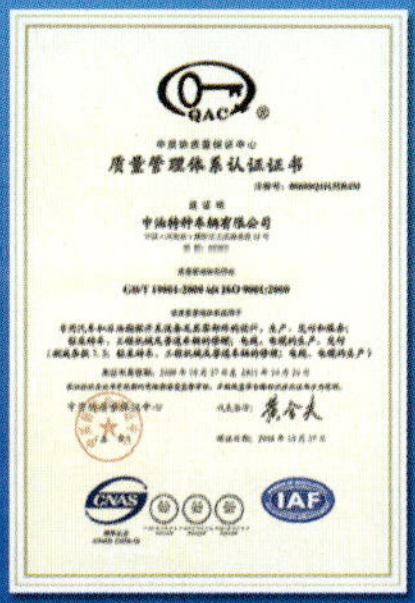

IS09001质量体系认证证书

美国石油学会API SPEC 4F、7K、8A证书

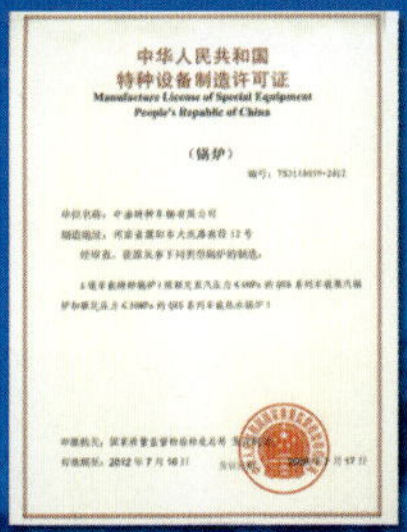

锅炉认证证书

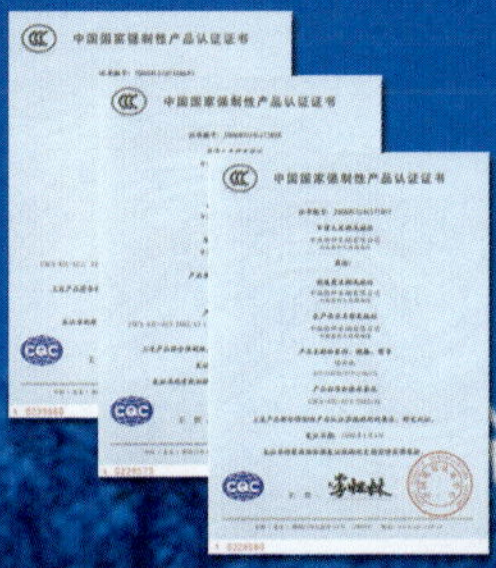

汽车产品3C证书

高新技术企业证书

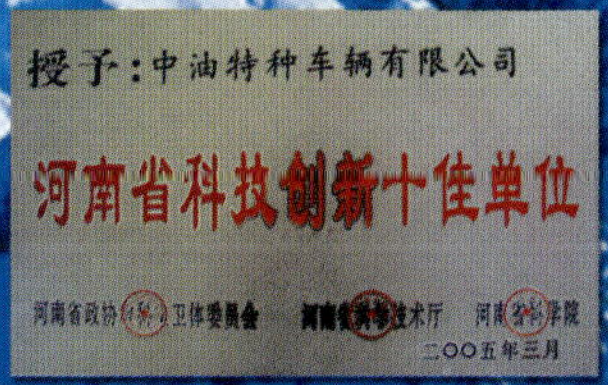

河南省科技创新十佳单位奖牌

行业五十强企业证书

河南名牌产品奖牌

行业名牌产品证书

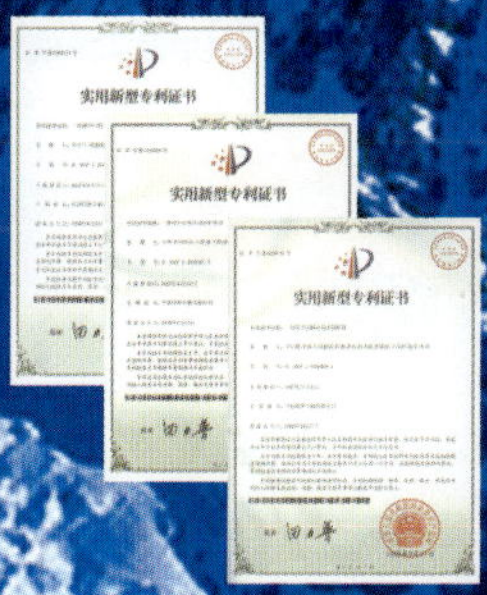

专利证书

中国汽车工业科技进步奖证书

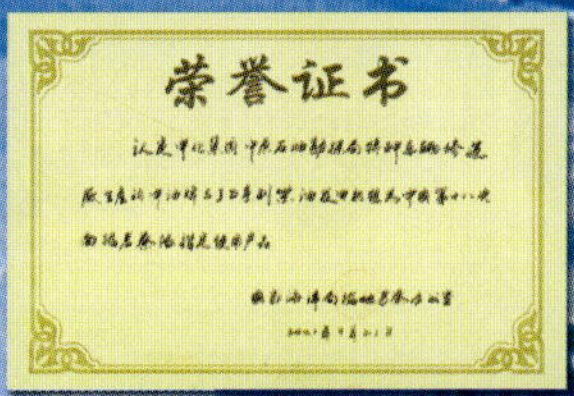

国家第十八次南极考察队
指定使用产品证书

中油特种车辆有限公司

ZYT Petroleum Equipment Co., Ltd.

-1-

-2-

-3-

-4-

-5-

-6-

-7-

-8-

1. XJ120修井机　2. 前置式采油车　3. 后置式采油车　4. 洗井清蜡车
5. 双机双泵固井水泥车　6. 固井水泥发泡车　7. 混砂车　8. 燃气清蜡车

http://www.zytpetro.com、www.cnspv.com

地址：河南省濮阳市大庆路南段　　邮编：457001

电话：0393-4752374、4751907　　传真：0393-4752372、4752431

E-mail：shchb@cnspv.com、jsb@cnspv.com

-9-

-10-

-11-

-12-

-13-

-14-

-15-

-16-

9. 3000m钻机车　10. 千米采油车　11. 不压井修井机　12. 单、双滚筒试井车　13. 绞盘式自装卸车　14. 摆臂式自装卸车　15. 蒸汽解冻车　16. 钻机整体移运系统

中国石油 FORWARD

中国石油勘探开发 任丘市博科机电新

PS系列液压盘式刹车装置目前已生产800余台，经受国内外陆地、海洋、沙漠、雨林和极地等多种恶劣条件的考验，性能稳定可靠。

任丘市博科机电新技术有限公司是中国石油勘探开发研究院采油采气装备所（原北石所）PS系列钻机盘式刹车等高新技术产品的科技成果转化基地，集科、工、贸于一体。北石博科依托北石所人才优势，一流技术以及先进的实验、检测设备，更好地吸收北石所的科技成果。公司实力雄厚、技术先进、管理规范、信守承诺，先后通过了ISO 9001：2000质量体系认证，API Spec 7K、API Spec Q1认证，获得HSE许可证和API会标使用权。

公司主打产品液压盘式刹车装置填补国内空白、达到国际领先水平，在国内率先经国家和省相关部门验收鉴定，在国内外海洋、陆地得到广泛应用，现已出口美国、墨西哥、古巴、伊朗、沙特阿拉伯、印度、埃及、也门、苏丹及独联体、欧洲等多个国家和地区，受到国内外用户的一致好评。该技术先后获得五项国家专利，2001年被评为国家重点新产品并荣获"九五"国家重点科技攻关计划优秀科技成果奖，2002年5月获得美国发明专利。

我们的宗旨："以产品为平台，以诚信为原则，以质量为生命，以共赢为目标"，全力为国内外新老客户打造高品质盘刹。

执行机构

工作钳

安全钳

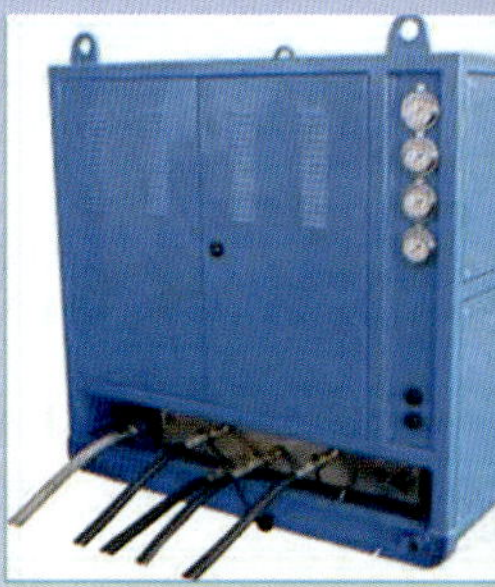
液压站

安装在ZJ50DB上

应用在车载钻机上

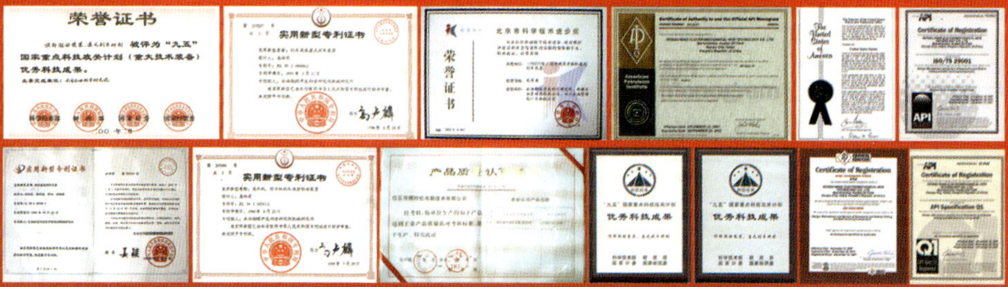

研究院采油采气装备研究所技术有限公司

PS系列液压盘式刹车装置

刹车系统是钻井机械的关键要害装置，钻机刹车系统失效不但会造成钻井设备的严重损坏，更会造成油井报废及人员伤亡的严重后果。石油钻井行业内素来有“司钻手里三条命”之说，可见刹车系统对于钻机的重要性。

与传统带刹相比，盘刹有下列优点：

1. 制动力矩容量大，制动性能稳定，可靠性高
2. 具有多重保护功能，使用更安全
3. 可以实现带刹很难实现的自动化操作
4. 具有断点自动刹车功能，可防止意外事故的发生
5. 大大改善工作环境，降低了工人的劳动强度
6. 改善井眼质量，提高机械钻速，降低钻井成本

操作台

电子司钻房

应用在90Z修井机

9 000m钻机带刹改盘刹

应用在人工岛轨道钻机

应用在NOV理想钻机

海洋平台

应用在低温极地钻机

任丘市博科机电新技术有限公司

地址：河北省任丘市潜山道　　邮编：062552
电话：0317-2756071　0317-2751891　　传真：0317-2756072
http: //www.bokker.cn　　E-mail: Zou1108@126.com

贵州凯星液力传动机械有限公司

WinStar Guizhou Winstar Hydraulic Transmission Machinery Co.,Ltd.

贵州凯星液力传动机械有限公司专业研制生产大功率液力变速器，公司注册资本7 680万元，是一个投资主体多元化的有限责任公司，是贵州省高新技术企业，具有进出口资格，全面通过ISO 9001质量管理体系及ISO 14000、OHSAS 18000环境与职业健康安全管理体系的认证，具有武器装备科研生产资格的现代化企业。

大功率液力变速器产品是贵州省名牌产品，是公司在引进、消化、吸收国外先进技术的基础上进行创新，研制而成的替代进口的高新技术产品，公司现已开发出以500马力为基点，向上扩展到近3 000马力，向下延伸到200马力范围内的十余种系列三十多种型号的产品，广泛应用于油气田钻井、固井、压裂、修井、捞油等井下作业机械领域，已为国内用户所认可和信赖，国内油田市场占有率超过30%，而且还远销美国、墨西哥、俄罗斯、阿联酋等国家和地区；产品技术在国内领先，达到国际先进水平。

公司倡导和谐发展，践行“与股东双赢、与员工双赢、与社会双赢”的经营宗旨，始终坚持“质量求生存、创新谋发展、顾客为导向、信用赢市场”的质量方针，努力打造凯星品牌，不断推进产品向“形体小型化、功率大型化、控制智能化、品种系列化、产量规模化、应用领域多元化”的方向发展，将公司打造成业内一流的专业化公司，引领整个液力变速器行业的发展。

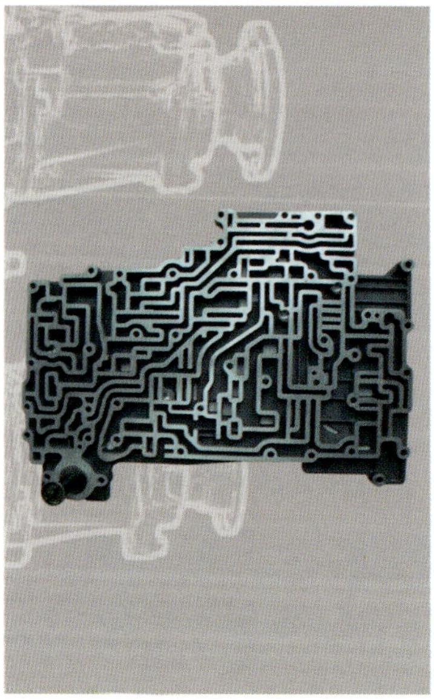

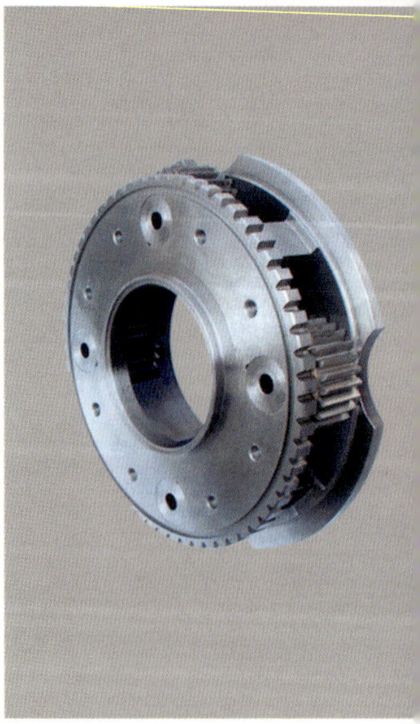

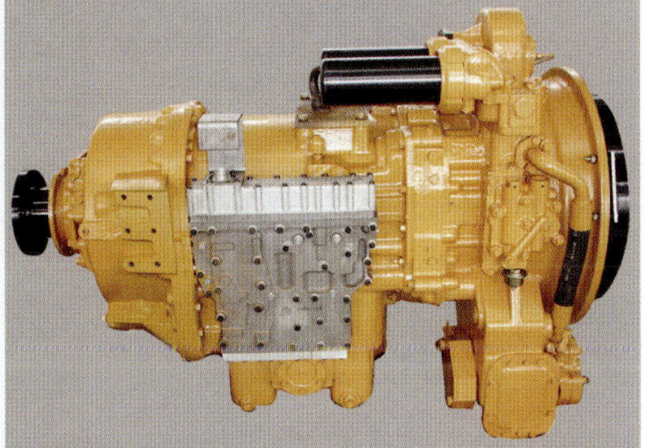

BY2000

BY502

BY801D

Guizhou Winstar Hydraulic Transmission Machinery Co.,Ltd.

http://www.gzkx.net

地　址:贵州省遵义市贵州航天高新技术产业园
邮　编:563003
电　话:0852-8974932
传　真:0852-8636532
http://www.gzkx.net
E-mail:gzkx@gzkx.net

压井管汇
系列平板阀
套管头总装
双管井口
球 阀
配备安全控制系统的井口
泥浆气体分离器
可调节流阀
管 汇
多座式井口
典型井口及采油树装置
地面安全阀
地面安全阀
油管头整体采油树
地址：江苏省金湖县建设东路4号　邮编：211600
电话：0517-86882911(办公室)；　86893650、86893631(销售)
传真：0517-86882912 、86882903
http://www.jmp-cn.com　E-mail：info@jmp-cn.com

BTIC
北京天海工业有限公司
BEIJING TIANHAI INDUSTRY CO., LTD.
诚信、敬业、学习、
创新，志在一流
BTIC's spirit is Honesty,Working, Learning, Innovation, and Goal of being the first class.
钢质无缝气瓶
Seamless steel gas cylinders
全缠绕复合气瓶
Full-wrapped composite cylinder
地　址：北京市朝阳区天盈北路9号
Address: No.9 Tianying North Road.Chaoyang District.Beijing,China
邮编(P.O.Box)：100121
电话(Tel)：010-67383444　(公司总机company telephone exchange)
010-67364072　010-87391822 (国内销售 domestic sales)
010- 87391008　(国际销售 international sales)
传真(Fax)：010-67367022　(公司办 company fax)
010-67384808　(国内销售 domestic sales)
010-67364070　(国际销售 international sales)
网址(Website)：www.btic.cn
电子信箱：civil@btic.com.cn　(国内销售 domestic sales)
world@btic.com.cn　(国际销售 international sales)
TIANHAI INDUSTRY

山西风雷钻具有限公司

Shanxi Fenglei Drilling Tools Co., Ltd.

山西风雷钻具有限公司（原山西风雷机械制造有限责任公司）是集钻杆、钻铤、加重钻杆、方钻杆、稳定器、无磁钻具和各种转换接头等钻具生产、研发为一体的专业石油钻具制造基地，并通过API、NS-1、ISO9001、ISO14001、ISO28001等体系认证。

公司是中石油、中石化、中海油钻具产品的主要供应商。产品覆盖大庆、胜利、塔里木、渤海、中原、江苏、长庆等各大油田，出口美国、挪威、加拿大等几十个国家和地区。“风雷”牌石油钻具产品已在国内外石油行业树立了良好的品牌形象。

为提高产品性能和发展产品种类，更好地为客户服务，公司坚持技术改造和技术创新，加快产品的更新换代，并与国内外客商开展广泛的经济和技术交流合作。

钻 杆

钻 铤

加重钻杆

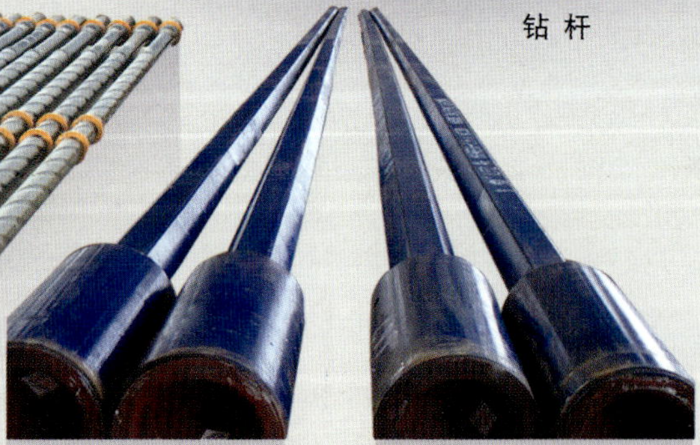

方钻杆

地址：山西省侯马市10号信箱　邮编：043013　电话：0357-4093439　4093438
传真：0357-4092045　E-mail：xubaoli4093354@sina.com

http://www.sfmmc.com.cn

攀钢集团成都钢钒有限公司
CSST
PANGANG GROUP CHENGDU IRON & VANADIUM CO.,LTD.
Http://www.csstco.com
中海石油海上平台
塔河油田
石油套管、管线管
应用范例
中海石油涠州终端
呼图壁集气站
新疆塔里木油田钻井井架
牙哈气田集气工程
CERTIFICATE
管理体系认证证书
IQNet
CERTIFICATE
企业信用等级证书
CPEIA
中国石油石化装备制造企业
五十强证书
石油套管生产线
漏磁探伤机组
水压试验设备
拧接机
油管、管线管，无缝钢管
还是攀钢成都钢管
华东：上海市曲阳路851弄8号楼2804～2806室 邮编：200437 电话：021-65543440 传真：021-65543600 E-mail:csstshfirm@sina.com
华北：北京宣武区广安门桥南线阁街37"院4"楼攀钢宾馆207"、209" 邮编：100053 电话：010-63583923 传真：010-63583922 E-mail:csstbjfirm@sina.com
西北：西安市尚勤路369号尚勤大厦604室 邮编：710005 电话：029-7410191 传真：029-7440387 E-mail:csstxafirm@sina.com
中国·四川·成都市新鸿路146号成钢商厦A座 邮编:610051 电话: 028 - 84313563 传真: 028 - 84312672

中船重工中南装备有限责任公司（三八八厂）

中船重工中南装备有限责任公司（三八八厂）创建于1965年，是以生产精密光电仪器、石油机械设备、液压启闭机成套设备、液压油缸等系列产品为主，集光、机、电产品的研究、开发、生产为一体的大型重点企业和国家保军骨干企业。

公司具有年生产2万台抽油泵的能力，拥有19项抽油泵专利和2项国家重点新产品。抽油泵的市场占有率在国内同行业中位居前列，并远销海内外。

公司2001年获得API会标使用权，2002年通过了GJB9001A—2001和GB/T19001—2000标准的质量体系转换认证，2006年被认定为湖北省高新技术企业。公司生产的“三峡”牌超大液压启闭机和抽油泵均被授予“湖北省名牌产品”称号。

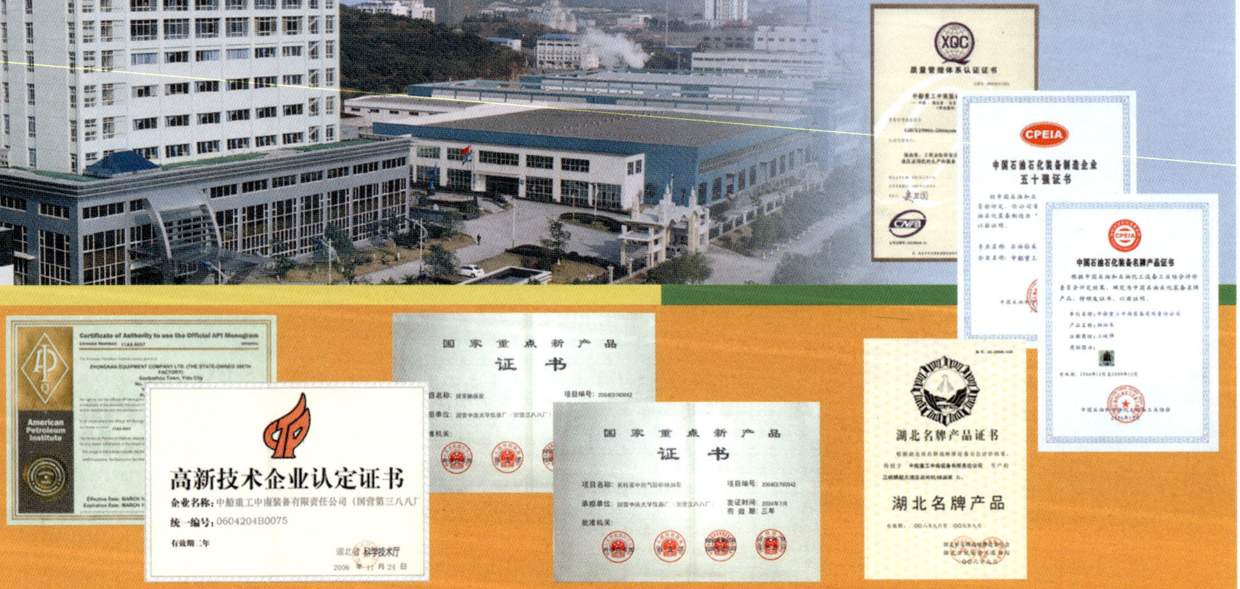

地址：湖北省宜昌市青岛路一号　　邮政编码：443005　　电话：0717-4813284

传真：0717-4813284　　http://www.zg388.com　　E-mail：388cb@zg388.com

托格(上海)压缩机有限公司

TUOGE COMPRESSOR 托格（上海）

托格(上海)压缩机有限公司(原上海盛怡压缩机有限公司)是专注于螺杆压缩机和大排量中高压压缩机研发、生产、销售的专业公司，主要有各类螺杆压缩机、PET吹瓶活塞式压缩机、PET吹瓶螺杆活塞复合式压缩机、风冷中高压活塞式压缩机、水冷中高压活塞式压缩机、大排量螺杆活塞复合式中高压压缩机和增压机系列。公司凭借先进的技术、专业的研发队伍、高素质的管理人才和强大的售后服务团队，为客户提供高质量的螺杆压缩机和中高压活塞式压缩机产品。

托格(上海)利用领先的技术制造质量可靠的螺杆压缩机和中高压活塞式压缩机产品，排气压力0.7～40MPa、排气量1～50m³/min的中高压压缩机的产品主要用于吹瓶、油田注气、钻井、海洋勘探、水电站、检漏、吹扫、船用等行业，可广泛满足中高压工业的应用需求，为客户提供优质的产品和完善的售后服务。

风冷活塞式中高压压缩机

LG.M—50/100复合式压缩机

移动系列压缩机

公司产品在辽河油田高升采油厂运行

托格(上海)压缩机有限公司
销售总部：中国上海市闸北区芷江西路788号华舟大厦1201室
电话：021-56556379、56555905
传真：021-56553213
工厂地址：中国上海市沪华东路518号（嘉定区华亭工业园区）
邮编：201811
电话：021-59975601、59975111
传真：021-59975278
http://www.tuoge-sh.com托格（上海）
E-mail:tuogesh@163.com托格（上海）

CPEIA

中国石油石化装备50强及行业名牌产品专栏

中国石油和石油化 2008～2009年度行业 50强企

一、石油钻采专用设备

宝鸡石油机械有限责任公司
四川宏华石油设备有限公司
中国石化集团江汉石油管理局第四石油机械厂
南阳二机石油装备（集团）有限公司
大庆油田装备制造公司
胜利油田高原石油装备有限责任公司
兰州兰石国民油井石油工程有限公司
辽河石油勘探局总机厂
上海神开石油化工装备股份有限公司
中船重工中南装备有限责任公司
中油特种车辆有限公司
海城市石油机械制造有限公司
中原总机石油设备有限公司
兰州通用机器制造有限公司
山东三田临朐石油机械有限公司
通化石油化工机械制造有限责任公司
濮阳市信宇石油机械化工有限公司
内蒙一机集团大地石油机械有限责任公司
中国石化集团江汉石油管理局第三机械厂

二、石油化工设备

哈尔滨空调股份有限公司
兰州兰石机械设备有限责任公司
邯郸新兴重型机械有限公司
锦西化工机械（集团）有限责任公司
山东博泵科技股份有限公司
四川大川压缩机有限责任公司
浙江佳力科技股份有限公司
安徽六方深冷股份有限公司

工设备工业协会
石油石化设备制造企业
业名单

三、石油井口设备和钻采专用工具

江汉石油钻头股份有限公司
江苏金石机械集团
河北华北石油荣盛机械制造有限公司
建湖县鸿达阀件管件有限公司
天津立林机械集团有限公司
天合石油集团股份有限公司
江苏双鑫石油机械有限公司
江苏如东通用机械有限公司
贵州高峰石油机械股份有限公司
泰兴石油机械有限公司
德州联合石油机械有限公司
江苏如石机械有限公司
盐城特达钻采设备有限公司
江苏新象股份有限公司
江苏信得石油机械有限公司

四、石油专用管材、输送管

中国石油集团渤海石油装备制造有限公司
宝鸡石油钢管有限责任公司
番禺珠江钢管有限公司
中原特钢股份有限公司
中国石化集团江汉石油管理局沙市钢管厂
河北中原钢管制造有限公司
胜利油田孚瑞特石油装备有限责任公司
胜利油田胜机石油装备有限公司
山西风雷北方工业集团有限公司

中国石油和石油
2007～2009年

宝鸡石油机械有限责任公司	“宝石”牌石油钻机（中国名牌）、泥浆泵、石油测井车、吊环、石油罗纹量规 “高索”牌钢丝绳
四川宏华石油设备有限公司	“宏华”牌石油钻机（中国名牌）、泥浆泵
中国石化集团江汉石油管理局第四石油机械厂	“四机”牌石油（车载）钻机（中国名牌）、修井机、固井压裂设备、高压管汇系列产品
南阳二机石油装备（集团）有限公司	“华石”牌石油（车装）钻机（中国名牌）、修井机、油井测试设备、海洋钻修设备、低温钻机
兰州兰石国民油井石油工程有限公司	“兰石”牌5 000m 石油钻机
中国石油集团渤海石油装备制造有限公司	“中成”牌螺杆钻具、潜油电泵、往复泵、金刚石钻头、抽油机、电缆 “大港”牌整筒抽油泵、油套管 “华”字牌石油天然气输送焊接钢管（中国名牌）、节能抽油机
济南柴油机股份有限公司	“济柴”牌190系列内燃机及机组
中原总机石油设备有限公司	“中原总机”牌抽油机、轮式通井/作业机
中油特种车辆有限公司	“中油”牌车载钻机/修井机、洗井清腊设备
长庆石油勘探局机械制造总厂	“长石”牌高效节能抽油机
兰州通用机器制造有限公司	“兰通”牌固井水泥车、压裂车机组
上海神开石油化工装备股份有限公司	“神开”牌综合录井仪、防喷器、防喷器地面控制装置
中船重工中南装备有限责任公司	“三峡”牌抽油泵系列产品
通化石油化工机械制造有限责任公司	“通石”牌石油修井机、前后置式采油车、移动式采油车、冲砂液处理车
四川慧剑石化装备有限责任公司	“慧剑”牌抗硫采气井口装置
内蒙一机集团大地石油机械有限责任公司	“大地”牌抽油杆及接箍
胜利油田孚瑞特石油装备有限责任公司	“胜工”牌油管、游梁式抽油机、抽油杆、油管
山东三田临朐石油机械有限公司	“巨”牌XJ70Z-2修井机、XJ90Z-3修井机、XQ系列动力钳
胜利油田胜机石油装备有限公司	“胜机”牌注聚合物成套设备、油管、抽油机、抽油泵
新疆第三机床厂	“新机”牌新型节能抽油机
新疆油田公司机械制造总公司	“骆驼”牌抽油机
濮阳市信宇石油机械化工有限公司	“石油人”牌抽油泵
大庆油田装备制造公司	“铁人”牌抽油机、潜油电泵机组
通化石油机械制造有限责任公司	“TSJ”牌游车大钩
辽河石油勘探局总机械厂	“铁翼”牌空心抽油杆、井口装置和采油树
胜利油田高原石油装备有限责任公司	“高原”牌螺杆泵、皮带抽油机
湖北江汉石油仪器仪表有限公司	“石钥”牌JZ系列钻井指重表、SZJ系列钻井多参数表
中国石化集团江汉石油管理局第三机械厂	“三机”牌RDS/CNG天然气压缩机
哈尔滨空调股份有限公司	“四季”牌空气冷却器
邯郸新兴重型机械有限公司	“宝环”牌高压气体长管半挂车
兰州兰石机械设备有限责任公司	“兰石”牌高压加氢反应器、高压螺纹锁紧环式换热器、四合一连续重整反应器

化工设备工业协会
度行业名牌产品

锦西化工机械（集团）有限责任公司	“JHJ”牌PVC聚合釜
山东博泵科技股份有限公司	“博山”牌离心泵
浙江佳力科技股份有限公司	“佳力”牌管道油泵、中开式输油管线泵
茂名重力石化机械制造有限公司	“重力”牌聚丙烯环管反应器、乙烯裂解炉对流段
中国石油兰州石油化工公司机械厂	“飞雁”牌LY系列型烟气轮机
安徽六方深冷股份有限公司	“六方”牌整体包扎尿素合成塔、整体多层加紧式高压容器
江苏焱鑫科技集团有限公司	“焱鑫”牌炼油加热炉
中核苏阀科技实业股份有限公司	“苏阀”牌阀门
四川大川压缩机有限责任公司	二氧化碳压缩机、D-55/0.8-7型稳定气压缩机
江汉石油钻头股份有限公司	“江钻”牌石油天然气勘探开发油用钻头
江苏金石机械集团	“JMP”牌井口设备及采油树
河北华北石油荣盛机械制造有限公司	“HRSB”牌钻井用防喷器、作业用防喷器
贵州高峰石油机械股份有限公司	“高峰”牌打捞工具、减振器、震击器
江苏如东通用机械有限公司	“如东”牌钻井吊钳、吊卡、卡瓦
泰兴石油机械有限公司	“泰宇”牌吊卡、吊环、卡瓦、吊钳
德州联合石油机械有限公司	“DT”牌螺杆钻具
江苏如石机械有限公司	“象”牌ZQ钻杆动力钳、TQ套管动力钳
江苏新象股份有限公司	“新象”牌ZQ钻杆动力钳、TQ套管动力钳
海城市石油机械制造有限公司	“越虎”牌液压油管钳
盐城特达钻采设备有限公司	“特达”牌液压动力钳
莱州霸力石油机械有限公司	“霸力”牌XQY系列液压动力钳
天津立林机械集团有限公司	“立林”牌螺杆钻具
江苏扬州合力橡胶制品有限公司	“琼花”牌离合器气囊、空气包气囊
江西飞龙钻头制造有限公司	“飞龙”牌牙轮钻头
通化石油工具股份有限公司	“通工”牌石油修井系列工具
天合石油集团股份有限公司	“天合”牌液压拆装架/试验架、稳定器
兰州城临石油钻采设备有限公司	“城临”牌高压管汇及元件系列产品
江苏双鑫石油机械有限公司	“永军”牌钻井液管汇
建湖县鸿达阀门管件有限公司	“銮”牌套管头
宝鸡石油钢管有限责任公司	“中”字牌石油天然气输送用焊接钢管（中国名牌）
番禺珠江钢管有限公司	“PCK”牌石油天然气输送用焊接钢管（中国名牌）、直缝焊接钢管
中原特钢股份有限公司	“探源”牌石油钻铤、整体加重钻杆
山西北方风雷工业集团有限公司	“风雷”牌石油钻铤、石油钻杆
中国石化集团江汉石油管理局沙市钢管厂	“沙管”牌石油天然气输送用焊接钢管
山东省金圣隆机械有限公司	“金圣”牌抽油杆喷涂接箍
河北中原钢管制造有限公司	“世兴”牌螺旋埋弧焊管

宝鸡石油机械有限责任公司
BAOJI OILFIELD MACHINERY CO., LTD.

12000m特深井新型石油钻机(编号2008C011)

ZJ120/9000DB钻机是为适应我国特深层油气资源勘探开发需要而研制的,开创了国内12000m石油钻机先河。钻机的总体技术及多项配套产品技术填补了国内空白，井架底座起升、绞车传动、交流变频驱动及系统控制等核心技术位居世界前列。该钻机的研制成功，使我国陆地和海洋油气资源的勘探开发提高到一个新的层次，为我国更广泛地参与国际石油市场竞争提供了装备保障。

2200马力高压钻井泵（编号2008C013）

F-2200HL钻井泵是宝石机械公司自主研发的压力级别、功率均居国内前列的泥浆循环钻井泵。采用52MPa工作压力双金属缸套活塞结构，性能指标与世界知名品牌泵相当。该泵的研制成功，满足了我国特深井、大位移井和深水海洋钻井对高压泵的需求。

以石油装备科技发展为己任 提供创造卓越的产品和服务

宝鸡石油机械有限责任公司的前身宝鸡石油机械厂，始建于1937年，是我国建厂早、规模大、实力强的石油钻采装备研发制造企业，是国内石油钻采装备研发制造基地和世界知名石油装备制造商。

宝石机械是拥有中国驰名商标和中国名牌产品的企业，在国内率先通过ISO9001质量保证体系、ISO14001管理体系和健康安全环境管理体系三位一体认证，在全球21个国家和地区进行商标注册。公司专业生产各类陆上、海洋石油钻采设备、工具及其配件，14大类75项产品获得美国石油学会（API）会标使用权，是全球拥有该会标使用权多的企业。

宝石机械具有雄厚的研发制造能力、配套完整的加工制造实力，依靠科学严谨的管理、可靠的供应商关系、完善的销售服务，确保有效掌控核心关键技术，主要产品集成配套、技术先进和质量可靠。公司坚定履行既定的政治责任和社会责任，连续10次创造“中国企业新纪录”，连续多年入选“中国机械500强”，荣膺“产品信得过”、“全国用户满意产品”称号，并被评为“中国机械工业销售收入100强”、“中国优秀诚信企业”“世界市场中国（石油机械）十大年度品牌”、“质量管理先进企业”、“卓越绩效管理先进企业”等。

宝石机械主要产品：

- 1000～12000 m系列陆上（机械传动、直流电驱动、交流变频、复合传动、车装、拖装以及斜直井等）钻机、修井机；
- 海洋钻修井机模块；
- 顶部驱动钻井装置；
- F500～2200马力三缸泥浆泵；
- 石油专用工程车；
- 电传动控制系统；
- 钢丝绳、钢丝、精密钢管、抽油泵；
- 井口设备、井控装置；
- 系列绞车、大钩、水龙头、天车、游车、转盘等；
- 吊环、吊卡、射孔器材、地层测试器；
- 采油设备、螺纹规、钻头等。

宝鸡石油机械有限责任公司12000m钻机、2200马力泵两产品荣列中国石油天然气集团公司2008年自主创新重要产品目录

宝鸡石油机械有限责任公司

华北 HRSB 荣盛
F35-105防喷器组
F28-140防喷器组
F-1000机泵组
F54-14防喷器组
F53-21防喷器组
F28-70锻件液压锁紧防喷器组

公司前身是CNPC华北石油管理局第二机械厂，成立于1976年，目前已经发展成为一家具有一定国际知名度的综合性石油机械制造企业。公司主导产品有防喷器、泥浆泵、抽油机、钻杆接头和油管五大系列。防喷器产品通径4 1/16～29 1/2in，压力等级3.5～134MPa(500～20 000psi)，共有180多个规格型号，可以配备剪切闸板和各种变径闸板，能够满足用户钻井、欠平衡钻井、修井、井下作业、试油、不压井作业等各种井控要求。产品出口世界40个主要产油国，累计销售量突破8 000台，累计出口突破3 000台，是全球产销量领先的陆地防喷器生产企业。荣盛泥浆泵种类齐全，有F系列、3NB系列、P系列钻井泵和W系列、PAH350、TEE300等种类修井泵，并可以根据用户要求设计、成套各种机泵组。

- CNPC井控装备制造配套中心
- 中国机械500强
- 中国石油石化装备制造业50强
- 河北省认定技术中心
- 有效国家专利34项
- 8项产品通过部级鉴定
- 9大系列产品通过API认证
- 通过ISO 9001标准认证
- 通过ISO 14001标准认证
- 通过OHSAS 18001标准认证
- 通过HSE标准认证
- 通过俄罗斯GOST和RTN认证
- 通过国家机械制造行业安全质量标准化二级认证
- 商标HBRS在全球15个国家注册
- 防喷器是中国石油石化设备行业名牌产品和驰名品牌产品
- 陆地防喷器全球产销量领先

地址：河北省任丘市会战南道　电话：0317-2723322　传真：0317-2722347　http://www.hbrs.com.cn

3NB−1300钻井泵

F35−70防喷器组　F18−70防喷器组　FFZ75−3.5分流器　旋转防喷器　液控装置

兰州城临石油钻采设备有限公司

兰州城临石油钻采设备有限公司成立于1990年，总面积为23 862㎡，其中生产作业面积9 926㎡，是集石油钻采设备、配件及油田特车开发、设计、制造、销售于一体的高新技术企业，是中国质量认证标准协会认可的“质量信得过好产品”企业,是中石油总公司钻采配件一级网络供应商和中石协评定的AAA级企业信用厂家。公司“城临”牌高压管汇元件系列产品2009年获得行业石油石化装备“名牌产品”称号。

公司具备较强的产品研发、生产、检验、试验和检测能力，现有各类机械加工、试验、检测设备62台套，各类员工130余人，其中产品设计人员18人,检验人员6人，管理人员8人。公司现主营产品为40～105MPa级各型号的压裂泵（阀箱）及配件、高压管汇元件及元件系列产品、投球器、泥浆泵、混浆系统及配件，各型号的压裂车、锅炉车、洗井清蜡车、混砂车、固井水泥车等油田特种作业车。

公司现持有GB/T 19001-2008/ISO 9001:2008国际质量管理体系证书、API Spec 6A、API Spec 7K、API Spec 16C质量管理体系和产品认证证书、GB/T 24001-2004 idt ISO14001:2004环境管理体系证书、GB/T 28001-2001职业健康安全管理体系证书、国家质检部门特种设备-压力管道（旋塞阀、单向阀、高压活动弯头、整体接头、变径接头、直管总成、环形管汇）制造许可证书。

公司以先进的技术保障、稳定优质的产品质量、合理的产品价格、热情的售后服务与吐哈、青海、长庆、辽河、吉林、江汉等大型油田建立稳固的伙伴关系,并建立相应的用户服务站。产品远销印度尼西亚、苏丹、哈萨克斯坦、伊朗等国家。

公司董事长兼总经理宁烜与全体员工一道，竭诚与全国各大油田用户，共谋发展，共创辉煌。

LC5190TYL70压裂车

LC5222TGL6锅炉车

LC5223TGL6锅炉车

旋塞阀

高压直角

高压直角接头

翻板式单向阀

飞镖式单向阀

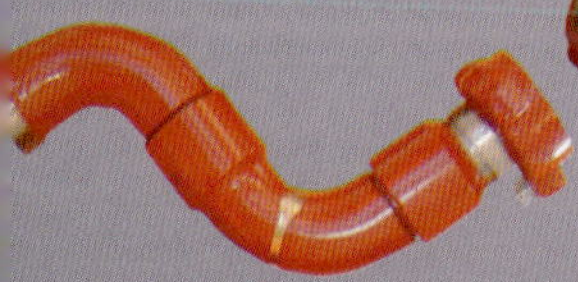
高压活动弯头

高压三通

高压四通

高压三通45°

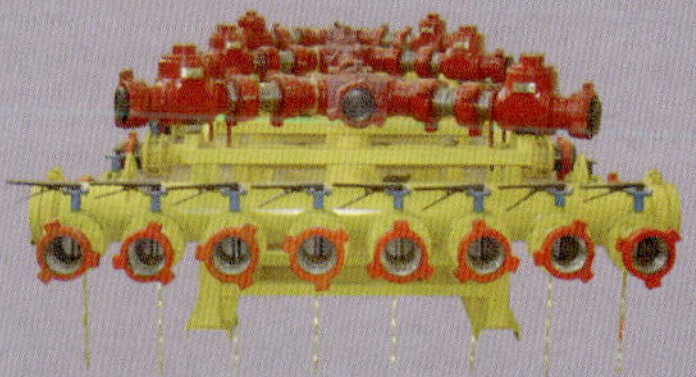
高低压管汇

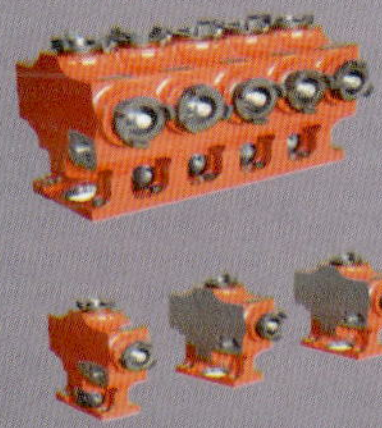
分体、组合式五缸泵

油壬接头总成

油壬接头总成

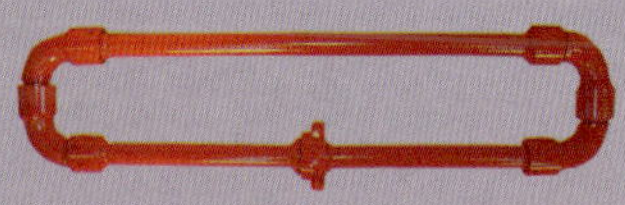
环形管线

针型阀

旋塞阀

旋塞阀

旋塞阀

旋塞阀

旋塞阀

LC5311TXL40洗井清蜡车

LC5130TJC35洗井车

LC5161TJC洗井车

联系人：金胜钰
地　址：甘肃省兰州市安宁区城临路9号　　邮　编：730070
电　话：0931-7668963　　传　真：0931-7668963
E-mail：clsyjz@vip.sina.com

山东省金圣隆机械有限公司
Shandong Jinshenglong Machinery CO.,LTD.

科学发展 精益求精 打造世界品牌

和谐奋进 务实奉献 创建一流企业

总经理：郭金华

经过十年的发展，金圣隆公司已经成为集产品研发、生产加工、贸易出口为一体的石油钻采机械专业生产企业。具有自主创新研发品牌的抽油杆喷涂接箍产品 2008 年被评为山东名牌和中国石油石化装备制造行业名牌产品，企业被评为山东省和中石协装备制造行业 AAA 信用企业，并荣获山东省质量奖，获得美国 CAM 集团"合格供应商"称号，企业连续三年被评为"出口创汇先进企业"。

公司拥有美国石油学会 API 会标使用权和 ISO9001 质量管理体系、ISO14001 环境管理体系、OHSAS18001 职业健康安全管理体系认证和计量管理体系认证。

主要产品有质量可靠、性能优良的抽油杆系列，包括抽油光杆、加重杆和短节；抽油杆接箍系列主要有 T 级和 SM 级，规格尺寸分为全尺寸接箍和小井眼接箍两种，也可以根据客户要求生产异径接箍，抽油杆及其接箍均按 API spec 11B 生产；各种规格的牙板，按 API spec 7K 生产；40t、60t 修井机架、工程机械配套件等。

公司始终坚持"高科技、高质量、高水平管理，不断拓展国内外市场"的发展战略，秉承"科学发展、精益求精、打造世界品牌；和谐奋进、务实奉献、创建一流企业"的方针目标和"以市场为导向，向管理要效益，靠创新谋发展，满足用户需求"的经营理念，广泛与大专院校、科研单位建立合作关系，走产学研一体的道路。公司与北京交通大学电子信息工程学院建立了研究生联合培养基地，校企共同承担新产品研发，新技术、新工艺研究与推广应用，为企业发展提供了人才和技术支撑以及科技创新能力，建立了企业产学研为一体的创新发展模式，依靠科技进步，推动了企业的高效快速发展。

http://www.jinshengjx.cn

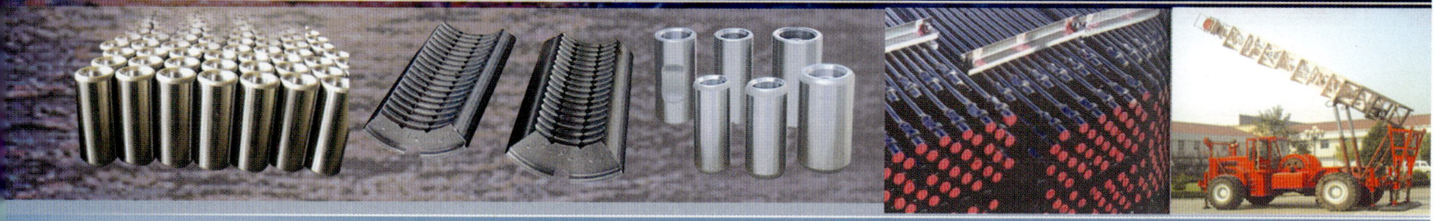

地址：山东省临朐县城沂山东路　电话：0536-3151069　3457083　传真：0536-3150988
邮编：262600　http://www.jinshengjx.cn　E-mail:jinliyuan5555@x263.net

天津立林机械集团有限公司

天津立林机械集团有限公司是生产石油、石化机械设备和工具的科技型企业，下辖天津立林石油机械有限公司、天津立林螺杆机械有限公司、天津立林钻头有限公司三个子公司。公司主要产品包括螺杆钻具、牙轮钻头以及地下抽油泵和液压拆装工具、马达实验台等设备。

立林集团厂区规模100万m^2。现有员工近2 000人，其中工程技术人员百余名，资产总值5.05亿元，注册资金9 200万元。公司拥有当代先进水平的机加工中心设备和各类辅助、检测、试验仪器。计量管理中心和物理化学性能实验室与生产线构成研发、生产、质检一整套完善的环节，已成为石油机械制造行业的科技型规模企业。

天津立林机械集团有限公司形成了完善的质量保证体系，率先通过了ISO 9001:2000质量体系认证，并取得API spec 7 会标使用权。

立林产品已出口俄罗斯、加拿大、美国、澳大利亚、中东和北非等国家和地区。

公司愿与国内外朋友真诚合作，共同发展，为全球的能源开发做出卓越的贡献。

天津立林机械集团有限公司

TIANJIN LILIN MACHINERY GROUP CO.,LTD.

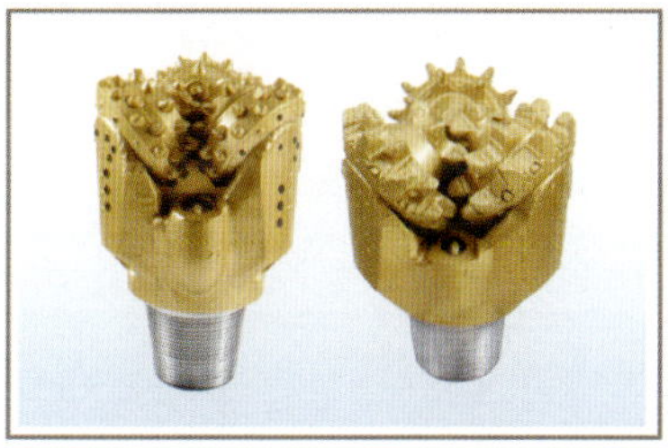

牙轮钻头

天津立林钻头有限公司是中国知名的牙轮钻头的生产商。立林公司可提供外径 4 5/8～13 3/4 in 镶齿和钢齿，橡胶密封和金属密封，并附加不同结构特征的牙轮钻头。

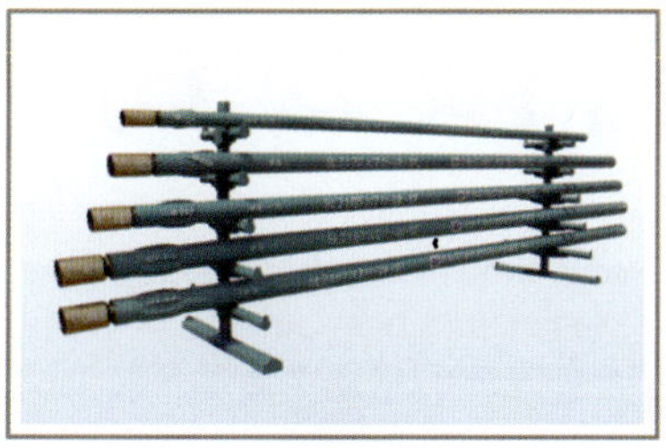

螺杆钻具

天津立林石油机械有限公司成为亚洲领衔的螺杆钻具的生产商。立林公司可提供外径 1 11/16 ～ 11 1/4 in不同规格配置的螺杆钻具。

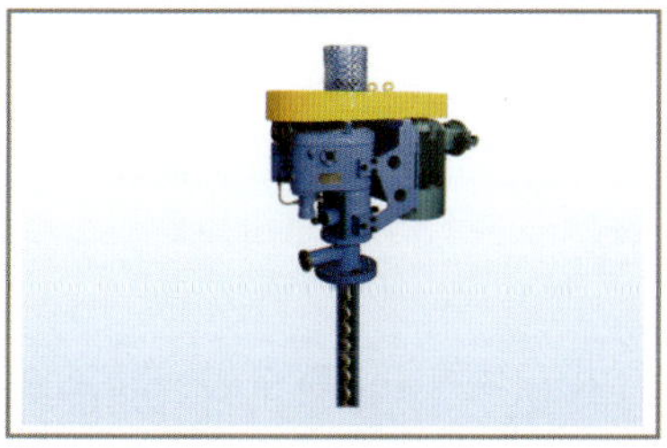

螺杆抽油泵

天津立林螺杆机械有限公司生产的螺杆抽油泵具有一次性投资小，生产效率高，能量消耗低，作业、安装、维护方便的特点。

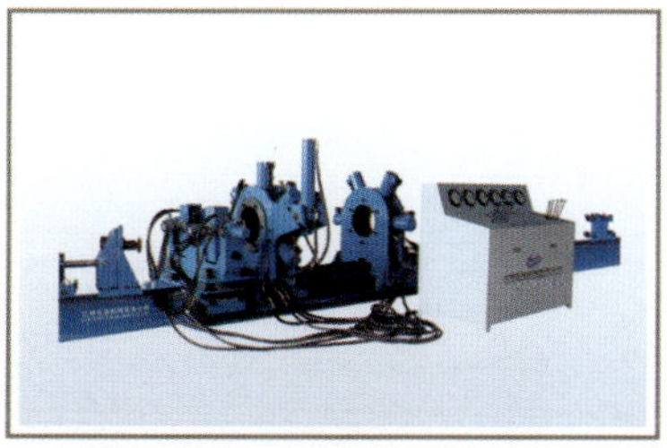

液压拆装工具

天津立林石油机械有限公司生产的拆装工具先后进行四次技术升级，操作功能不断完善，操作程序简化易行，制作工艺严谨，设计结构合理。多种规格拆装工具产品可满足不同管径和不同工作压力的丝扣连接部分的拆卸和组装。

地址：中国 • 天津立林工业园　邮编：300352　网址：www.lilingroup.com　电子信箱：sale@lilingroup.com
电话：86-22-28696968　传真：86-22-28697891

江苏新象股份有限公司

江苏新象股份有限公司位于江苏省级开发区——如东县经济开发区高新技术产业化集聚园区内，紧靠正在新建的20万吨级国际大海港——洋口港，距上海2.5h车程。公司注册资本1 554.7万元，总资产8 955万元，净资产4 108万元，占地面积近30万m^2，建筑面积6万多m^2，现有员工560余人，工程技术人员150多人。2007年底完成销售收入14 258万元。

江苏新象是制造石油钻井机械的专业公司，是中石油、中石化一级供应网络成员单位，是中国石油和石油化工设备工业协会理事单位和优秀会员单位，是中国制造钻井井口动力钳著名生产厂家之一。公司建立了机械技术研究中心，主要进行产品工艺、质量和新产品的开发研究，拥有不同的实验室及先进完备的实验和检测仪器。自研并开发了多种系列钻杆、套管及油管动力钳、系列水龙头、液压动力站、液压绞车、气动绞车、CTS动力钳扭矩监控系统、各种转盘和方钻杆滚子补芯、钻杆接头、泥浆泵缸套等。钻井悬吊工具于2006年被认定为“江苏名牌产品”，同年“新象”牌商标荣获“江苏省著名商标”称号。

江苏新象是江苏省重点高新技术企业和全国大中型工业行业“创新能力十强”企业、“江苏省民营科技企业”、“江苏省高新技术企业”，拥有多个省级高新技术产品。企业取得了ISO9001：2000质量管理体系认证证书，享有美国石油学会API-7、7K、8A、8C会标使用权。产品覆盖国内各大油田，并出口到美国、加拿大、墨西哥、俄罗斯以及其他中东国家和地区。

江苏新象股份有限公司真诚欢迎国内外的朋友光临本公司!

胜利油田孚瑞特石油装备有限责任公司成立于1964年，2005年5月完成了股份制改造，2007年9月引进外资成为中外合资公司。主要经营项目：石油专用管制造、石油钻采装备制造、特种车辆改装、钢塑复合管、煤层气装备制造和石油工程技术服务。

公司注册资本32 269.9万元。现有员工1 763人，大专以上学历825人；下设6个分公司，5个子公司，拥有各类设备826台，其中专业化生产线18条，检测设备70台。公司工业占地面积260万㎡，分为4个工业区。综合产能建设36亿元。公司各类产品销往胜利、大庆、辽河、大港、中原、新疆等国内油田市场。

公司于1996年通过了ISO 9001质量管理体系认证，石油机械产品取得了美国石油学会API认证，特车改装产品通过了国家强制性CCC认证和国家军用标准认证，复合管产品通过了压力管道安全注册，抽油机、抽油杆、油管、给水用聚乙烯管材先后被评为“山东名牌”。2008年被认定为高新技术企业，2009年被认定为山东省企业技术中心、石油管材院士工作站，中国石油石化装备制造业五十强企业。

石油装备有限责任公司

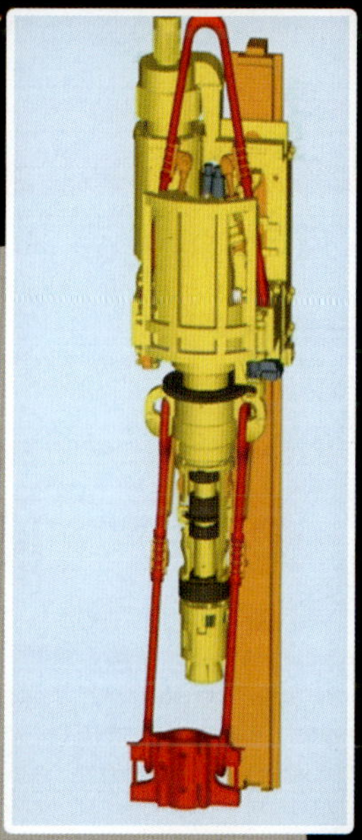

通化石油化工机械
Tonghua Petrol-chemical

总经理 韩一泉

通化石油化工机械制造有限责任公司（以下简称通石公司）坐落在吉林省通化市，与美丽的长白山和世界文化遗产地集安相比邻。始建于1958年，是中国石油钻采装备研制的定点企业，是吉林省60户重点企业之一，是中国石油天然气集团公司和中国石化总公司一级网络供应商。

通石公司占地面积6.8万m^2，建筑面积2.7万m^2，从业人员600余人。企业下设技术中心（省级企业技术中心）、生产运行部、销售公司、质管部、企划部、财务部、综合部七个管理部门及下料、机加、铆焊、锻造、热处理、喷漆、装配七个生产车间和一个整机试验场。拥有各种金切、锻压、检试验设备436台套，形成了大型石油装备生产制造完备的生产工艺流程，是一个技术力量雄厚，能够研制结构复杂、性能先进的大型石油装备、矿山设备以及化工机械设备的企业。

环保节能代表产品

冲砂液处理车

洗井液处理车

出口古巴后置捞油车

企业法人代表：韩一泉　　地址：吉林省通化市建设大街2607号

制造有限责任公司

Machinery Manufacture Co.,Ltd.

特型修井机代表产品

电动修井机

无绷绳修井机

一体化不压井修井机

系列修井机代表产品

XJ350型修井机

XJ450型修井机

企业资质

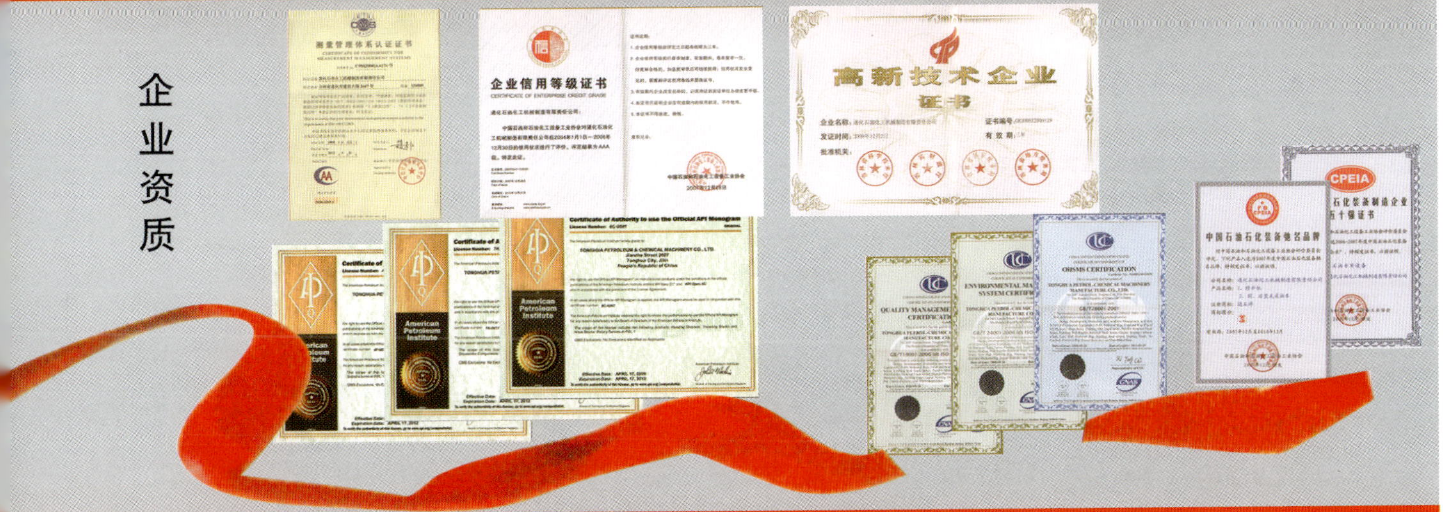

电话：0435-3946887　传真：0435-3946887　http://www.thpetro.com

哈尔滨空调股份有限公司

HAERBIN AIR CONDITIONING CO.,LTD.

哈尔滨空调股份有限公司是国有控股的上市公司，始建于1952年，是中国空冷器的发源地。

公司生产的石化空冷器、电站空冷器和空调暖通设备都是石油化工、电力能源、钢铁冶金等行业所必须的配套产品。多年来，公司凭借雄厚的技术研发能力和制造水平，为中国空冷器产品填补了52项空白，产品多次荣获相关部委的表彰和奖励，被誉为“中国空冷器制造摇篮”企业。2006年，鉴于公司在装备制造业国产化工作中做出的突出贡献，获得国家表彰。

作为中国综合竞争能力百强企业之一、行业排头兵企业，公司先后通过了ISO9001国际质量体系认证和ASME认证，并具备进出口自营权和利用出口信贷向国际市场出口大型成套设备的资格。

公司生产的石化空冷器产品广泛应用于中国石化总公司、中国石油天然气总公司和中国海洋石油总公司下属的产能达千万吨的石化公司和煤油厂，产品在中国市场占有率50%；公司生产的电站空冷器拥有自主知识产权，公司设有国家电站空冷技术研发中心。公司能够对国际上广泛应用的三种电站空冷器产品进行设计、制造和工程总包，产品完全替代进口；公司生产的核电站大型成套空气处理机组成功应用于秦山二期核电站、巴基斯坦西马核电站等。公司产品享誉国内外，并出口加拿大、新加坡、意大利等国家。2009年，公司与意大利安塞尔多公司签署了价值1698万欧元的800MW电站空冷器合同，是中国制造的电站空冷产品成功进入欧洲市场。

目前，公司总占地面积42万m²，拥有多家子/分公司，在上海设有三处生产基地。在北京、上海、广州、武汉、西安、呼和浩特、太原等地设有办事处，年销售额逾15亿元。

秉承着开拓创新，居安思危的企业精神，空调人将充分利用老工业基地发展战略时机，本着服务能源、造福员工、回报社会的企业宗旨，继续发扬团结、进取、高效、务实的企业作风，向着国际化、集团化的发展目标阔步前行！

公司设计制造的石化空冷器在大连应用

公司设计制造的国产化4×200MW电站间接空冷设备在内蒙古丰镇电厂投入运行

公司承建的国产化2×600MW(单排管)大型电站直接空冷设备在陕西铜川电厂投入运行

公司设计制造的16MPa高压加氢空冷器在大庆应用

公司承建的国产化2×600MW(单排管)大型电站直接空冷设备在陕西铜川电厂投入运行

公司承建的国产化1×600MW(双排管)大型电站直接空冷设备在内蒙古中电投通辽第二发电厂投入运行

四川大川压缩机有限责任公司
SiChuan DaChuan Compressor Co.,Ltd.

SiChuan DaChuan Compressor Co.,Ltd.

中石油领导验收天然气处理配套设备

TOR公司总裁来公司洽谈大型铸件合作项目

DACHUAN

CNG压缩机

6M25氮氢气大型压缩机

6M20二氧化碳压缩机在用户现场

4MW—46/4—27型天然气增压压缩机

四川大川压缩机有限责任公司前身是四川空气压缩机厂，公司地处四川简阳市成渝高速路出口处，占地面积30万m²。公司下属6个子公司以及重机分厂、总装分厂、铸造分厂3个分厂，总资产逾3.1亿元，现有职工近1 000人，各类专业工程技术人员305人，其中，享受国家津贴专家8人。公司是国内三大压缩机生产企业之一，先后被四川省列为四川省科技产业型企业和四川省“8+1”重大装备链企业之一。2009年获中国化工设备制造企业竞争力60强、四川通用设备制造业效益20强、中国化肥设备制造企业100强、中国石油石化装备50强企业称号。

公司设有四川压缩机研究所、四川省压缩机质量监督检测站。公司通过了国际质量标准ISO 9001质量体系认证，OSASO 14001环境管理体系及OHSAS 18000职业健康安全管理体系认证，取得了国家质检部门A1、A2级压力容器设计、制造许可证，及GC1、GC2压力管道设计许可证。公司拥有包括大型CAD工作站在内的技术创新中心（2006年评为省级技术中心），拥有国内一流的大型铸造、锻造、热处理、机械加工设备和生产一、二、三类压力容器的焊接设备464台（套），以及压缩机行业中国家大、精、稀设备70余台套。

公司拥有完全自主知识产权的设计和制造能力，已为化肥、化工、石油、煤炭、军工、塑料、建材、水电等行业提供了近万台（套）的大中型气体压缩机、发电机，并有多种产品出口欧洲、非洲、东南亚。其中，2MT10—2.8～11.4/45型天然气变工况增压压缩机、4M8—36/320B型氮氢气压缩机荣获四川省和部级优质产品，自行开发设计的CNG机荣获国家科技进步奖三等奖。公司生产的4MW—46/4—27型无油天然气压缩机为中日重点合资项目“东方汽轮机—三菱”F级（30万kW）重型燃气轮机配套，除此之外该机组其他装备均为进口产品。公司还为“风洞试验”提供了多套低速高压气源系统技术改造项目用空压机组。2007年公司完成四川省重点技术创新项目“清洁汽车能源M型CNG压缩机”的研发，2008年又完成四川省重点技术装备创新项目“氢能源-氢气站用高压压缩机”的研发，2009年完成了低温甲醇洗配套用低温进气压缩机的开发研制。

公司以“不求最大，但求最强，打造百年企业”为经营理念，向着多元化产业结构的跨地域的大型集团企业方向发展。企业连续多年被简阳市评为“纳税大户”，连续6年获得简阳市授予的“工业目标考核先进企业”称号。

地址：四川省简阳市建设西路　邮编：641400　电话：0832-4038425　传真：0832-4038000
售后服务电话：0832-4039800　http://www.scdac.cn　E-mail:sdcclied@yahoo.com.cn

番禺珠江钢管有限公司

PCK　PANYU CHU KONG STEEL PIPE CO.,LTD.

番禺珠江钢管有限公司成立于1993年，占地40多万m²，公司主营口径为4～72in(114～1 829mm)直缝焊接钢管的生产和销售，现有员工1 800多人，总资产逾20亿元，拥有从美国等发达国家引进的ERW、JCOE、UOE等四条直缝焊管生产线，年产能达105万t，配套拥有系列防腐和管件生产线，能提供各类防腐和管件产品，是中国大型的直缝焊管生产和出口基地。公司产品广泛应用于石油、天然气、化工、管道煤气、建筑工程以及输水等领域，是国内率先掌握生产海底油气输送管线核心技术的企业，国内率先拥有国际先进全套焊管制造技术UOE生产线的企业，填补了国家多项空白，开创了中国大口径直缝焊管制造业的先河！2006年荣获“中国名牌产品”、“中国驰名商标”称号。

中国名牌产品　　PCK 中国驰名商标　　中国冶金产品实物质量金杯奖

地址：中国广东省广州市番禺区清河东路石基路段　　邮编：511450
电话：020-84558888　　传真：020-84850688　　http：//www.pck.com.cn

综合索引

精鉴石油石化设备工业

服务能源供给

中国机械工业年鉴系列

《中国机械工业年鉴》
《中国电器工业年鉴》
《中国工程机械工业年鉴》
《中国机床工具工业年鉴》
《中国通用机械工业年鉴》
《中国机械通用零部件工业年鉴》
《中国模具工业年鉴》
《中国液压气动密封工业年鉴》
《中国重型机械工业年鉴》
《中国农业机械工业年鉴》
《中国石油石化设备工业年鉴》
《中国塑料机械工业年鉴》
《中国齿轮工业年鉴》
《中国磨料磨具工业年鉴》
《中国机电产品市场年鉴》

中国工业年鉴出版基地

编辑说明

一、《中国机械工业年鉴》是由中国机械工业联合会主管、机械工业信息研究院主办、机械工业出版社出版的大型资料性、工具性年刊，创刊于1984年。

二、根据行业需要，1998年中国机械工业年鉴编辑委员会开始出版分行业年鉴，逐步形成了中国机械工业年鉴系列。该系列现已出版了《中国电器工业年鉴》、《中国工程机械工业年鉴》、《中国机床工具工业年鉴》、《中国通用机械工业年鉴》、《中国机械通用零部件工业年鉴》、《中国模具工业年鉴》、《中国液压气动密封工业年鉴》、《中国重型机械工业年鉴》、《中国农业机械工业年鉴》、《中国石油石化设备工业年鉴》、《中国塑料机械工业年鉴》、《中国齿轮工业年鉴》、《中国磨料磨具工业年鉴》和《中国机电产品市场年鉴》。

三、《中国石油石化设备工业年鉴》作为该年鉴系列之一，2007年创刊，每年出版，2009年为第3期。该年鉴集中反映了石油石化设备工业的发展情况，全面系统地提供了石油石化设备工业各分行业的主要经济技术指标。

四、《中国石油石化设备工业年鉴》2009年版内容由综述、专文、行业概况、企业概况、标准和认证、统计资料、政策法规及附录8部分构成，统计数据由中国石油和石油化工设备工业协会提供，数据截至2008年12月31日。

五、本年鉴在编撰过程中得到了中国石油和石油化工设备工业协会及所属分会、研究院所和企业的大力支持和帮助，在此深表谢意。

六、未经中国机械工业年鉴编辑部的书面许可，本书内容不得以任何形式转载。

七、由于水平有限，难免出现错误及疏漏，敬请批评指正。

中国机械工业年鉴编辑部

2010年1月

目　录

综　述

专　文

行 业 概 况

企 业 概 况

标准和认证

统 计 资 料

政 策 法 规

附 录

Contents

Overview

Articles

A Survey of the Industry

A Survey of Enterprises

Standards and Certification

Statistical Data

Policies and Regulations

Appendix

中国石油石化设备工业年鉴2009

综述

解析国际金融危机对石油石化装备制造业的影响，为企业发展树立信心，指明方向；关注石油石化装备制造业的信息化进程，用先进手段辅助企业快速发展；从政策法规、工程项目、新产品新技术、企业、市场等5个方面全面记录2008年行业中的重大事件

综述

国际金融危机对世界宏观经济和我国石油石化装备制造业的影响

2008 年的国际金融危机是 20 世纪 30 年代世界经济大萧条以来最严重的金融危机，可以说是百年一遇。这次国际金融危机不但对国内外的宏观经济造成了重大影响，同时还使我国石油石化行业及其装备制造业面临严峻的挑战。

一、国际金融危机对世界经济的影响

2008 年以来，受国际金融危机不断加剧的影响，世界经济受到了严重冲击，主要表现在以下四个方面：

（一）国际金融市场动荡加剧

国际金融危机持续升级导致信贷危机愈演愈烈，市场信心严重不足，对资本市场造成了较大的负面影响。

1. 国际金融市场呈现流动性严重紧缺局面

房地产价格不断下跌造成金融机构资产价值大幅“缩水”，如果加上股价暴跌，损失更加惨重。据有关机构预计，全球金融业的坏账总额可能达到 6 万亿美元。

金融资产损失引起发达经济体金融机构惜贷和世界信贷加速紧缩，信用利差达到了历史最高水平，使融资成本越来越高，造成流动性严重紧缺。新兴经济体也由于银根抽紧和资本外流加剧，使其国内金融市场的流动性更加紧张。

2. 全球股市大幅下挫

流动性严重紧缺和市场信心不足，造成全球股市快速震荡下跌。据世界交易所联合会统计，截至 2009 年 1 月，衡量 62 个主要股票指数的 MSCI 全球股市指数比 2008 年 1 月下跌 35% 左右。新兴市场由于货币大范围贬值，股票市值以美元计减少 45% 以上。股市下滑不但抑制了消费需求，也导致各企业融资困难，严重影响了企业的资本投资。

3. 美元出现震荡反弹

受美国市场流动性短缺，欧、日等国家经济增长前景黯淡以及美国政府人为操纵等因素的影响，2008 年 7 月中旬以来，美元兑世界部分主要货币汇率开始显著升值。资本外流加速也造成新兴经济体货币汇率出现大范围贬值。2009 年 2 月底，美元相对欧元比价比 2008 年第二季度末升值 19.6%，相对日元比价贬值 7.9%，相对英镑比价升值 28.3%，相对新兴市场经济体货币比价也平均升值 30% 以上。

（二）实体经济受到严重影响

1. 实体经济已明显疲弱

由于国际金融危机日益加剧和全球信贷加速紧缩，企业和消费者对盈利预期和就业前景的信心大幅下降，导致固定资产投资和居民消费支出大幅减少，零售销售额大幅缩减，继而造成工业生产持续下降，失业人数大量增加，房地产市场持续低迷。2008 年 12 月，美国的零售销售额由年初的同比增长 3.8% 下滑到同比下降 10.5%，欧元区由年初的同比增长 0.8% 下滑到同比下降 1.6%，日本由年初的同比增长 1.3% 下滑到同比下降 2.7%；美国的工业生产由年初的同比增长 2.8% 下滑到同比下降 7.8%，欧元区由同比增长 3.2% 下滑到同比下降 12.4%，日本由同比增长 2.2% 下滑到同比下降 20.8%。预计美国房价比最高点至少还有 20% 的下跌空间。

2. 初级产品价格大幅下挫，由通货膨胀趋向通货紧缩

由于世界经济严重下滑减少了国际市场对初级产品的需求，以及投机资金从商品期货市场大量撤出和美元升值等因素的影响，能源、粮食和金属

等初级产品价格在2008年中期达到高峰后，继而出现大幅下跌。2009年2月底，国际大宗商品价格指数（CRB）比2008年6月高峰水平大幅下滑50%以上，比2008年年底下降8%；石油价格比高峰水平下降70%以上。预计2009年初级产品价格将继续低位震荡。

受国际初级产品价格大幅下降的影响，世界主要经济体的通货膨胀压力有所缓和。2009年1月，美国CPI同比增长由2008年7月的10年来最高点5.6%下降至0，欧元区CPI同比增长由最高点4.0%下降至1.1%，日本CPI同比增长由最高点2.3%下降至0，均低于2007年同期水平。国际货币基金组织（IMF）预计，2009年发达经济体出现通货紧缩的风险显著增大，新兴经济体通货膨胀也将趋缓。

（三）世界经济陷入急剧下滑

由于信贷收紧对企业投资、消费者支出和出口的不利影响日益增大，致使美国、欧元区和日本已出现经济衰退。外需减弱及全球经济环境恶化，也拖累了新兴经济体经济增速显著放缓。2009年世界经济增长放缓已成定局。国际货币基金组织2009年1月28日预测，2009年世界经济增长率为0.5%，大大低于2008年的3.4%。

1.美国经济陷入严重衰退

随着信贷收紧、企业投资下降和消费者支出大量萎缩，2008年美国经济环比折年率第三季度下降0.5%，第四季度再度下降6.2%，预计2009年GDP同比将下降1.6%左右。

2.欧元区经济衰退幅度将大于美国

受金融收紧和信心下降的严重打击，欧元区消费、投资及出口同时放缓，2008年欧元区经济继第三季度环比下降0.2%后，第四季度再度下降1.5%，预计2009年GDP同比将下降2.0%左右。

3.日本经济衰退十分严重

家庭消费和固定资产投资的显著疲软，以及出口增长的停滞，致使高度依赖国际市场的日本经济衰退十分严重。2008年日本经济环比折年率第三季度下降2.3%，第四季度再度下降12.7%，全年GDP比上年下降0.7%，是9年来首次出现全年负增长。预计2009年GDP同比将下降2.6%左右。

4.新兴经济体经济增速明显放慢

受发达经济体经济衰退导致的外需减弱、初级产品价格大幅回落以及因汇率和资本市场剧烈波动造成的资本外流加剧等因素的影响，2008年新兴经济体GDP同比增长6.3%，其中俄罗斯由2007年的8.1%降为6.2%，印度由2007年的9.0%降为7.1%。预计2009年新兴经济体GDP同比增长3.3%，其中俄罗斯下降0.7%，印度增长5.1%左右。

（四）国际贸易保护将明显增多

由于世界经济大幅减速、贸易融资停滞和失业率上升，2009年世界各经济体的贸易政策将更加趋于保守，各种形式的贸易保护将会明显增多，对国际贸易尤其是对发展中经济体贸易冲击很大。IMF预测，2009年新兴和发展中经济体进口增长率将下降2.2%，而发达经济体将下降3.1%。

综合来看，目前国际金融危机尚未见底，还将愈演愈烈，极可能造成全球性的经济衰退。

二、国际金融危机对我国经济的影响

国际金融危机对我国经济的负面影响日益显现，主要表现在以下四个方面：

（一）资本市场持续低迷

受美国金融危机和国际资本市场信心明显下降等因素的影响，我国股市大幅下滑。2008年以来，我国股票市场持续震荡下跌，成交量明显萎缩，投资者损失惨重。上证综合指数从最高点的6 100多点大幅下滑到1 664点，比年初下跌70%以上。

（二）实体经济受到严重影响

1.进出口贸易增速明显回落

受发达经济体需求下降等因素的影响，2008年以来，我国进出口贸易增速显著回落，11月进、出口10年来首次同时出现负增长，12月同比又分别下降21.3%和2.8%。2008年1月，我国进出口总值同比下降29%，其中出口下降17.5%，进口下降43.1%。

2. 工业生产增速减缓，效益出现较大幅度下滑

受出口下滑、部分产业产能过剩、国内房地产市场萎缩以及资本市场波动较大等因素的影响，2008 年以来工业企业的生产和利润增速较快回落。12 月，我国规模以上工业企业增加值由 6 月的同比增长 16% 下降至 5.7%，增幅比上年同期回落 11.6 个百分点。由于政策性亏损和国际金融危机的影响，2008 年央企累计实现利润同比下降 33%。

3. 通货膨胀压力下降

受国际初级产品价格大幅走低的影响，2008 年 7 月以来，我国物价涨幅快速回落。自 4 月以来 CPI 连续回落，2009 年 1 月降至 1.0%，涨幅回落 7.5 个百分点，创 2007 年 1 月以来的新低。预计 2009 年我国物价将继续小幅下降。

（三）经济增速放缓

受国际金融危机加剧和世界经济增长大幅减缓的影响，我国经济增速有所下降。2008 年我国国内生产总值同比增长 9.0%，比 2007 年回落 2.9 个百分点。2009 年我国经济增速继续下行的风险增大，考虑到我国政府正在实施积极的财政政策和适度宽松的货币政策，2009 年我国经济增速可能达到 8% 左右。

（四）对吸收引进外资将产生重大影响

目前，美国和欧盟国家出台的扶持工业发展的鼓励政策，将会影响外商在我国的直接投资，特别是对承接高端制造业转移方面，影响会更大。2008 年 10 月，我国实际使用外资金额在当年第一次由同比增长转为同比下降，11 月和 12 月更是分别下降 36.52% 和 5.73%。

总的来看，国际金融危机造成我国出口和工业生产同比增速大幅下滑，失业率上升，消费疲软，致使我国经济面临的形势更加严峻。同时，也应看到一些正面影响：能源和大多数资源价格的大幅下降，有利于在我国下一轮经济增长中降低成本。更为重要的是，改革开放 30 年来，我国经济实力大大增强，广大民众消费能力也有很大提高，我国内需存在巨大空间；外汇储备充足，政府应对及时，企业信心增强，经济社会发展具有很多有利条件，我国抵御风险的能力和活力依然强劲。

三、国际金融危机对我国石油石化产业的影响

我国石油石化产业是国民经济的支柱产业，对我国经济发展具有很大的带动作用。从整个产业链来看，上游是资源性产业，油气是国际重要战略物资，中下游生产的成品油和石化产品直接影响终端消费市场。随着世界经济的急转直下，我国石油石化行业也受到较大冲击。

（一）石油石化行业产值增速明显放缓

自 2008 年 8 月以来，我国石油石化行业产值增速持续明显放缓。12 月增幅同比下降 6.8%，比 11 月减少 7.6 个百分点。其中：油气开采行业产值同比下降 22.9%，比 11 月回落 21.7 个百分点；炼油行业产值同比下降 18.9%，比 11 月回落 20.1 个百分点；石化行业产值同比下降 8.6%，比 11 月上升 3.2 个百分点。这些与 2007 年行业的上升态势形成鲜明反差。

（二）市场需求减弱，价格大幅下降，主要产品产量增速明显放缓

2008 年 8 月以来，受国际金融危机和国内外经济增速减缓等因素的影响，国内成品油市场需求低迷、价格下滑。同时，由于石化相关产品出口市场萎缩、国内房地产市场疲软和汽车销量下降等因素的影响，我国石化产品市场需求大幅下降，导致石化产品呈现“量价齐跌”的被动局面。2008 年底国内石化产品价格下降幅度超过 50%，有的甚至超过 70%。

受全球金融危机和景气周期下滑的双重影响，预计 2009 年我国成品油需求增幅将下降 2% ~4%；石化产品市场的需求增速将明显下降，部分产品可能出现负增长，这是近 20 年来从未出现过的现象。同时，中东地区新石化项目的投产和我国石化产品产能的增加，将对石化产品市场带来更大的冲击。

由于市场需求持续大幅下降，大部分石化产品生产增速下降。2008 年 12 月，原油加工量同比下降 7.4%；由于下游需求萎缩、市场价格暴跌导致石化企业开工率明显下降，产量持续回落，当月乙烯产量同比下降 19.0%，合成树脂产量同比下降

14.1%，合成纤维单体产量同比下降15.5%。

四、国际金融危机对我国石油石化装备制造业的影响

我国石油石化产业是资源、资金和技术密集型产业，产业关联度高，经济总量大，对促进相关产业升级和拉动我国经济发展具有举足轻重的作用。我国石油石化装备制造业是石油石化产业链中不可或缺的重要环节，承担着为石油石化工业的崛起和发展提供重要的物质保障的重任。随着国际金融危机引发的经济衰退向实体经济的蔓延，国内石油石化装备制造业也受到了一定冲击。

（一）石油石化装备行业出口和产值增速出现下滑趋势

从2008年第四季度开始，国际金融危机对石油石化装备行业的影响开始显现，工业总产值增幅放缓，出口出现大幅波动并显现下滑态势。继2008年10月，出口环比增幅大幅下滑25%之后，12月又呈负增长15%；工业总产值12月环比下降4.5%。预计2009年受原油价格低迷和原油需求下降、发达经济体市场需求大幅下降以及贸易保护主义抬头等的影响，我国石油石化装备行业的出口交货值增幅将大幅度下降，甚至出现负增长。

（二）石油石化装备行业效益增幅不容乐观

从2006年起，国家加大了对重大技术装备国产化的资金支持力度，从而加快了我国石化重大装备国产化的进展。截至2008年11月，我国石油化工装备制造业规模以上企业实现利润总额103.72亿元，同比增长37.1%。其中：石油钻采设备制造业实现利润总额67.97亿元，同比增长32.8%；炼油化工生产专用设备制造业实现利润总额22.05亿元，同比增长42.7%。

随着国际金融危机对石油石化工业影响的逐步加大，部分计划在建项目受到调整，部分装备制造企业困难加剧，企业效益增幅下滑较快，亏损面扩大，预计2009年石油石化设备制造业生产经营将面临较多困难，盈利形势严峻。

（三）石油石化装备市场需求疲软，价格起伏较大

石油石化设备的主要需求来自于油气田勘探、开发和石化项目的建设。目前，中石油、中石化、中海油等国内油气勘探开发和加工企业的投资基本保持稳定或略有增加。因此，2009年三大石油公司石油石化设备的需求量与2008年大体相当。

但是，石油石化装备制造企业除承接三大石油公司的制造任务以外，还承担了国内外冶金、化工（包括煤化工）、电力等行业的装备制造任务，国际金融危机使得国内外这些行业的投资强度下降或在建项目进度放缓。因此，预计2009年石油石化装备制造企业承接的任务量将会不足，竞争更加激烈。

五、我国石油石化装备制造业前景展望

（一）宏观经济政策为石油石化装备制造业的发展提供支持

2008年8月以来，党中央、国务院纵览全局，审时度势，及时主动地对宏观经济政策做出了重大调整，实施了积极的财政政策和适度宽松的货币政策，果断出台了一系列扩大内需、促进经济平稳较快增长的重大调控措施，宣布了在今后3年内实施4万亿元的一揽子投资计划，进一步加大对纺织、汽车、电力和石化等重点行业的扶持力度，加大公共基础设施投资，这些将为石油石化装备制造业的发展创造新的机遇。

（二）石化产业振兴规划为石油石化装备制造业的发展提供市场空间

2009年2月19日，国务院审议并原则通过了石化产业调整和振兴规划，提出了未来3年将建设大型油气生产基地、大型炼油基地和完善的油气储运设施以及积极推动石油储备基地二期项目建设等发展目标：一是油气行业将加快西部油气开发步伐，提高海上油气储量和产量，到2011年，原油新增可采储量约7亿t、新增产能7 000万t、产量达1.98亿t；天然气新增可采储量1.2万亿m^3、产能650亿m^3，产量达1 200亿m^3；二是抓紧实施重大项目，“十一五”规划在建的6套炼油、8套乙烯重大项目力争在2011年全部建成投产，其中包括独山子石化、天津石化、福建炼化、四川炼化一体化、广东南沙石化、广西炼油、镇海炼化、茂名炼化、武

汉石化、抚顺石化、大庆石化乙烯等项目，形成20个千万吨级炼油基地和11个百万吨级乙烯基地；三是加快建设东北、西北、西南和海上中哈二期等原油管道，兰州—郑州—长沙等成品油管道和川气东送等天然气管道，以及新建青岛等液化天然气(LNG)接收站及配套管道。这些投资项目将为石油石化装备制造业创造巨大的市场空间。

(三)石化装备制造业振兴规划为制造业发展提供新的动力

2009年2月4日，国务院审议并原则通过了装备制造业调整和振兴规划，明确指出了未来石化装备制造业发展的基本思路和方向：一是鼓励加强产业结构调整，抓住机遇促进产业升级，对企业购置高端、环保设备给予税收优惠；二是支持企业提高自主创新能力，尤其是支持提升大型铸锻件、基础部件、加工辅具和特种原材料等配套产品的技术水平，夯实产业发展基础，促进产品升级和行业整体技术水平的提升；三是支持装备制造骨干企业联合重组，促进企业从“做大做强”到“做强做大”的转变；四是加快落实国产首台(套)装备风险补偿机制，依托天然气管道输送和液化储运等领域的重点工程，有针对性地实现重点产品国内制造，推进装备国产化进程，鼓励国内用户采购国产机械装备，结合钢铁、汽车、纺织等大产业的重点项目，推进装备自动化。装备制造业调整和振兴计划将有利于石油石化装备制造业的长远发展。

(四)石油石化装备制造业要加快兼并重组和产业升级

我国石油石化装备制造业应抓住当前机遇，加快推动产业结构和产品结构的优化升级。一是加快石油石化装备制造业兼并重组步伐，淘汰技术落后、产品老旧和成本昂贵的企业和产能；二是增强企业科技创新和自主创新能力，积极开发新技术和新产品；三是抓住国际商品价格回落的有利时机，适时扩大先进技术装备和关键零部件的进口；四是利用国家加快推进石油石化产业节能减排、提高能源使用效率和降低生产成本的机遇，装备制造业要加大节能减排设备的开发和生产，开拓新的发展空间。

这场国际金融危机给我国经济发展既带来了前所未有的挑战，也带来了前所未有的机遇。总体看，我国仍处于发展的重要战略机遇期，我国经济社会发展有很多有利条件，仍然有很大回旋空间，具有较强的抵御风险的能力和保持经济平稳较快增长的活力。同时，国际金融危机也为我国石油石化产业和石油石化装备制造业加快推进结构优化调整和转变发展方式提供了强大的动力。我们完全有信心、有能力抓住当前机遇，迎接挑战、克服困难，开创新局面，夺取新胜利。

〔撰稿人：中国石油和石油化工设备工业协会理事长王基铭〕

我国石油石化工业及其装备制造业企业信息化建设与时俱进

一、我国石油石化工业企业的信息化建设

我国石油石化工业企业的信息化建设，是以“打造世界一流的综合型能源公司”为发展战略目标。特别是炼油行业，作为比较成熟的产业，其企业在采购、生产、销售各环节都形成了稳定的体系，并拥有畅通的进销渠道和固定的客户群。为实现管理决策层、生产执行层和过程控制层等三级层面运行控制的信息化，确定了炼油企业的综合信息系

统为：在生产过程的过程控制阶段采用 PCS 软件系统，在企业的经营管理和企业的资源计划阶段采用 ERP 软件系统，在生产与管理相结合的中间层面采用 MES 软件系统。我国炼油企业的信息化建设助推了炼油企业在强手如林的环境中能保持强有力的国际竞争力，为实现公司整体战略目标奠定了坚实基础。

例如：茂名石油化工公司的 ERP 项目于 2005 年 11 月正式上线以来，借助 ERP 系统管理平台，不断深化 ERP 的应用并以其强大的功能及其规范性、集成性的优势，全面提升了企业的经营管理水平。2007 年，茂名石油化工公司经济效益跃居我国炼化企业首位。

1. 全面支撑企业经营管理核心业务

茂名石油化工公司 ERP 系统包括财务（FI、CO、TR）、销售（SD）、供应（MRO）、设备（PM）、计划与物料（PP、MM）和工程项目管理（PS）等九大模块，涵盖财务与资金管理、生产计划与产成品库存管理、物资供应管理、产成品销售业务管理、设备检修维修管理及工程项目管理六大业务领域，包括了茂名石油化工公司的计划、财务、生产、设备、工程、供应、销售等职能部门和炼油、化工分部及各车间的主要业务。实施 ERP 系统后，对各项业务进行了统一规范并固化到一个操作平台上，为企业建立"用权有度、风险受控、操作规范，程序透明"的内部控制体系提供了支撑，有效地促进了企业内部控制执行力度的提高。实时信息的共享，实现了业务的动态监控，有效地杜绝了暗箱操作和执行的随意性。及时、细化、全面和集成的信息，提高了企业依据事实进行科学决策的水平，计划和控制能力明显加强，业务流程更加规范顺畅。

（1）工厂维护业务全部纳入 ERP 系统内管理。ERP 工厂维护业务涵盖了设备故障维修、日常维修、装置大修、配件加工与修复、车间备料、服务采购、工程进度、工程结算、估列入账和费用统计分析等各种业务范围。ERP 上线后，炼油厂每年有 10 多套装置大修和 2 套新装置建成投产，化工全厂性大修和改扩建 7 套装置建成投产，系统均运行良好。一是设备维修流程实现规范化、标准化管理。日常维修、计划维修、装置大修、低值易耗品和物料消耗等设备维护业务全部在线上实施。二是提高了设备安全运行，保障了效率。通过终端用户布点到全公司 45 个生产车间、92 个电气仪表维修班组和 8 个主要保运单位等措施，信息在线上传递，实现了信息资源共享，大大提高了工作效率。ERP 上线前需要半天才能处理的设备故障维修任务，现在通过 ERP 系统网上维修工单的自动流转只要十几分钟就能解决。三是设备维护实现了精细化管理。通过和物资供应、财务等业务的集成，及时跟踪设备的维修成本及物料动态，修理费、低值易耗品和物耗费用等均借用工单方式全部实现线上管理。每月通过 ERP 系统丰富、实时的数据进行三项费用（修理费用、低值易耗品及物耗消耗费用）的使用分析，进一步加强了费用控制。四是提高了预算控制水平。通过不断深化 PM 与 MRO 的集成应用，开发了物资计量单位自动换算功能，解决了长期困扰现场维修和供应部门的保供难题，实现了计划工单的精细预算。五是通过与电子设备档案系统集成，为设备管理部门提供了多层次、多角度的设备故障分析平台。

（2）生产物料管理开创性地实现了 MES 与 ERP 的集成。炼化企业是典型的流程制造企业，具有生产过程连续、工艺流程复杂、产品结构多样的特征，因物料储存和生产过程中的物料混合、分解等导致难以及时准确地对炼油企业生产过程中的原料、半成品、产成品等生产物料的投入产出进行平衡。茂名石油化工公司开创性地实现了炼化企业 MES 系统与 ERP 系统的信息集成与业务集成，全面满足了 ERP 系统"日平衡、旬确认、月结算"的数据要求和业务要求，不仅实现了装置投入产出、交退库和盘点数据与 ERP PP/MM 模块的贯通，保障了企业生产过程数据的及时性和准确性。而且通过与财务 CO 模块的集成，使业务数据与财务数据一致，为分析各产品的技术经济指标、成本变化、收拨存、损失及炼化一体化原料和产品优化等生产全过程的管理提供了重要的信息支撑。

2. 管理向实时监督和过程控制转变

实施 ERP 系统后，财务管理实现了公司一级核算和一套账目，简化了核算环节，理顺了会计核算体系，实现了物资统一采购、产品统一销售、资金统一调配；实现了对资金的事前计划、事中控制和事后分析。

（1）财务数据实现了集中管理，保证了公司经营效益最大化。

（2）强化了客户信用控制，减少了经营风险。

（3）支撑了预算管理体系的推行。目前在 ERP 系统中所维护的承诺项目共有 255 个，其中有近 100 个是严控项目，包括对物资采购、原油采购、五项费用、修理费等大项和其他固定费用项目进行严格控制，并且将总体费用进一步细化分解到各个部门、车间，实现了生产要素、资金、会计信息的同步流动和实时流动，财会人员可以及时了解资金预算计划、实际使用情况以及资金使用进度，并对其进行人工实时控制。

（4）成本效益分析更加精细化。通过细分成本中心，把成本控制压力传递到基层，满足了企业内部多层次经营责任考核的要求。利用原油采购费用明细表，将每个原油品种的采购费用分项目地计算列示出来，帮助原油成本会计分析成本构成，提高了成本控制能力。茂名石油化工公司内部审计人员充分利用 ERP 审计信息模块（AIS）的多条件查询、数据组合、排序、计算、报表数据导出等强大功能，以及灵活运用 ERP 事务代码，对查出的问题进行了整改，效果明显，在成本费用审计、销售管理审计中取得了良好的效果。

3. 为降本增效提供技术手段

（1）物资供应模块的应用有力地促进了采购管理，促进了保供降本。一是促进了物资管理体系的整合。实现了物资供应统一管理、统一采购、统一储备、统一结算。二是促进了需求计划管理水平的提升。系统通过 MRP 运行后，基本避免了无计划采购、超计划采购的现象，防止了积压浪费。三是促进了物资采购降本增效。利用 ERP 系统、BW 信息库以及其他信息系统，通过广泛抽取历史价格信息、兄弟单位采购价格信息以及市场价格信息，进行横向、纵向比对，开展采购分析。四是促进了对供应商管理水平的提升。ERP 系统对供应商实行了产品目录控制，供应商只能在此权限内供应物资，超过这一权限需要进行审批，从而有效地把住了采购渠道关，规范了采购渠道的管理。五是促进了库存管理水平的提高。库存规模明显下降，库存结构得到改善。

（2）销售模块的投用提高了销售业务流程的标准化程度。高标准、规范化的流程极大地提高了业务处理能力，提货单等业务处理速度明显加快；系统高度集成，促进了高效协同运作，单据传递的安全性和准确性大大提高；通过 ERP 实时动态查询，分析营销活动情况，实现信息共享，发票结算速度明显加快，有效地促进了货款的及时回收，杜绝了坏账、死账，减少了应收账款额度，提高了企业对客户的服务水平和面对市场的应变能力，满足了企业及时制定和修正销售策略以快速适应市场的要求。

（3）项目系统模块的成功应用使乙烯改扩建工程投资大幅节省。实施 PS 模块后，项目管理由原来粗放松散的随意性管理转变为集约的系统化标准管理，从物资采购源头就开始控制工程投资，改变了工程管理部门只抓施工进度，忽视投资控制的被动局面，投资管理水平上了一个新台阶。

二、我国石油石化装备制造业企业的信息化建设

我国石油石化装备制造业企业的信息化建设，目前主要集中在企业的产品设计开发环节，推广应用二维、三维 CAD 软件。据了解，我国从事石油钻采设备制造的企业中，90% 的企业可熟练使用二维 CAD 软件进行产品设计，60% 的企业能够应用三维 CAD 软件进行新产品研发，40% 的企业已经将 ERP 软件系统成功地应用在经营管理和企业的资源计划阶段（营销管理、人力资源、财务应用和客户服务等方面）。但是，能够将企业的经营管理—产销存 ERP 软件系统与产品设计开发二维、三维 CAD 相结合，并成熟应用的企业还不普遍，只占企业总数的 20%。另外，制造企业中将经营管理—产销存

ERP 软件系统与产品设计开发二维、三维 CAD 和生产制造相结合并与 PDM/PLM 等软件系统协同应用的只占 10% 左右。信息化建设比较成熟的企业有北京石油机械厂、江汉石油第四机械厂、四川宏华石油设备制造有限公司等。

北京石油机械厂（简称北石厂）是中国石油天然气集团公司（CNPC）所属的企业，是集开发、设计、制造、销售、服务为一体的石油钻采装备专业制造厂。北石厂确立的企业发展目标是建成具有国际竞争力的、国内外知名品牌的石油钻采装备制造企业，建成“科技化、数字化、国际化”的现代企业，实施企业信息化建设是完成北石厂上述目标的基础。北石厂于 20 世纪 90 年代较早地引进了国外先进的制造技术，拥有多台先进的数控设备及先进软件等，但是一直没有形成系统工程。从 2002 年开始，北石厂与北京数码大方科技有限公司（注册商标 CAXA）合作，加强了设计、制造、管理等全面的信息化建设，先后引入 CAXA 二维 CAD 软件、CAXA 三维 CAD 设计软件、工艺设计 CAPP 软件、工艺汇总 BOM 软件、机床管理网络 DNC 软件和 CAXA 图文档管理软件，成功建成了设计、制造、管理的系统化信息工程，尤其是在研制石油钻机顶驱装置的项目上，通过 CAXA CAD/CAM 一体化解决方案的平台，取得了可喜成绩。

顶驱装置是当今国际石油钻井装备的前沿技术，被誉为近代钻井装备的三大技术成果之一，一直被美国、加拿大等少数发达国家垄断。为了打破国外垄断，研制具有我国自主知识产权的顶驱产品，2003 年，中石油集团确定北石厂为顶驱装置国产化的实施单位。北石厂应用国内具有自主知识产权的三维创新设计软件——CAXA 实体设计软件，实现了产品设计最优化，顶驱装置从设计到制造仅仅用了一年时间就成功问世，而通常研制这样的重大装备需要 3 年以上的时间。北石厂通过采用 CAXA 三维、二维设计软件以及开展协同设计，极大地提高了设计效率，大大缩短了设计周期。

北石厂在短短的几年时间信息化建设就取得了重大成果，实现了以协同管理类的 CAXA 图文档软件为核心平台，无缝集成设计类、工艺类和制造类软件的产品研发制造管理信息化，在研发信息化方面实现了三维数字化设计（CAXA 3D CAD）和数字仿真与有限元分析，在管理信息化方面构建了办公自动化系统、工作流系统、企业资源计划系统以及图文档管理（CAXA Vault）系统，在制造信息化方面构建了信息化制造平台和实现了计算机辅助制造（CAXA CAPP/CAM/网络 DNC）。

目前，北石厂工程技术人员开发设计的新产品从二维到三维、从工艺编程到生成 BOM 结构，直至图样档案管理等一系列工作在很短的时间内就能够完成，新产品推向市场的时间大幅减少，企业对市场的反应速度明显提高，参与国际市场的竞争能力显著提升。北石厂全厂总信息结点数达到 315 个，覆盖厂技术部、销售科、财务科以及制造车间的加工中心、数控线切割机床，贯穿于从产品订货到发货的每一个环节，使得全厂无信息盲点。使用网络 DNC 管理数控机床，通过配套的 CAXA 网络 DNC 通信软件和管理软件对程序进行编制、审核、读取和监控。

三、企业信息化建设的发展方向

当前，信息化已成为经济和社会发展的大趋势，网络经济正发展成为一种不容忽视的经济形态。网络不仅能够提高生产效率、大幅度降低生产成本，而且在深刻地改变着人们的生活和工作方式。21 世纪我国大力推进信息化建设，和新中国成立初期大力推进工业化一样，具有同等重要的现实意义和深远的历史意义。因此，加强企业信息化建设，是提高企业生产力与竞争力的必要途径。

1. 以信息化促企业技术创新

在开发具有自主知识产权的产品和技术，特别是核心技术和关键技术过程中，在以新技术实现产品结构优化、实现对传统产业的升级和改造过程中，信息技术无疑是一种非常重要的手段。

2. 以信息化促企业管理创新

如何提高企业竞争力，如何实现企业跨地区、跨行业、跨所有制和跨国经营，企业除了要进行技术创新外，还要提高企业的管理能力。管理方式、观念和手段的落后，是影响我国企业竞争力的关键因素。可以说，以信息技术为基础、以财务成本管理为核心的企业内部管理制度的建设是提高企业管理水平的重要手段。

3. 以信息化促企业制度创新

企业制度创新就是政企分开、产权清晰、责权明确、管理科学，企业如果不推行信息化建设、不采用信息技术，基础数据的准确性、有效性和及时性就难以保障，企业就无法获取准确的资产信息、无法做到产权清晰，更无法做到资产的保值和增值；就无法准确地制定、监测和考核各个岗位的责任和履行情况，包括经营者的责任；企业就无法做到信息流、资金流和物流的整合，企业就无法实现责权明确的高效管理。

企业的信息化建设不仅仅是一个技术问题，还是一个系统工程，一个决定企业生存和发展的战略性工程。企业不仅要研究外部经营环境中的风险与机遇，以及企业内部的资源配置与管理，同时还要借鉴国内外同行的先进经验，站在国际化、标准化、市场化、先进化的高度，制定企业的发展总战略。与此同时，通过对比关键业绩指标的现实与目标之间的差距，寻觅企业管理中存在的问题，并提出其信息化解决方案，由此勾画出短、中、长期的企业信息化分战略蓝图，遵循企业信息化各个阶段的发展规律，循序渐进，大力推进企业信息化建设，提高我国石油石化工业及其装备制造业企业的综合竞争能力。

〔供稿单位：中国石油和石油化工设备工业协会〕

2008年石油石化装备制造业大事记

政策法规大事记

"十一五"重大技术装备研制和重大产业技术开发专项规划 发布

1月17日，国家发展和改革委员会发布《"十一五"重大技术装备研制和重大产业技术开发专项规划》。该规划是"十一五"时期开展重大技术装备研制和重大产业技术开发工作的重要依据，以"十一五"时期的需求为重点，兼顾中长期产业发展对技术和装备的需求，明确了组织实施重大技术装备研制和重大产业技术开发工作的指导思想和发展目标，确定了重大技术装备研制专项和重大产业技术开发专项的具体内容，提出了加快重大技术装备研制工作和推进产业技术进步的保障措施。

财政部调整大型石化设备进口税收政策

8月26日，财政部发布了《调整大型石化设备及其关键零部件、原材料进口税收政策的通知》，对国内企业为开发制造大型石化设备而进口的关键零部件、原材料所缴纳的进口关税和进口环节增值税实行先征后退，所退税款转为国家资本金，主要用于企业新产品的研制生产和自主创新能力建设。

10月21日，财政部和税务总局宣布，从11月1日起上调3 486项商品的出口退税率，约占中国海关税则中全部商品总数的25.8%，这是自2004年以来我国调整出口退税政策涉及税则号最多、力度最大的一次。

工程项目大事记

西气东输二线工程开工

2月22日，西气东输二线工程开工仪式在人民大会堂举行。中共中央总书记、国家主席、中央军委主席胡锦涛发贺信，要求把西气东输二线工程建设成为一流工程。中共中央政治局常委、国务院总理温家宝作出重要批示。国务院副总理曾培炎出席开工仪式并讲话。

在西气东输一线工程建设中，国家重点推动了X70级钢材的研制和应用，使我国钢铁工业技术水平上升了一个台阶。中亚天然气及西气东输二线管道更长，钢材用量达500万t以上，大型压缩机100台左右，大口径阀门数百个，并首次采用X80级钢材，所需物资、装备数量更多，产业链更长，拉动作用更大。西气东输所需X80级管线钢用量达278万t，超过世界前20年用量总和。国内钢厂已有X70级钢材的研制经验，X80级钢材的研制工作起步较早，进展较为顺利。相比之下，国内大型压缩机及阀门企业参与西气东输二线工程所有设备研制工作起步晚，进展不容乐观。中国石油天然气集团公司要以工程项目建设为依托，密切联合国内设计、监理、制造厂家和生产施工单位，集中开展压缩机、阀门等重大课题的研究，增强技术创新能力。

海南百万吨大乙烯项目协议签订

4月5日，海南省政府与中国石油化工股份有限公司正式签订100万t乙烯项目合作框架协议。该项目被称为海南工业"一号项目"，拟落户在洋浦经济开发区，预计2013年建成投产。项目投产后，每年将为海南提供3 000亿元的工业产值，是现在海南省工业产值的两倍。

中海油福建LNG项目正式供气

6月18日，中国海洋石油总公司福建LNG站线项目正式向惠安城市门站供气。来自莆田秀屿港福建LNG接收站的天然气，通过惠安分输站进入惠安城市门站，标志着国家重点能源建设项目福建LNG项目第一家天然气用户开通，进入联合调试阶段。

新产品新技术大事记

我国首台人工岛环轨移动钻机顺利开钻

1月24日，由中国石油宝鸡石油机械有限责任公司自主研制开发的我国首台人工岛7 000m环轨移动模块钻机，在冀东南堡油田1号人工岛顺利开钻。此举不仅是我国在世界高端钻机装备领域的又一重大技术突破，也标志着南堡油田大规模高效开发正式拉开帷幕。

我国首台连续管作业机研制成功

2月，由中国石油集团钻井工程技术研究院江汉机械研究所研制的连续管作业机，在大港油田顺利通过6口井8井次现场工业性试验考核，标志着我国首台具有自主知识产权的连续管作业机研制成功，也标志着国家"863"计划重点课题"连续管技术与装备"取得重要阶段性成果。现场工业性试验结果表明，连续管作业机的整机越野性能和运移能力经受了泥泞道路等恶劣条件的严峻考验，设备安装和拆卸迅速，连续管作业机各部件运行正常、平稳，系统压力稳定，仪表显示准确，整机操控性能良好，完全可以满足现场施工作业的要求，整机性能达到国际先进水平。

百万吨"乙烯三机"同时开工

3月16日，沈阳鼓风机集团有限公司为国内三家石化企业的年产百万吨乙烯装置研制的三套压缩机组同时开工。这三套机组的研制成功，填补了国内乙烯装置用百万吨级大型压缩机组的空白，打破了国际垄断。沈阳鼓风机集团有限公司也将成为继美国GE、德国西门子等国际知名公司之后，世界上少数几个有能力生产乙烯装置用大型压缩机组的企业之一。

国内首台低温轮轨式电驱钻机通过验收

7月，江汉石油管理局第四石油机械厂研制的具有自主知识产权的集团公司重大装备国产化项目——ZJ50DB—ST低温轮轨式电驱钻机，顺利通过了由中石化集团公司国际事业公司、俄罗斯欧亚钻井公司和北京富邦德石油机械设备公司专家共同进行的验收。试验表明，该机各项性能均达到或超过设计要求，标志着该厂在低温钻机研制领域取得了突破性进展，达到了国内领先水平、国际先进水平。

延迟焦化塔底阀填补国内空白

8月20日，中国石油兰州石化公司机械厂成功研制出技术性能达到国际先进水平、并具有完全自主知识产权的延迟焦化塔底阀。有关专家评价，延迟焦化塔底阀可以推动中国延迟焦化装置装备水平迈上一个新高度，从而也结束了只有发达国家才能生产该装备的历史。

国内首台大型厚壁板焊式加氢反应器通过验收

8月20日，国内首台大型厚壁板焊式加氢反应器通过了中石化物资装备部组织的现场评审验收。

该反应器总重量648t，高度36m，壁厚186mm，设计压力12.81MPa，直径4m，是洛阳分公司油品质量升级改造项目——220万t/a蜡油加氢装置的长周期关键设备，同时也是国内第一台最大厚壁板焊式反应器，为全国炼厂首家采用。该设备由洛阳石化工程公司负责设计，兰州石油机械设备制造有限责任公司负责制造，中石化五公司负责安装。经过长达21个月的施工，加氢反应器制造完毕后，分三段经1 700km的运输到达现场。经过40天左右的组对焊接于6月10日整体吊装并完成了水压试验。

我国首套多功能海洋钻修井机问世

9月10日，我国首套多功能海洋3 000m钻修井机在宝鸡石油机械有限责任公司出厂。该设备为国内首次独立自主设计研制，拥有完全自主知识产权，填补了我国海洋钻修井机全系统设计研制空白，标志着我国海洋石油钻采装备研制能力取得重大进展。

我国首台百万吨级PTA干燥机研制成功

9月，参加锦西化工机械（集团）有限责任公司百万吨级PTA装置干燥机验收评定会的全国专家给出一致评价：锦西化工机械（集团）有限责任公司自主研发、制造完成的我国首台（套）大型PTA干燥机，主要技术指标优于行业标准，优于设计指标，出厂制造精度达到国际先进水平，具有自主知识产权。这意味着锦西化机结束了我国大型PTA装置干燥机等关键石化设备长期依赖进口的历史。该设备是我国“十一五”规划中重大技术装备类16个重点攻关项目之一的百万吨PTA装置的关键设备。

X80级厚壁弯管再次填补国内空白

9月，中石油渤海石油装备制造有限公司研制的西气东输二线用X80钢级、直径1 219mm×25.7m、直径1 219mm×32mm厚壁感应加热弯管，在北京通过了中国石油集团和中国钢铁工业协会组织的专家鉴定。这是渤海装备第一机械厂继西气东输二线用X80钢级、直径1 219mm×22mm热煨弯管成功研制后，再次填补国内外大口径、高钢级、大壁厚感应加热弯管的空白。

我国首台DQ40Y液压顶驱研制成功

11月18日，由中国石油钻井工程技术研究院北京石油机械厂研制的国内首台DQ40Y液压顶部驱动钻井装置，在位于冀东5号人工岛的渤海钻探50666钻井队一次调试成功，并从2 700m开始实施三开钻井作业，先后完成了钻水泥塞、钻进、造斜、取心等作业，运行情况良好。现场应用表明，DQ40Y液压顶部驱动钻井装置满足了4 000m钻机的使用要求。这是国内首次研制成功的DQ40Y液压顶部驱动钻井装置，填补了我国较大功率液压顶驱研制方面的空白。

企业大事记

江汉四机厂深井钻机制造能力再获突破

3月31日，由江汉石油管理局第四石油机械厂研发的首台7 000m钻机——ZJ70LDB成功下线，标志着江汉油田在陆上深井钻机制造领域实现了新突破。

温家宝总理到南阳二机石油装备（集团）有限公司视察

5月11日，中共中央政治局常委、国务院总理温家宝，在财政部部长谢旭人，农业部部长孙政才，卫生部部长陈竺，国务院研究室主任魏礼群，国家发改委副主任解振华，国务院副秘书长、总理办公室主任丘小雄，国务院副秘书长项兆伦，河南省委书记、省人大常委会主任徐光春，省委副书记、代省长郭庚茂，省委常委、秘书长曹维新，省长助理、省政府秘书长安惠元，省委办公厅、省政府办公厅和省直有关部门的主要领导，南阳市领导等的陪同下，前往南阳二机石油装备（集团）有限公司视察。

中国石油化工集团股份有限公司被命名为我国首批“创新型企业”

7月28日，在科技部、国务院国资委、全国总工会联合在北京召开的创新型企业建设工作会议上，中国石油化工集团股份有限公司被命名为首批“创新型企业”，其发明专利连续三年名列前茅。

中海油与上海交通大学共建深水和新能源研究中心

8月13日，中国海洋石油总公司与上海交通大学在北京举行了共建深水工程技术研究中心和新能源工程技术研究中心协议签字及揭牌仪式。中国海油在推进产学研相结合的自主创新之路上迈出新步伐。

南阳二机石油装备（集团）有限公司创建国家级企业技术中心

10月12日，南阳二机石油装备（集团）有限公司技术中心被国家发展和改革委员会、科技部等五部委认定为国家级企业技术中心，这是我国石油装备行业迄今为止惟一的一家国家级企业技术中心。

中国石油集团科技创新基地开工建设

11月30日，中国石油科技创新基地奠基仪式在北京昌平举行。该项目建成后，将成为我国集科技创新、研究试验、产品开发和机械制造于一体的石油工程技术研发与装备制造基地。

市场大事记

我国石油钻机首次出口科威特

12月22日，由南阳二机石油装备（集团）有限公司研发生产的3 000m车装钻机抵达科威特油气田。这是我国石油钻机首次出口科威特，在世界主要产油国市场实现了又一重大突破。3 000m车装钻机是南阳二机石油装备（集团）有限公司2002年开发研制的当时全球首台最大吨位的自走式钻机，被列为国家重点新产品，拥有11项专有技术和4项专利，荣获2003年度国家科技进步奖二等奖，是石油装备行业迄今获得的最高级别的科技奖项。

专文

介绍连续管技术、钻采技术及设备的发展情况及要求，关注国外石油科技发展，反映行业的热点聚焦问题

专文

连续管技术在我国应用问题的探讨

连续管技术是20世纪60年代开始发展起来的。1962年，美国布朗油田工具公司（Bowen oil tools）和加里福尼亚油田公司（California oil company）研制成功第一套连续管钻井作业机，1963年开始在石油工业中应用。四十多年来，连续管技术发展很快，截至2003年的统计，全球已有7 000口采用连续管钻井、完井技术的油气井，预计此后每年还将增加750～850口油气井。

从全球来看，目前，连续管技术的作业已涉及到钻井、采油的各个阶段，诸如：钻井的钻进、测井、扩眼、防垢、打捞和注水泥完井，采油的替喷、冲砂、清洗、酸化、压裂以及切割井下各种管柱等作业。但从我国来看，拥有的连续管作业机的台数却很少，采用连续管技术进行作业的项目也很有限，能够制造生产连续管技术装备的厂家也仅有几家。可以说，我国在应用连续管技术方面与国外尚有很大差距。

面对全球金融危机的严重影响，我国已提出工业“保增长”的策略。在原油价格已跌入低谷的情况下，进一步降低我国石油钻井、采油成本，显得十分重要。为了尽快将我国建成创新型国家，我国正大力提倡自主创新，以科技创新作为发展生产力的重要因素。在这种情况下，我国的石油工业要挑起“保增长”和“降成本”两副重担，只能走“科技创新”之路。此时此刻，如何看待连续管这项新技术，如何促进连续管技术在我国的应用，石油设备制造厂如何为这项新技术的应用提供所需的装备等，均是需要探讨的问题，本文即围绕这些方面提出一些浅见。

一、连续管装备的组成与制造以及连续管技术的用途和优点

（一）连续管装备的组成

连续管也叫做挠性管或蛇形管、盘管，一般是由长百米以上的多段柔性管焊接而成的连续长管，不是用传统的螺纹连接，故称之为连续管。采用连续管进行作业的一套装置称作连续管作业机或盘管作业机，其主要由滚筒、连续管、导向架和注入器四部分组成。

1. 滚筒

滚筒用以缠绕连续管，滚筒轴与液压马达相连可产生反扭矩，在连续管下入井内时，使连续管自弯曲状态被拉直，而当连续管自井内起出时，借助液压马达产生的卷绕扭矩使连续管逐步地缠绕在滚筒上。滚筒直径常达1m以上。

2. 连续管

连续管是由高强度、低合金钢板剪成钢板条，再焊接成所需要的长度，故为无螺纹连接。通常管外径为31.75mm和38.1mm，最大可达88.9mm。管总长约4 500 m，可用于井深不超过5 000m的油井，其重量约为18t。

3. 导向架

导向架是用来改变来自滚筒的连续管方向使其下入井内，或是改变井内起出的连续管方向使其缠绕在滚筒上的装置，实际上是一个鹅颈形轨道。连续管上罩有弯形的护栅，以使连续管按轨道运动，防止连续管跳离轨道。

4. 注入器

注入器又叫注入头，通常是由装有液压驱动装置的两个对置的链条盒组成。每个链条盒中有两条环形的内链条和外链条，内链条在液压驱动下可带动外链条作双向运动，而两条外链条将连续油管紧密压合，并借助链传动使连续管上提或下放（双向）。

（二）连续管管体的制造

连续管的制造工艺一般可分为三步，即钢管成形、高频焊接和焊缝热处理。

1. 钢管成形

首先将钢板按照要求的规格，在上料、开卷、直头和矫平之后，剪切成钢板条，然后再采用对焊或斜焊工艺，将钢板条焊接成所需要的长度，并将其卷成管状。

2. 高频焊接

通常采用高频电子加热的滚焊焊接工艺，将成形的管子焊接成连续的管子，并对焊缝进行探伤，还要去掉内外的毛刺。

3. 焊缝热处理

这步工艺是对焊缝和整管进行热处理，热处理工艺是退火（对焊缝）以及淬火加回火（对整管管体）。先进行焊缝退火，再定径、对整体管进行热处理，最后经冷却后盘卷，并进行水压试验。

上述三步工序中，成形及管整体热处理是关键工序，直接影响产品的质量和合格率。通常国外连续管生产的合格率低于90%。

连续管所用的钢板材料，通常有高强度低合金碳钢和高强度低合金铬钼钢两种。前者屈服强度为482MPa，后者更高，可达551MPa，因而后者目前应用比较广泛。此外，还有钛合金（屈服强度高达960MPa）和玻璃纤维与碳纤维的复合材料（疲劳寿命长），但因这两种材料价格昂贵，很少应用。

（三）连续管技术的用途

1. 修井作业

连续管技术在修井作业中，增设氮气泵之后，即可自管中将氮气注入井内，使井筒内静液柱压力小于油层压力，从而实现替喷。它可以通过管内连续地向井下冲洗，从而对井筒进行冲砂及除垢。若采用高压喷射技术，则同时可清洗油管内的结垢及结蜡。此外，当增设酸化及压裂的设备之后，则可通过连续管进行酸化和压裂作业；还可以在配备注水泥设备之后，进行打水泥塞封堵作业等。

2. 钻井作业

连续管装设井底驱动装置即可进行钻井作业，连续管技术已成为国外钻井技术的新“热点”。该技术适用于水平井的钻井、下套管井的钻井、裸眼井的钻井、老井加深钻井、老井开窗侧钻、欠平衡钻井以及小井眼钻井等，尤其适用于边缘地区的钻井。在钻井过程中，与打捞工具组合可进行打捞作业；与液压切割工具组合，可进行井下管柱的切割作业；还可进行挤水泥作业与负压射孔作业等；也可进行磨削“落鱼”作业。

3. 测井作业

连续管与测井仪器组合，即可在钻井过程以及完井过程中进行测井作业。连续管技术特别适用于大斜度井的电测以及水平井的电测作业，可大大提高非直井的测井质量。

在完井过程中，采用连续管与相关器具的组合，也可进行测井作业、射孔作业以及过油管防砂作业等。

（四）连续管技术的优点

1. 适用作业范围广

连续管技术既可用于钻井、测井和完井作业，又可用于采油、修井作业，应用作业范围非常广泛。这里应该强调指出的是，连续管技术特别适用于水平井及大斜度井的作业，较之常规作业技术有着明显的优势；另外，它还特别适用于提高单井产量和难动用储量的钻探开发，如对稠油、超稠油油藏，低渗透率或天然裂缝储层，层状地层或层状油藏，薄油层，边际油气藏等难动用储量的钻探开发以及适用于老井更新，死井复活，压力衰竭储层的增产和煤层气的钻井增产等。

2. 有利于保护油层

由于连续管技术便于在钻井时采用欠平衡钻井作业、在采油过程中便于使用替喷气举作业等，因而它对保护油层非常有利。

3. 井场占用面积小

连续管技术除采用连续管和钻杆两用钻机之外，连续管作业机与全套钻机相比，占用井场的面积小得多，这对于海上钻井是非常重要的。因为海洋钻井平台不可能给作业机较大的面积及空间。

4. 作业过程成本低

以加拿大采用连续管钻井为例,其与常规钻井作业的成本比例为33:43,即降低成本约1/3;在海洋钻井方面,以挪威在北海的普鲁德霍湾钻井为例,采用连续管技术大约降低成本25%～40%,而若在钻井装置搬运费高的区域,则其成本降低达50%。

二、连续管技术在我国应用的现状

连续管技术在我国的应用起步较晚,1977年我国才引进第一台连续管作业机,比国外1963年开始在石油工业中应用晚了14年。截至2005年,我国已先后引进29台国外的连续管作业机。这些连续管作业机在我国的分布很分散,东北的大庆、吉林、辽河油田,西北的新疆、吐哈、长庆油田,西南的四川油气田;华北的大港、胜利、华北油田以及中南的中原、河南油田等均引进过连续管作业机,并投入生产,取得了好的效果,因而受到了油田的普遍欢迎。但是,总的来说,连续管技术在我国的推广应用,与国外相比尚有很大的差距,主要表现在下列几个方面:

(一)装备数量少

从连续管技术需要的连续管作业机来看,迄今为止我国分布在12个油田中的连续管作业机一共才29台,而且都是引进国外的。这里不妨举出一组数据来对比说明,仅仅是我国胜利油田的一个井下作业二公司,他仅担负胜利油田的东辛、胜利、现河三个油区及外面的陕北、大港两个油田的外部油区的井下作业任务,就拥有履带式通井机159台、轮式通井机8台、各种型号修井机26台,而且设备新度系数是0.48。而我国全国拥有的29台连续管作业机与一个油田下属的一个作业公司拥有作业机的数量成悬殊对比,充分表明我国连续管作业装备的数量少得可怜。尤其值得一提的是:这个井下作业二公司负担作业的油、水井总数有10 623口,而其中4 342口井均为斜井、水平井、侧钻井和稠油井等特殊井,正是适宜连续管作业的对象,但是公司却连一台连续管作业机都没有。这就是我国连续管技术应用稀少的生动写照。

(二)作业范围窄

目前,我国采用连续管技术进行的作业主要是修井采油,作业范围很窄。这些作业包括冲砂洗井、气举、注液氮、钻桥塞、清蜡、排液、挤酸和配合测试等,其中应用比较多的是冲洗砂堵和清蜡。至于钻井作业及测井作业,则基本上没有应用。但最近在推广连续管技术应用于测井作业和钻井作业方面,有所前进。

1. 测井作业方面

2008年3月6日,川庆钻探工程公司于西南油气田广安002—H8—2井,首次应用连续管技术进行测井作业,并一次取得成功。

这次测井作业是在水平井目的井段进行的。首先将配备有相关工具和接头的测井电缆穿入连续管中,电缆下端与测井仪器连接,攻克了穿越螺旋式扭曲管段的“难关”,借助连续管的刚度与韧性,将测井仪器送达水平井段中的目的井段,实现了长距离输送,快速完成了电测。

这次实践表明,连续管测井技术是目前解决水平井测井作业的最经济、最安全和最有效的方法。它可对整个水平井段进行连续、快速电测,从而缩短了作业时间,降低了作业风险,节约了整体作业成本。

我国对于连续管技术的应用不能只局限于修井采油作业,需要尽快拓展到测井作业,尤其是对水平井的测井作业,以提高水平井的测井质量和效率,赢得更大的综合效益。

2. 钻井作业方面

目前,我国新疆油田已经开始考虑应用连续管技术进行钻井作业。新疆的克拉玛依油田经过多年开发,很多开发区块已经出现油层孔渗降低、油气自喷能力下降的现象,而且,无法利用直井开采的薄油层多,若采用直井开采则会产生水锥或气锥问题。还有,开发难度大的垂直裂缝油藏也比较多。针对这些问题,采用连续管技术进行钻井具有明显优势。因而,新疆油田已经估算了克四2区的131井区和彩南油田彩31井区等4个区块采用连续管钻井技术的成本和产能,论证了技术经济可行性，决定开展连续管钻井作业的工业试验。可以说，这是在我国将连续管技术推广应用于钻井作业的先声。

纵观上述可知，虽然目前我国应用连续管新技术的作业范围尚很窄，但是，正在将其推广应用到更广泛的作业领域。

（三）制造厂家少

1977～2005年，我国共引进国外连续管作业机29台。由于这种装备技术复杂，设计制造难度大、要求高，因此目前全球也只有极少数外国大公司能够自主设计制造，而我国长期以来一直处于技术空白。但是，最近我国已有两家单位研制成功了连续管作业机，还有一家单位准备建设连续管生产线。

1. 胜利油田采油研究院

胜利油田采油研究院已于2008年1月14日率先研制成功我国第一套具有自主产权的连续管作业机。连续管外径为38.1mm，长达3 000m。胜利油田采油研究院是在攻克了连续管的注入器以及对注入器与滚筒协调控制这两项技术“难关”之后，于2008年1月14日在胜利油田胜利采油厂的ST2－1－141井，经过4天连续奋战，才试验成功的。这一成功标志着我国的连续管作业机的国产化已迈出坚实的一步。

2. 江汉机械研究所

江汉机械研究所是属于中国石油集团公司钻井工程技术研究院的一个研究所。该所研制的拥有自主知识产权的首台连续管作业机于2007年12月初经过一个多月的现场试验，获得成功。其后，在2008年2月又在大港油田顺利通过了6口井、8井次的现场工业性试验。工业试验表明，不仅整机的越野性和移运能力能够满足泥泞道路等恶劣条件的要求，而且作业机的安装和拆卸迅速，各部件运行平稳、正常，系统压力稳定，仪表显示准确，整机操作控制性能良好，完全可以满足现场施工作业的要求，总体性能达到了国际先进水平。这里应该突出强调的是，大港油田的3口水平井，是在用常规方法不能解堵和冲砂后，采用连续管技术进行冲砂解堵作业并取得了良好效果的。这不仅证明了连续管技术的优势，而且也为连续管作业范围的拓宽，尤其是在水平井中的应用奠定了基础。

3. 宝鸡钢管有限责任公司

宝鸡钢管有限责任公司的亚洲第一条、世界第三条连续管生产线的建设，已于2007年12月25日被列入我国863计划和中石油集团公司的重大科研项目。这条生产线的设计年生产能力为1.5万t；连续管外径为25.4～88.9mm、壁厚为1.91～6.35mm。显然，这条生产线的投产，将使我国以国产连续管逐步取代进口产品的愿望成为现实，必定会促进我国连续管技术的应用，以及拓宽连续管技术的作业范围。

综上所述，虽然我国目前研制成功连续管作业机的单位只有两家，准备建设连续管生产线的企业只有一家，还远远不能满足我国这样一个石油生产大国的需要，但是，“星星之火，可以燎原”，他们的生命力是强大的，以他们为基础一定会带动我国连续管装备制造业的快速发展，为当今石油天然气行业的前沿高端技术在我国的推广应用作出更大的贡献。

三、连续管技术在我国应用的障碍

（一）提高工作寿命问题

连续管工作条件恶劣，受力状态比较复杂，常会产生变形失效、断裂失效以及表面损伤失效等问题，直接影响其工作寿命。连续管要经过滚筒、导向架和注入头三次弯曲变形，才能下入井内或自井内提出，而且弯曲过程中常伴有塑性变形产生。这样，它在弯曲、管内压和拉伸应力的三重作用下，即会产生交变塑性变形，常称之为瞬间卷曲蠕变（Coiling creep），从而引起弯曲疲劳破坏。另外，当连续管首尾两端承受的压力超过临界负荷时，将造成管的纵向弯曲，首先在平面内变成正弦波形，而后随着轴向压力的增加而变成螺旋形，极易导致连续管被剪断。

由于上述原因，连续管在应用时工作寿命较短，因而消耗量很大，通常，在作业量不大的情况下，每台作业机年平均约消耗4 000m的连续管。目前，全球每年连续管的用量大约在5×10^6m，数量可观。因此，连续管的工作寿命直接影响连续管技术的推广使用，而我国要进一步推广应用连续管技术，就必须首先扫清这个障碍，弄清连续管失效的主要原因及其各种影响因素，研究提高连续管工作寿命的有效措施。

（二）增大国产批量问题

连续管的工作寿命较短，消耗量很大，我国应用连续管技术，不能长期依赖国外产品，必须国产化，这就涉及批量生产问题。国内生产连续管的批量需要增大到何种程度才能满足需要，下面的两种估算方法，可以给出一个量化的概念。

1. 按作业机的台数来估算

目前全球的平均年消耗量是每台作业机约4 000m，我国现有29台作业机，即每年消耗连续管116 000m。连续管的技术规格有以下几种：外径25. 40mm，壁厚2. 21mm，重1. 262kg/m；外径38. 10mm ，壁厚2. 77mm，重2. 410kg/m；外径50. 80mm，壁厚3. 40mm，重3. 974kg/m。按其中的中等规格，即重2. 410kg/m计算，在目前工作寿命尚未提高的工况下，应为我国现有的29台作业机每年供应国内产品279 560kg 。这样看来，若宝鸡钢管公司的年产量1. 5万t的连续管生产线能够投产，则完全可以满足这29台作业机的需要。但是，我国要推广应用连续管技术，绝不会只拥有现在的29台作业机，那么，还需要进一步解决增大连续管国产批量问题。

2. 按作业井的数量来估算

目前，全球连续管技术作业的总井数约为7 000口，全球年产连续管约5×10^6m，即每口井平均年消耗量为714. 29m。假设我国推广应用连续管技术2 000口井，则年消耗连续管1 428 580m，按照外径38. 10mm、壁厚2. 77mm，重2. 410kg/m技术规格计算，为3 442 878kg，即宝鸡钢管公司的年产量1. 5万t也完全可以满足需要。但若我国应用的井数再增加，则连续管的消耗量还要增加。因此，宝鸡钢管公司的连续管生产线的按期投产，将是我国连续管增大国产批量的关键。

（三）掌握作业技术问题

自1977年我国引进首台连续管作业机，至今虽然已有32年历史，但多年来，由于缺乏必要的技术交流，尚未充分掌握和“消化”这项技术及其工艺。另外，也还缺少一批经过培训的从事连续管作业的熟练操作人员。因此，这项新技术在我国的实际应用情况并不理想，于是也影响了连续管技术在我国的进一步应用普及和推广。例如，连续管技术在水平井中作业有其独特的优势，但是，多年来我国对其并未掌握。早在20世纪90年代初，中石油的江汉石油机械研究所就开展了连续管技术在水平井作业中的应用技术研究，而实际上我国于2008年3月才在西南油气田的广安气井，首次应用连续管技术对水平井井段进行测井作业并取得成功。这就表明，掌握作业技术问题仍是推广应用连续管技术的障碍。

四、对我国应用连续管技术的建议

对我国进一步推广应用连续管技术，提出如下几点建议：

（一）以提高连续管工作寿命为重点，大力开展科研工作

连续管的工作寿命短、消耗量大，是限制连续管技术应用推广的“瓶颈”之一。因此，建议大力持续地开展提高连续管工作寿命的科研工作，力争尽快攻克这一“难关”。在这方面涉及的研究课题很多，例如：

1. 工作寿命影响因素的研究

影响连续管工作寿命的因素很多，在连续管方面，就本身来看，有连续管的直径、壁厚和屈服强度等；在作业机方面，有滚筒尺寸和导向架尺寸等；在工作条件方面，有内压大小及腐蚀环境等。此外，还有连续管焊接节点在工作过程中的应力集中等因素。总之，对这些因素均需进行深入分析研究，分清主次，抓住主要矛盾，找出改进的措施。

2. 工作寿命评估计算的研究

连续管的失效主要是缘于交变弯曲应力引发的弯曲疲劳。因此，对弯曲疲劳寿命的计算，就成为评估连续管工作寿命的核心问题。对连续管疲

劳寿命的计算可考虑采用两种方法，即材料力学方法和断裂力学方法。

3. 有关工作寿命的试验研究

欲解决连续管疲劳寿命的计算问题，就必须要开展一系列的相关试验，而这些试验都是科研的“难题”。例如，如何尽可能地贴近连续管的实际工况，进行疲劳寿命试验，仅在美国就有图尔萨（Tulsa）大学和西南管材公司（Southwestern pipe lnc.）等3家提出了4种试验装置的方案。

显然，针对我国连续管作业的实际应用情况，设计最佳的试验装置，并取得可靠的实验数据，提供计算工作寿命公式，都需要很好的研究。

（二）以研发易耗管材为主导，稳步实现批量生产

连续管技术的装备可以分成下井的连续管和地面的作业车两部分，前者年消耗量很大，后者工作寿命长，一部作业车通常可以工作多年。从我国现况来看，胜利油田及江汉石油机械研究所等已先后研制成功连续管的全套装备，再加上宝鸡钢管公司，已有3家单位立项进行连续管的生产。这样，在全球金融危机、油价暴跌的大背景下，要求发挥连续管技术在降低产油气成本及其特殊作业增产方面的优势的呼声日益高涨，因而我国的连续管技术装备国产化的时机也日趋成熟。显然，在连续管技术装备国产化过程中应以连续管本身的国产化为主导，因为它是年消耗量很大的产品。

对于连续管的生产，建设焊接生产线并不很难，只要对我国已有的焊管生产线稍加改动，即可进行连续管的批量生产。目前对于连续管的研发重点应放在管材的新产品开发上，要降低成本、减少连续管的消耗量，就需要改善连续管管材的力学性能，诸如提高抗拉强度、抗挤压能力和抗疲劳寿命等。例如，国内“宝钢”和“鞍钢”已为“西气东输”研发出X65和X70管道钢新品种，其主要力学性能即可满足连续管的技术要求。这就表明，我国通过冶金行业等各方面的努力，是有可能研发出比国外连续管用钢材力学性能更好的新钢材产品。这样，我国就能用国产钢材，批量生产高寿命、低消耗量的连续管，从而可进一步降低我国连续管的生产成本，为大范围地推广应用连续管技术，提供物质保证。

对于我国国产连续管的批量生产，建议分两步走，即：先解决我国现有29台连续管作业机的年消耗连续管的国产化问题，在这个阶段不宜将连续管的产能搞得过大，切忌连续管生产线搞重复性建设、“一哄而起”，同时应精心研发连续管的管材，为连续管的进一步广泛推广应用，提供高质量、高水平的连续管管材；待我国进一步更广泛地推广应用连续管技术、增加大量连续管作业机之后，再扩大连续管的生产产能，并以高性能、低成本、新钢材的连续管新产品供应国内，并走向国外市场。

（三）以掌握作业技术为核心，组织技术交流和培训

我国目前对于连续管技术中的一部分国外的先进技术，尚未充分“消化、吸收”，自己独立进行作业比较困难，一部分虽已应用于作业，但工作人员对作业技术也掌握得不够熟练。因此，为了在我国进一步推广应用连续管技术，就必须大力组织技术交流与培训。在这方面的具体建议是：

1. 组织国内外技术交流

对于目前尚未在我国普遍应用的连续管作业技术，建议采取“请进来”、“派出去”的做法，或请国外专家前来讲学、举行研讨会等，或派出我国专家到国外进行短期访问、实习，对先进作业技术认真进行“消化、吸收”。当然，国内各油田、公司之间，也应该组织技术交流，例如西南油气田在我国首次成功地应用连续管技术对水平井进行测井作业的经验，就值得在国内各有关公司油田间进行交流。

2. 有计划地举办技术培训

首先，建议在我国已有的29台连续管作业机的12个油田内，分批对有关工作人员进行技术培训，一方面讲授一些必要的知识，进行“充电”，另一方面要总结应用连续管技术进行作业中的经验教训，以求更好地掌握作业的规律。

其次，对于拟推广应用连续管技术的单位，建

议“未雨绸缪”，有计划地举办培训班，对拟参加作业的有关工作人员进行技术培训。除讲课、参加实际操作、培养技能和提高知识外，还可以组织到已应用连续管技术的单位，进行参观、访问和实习。

（四）以钻井作业技术为目标，积极扩大应用范围

由于采用连续管技术进行钻井作业，可明显降低钻井成本，在原油价格暴跌对降低钻井成本要求突出的形势下，特别适宜推广应用。连续管技术特别适用于水平井、大斜度井和一些特殊钻井的增产作业，因此，我国有必要花大力气尽快地推广应用连续管钻井作业。我国新疆油田已经为推广应用连续管钻井作业技术，精心地进行了各项准备工作，这是一个很好的“苗头”，预计他们在应用连续管钻井作业技术方面将取得新的突破。

在扩大连续管技术应用范围方面，首先要学习、“消化、吸收”国外应用连续管钻井作业的先进经验；其次是对拟应用连续管钻井的区块，充分进行作业的可行性论证；再有就是要对钻井队与相关人员进行培训和“上岗”资格考试，力求上岗人员充分掌握操作技术；同时充分作好器材供应等有关“后勤保障”工作。这样，就有可能做到“万无一失”，“打一场有准备的胜仗”，使我国在推广应用连续管钻井技术方面迈出新的步伐。

〔撰稿人：中国石油大学方华灿〕

面向21世纪的先进石油钻采工程技术综述

现代的石油技术不同于一般常规技术，它具有高智能、高难度、高投入、高风险和高效益的特点，既对生产产生革命性的推动作用，又可大幅度提高经济效益。现代的石油技术不仅能够通过特定的工具和测量、控制系统向地下发射信号、接收岩层信息来判断油气存在的可能性，而且在一定深度范围内可以比较得心应手地钻开地层、改造油层、实施油井的井下作业等，以达到人们期望的效果——多找油、多采油、为国家的经济建设服务。

21世纪，随着国内外油气勘探难度的不断加大，应用配套勘探技术体系已经成为获得油气发现的决定因素。老油田要提高采收率，实现低压低渗和稠油储层的高效开发，特别需要研究和开发先进适用的特殊钻井工艺技术。为此，“十一五”期间国家“863”计划资源与环境技术领域的重大专项课题提出了通过自主创新，重点突破近钻头地质导向钻井技术、自动垂直钻井技术、气体钻井技术与装备、全过程欠平衡钻井技术、膨胀管钻井技术、连续管技术与装备、套管钻井技术、随钻地震技术、超深井钻井技术和万米深井钻探装备等一批重大关键技术及装备，加快我国石油钻井工程技术的发展，以达到解决制约勘探开发进程和效益的钻井技术瓶颈问题的预期目标。

一、地质导向钻井技术，破解了薄层开发难题

地质导向钻井技术是20世纪90年代发展起来的前沿技术，也就是使用随钻测量数据和随钻地层评价测井数据，以人机对话方式来控制井眼轨迹的技术。将钻井技术、测井技术及油藏工程技术融合为一体，用近钻地质、工程参数测量和随钻控制手段来保证实际井眼穿过储层并取得最佳位置，形成地质导向钻井配套技术，性价比优于国外同类产品，并规模化应用于生产，是国家“863”计划资源与环境技术领域地质导向钻井技术课题的研究内容。

1. 挖掘薄层高效适用

目前，我国已开发数十年的玉门、大庆、胜利、中原、四川、延长、新疆等老油田中夹层、薄油层、低压低渗透低产储层、难产储层、非均质储层越来越多，钻井施工难度大、速度慢、周期长、成本高、单井产量低已成为制约老油田勘探开发的瓶颈。而地质导向钻井技术既能拿储量、拿产量，又能提高钻井效率，降低勘探开发成本。

以前打井只要钻遇事先确定的几何目标，即使没有发现油层，钻井工作也算大功告成。而随着勘探开发一体化（称为滚动开发）的发展，钻井不再是单纯为了打井，“打井为了出油”的认识被更多人所接受。地质导向钻井让目标不再固定不变，而是根据油层的位置随时调整，把根据预测确定的固定“几何靶”变成了实际的不确定“移动靶”；同时，部分测井项目也由原来的完井后进行变为随钻随测，既缩短了钻井周期，又减少了部分测井费用。

2. 国产仪器效果良好

2004 年 12 月，胜利钻井院研制出具有自主知识产权的随钻测井仪（LWD），能实时传输伽马和电阻率等地质参数。胜利油田迄今已完成三十余口水平井地质导向钻井试验，识别油层厚度的能力已由原来的 4m 提高到 1m，油层有效穿透率达到 85% 以上。

3. 美国仪器性能先进

导向钻井技术在水平井施工中是一项常用的关键技术。在轨迹控制中，根据实际情况和剖面要求，可采用定向造斜和转盘钻交替进行调整井身轨迹，以对井身轨迹进行有效控制，使得实钻轨迹沿设计和预测趋势发展，以达目标点，而且使井眼光滑畅通，有利于携砂，清除岩屑，保证钻进安全。

由于水平井在不同区块施工，不同区块每口井的地质情况各异，在控制过程中遇到的问题不同，井眼轨迹控制技术涵盖以下几个方面：一是实钻地质情况复杂多变，油层埋深与设计深度差异大；二是水平段油层埋深在横向上变化不一；三是不同区块工具造斜能力和地层对井眼轨迹的影响不同；四是测量数据相对滞后，给地质导向和井眼轨迹的预测和调整造成困难；五是老平台钻井防碰问题在水平井钻井中更为突出。

美国斯派里森公司生产的地质参数无线随钻测量仪（FEWD），是近年来在不断改进无线随钻测斜仪（MWD）、LWD 工具的结构、性能和可靠性基础上发展起来的一种新型无线随钻测量仪。与 LWD 相比，FEWD 具有测点靠近钻头、探测深度大、垂直分辨率高的优点。它将地质参数测量传感器与工程参数传感器组合在一起，根据设置内容顺序采集最新的工程、地质数据，统一编码后由脉冲信号发生器以正脉冲的方式通过钻柱内的钻井液传至地面，地面设备对钻井液脉冲进行检波、编码和处理后，形成数据和测井曲线。FEWD 除进行轨迹几何导向（三维导向）外，主要用于地质导向和随钻地层评价。

二、自动垂直钻井技术

自动垂直钻井技术是 20 世纪末发展起来的一项自动化钻井新技术，是一种能降低油气开发成本、提高油气采收率的有效技术，在钻井过程中能够主动防斜，实时纠斜，实现优质快速钻井，代表了目前垂直钻井技术的最高水平。国际上先后有 20 多家公司涉足该技术的研究开发，至今只有 3 家世界上最大的技术服务公司具备了现场应用的能力。

我国将“自动垂直钻井系统研制”作为国家“863”计划资源与环境技术领域的重大专项课题，经过专家的反复论证和研究，于 2005 年 6 月正式签署任务合同书，委托胜利油田钻井院牵头，联合北京普利门公司和中国石油大学共同研发该项目。该项目目的是研制具有自主知识产权的自动垂直钻井系统样机以及配套的工艺、标定、测试及检测技术，逐步掌握自动垂直钻井技术并进行现场应用。项目的研究内容是：研制在石油直井钻井中能够自动克服地层造斜走势，使钻头始终沿垂直方向钻进的自动化钻井装置；采用井下闭环控制和地面监测等技术，在下部钻具组合钻头上方处设置机、电、液一体化自动控制系统，迫使钻头始终沿垂直方向钻井。使用自动垂直钻井技术井段机械，钻速提高 30% 以上，可显著改善井身质量，满足工程要求。

自动垂直钻井系统研制项目基于国内现有的油气井工程发展的技术水平，依托现场工程实际，在国内首次提出捷联式稳定平台的技术方案。任务合同书要求井斜控制精度小于1°，连续工作寿命大于80h。

在项目实施中，采取产、学、研为一体的联合协作方式组建了国内一流的自动垂直钻井系统的研发团队，充分发挥集石油工程、机电一体化、自动控制和计算机技术等多种学科为一体的整体技术优势，确保课题高效有序地运行。该项目经过3年的研究攻关，先后进行了上百次的设计更改、几十次的关键单元室内模拟试验，研制开发了2套自动垂直钻井井下工具系统样机，开展了5轮三十多次的地面测试。其中捷联式测控短节及防斜执行机构的设计，井下闭环控制技术的研究，旋转密封、液压平衡系统、地面测试系统及检测技术的研究等都已取得了成功。

2008年4月26日，项目组在山东胜利职业学院技能培训中心试验井架上进行了捷联式自动垂直钻井系统功能试验，整个试验历时约2个小时，试验结果与系统预设的控制模式完全吻合，试验取得圆满成功，并于当年9月在坨－181井进行现场试验，获得空前成功。该项目不仅在技术上取得重大突破，而且填补了国内空白。专家称，该项目的研发成功，使我国用3年的时间赶上了当前国际上该类技术的先进水平。

自动垂直钻井技术的攻关成功，可以解决高陡构造、大倾角地层等易斜地层的防斜问题，提高了钻井速度，降低了钻井成本，顺利实现勘探开发目标。更为重要的是，研制成功具有自主知识产权的自动垂直钻井系统，充分展现了国内技术的水平，打破了国外大公司的垄断局面。

三、气体钻井配套技术与装备

气体钻井技术是一种由气体设备在地面将气体注入到井眼内作为钻井循环介质的钻井技术，主要应用于地质构造复杂的深井钻井。这项技术于1950年开始在国外试用，但由于当时的技术水平、装备及认识等原因，没有得到规模化应用，直到20世纪80年代以旋转防喷器、旋转控制头等为代表的欠平衡钻井装备发展和成熟后，这项技术才得到广泛应用。国外的实际应用表明，气体钻井技术较之常规钻井技术，在相同地层条件下，钻头寿命和机械钻速有大幅提高；在同一地区，原先使用常规钻井液钻井见不到油气的地层，使用气体钻井发现了工业性油流和天然气。目前，先进国家的气体钻井进尺比例占到钻井总进尺的30%，而我国还不到钻井总进尺的1%。因此，研究地质适应性评价技术，开发气体钻井动态技术软件，研制气体钻井设备（例如系列化长寿命空气锤、气体取心工具、井下无线电磁波随钻测量设备等），实现规模化应用，被列为国家“863”计划资源与环境技术领域的重大专项课题。

1. 四川油气田的气体钻井技术已经实现规模化应用

我国对气体钻井技术的研究与应用开始于20世纪80年代末，新疆油田是最早采用专用气体钻井装备开展气体钻井技术研究与应用的单位，主要是为了提高低压储层产能。四川油气田的气体钻井技术是随着集团公司把四川油气田列为加快勘探区块而实现规模化应用的。根据四川油气田提供的一组钻井资料数据对比，在川渝地区七里北进行深井钻探中，在相同构造相同井深情况下，应用常规钻井技术钻井周期达452天、平均机械钻速1.29m/h，应用气体钻井技术钻井周期缩短到173天，平均机械钻速提高了8倍。专家把气体钻井技术称之为革命性的突破。

四川油气田的特殊地质构造造成的钻井漏失、开采风险大、低压油气藏不易发现、常规钻井严重影响碎屑岩地层产能等问题早就引起了钻井研究人员的关注，2001年，四川钻井科研人员借助参与伊朗“19＋2”项目复杂地层气体钻井与完井技术研究的机会，针对空气/泡沫钻井等配套工艺技术和相关单位开展了联合科研攻关，取得了宝贵经验。

能源需求的增加，要求勘探开发加快步伐；勘探开发任务的加重，致使钻井工作量大幅上升。据四川油气田统计，2001～2003年，平均年钻井进尺不足20万m，2004年达到37.8万m，2005年完成50万m。钻井工作量的增加，迫切要求提高钻井速度，为勘探开发提供详细的地质资料。

2. 气体钻井技术是破解钻速慢的技术保障

要提高钻速，或者大幅度增加钻机总量，或者提高单机单队作业能力，而这两者都离不开技术上的进步。利用欠平衡及气体钻井技术，在川渝油气田的七里北、九龙山地区以及吐哈油田红塔区块钻速提高5～15倍，在吐哈油田低产区块可日产50m^3高产油流及8万m^3天然气，而邻井天然气日产量仅为2万～3万m^3。川渝地区七里北101井气体钻井总进尺2 709m，创国内最长纪录；用一只国产牙轮钻头就可钻穿须家河组地层353m，比机械钻速提高13倍以上，节省钻头10只左右。

四川油气田与西南石油学院和集团公司所属多家单位联合开展了气体钻井技术攻关，目前已累计完成气体钻井七十多口，并在实践中形成了包括空气、泡沫、天然气、氮气和柴油机尾气钻井的系列技术。川渝地区气体钻井试验成功，不但一举扭转了该地区钻速长期徘徊在2m/h左右的被动局面，而且形成了一套适合该地区不同地层、不同情况的雾化、泡沫、充气、空气、氮气和天然气等不同介质的气体钻井配套技术，成功解决了钻遇地层出水、浅层天然气、漏失、垮塌和井斜等技术难题，取得了5个方面的技术创新。即：在国内率先系统开展了气体钻井的必要性、可行性的评价与分析，建立了一整套气体钻井选区、选层、选井的技术方法；形成了对井身结构、气体钻井方式及参数、地面装备配置、钻井安全、环境保护等的优化设计技术，并开发了工程设计及分析软件；在国内首先通过对空气、氮气、天然气和柴油机尾气钻井的攻关与试验，研究并形成了在不同气体介质下进行干气、雾化、泡沫和充气钻井及其相互转化的成套工艺技术；自主研制的气体钻井用旋转控制头、不压井起下钻装置、空气钻井增压机、柴油机尾气等地面装置与气动锤、气动螺杆钻具、气体钻井用减振器等系列井下工具，获得了11项国家专利；形成了一套独具特色的气体钻水平井技术、气体钻井取心技术、泡沫基液循环使用技术和井下燃爆监测和控制技术。

3. 气体钻井技术对于钻井速度的提高具有跨越性的意义

中国石化大力开发天府之国的油气宝藏，提出3年在四川盆地完钻一百三十多口井的计划，其中有些构造复杂难以用常规钻井技术完成，而完成地质目标又必须成功钻探这些井，于是引进了四川石油管理局等单位的气体钻井技术。应用结果令人欣喜，机械钻速提高了8倍以上，须家河地层以上钻井周期仅为22天，较以前缩短108天。气体钻井技术的引进，对于钻井速度的提高具有跨越性的意义，同时还可以大大降低包括人工成本、设备折旧费用、钻井泥浆在内的钻井综合成本，明显提高了勘探效益，加快了勘探进程，对于保证安全也有着重要的作用。尤其是对于人们已有的观念产生了巨大的冲击——原先提高钻井速度20%都是让人欣喜万分的，而在川东北地区难度最大的陆相地层，钻速竟能够提高6～8倍！

气体钻井技术的成功应用，为国内大面积低孔、低渗、低压、低丰度油气藏的勘探开发和解决钻井工程技术难题及大幅度提高钻井速度提供了革命性的技术手段，为我国约500亿t油当量低渗透储层石油天然气资源、煤层甲烷资源、深层油气资源和复杂油气资源的勘探开发也提供了强有力的技术手段。对于这项与三次采油技术、三维地震勘探技术同样提高油气资源勘探水平的新技术，有关专家提出：气体钻井只有在地质条件允许的情况下，才可以作为一种主导技术加以推广，它不是万能的，常规钻井技术并未过时；在利用气体钻井技术过程中，对可能遇到的问题，应以科学的态度，总结经验教训；要因地制宜，不断发展和创新，使之更加丰富和完善，发挥出应有的威力。

四、全过程欠平衡钻井技术

通过对全过程欠平衡装备与工具的研制、技术研究与集成，研制成功钻进、起下钻、取心、测井、完井等欠平衡作业的工艺技术与装备，并实现规模化应用。这也是国家“863”计划资源与环境领域“全过程欠平衡钻井”课题的研究内容。

1. 欠平衡钻井取得的成果

20世纪末，欠平衡钻井在大港油田先声夺人，接着在川渝气田实现了飞跃，同时，长庆、大庆、辽河、新疆等全集团大部分油田先后迈开了坚实的步伐。回顾近年来欠平衡钻井取得的成果，主要有以下几方面。

（1）发现和有效保护了油气藏。大港油田发现的古潜山油气藏含气面积60多km^2，油气储量上亿吨；四川打井近80口，获工业气井35口，累计获天然气测试日产量333万m^3，在接连发现邛西、南井、潼南、白浅等多个构造的同时，还在一些产能衰竭的老气田取得了增大井口产能的良好效果。其中仅在邛西构造就控制储量263亿m^3，探明储量57亿m^3。此外，长庆在苏里格气田、大庆在长垣东部火山岩储层采用欠平衡钻井都取得了良好的效果。

（2）解决工程问题。采用空气、天然气、柴油机尾气等气体介质钻井，在四川、长庆、大港、大庆、玉门等多个油田顺利穿过漏层，防止了压差卡钻，成倍甚至十倍地提高了钻井速度，缩短了钻井周期，降低了钻井综合成本。

（3）欠平衡钻井技术本身进步迅速。我国开展了旋转防喷器、液气分离器、真空除气器、不压井作业装置、平板阀、井下控制阀、空气锤、空气螺杆钻具、空气压缩机等一系列欠平衡钻井装备和工具的国产化研究，并获得了可喜的成果。尤其是四川，通过自主开发，获得了多项国家专利，实现了全面系列配套，而且与国外先进装备相比具有很高的性价比优势。在工艺技术上，对轻质泥浆钻井、充气钻井、空气钻井、天然气钻井、惰性气体钻井、泡沫钻井、雾化钻井等多种工艺技术进行了成功的研究和应用，对欠平衡钻井与完井、录井方式的配合、与水平井等相关技术的配合等配套技术的研究和应用也初见成效，掌握了全过程欠平衡钻井的技术和能力。在规范化建设上，初步建立了欠平衡钻井的相关技术规范、操作规范和安全规范。目前四川、大港、大庆等部分油田都组建了专业化的欠平衡钻井公司。

2. 欠平衡钻井的巨大市场空间

2003年，美国采用欠平衡方式钻井2 200多口，占当年钻井总数的15%～20%；中石油集团从20世纪末至2003年的6年时间共采用欠平衡技术钻井150余口，2004年全集团完成欠平衡井50～60口，按全集团每年打井7 000口计算，欠平衡钻井数还不到钻井总数的1%。

巨大的差距意味着巨大的市场。如果整个中石油集团采用欠平衡方式钻井的比例达到10%，每年就有700口井的市场容量。

在四川，2003年欠平衡钻井33口，2004年完成35～38口，已经占到川渝气田钻井总量的20%以上，四川在采用欠平衡钻井技术发现油气和解决工程难题两方面所取得的成果在全国非常突出。也可以说，正是因为四川在欠平衡钻井应用中取得良好效果，才赢得了市场的热烈反应，其钻井量才得以快速增长。

欠平衡钻井是很早就有的技术，由于人们认识能力和技术水平的限制，长期以来这项技术被限制在非常狭窄的范围使用甚至被束之高阁。即便使用，也仅仅是作为常规钻井的一种补充。近年来，随着井控装备等一系列支撑技术的成熟，欠平衡钻井的能力越来越多地被发掘出来，一些以前认为不能打欠平衡井的地层也能够打了、不适合采用的工艺也能够采用了。在一些地方，欠平衡钻井甚至还获得了众多意外发现，显示该技术越来越成为一种增产技术和一种提高采收率的重要手段。从发展趋势看，随着与之相关的认识不断深化、技术与装备的不断成熟，欠平衡钻井的应用范围将会越来越大。

3. 欠平衡钻井的发展

中石油集团要求2009年各油田开展欠平衡钻井技术的应用。此前，西南油气田分公司也明确要求，凡是具备使用欠平衡钻井条件的井，一律使用欠平衡钻井技术。显然，欠平衡钻井技术正在成为勘探开发的主导技术之一。

但是欠平衡钻井是一项系统工程，必须进行

系统的研究。目前推广欠平衡钻井的基本条件虽然已经具备，但需要攻克的难关还很多。比如，全过程欠平衡钻井中完井、录井和固井的问题，欠平衡钻井技术如何与水平井、分支井等相关技术配合实现最大限度增产的问题，从储层欠平衡钻井发展到全井欠平衡钻井过程中可能产生的诸多问题等。这些问题涉及工艺理论、技术装备、具体施工工艺等各个环节，必须加大力度进行系统的攻关。

同时，欠平衡钻井是一项高风险、高技术的作业，必须规范运作。什么样的井适合搞欠平衡钻井、什么样的地层适合什么方式的欠平衡钻井、什么样的队伍才能够承担欠平衡钻井施工作业、技术措施如何落实、安全保障如何到位等，要解决这些问题必须建立一套完整科学的规范体系并真正实现规范化运作。根据先进国家的经验，欠平衡钻井一定要由专业化公司操作，并由公司在每口井派驻专业的欠平衡钻井监督人员。中石油集团公司将要组建并武装一批专业化的欠平衡钻井公司，培养一批高素质的欠平衡钻井监督人员，设立资质要求，实行市场准入制度，使欠平衡钻井在规范、安全的环境下发展。

4.欠平衡钻井的主要装备

欠平衡钻井所用的地面常规装备有氮或压缩气供应装置、容积小且压力大的注液泵、液-气混合管汇、节流管汇、钻屑或钻井液取样器、化学剂注射泵、采油分离系统和自动燃烧气体系统。以下是国外比较先进的专用装备。

(1)高压旋转分流器-防喷器系统，又称旋转防喷器(BOP)。国外有好几个厂家都有专利产品，其中美国 Williums 工具公司生产的旋转防喷头使用最多，压力级别最为齐全。该公司供应的高压系统有7000 型和7100 型两种：7000 型的静试验压力为 21MPa，工作压力为 10.5MPa；7100 型包括旋转控制头总成、热传递-润滑装置、遥控监控台和遥控防爆电源设备。其旋转控制头总成壳体试验动压力可达 70MPa，静压力为 35MPa，工作压力为17.5MPa。

(2)液流导向系统。国外研制的一种电磁阀导向系统，可增加钻深。马达被设计成一种金属对金属的叶片，采用非弹性体制成的正容积马达，不会由于失速而使转速过快。

(3)地面分离系统。2006 年前后，国外加强了地面分离系统的研制，包括压力额定值为 35MPa 的地面分离装置、自动节流系统及各种分离器，这些设备可处理大量液体、岩屑和钻井液。此外，有一种密封循环分离器，每天可处理 566 336m^3 的液流。还有一种高效小型分离器，适用于近海地区。委内瑞拉 Mamdbo 湖有一口近岸井，为了降低化学剂成本，首次使用密封循环地面分离系统，还使用配有全套连续油管的驳船和 2 000bbl(1bbl = 115.627dm^3，原油标准桶)容量的泡沫装置。泡沫循环液密度降低到 179.74～359.4kg/m^3，分离后泡沫可再循环使用，以降低配制化学剂和水的成本。

(4)隔水管帽(Riser Cap)旋转防喷器系统。这是一种回流装置，所用主要设备是旋转控制头，装在水上隔水管顶部，可代替隔水管系统的滑动接头、球形接头和分流器。将高压软管接到旋转控制头双流管出口端，可提高井控能力，防止钻井液流失。高压机械密封装置装于钻台下面的钻杆与隔水管之间，钻井液通过软管回流井下。

(5)实用隔水管(Virtual Riser)装置。该装置包括旋转控制头、封隔器-锁定总成和环形压力控制-排放系统三大部件，其中封隔器-锁定总成是一个经改进的直径为 508mm 的可膨胀套管封隔器，可实现控制头及井口下面套管间的压力密封。其元件是一个 3m 长的密封，置于 660.40～914.40mm套管里面，用遥控船可遥控该封隔器。

(6)地面数据采集系统。欠平衡钻井时，要测量并记录压力、速度、气含量、液含量和温度，并实时显示这些数据，防止出现过平衡和井喷现象。该系统可在钻井作业时，通过与现有钻井控制与监测系统接口，提供实时信息，还可与动态多相流量模型接口，以便将实际参数与计算参数加以比较。

五、膨胀管钻井技术

膨胀管钻井技术被称为 21 世纪钻井、完井最具革命性的技术之一。这项技术是将管柱下到井内,以机械或液压的方法,使管柱发生永久性塑性变形,为易塌、易漏地层打"补丁",使井眼或生产管柱内径扩大,优化套管层次,改善井身结构,节约钻井成本,是一种全新的钻井、完井和修井方法。

20世纪80年代,壳牌公司开始研究膨胀管技术。目前,提供膨胀管服务的公司有哈里伯顿公司、贝克石油工具公司和斯伦贝谢公司等,研发速度较快的是壳牌和威德福公司。

膨胀管分为割缝膨胀管和实体膨胀管。割缝膨胀管主要用于封隔复杂层段、代替常规割缝衬管和防砂,而实体膨胀管主要用于修补套管以及多分支井和单一井径油井的建井。

贝克石油工具公司于1998年在美国加利福尼亚州贝尔里奇油田用膨胀管完成了一口多分支井的6级完井。迄今为止,该公司在非洲、亚洲、欧洲、北美洲和南美洲完成了10口多分支井的6级完井。同一时期,斯伦贝谢等公司也进行过多分支井的6级完井。

目前,国外发表文献较多和呼声较高的是膨胀防砂网技术和单一井径油井的建井技术。威德福公司仅在2003年就进行了228次膨胀防砂网安装作业。为提高膨胀防砂网的效率,威德福公司研制出一种高柔曲性的旋转扩管系统。这种扩管系统是把过去的上提和下压扩管改为旋转扩管,由于使用了旋转扩管工艺,扩管所需要的力降低90%。

单一井径井眼是在井眼内下入多级同一尺寸的膨胀管并固井,钻达设计深度后,再下入比衬管直径小的套管柱到井底,然后固井,从表层套管鞋到目的层形成了单一井径的井眼。

壳牌研究公司认为,单一井径油井是油气工业的一大突破,可降低44%的钻井液用量、42%的水泥用量、42%的套管用量和59%的钻屑生成量,在海上钻井和建井中可节省33%~48%的建井费用。为了提高膨胀管与井壁的密封性,国外利用弹性物喷涂技术在膨胀管外面喷涂了一层弹性物,利用弹性物的弹性加强管体与井壁的密封,可实现层间封隔。目前,这种封隔技术已投入使用,但仍然需要作进一步的研究和现场评价。

目前,单一井径油井是在11.75in表层套管内安装9.625in的膨胀管,扩管后达到10.4in的井眼直径,最后在10.4in的井眼内下9.625in的套管并固井(1in=0.0254m)。据壳牌公司称,通过4年的努力,实体膨胀管技术已完成从试验到应用的飞跃,消除了初期对实体膨胀管技术的排斥心理。多数用户认为,实体膨胀管是一种低成本和低风险的技术。壳牌公司下一步要研制其他尺寸的单一井径膨胀管,进一步提高建井的经济效益。另外,国外也正在研究和开发制造膨胀管的新材料。

膨胀管在堵漏、修复、防塌和防砂方面为石油工业界提供了一种新的方法和手段,通过发展和完善具有较高的推广价值,但在建井方面,特别是在单一井径建井方面局限性较大。一是迄今为止所有的单一井径建井试验应用,都是在钻井和建井成本很高的海上,在陆上的应用价值还无法评价;二是采用这种方法建井后的油井寿命还没有办法验证。

胜利油田在承担国家"863"计划项目——"膨胀管钻井技术"的研究课题后,获得实质性突破。研究成功了膨胀管及其配套工具的材料选择、加工工艺和膨胀管钻井及完井的配套施工工艺,整体技术达到国际先进水平。被称作为套管和地层打"补丁"的膨胀管钻井技术,在胜利油田滨南采油厂林3—侧更11井首次成功进行了侧钻井现场试验,创造了国产实体膨胀管技术施工243.25m的最长纪录;另外,在商23—侧27井,成功进行了第二口侧钻井膨胀套管完井应用现场试验,填补了我国实体膨胀管技术在侧钻井中应用的空白。

胜利油田钻井院2003年引进了美国技术,在现河厂成功进行了两口侧钻井实体膨胀管完井技术的现场应用。钻井院石油完井研究所专家唐明用"惊讶"来形容当时的感受。因为他亲眼所见的是,钢管真的能在井下胀开,而且膨胀长度可达390m,美中不足的是"太贵了",因为采用的都是进口工具和钢材。

2004年,胜利油田钻井院申报了中国石化"实体膨胀管技术研究及应用”课题，进行科技攻关和工具的研发。2005年9月，胜利油田在现河进行了第一口膨胀套管补贴并取得成功，为这口井成功实施了“打补丁”手术。这次，内径为94mm的接近N80级的特制套管，膨胀后可达105.5mm，124.2mm的可膨胀至139.5mm，证明了这项技术的不同凡响。

2006年，钻井院趁热打铁竞标国家“863”计划“膨胀管钻井技术”项目并取得成功，开始对膨胀套管技术、膨胀筛管技术、等井径膨胀套管技术、膨胀波纹管技术和井眼扩眼技术等进行全面研究与开发。

目前，胜利油田在国产膨胀管技术方面，已经取得以下几项突破性应用：首次带有可膨胀螺纹的实体膨胀管井下现场应用；首次单井一次性突破百米实体膨胀管井下现场应用（梁38—1井），并创同期一次性应用的最长纪录；首次完成侧钻井膨胀套管完井现场应用并创一次性最长施工纪录（243.25m）；等等。

目前，油田有大量套管损坏的油水井，采用厚壁管补贴技术或者波纹管补贴技术，可靠性及补贴效果相对较差，且修复套管长度有限，面对大井段套管损坏无能为力。而膨胀管补贴技术成功率高，且具备上千米套管补贴能力。截至目前，该技术已在胜利、江苏、大港等油田实施了二十多口，靠“打补丁”有效解决了以往修井工程难以解决的大井段套管修复问题，并提供了全新的侧钻井完井方式，有效扩大了生产井眼尺寸，提高了固井质量。

这项技术目前主要用于套管补贴和侧钻井完井，其更广泛的用途还是用于钻井过程中的应急处理及改善井身结构。胜利油田钻井院的理想目标是：井径膨胀套管技术开发成功后，无论井钻多深，都能用同一种型号的钻头打到底。

六、连续管技术与装备

连续管技术是石油天然气勘探开发中一项应用广泛的先进技术，目前世界上有一千多套连续管设备应用于石油钻井、完井、测井和修井作业中，尤其对水平井的后期作业与措施有着常规作业技术和手段难以具备的独特优势。我国连续管技术装备及配套工具长期依赖进口，严重制约了连续管技术在我国的推广应用。为此，国家科技部组织专家经过严格而科学的论证，将连续管技术与装备列为国家“863”计划先进钻井技术与装备项目的重点课题，主要是研究连续管制造及监测评估技术、连续管井下作业与井下工具、连续管测井工艺与井下工具、连续管增产技术等，研制具有国家先进水平的成套连续管技术和装备。

连续管作业技术是一项具有广阔应用前景的实用性技术。这项技术能实现在不动管柱条件下的油、套管内冲砂等各种井下作业，相对于用螺纹连接的常规油管而言，他是卷绕在卷筒上拉直后直接下井的长油管。由于技术复杂，设计难度大，要求高，目前只有国外极少数大公司能够自主设计制造，而这些公司的技术研究和生产技术一直处于高度保密状态，并且年总产能只有5万t，订货周期长，根本无法满足市场需求。

1. 连续管作业技术的发展

连续管技术在全球首次应用是在二战期间的1944年，当时只是将连续管作为燃料输送管。直到20世纪60年代，世界石油工业界才考虑使用连续管，但是20世纪90年代初连续管还没有得到真正普及，90年代中后期才开始使用连续管钻新井和在老井中进行侧钻。据报道，1962年加利福尼亚石油公司及勃温工具厂研制出第一个原始型“连续管轻型修车装置”，用来清除海岸区油气井中的砂桥。20世纪80年代中后期，世界原油价格下跌，迫使国内外作业公司和服务公司研究和采用可降低钻井成本的新方法，再加上连续管质量和可靠性的提高，使得连续管在修井和完井等作业中的应用急剧增加，取得了明显的经济效益和社会效益。

2. 石油工业领域的“万能作业设备”

作为20世纪90年代国外大力研究和发展的热门钻井技术之一，连续管钻井技术主要是为适应多分支井、老井重钻（包括老井加深、侧钻）、过油管钻井、小井眼钻井和欠平衡压力钻井的需要而发展起来的新技术。其优点主要是设备简单，起下钻容易，不接单根，井控安全，投资少和钻井成本低。目前，连续管钻井技术在油气田勘探与开发中发挥着越来越重要的作用。另外，近几年由于天然气价格涨幅较大，利用连续管进行煤层气钻井已经非常普遍，特别是在加拿大阿尔伯塔南部和美国的部分地区。在加拿大利用连续管开发浅气层和煤层气占很大的比例，目前全世界约有1 100台连续管装置，其中加拿大有200台。由于加拿大煤层气钻井工作量的增加，全球有25%的连续管钻井装置正在向加拿大钻井市场转移。阿拉斯加的普鲁得霍湾油田用连续油管钻水平井，直接用连续油管代替套管完井。截至2007年底，全世界用连续管钻井技术钻井已经超过1万口，预计今后每年应用连续管技术钻新井数量将达到1 000口左右。

近年来，随着材质的不断更新和设备制造技术的提高，连续管质量不断提高，品种不断扩大，长度不断增加，新型连续管作业车在性能方面也大为改观，其能够适应恶劣的现场环境和从事复杂的作业施工，从而使连续管的应用范围更加广泛，现已扩展到修井、完井、管道集输等多个领域。

3. 优点突出的连续管作业技术

连续管作业技术与常规作业技术相比具有节约成本、作业起下快速、施工效率高等优点。连续管又称挠性油管或柔性油管，可广泛应用于修井、测井和钻井等领域。在钻井工程中，连续管钻井能够安全地实现欠平衡压力钻井作业，有利于保护油气层，提高钻速，不需停泵接单根，可实现钻井液的连续循环，减少起下钻时间，缩短钻井周期，提高起下钻速度和作业的安全性，避免因接单根而引起井喷和卡钻事故的发生。该项钻井技术特别适用于小眼井钻井、老井侧钻等，可有效节约钻井成本。其地面设备少，占地面积小，特别适合于条件受限制的地面或海上平台作业，降低井场建设和维护费用，设备移运安装快捷、方便、灵活。因为钻管没有连接器，所以无需花时间去装配和拆卸连接器，也无需动用起重机安装三联管和四通，比常规钻井平均少用2人。同时，因操作人员现场施工量减少，伤亡事故也相应减少。随着国家和社会不断提高作业的环保要求以及我国东部油田增产挖潜工作的深入，需要采取在套管内侧钻水平井的方法对一批复杂断块油田开采剩余油以及对待废井、工程事故井、停产井进行挖潜复产或增产；此外，我国西部油田的开采以深井、超深井及水平井、丛式井为主，因此，随着我国侧钻井和小井眼钻井需求的不断增加，实现连续油管作业技术的国产化，对我国石油工业的发展具有重大意义。

4. 连续管技术应用于水平井修井作业

采用水平井技术开发油气藏，已成为提高单井产量和采收率的有效手段之一。目前，我国陆上油田已开始规模化应用水平井技术，水平井技术也将成为未来海油陆采的主要手段。预计未来几年，我国水平井修井作业和增产措施作业的工作量和作业类型将大幅度增加。2007年，中国石油水平井超过800口，但水平井特殊的井身结构，使得常规水平井修井作业和增产措施难度大、效率低、费用高、易发生井下事故。

连续管技术应用于水平井修井作业和增产措施，有利于实现施工过程的简单快捷和安全可靠，提高作业效率，降低劳动强度和作业成本，减少对地层的伤害。

5. 我国建设亚洲首条连续管生产线

我国国内各大油田近年来也相继引进了连续管及其作业车，并成功地解决了油田生产中的一些特殊难题。1985～2005年，国内陆上各油田共引进连续管作业设备二十多台，主要分布在大庆、胜利、中原等油田。大庆油田、塔里木油田、吐哈油田利用连续管作业技术进行了气举、清蜡、洗井等作业，成功解决了油田生产中的一些特殊难题，取得了良好的效果。但是，与国外相比，作业设备的利用率还比较低。

连续管装置在我国长期以来一直处于技术空白。2007年12月25日，被列入国家“863”计划和中石油集团公司重大科研项目的亚洲首条连续管生产线，在宝鸡石油钢管有限责任公司开工建设。宝鸡钢管公司作为我国石油制管行业的领军企业，历来高度重视科技创新工作。公司此次承建的连续管生产线，是亚洲第一条、世界第三条连续管生产线，设计年生产能力1.5万t，产品管径25.4～88.9mm，壁厚1.91～6.35mm，具有广阔的市场前景。为确保这个项目的顺利进行，公司科技人员全力以赴，克服资料缺乏等困难，创造性地开展了一系列技术攻关和设备研发工作，取得了一个又一个阶段性成果，并申报多项国家专利。目前，这条生产线的工艺设计、流程布置、检验设备的研制和生产设备及生产线的设计等工作已相继完成。

随着宝鸡钢管公司连续管技术开发应用步伐的进一步加快，国产连续管将逐步替代进口产品，以满足中国石油市场开发的需要。与此同时，宝鸡钢管公司的产品结构也将更趋合理，核心竞争力将大幅度提升。这条连续管生产线于2008年初完成进口设备的招标及初步设计审查工作，2008年9月完成厂房及配套设施建设，设备安装工作等交叉进行，2008年底正式投产。

6. 胜利油田采油院攻克连续管作业技术“难题”

早在2005年，胜利油田采油院的科研人员就开始连续管作业技术的研究，一切都是从零开始，到2005年底，他们就研制成功外径38.1mm、作业深度2 400m的连续管。试验表明，其抗内压、弯曲和拉伸性能均已达到现场应用要求，一举攻克了连续管作业技术的主要瓶颈，在我国连续管技术国产化方面迈出了坚实的第一步。胜利油田采油院经过近三年的攻关和大量试验，攻克了连续管注入器和对注入器与卷筒协调控制的两项技术“瓶颈”，自主研制出国内第一套具有自主知识产权的连续管作业设备，该设备外径为38.1mm，连续管作业深度长达3 000m。

2007年，运用连续管作业技术为郑408—试1井现场解堵成功。郑408—试1井是郑408区块进行火烧驱油先导试验的一口注空气井，是中石化的重点试验井。由于湿热空气的作用，油套管柱易腐蚀生锈脱落，脱落物若堵塞油管，就会造成注气异常，严重时可导致整个试验前功尽弃。在此之前，油管出现过一次堵塞，当时采用压井换管柱的办法作业，施工15天，作业费用近500万元。2007年春节出现了第二次堵塞，情形更为严重，需要尽快拿出不动管柱解堵作业方案并立即实施。现场提出的多种方案很快被排除，这时连续管冲砂技术的优势凸现出来。经过三天两夜的努力，采用连续管作业技术，未动管柱便一举解堵成功。这是连续管作业技术在油田的第一次牛刀小试，当时部分环节还依赖于进口设备。连续管作业技术节约成本、作业起下快速、施工效率高的优点，在郑408—试1井现场解堵作业施工中发挥得淋漓尽致，在没有动管柱，也不用压井的情况下进行作业，既节约了成本，又简单省时、安全可靠。因为连续管的直径小，可轻易地通过油管作业，又因为没有压井，也避免了因压井而产生的地层损害等等。

7. 我国首台连续管作业机研制成功

2008年2月，由中国石油集团钻井工程技术研究院江汉机械研究所研制的连续管作业机在大港油田顺利通过6口井、8井次的现场工业性试验考核，标志着国家“863”计划连续管技术与装备课题取得了重要的阶段性成果。

现场工业性试验结果表明，连续管作业机的整机越野性能和运移能力经受了泥泞道路等恶劣条件的严峻考验，设备安装和拆卸迅速，连续管作业机各部件运行正常、平稳，系统压力稳定，仪表显示准确，整机操控性能良好，完全可以满足现场施工作业的要求，整机性能达到国际先进水平。

在现场试验期间，连续管作业的优越性和先进性得到了充分的体现和发挥，尤其是在大港油田3口水平井作业中，在用常规方法无法解堵和冲砂时，采用连续管技术进行冲砂解堵取得了很好的效果。通过现场试验，全面试验和考核了连续管作业机的整体性能指标和技术参数以及作业能力，标志着我国研制连续管作业机获得成功，为连续管技术的推广应用奠定了良好的基础。

8. 培育核心竞争力，走国产化之路

连续管技术在处理疑难作业井时，越来越显出常规方法无可比拟的优势。当前，随着国内外油气勘探难度的不断加大，配套勘探技术体系的应用已经成为获得油气发现的决定因素。有关专家也指出，我国在发展连续管装备和作业技术时，应该将应用与开发同时进行，一方面引进国外的最新作业设备及工具，提高开发应用的起点，同时培训操作人员，在小井眼钻井和修井作业领域有所作为，使市场经济效益明显化；另一方面加紧研制连续管作业设备和应用技术，保证市场的延续和扩大。

七、套管钻井技术

套管钻井技术是指在钻进过程中，直接采用套管（取代传统的钻杆）向下传递机械能量和水力能量，井下钻具组合接在套管柱下面，边钻进边下套管，完钻后作钻柱用的套管留在井内作完井用。套管钻井技术将钻进和下套管合并成一个作业过程，钻头和井下工具的起下在套管内进行，不再需要常规的起下钻作业。

套管钻井的目的是降低钻井成本、提高钻井效率，用随时对钻完的井眼下套管完井的方式把井下问题的复杂性减小到最低程度。套管钻井系统采用一种完全不同于常规油气井钻井的方式。在常规钻井工艺中，使用的是由钻铤和钻杆组成的钻柱向钻头施加机械能以及为钻井液提供水力通道，当需要换钻头或下部钻具组合（BHA）以及钻达设计深度时，要把钻杆从井中提出。而套管钻井系统是对常规钻机稍加改造或者使用比常规钻机小得多的车载钻机，使用标准的油井套管把机械和水力能量传递到钻头，钻进时使用锁定在套管中的可回收式下部钻具组合或者一个钻头钻到目的层的方式，节省了钻进时间，减小了井下情况的复杂性。

目前国外套管钻井系统主要有 Tesco 公司及 Weatherford 公司两种系统。

Tesco 套管钻井系统以常用的油田生产套管作为钻杆，同时进行钻井和下套管作业。钻具组合上部的钻井锁（DLA）把钻具与套管进行机械连接（轴向和扭矩）和液压密封，可回收式钢丝绳井下钻具组合连接在套管的底端，在下部钻具组合的最下部由外径小于套管的领眼钻头和扩孔器组成，有时也可能包括其他常规钻柱组件，如泥浆马达、取心工具或导向系统等。在定向井中，井下钻具组合还包括弯外壳井下马达和随钻测量仪，随钻测井或取心设备等其他工具也可以同时下井，进行常规钻井作业的任何作业。钻到预定井深时用钢丝绳将下部钻具组合收回，然后进行固井作业。

Weatherford 套管钻井系统与 Tesco 套管钻井系统原理及设备基本相同，但 Weatherford 套管钻井系统更侧重表层（或技套）的施工，立足于一只钻头打完全部进尺，不在套管内起下工具串。其所用 PDC 钻头为特制，胎体由易钻材料制成，通过一个特殊装置（投球丢手）与套管相接。套管内可预先放置易钻固井浮箍（简易承托环），钻至预定井深后，利用特殊装置将下部钻头胀裂，然后进行固井作业。下次开钻时可将钻头体方便地钻碎，由钻井液携带到地面排除。而进行生产层钻井时钻头可直接与套管下部接箍连接，钻至设计井深后和生产套管一起进行固井，不必与套管分离。

目前，我国已经能够自行设计具有独立自主知识产权的套管钻井工艺及配套工具、管材，并完成了多口井的套管钻井现场试验，成功解决了在国内陆上油田现有钻井装备条件下实施套管钻井的技术难题，并获得多项国家专利。国内开发的套管钻井系统主要特点是采用转盘驱动钻井方式，使用机械式套管夹持头（或套管螺纹承扭保护器）连接在方钻杆下，在导管内工作，无需改变原钻机的液压系统。

八、随钻地震技术（SWD）

石油钻井工程是一项高投入、高风险的地下隐蔽工程。地下情况具有很大的模糊性和不确定性，井下事故和复杂情况时有发生，给钻井作业带来了极大的风险，增加了钻井成本，影响了勘探效益。因此，实时掌握地层各种参数，预测地层压力，监控井下状态等具有极其重要的作用。而且，全球油气资源的可持续利用问题日益突出，油气勘探开发正朝着新探区及深井、超深井等方向发展，对钻井效率、成本、安全及油气层保护等方面提出了更高的技术要求，所以必须采取积极有效的勘探手段，科学地进行钻井工程设计和施工，避免和减少各种钻井事故的发生。

井眼地震测量对于确定钻井深度与地震深度的相关性非常重要，对取心、下套管、预防钻井危害以及确定过压带同样非常有用。新的钻井工具的发展使地质导向得以快速发展，如随钻采集可以使操作人员随时更新储层模型，从而降低钻井风险。随钻地震技术（SWD）提供了根据深度和地震旅行时确定井迹的新方法，使钻井操作人员可以朝着地震数据确定的目标有效地指导钻井方向。SWD技术还可用于钻井决策，如取岩心、下套管点、预防钻井危害和确定过压带。精确与可靠的SWD技术首先要解决两个问题：传感器耦合/保真性以及精确定时。这些问题必须在钻井的地质环境中解决，对地震传感器的设计和安装应进行精确的约束，并进行精确定时。

垂直地震剖面技术（VSP）是一种有效的井旁地震勘探方法，在勘探开发中发挥了巨大的作用。但VSP数据的采集需中断钻井过程，在钻井到达某一阶段时进行。这种测量的滞后性使得人们在钻井过程中无法及时掌握钻头与目的层的相对位置，如果此时钻头已偏离目的层，就失去了调整钻头轨迹的最佳时机。而更多的情况则可能因为费用太高或在地表条件不允许安置地面震源而无法得到所需的井旁地震资料。因此，在钻井过程中，如何不中断钻井作业，通过实时地震测量，及时预测钻头前方地层压力情况以及进行井下状态监测，并通过井旁构造成像等技术为井队提供井下实时工作参数，为决策者在钻井过程中及时调整钻井方案、保证钻井安全、提高钻井效率和优化套管设计提供依据等，已成为越来越迫切需要解决的问题。随钻地震技术正是适应这种需要而发展起来的一种技术。

新一代随钻地震技术（SWD）工具能通过多波、多轴传感器、加固检波器、地震加速器和水下检波器，并结合新的高精度定时与可能的地面系统，成功地解决了耦合问题。哈里伯顿公司研究了新工具的设计性能，经现场试验完成了应用多重传感器和不同类型传感器在各种地层和定向井中进行地震数据采集的操作。将随钻地震数据采集与电缆VSP测量数据进行对比，可以确定该方法是否能提供精确的数据。随钻地震技术（SWD）近年来一直为钻井和地质学者所关注，最初是利用地震剖面指导钻井人员钻进目的层。随钻地震技术可以通过两种方式应用：利用井下震源和地面检波器；或利用地面震源，在井下使用一个或多个检波器。早期的SWD商业化服务通常是基于前者进行的。近年来，随着随钻技术的发展，采用了井下检波器与地面震源，由于钻井噪声存在于地震频带范围中，因此数据的采集可能在钻井的某一“无噪声”时期进行，而非钻井时采集。

随钻地震技术系统设计包括地面计算机、地面控制箱、地震震源控制器、地震震源、井下传感器和井下时钟的设计，采用标准的地震震源和控制器。地面计算机主要用于对整个系统的控制和地面数据的后续处理。SWD的地面控制箱用于控制系统内部的时间，采用UTC时间，初始化并核准井下时钟，通过高精度时间测定系统控制震源激发。随后将所有这些信息提供给地面主机，使地面控制箱和井下时钟有机地结合，以确保系统测定的数据精度。

目前，发达国家的一些石油公司，如Schlumberger，IFP等研发的随钻地震装置已投入现场应用，并取得了巨大的经济效益和社会效益。我国也在进行随钻地震信号采集技术、地震信号处理技术、随钻地震信息工程应用等技术的研究，形成了多项具有自主知识产权的随钻地震技术，努力使我国随钻地震（RVSP）技术达到国际先进水平。

九、石油钻采新技术——水平井技术

水平井技术是一项非常有潜力、有优势的新技术，其泄油面积比直井大得多。以一口水平段长600m的水平井为例，可以将水平段长度视同由许多直井点构成，直井的泄油半径为150m。泄油面积为70 686m^2，而水平井的泄油面积则由一个600m × 300m的长方形再加上A、B两个端点上半径为150m的半圆形面积所构成，即250 686m^2（180 000 m^2 + 70 686 m^2），所以，水平井的泄油面积为直井的3.5

倍。特别是对于底水或气顶油层，打直井开发很容易形成水锥进，水平井则十分有利，底水驱油不是锥进的形态，而是脊进形态，这样，水平井的水驱体积就比直井大得多，自然有利于提高产量和采收率。

1. 世界水平井的发展概况

美国和加拿大的资料表明，水平井平均增加可采储量8% ~9%，水平井的稳定产能是直井的2 ~5倍，而对于许多高渗气藏则超过了5倍。

目前，全世界的水平井井数已经超过24 000口，其中绝大多数都属于美国和加拿大，他们的水平井技术成功率达到90% ~95%。从20世纪90年代开始，我国水平井有了比较快的发展，到2000年底，已钻400多口水平井。现在水平井技术在我国已相当成熟，特别是有了MWD和LWD导向仪器后，LWD导向仪器不断地从井下向仪器车发回钻到的深度、钻井的方位轨迹、钻遇的岩石性质等信息，钻井工程师随时可以根据这些信息调整钻井有关参数，确保安全、快速、准确打好井。

目前世界上水平井的水平段最长的是卡塔尔Al Shaheen油田所钻的CA - 14A井，达6 377.9m；中国最长的是南海东部公司的流花11 - 1井，为1 460m；一般水平井的水平段长为300 ~600m。水平井的形式也很多，有单支的，胜利油田临2 - 1单支"阶梯式"水平井钻成两个油层水平段，水平段长分别为191m和199m。国外双支和多分支水平井工艺已比较成熟，在阿曼、委内瑞拉等国家的油田都钻过不少各式各样的多分支水平井，对于提高低渗透油层和稠油油藏的产量起到了很大的作用。委内瑞拉的Orinoco稠油带，地面粘度大于5 000mPa · s，重度为8.4 ~10API度，地质储量1 200亿桶，常规方法很难开发，他们就是依靠多分支水平井技术使这个稠油带实现了经济有效地投入开发，而且预计最终采收率可以达到22.5%。

成熟的水平井技术得到了大规模的推广应用，使得过去一些难以投入开发的低渗透油层、气顶底水油层、裂缝性油层、稠油油层和岩性油层得到了开采，使低产变高产、死油变活油，给油田开发带来了巨大的效益，油田开发的部署方式、开发的渗流规律和动态预测都为之一新，完全打破了过去固有的认识，开创了油田开发新的思路，不少开发人员认为这是油田开发的一场革命。

2. 中国水平井发展概况

中国石油集团公司公布，2008年中国石油水平井、欠平衡钻井等提速技术的集成化进展顺利，效果显著。全年水平井完井已突破1 000口，单井产量大幅提高。

水平井、欠平衡钻井及提速技术集成化三项技术集成化研发与应用的最新科技成果推进了中国石油水平井较快增长，综合应用效果显著。水平井初期平均单井日产油14t，是相同地质条件下直井的3倍左右；水平井形成原油生产能力865万t，占新建总产能的22.9%；水平井百万吨产能建设井数270口，占直井百万吨产能建设井数的23%。

水平井、欠平衡钻井及提速技术集成化三项技术集成化的应用，同时推进了中国石油欠平衡钻井技术的进步，提高了油气发现水平。目前，中国石油各油田共完成欠平衡钻井和气体钻井201口，完成计划的95.7%，与去年同期相比多完成70口，预计全年可完成215口井。

中国石油集团公司2008年推进欠平衡钻井与水平井技术的集成，各油田完成欠平衡水平井18口，平均产量提高4.8倍以上。利用水平井钻井技术可大幅度提高单井产量，欠平衡钻井技术对保护储层效果显著，气体钻井、井下动力钻具配备个性化优质钻头等现代先进技术可以成倍提高钻井速度。将这三项高科技技术集成化应用，达到了既保护储层，又可大幅提高钻速和单井产量的目的。这对于解决油田钻井数量逐年增加、钻井综合成本居高不下、单井产量持续下降的难题和实现中石油集团公司"少井多产"的目标极其重要。

辽河油田大力推广三项技术集成化的应用，取得了10项科技成果，解决了8项技术难题，创造了国内目前分支数量最多、累计储层进尺最长等多项纪录。吉林油田在松辽盆地深层完成了第一口天然气欠平衡水平井，新疆油田利用直井钻机完成钻浅层稠油水平井400余口、鱼骨型分支水平井8口以及TAML4级分支水平井、全过程欠平衡水平井各1口，其中包括目前国内外用直井钻机所钻垂深最浅的一口水平井。

吐哈油田综合应用氮气钻稠油井和实体筛管等自主创新技术，完成7口水平井和10口充气欠平衡钻井，为吐哈油田原油开采增产作出了突出贡献。其中，自主开发的"冻胶阀"筛管完井技术得到2008年世界石油奖提名。大庆油田首次应用了氮气钻井打开储层、可循环雾化钻井和空气锤钻井等新技术，验证了氮气钻开储层和保护储层的作用。

此外，水平井地质导向技术也得到了普及应用，国产技术进一步成熟。2009年，各油田共应用地质导向技术348井次，占总井数的40.3%；平均油层钻遇率87.4%，比上年平均提高3.1%。其中，应用近钻头地质导向82口井。国产近钻头地质导向技术得到进一步完善，目前已进入产业化阶段。

2009年5月17日，新疆油田井下作业公司承揽的油田公司的第一口超稠油、大位移水平井冲砂重点井FHW12006井顺利完成。FHW12006是风城油田作业区重32井区的一口超稠油、大位移水平井，属于断层遮挡构造—岩性油藏，2008年5月18日完钻，原始人工井底574.5m，水平段长300m，50℃时地面脱气原油平均粘度在10 000mPa·s以上，属于超稠油、大位移水平井。

在新疆油田采油工艺研究院的通力配合下，井下作业公司在FHW12006井施工中克服了位移大、出砂严重、管柱下入摩擦阻力大、加不上钻压、砂床破坏分离难等困难，成功冲砂357m至人工井底，使该井重新恢复了活力。为了该井顺利冲砂，井下作业公司在上年的基础上，对施工工艺进行了试验，并做了较大的改进，研制了专用的除砂除油循环系统，使工艺更加完善，为油田公司今后对超稠油、大位移水平井冲砂提供了技术保障。

十、深井、超深井钻井技术与装备

深井是指完钻井深为4 500～6 000m的井，超深井是指完钻井深为6 000m以上的井。深井、超深井钻井技术是勘探和开发深部油气等资源必不可少的关键技术。进入21世纪，我国西部及东部将进一步加强深层钻探工作，需要完成的深井、超深井数将进一步增加。我国深井、超深井比较集中的地区有塔里木盆地、准噶尔盆地、四川盆地及柴达木盆地等。实践证明，由于深井、超深井地质情况复杂（诸如山前构造、高陡构造、难钻地层、多压力系统及不稳定岩层等，有些地层也存在高压高温效应），我国在这些地区（或其他类似地区）的深井、超深井钻井技术尚未过关，表现为井下复杂与事故频发、建井周期长、工程费用高，从而极大地阻碍了勘探开发的进展，增加了勘探开发的直接成本。我国在深井、超深井（主要是深探井）钻井方面的现有装备和技术水平与美国相比还存在较大的差距，平均建井周期与钻头使用量约为美国的两倍。

深部油气资源的钻探与开发方面，需要进一步研究和发展深井、超深井钻井技术，特别是在深探井的钻井效率上应加大科研与开发力度，力求做到开发科学合理的地层压力与地应力钻前预测、实施监测和钻后检测方法和软件，研发适合超深井的高效钻头，研究适合复杂条件下超深井的长裸眼地层承压堵漏技术等，以形成适合复杂条件下超深井钻井的关键技术。

1. 国外第五代、第六代钻井平台（船）配备超深井钻井设备的主要技术特点

（1）钻井设备的动力源为长寿命、少维修、低排放（电脑控制的电喷技术）的大功率柴油发电机机组。

（2）钻井设备（含钻机绞车、转盘、TDS和泥浆泵等）采用大功率（钻机绞车驱动功率一般为3 000～7 200hp，单台泥浆泵驱动功率一般≥2 200hp，TDS功率一般≥1 000hp）（1hp＝745.7W）、数控变频驱动技术，而静液驱动由于驱动马达尺寸小、重量轻、旋转惯性力小、恒功率调速范围大、便于安全控制负荷等一系列优点，也是推广和发展的重点。

（3）钻井设备（含钻机绞车、转盘、TDS和泥浆泵等）采用双套装备，便于采用梯度钻井工艺技术，

以明显减少钻井施工时间。

(4)浮动式钻井的水下钻井设备配备了五高性能：高抗弯能力的联结器和套管头，高强度和耐压浮力块的隔水管，高张紧力的隔水管张紧器，高可靠度的BOP组第四代数字编码控制系统，高可靠度的ROV。

(5)浮动式钻井的水面钻柱运动补偿器系统采用游车型或天车型，具有大补偿能力〔2 669～4 448kN(600 000～1 000 000 lbf)〕和长补偿行程〔6.1～7.62m(20～25ft)〕。

(6)浮动式钻井的立管采用专用立式(或卧式)储存的起重、运送和排放系统。

2. 世界第六代半潜式钻井平台和钻井船

第六代钻井平台(船)的主要特点如下：

(1)钻井平台(船)出现时间在2000年甚至2003年及其以后。

(2)钻井平台(船)钻井工作水深大都在〔3 048～3 810m(10 000～12 500ft)〕乃至更深。

(3)钻井深度10 668～12 200m(35 000～40 000ft)乃至更深，钻机为双套，钻机主绞车功率5 000～7 200hp(1hp=745.7W)乃至更大。

(4)半潜式钻井平台大多为正方形或矩形，立柱多为4～6立柱、矩形截面、无斜撑、少节点。

(5)钻机、顶驱和泥浆泵的驱动方式多为交流变频驱动或静液驱动。

(6)立管多为竖直排列并有专供立管吊运的起重机。

(7)动力定位系统多为DP3或更高级。

十一、高压高温钻井技术

高压高温油气藏，特别是高压高温天然气藏的钻探与开发，急需突破高压高温钻井的技术障碍。按国际通用概念，地温超过150℃称高温，地层压力当量密度超过1.8g/m^{3}或须用超过70MPa的井口装置时称高压，两者同时具备的井称作高压高温(HPHT)井。井底温度超过220℃，井底压力超过105MPa，称作超高压高温井。天然气层的温度较油层的高，地温梯度一般在(3～5)℃/100m，5 000m的井地温就可能达到150～250℃，故天然气井，特别是深层天然气井大都是高压高温井。高压高温井，特别是高压高温深探井，是钻井工程中难度最大、风险最高、工程费用也最高的一种苛刻井。例如北海中央地堑的一口5 000m探井，钻井费用近2 000万美元，开发井费用也不低于1 200万美元；南海崖城21—1构造的3口探井，前两口井未钻达设计目的层，经济损失较大。

高压高温钻井技术是勘探开发高压高温油气藏的关键技术，也是代表21世纪钻井技术发展水平的重要标志之一。

十二、特殊工艺钻井技术

特殊工艺钻井主要包括定向井、水平井、丛式井、大位移井、复杂结构井及欠平衡钻井等。在世界范围内这些特殊工艺钻井技术的研究与应用虽然已经比较成熟，但仍在深入地研究与试验，以刷新技术指标。目前，我国已基本掌握了定向井、水平井及丛式井钻井技术，但是，对复杂结构井、大位移井及欠平衡钻井的研究仍比较薄弱。

1. 大位移井

大位移井是指水平位移与垂深之比等于或大于2的定向井。钻大位移井的主要目的，就是通过大位移延伸实现对油气资源的高效勘探与开发。因此，大位移井钻井的关键技术指标是水平位移的长度。在海洋、滩海及特殊区域的油气勘探与开发工程中，应用大位移井钻井技术，可获得明显的经济效益和社会效益。

2. 复杂结构井

复杂结构井主要是指多分支井，可从一个主井筒内侧钻出若干个分支井筒，并且各分支井都能重入和投产。如果各分支井都是水平井，则称为多分支水平井。多分支井既可钻新井，也可用于老井侧钻，但只适用于油气开发目的。由于多分支水平井克服了常规水平井“一井一层”的不足，可实现“一井多层”，并共用一个主井筒及地面采油设施，钻井费用少，故单井产量高，提高采收率效果好。多分支井与我国陆相沉积油层薄及油层多的特点相适应，对老油田稳产及低压低渗和稠油油藏的高效开发具有重要意义。

3.欠平衡钻井

所谓欠平衡钻井就是人为地使井内流体的有效流动压力低于地层孔隙压力的钻井方式。在钻进过程中允许地层流体进入井内，循环出井，并在地面得到控制。欠平衡钻井有利于发现低压储层，避免对储层的损害，并且能够提高机械钻速，降低钻井费用，还可减少储层增产作业等。美国的调查结果表明，石油公司对欠平衡钻井能够有效地减轻或避免储层伤害最感兴趣，而技术服务公司则更关注欠平衡钻井的高效率。欠平衡钻井是一种高风险的钻井作业，容易引发井壁失稳和井喷事故，必须具有相应的套管程序和增加一整套地面控制装置，故所需费用一般较近平衡钻井要高。在“九五”期间，我国已经钻探了一批欠平衡井，但所用的主要装备是进口的，并且对欠平衡钻井的机理认识还不够深入。

4.三维可控与可视化钻井技术

实钻井眼轨迹通常是在复杂的三维地层空间中变化，看不见、摸不着，尤其是在丛式定向井、水平井、大位移井及复杂结构井等特殊工艺钻井中，如何有效地测量和控制实钻井眼的轨迹变化与稳定，甚至达到“看着打，随意打”的理想目标，是油气钻井向自动化和智能化方向发展的重要研究课题之一。经过不断地研究，在20世纪90年代国内外就掌握了井下动力导向钻井系统及可变径稳定器等技术。同时，国外又进一步研制成功了旋转导向钻井系统，例如贝克休斯(Baker Hughes)的Auto Track RCLS系统、斯仑贝谢(Shlumberger)的Power Drive SRD系统以及哈里伯顿(Halliburton)的Geo-Pilot系统等。这些旋转导向钻井系统，目前主要是为了满足大位移井等特殊工艺钻井的高技术要求而研制开发的。

为了使油藏沿井眼更好地裸露，须用复杂的“地质靶子”(如地层中不同岩层或流体的界面)代替简单的“几何靶子”，而这些“地质靶子”的精确位置往往是难以预测的。于是，国外发明了随钻地质导向技术，如随钻测井技术和随钻地震技术等，以便帮助识别“地质靶子”的位置，从而可将实钻井眼轨迹保持在适当轨道内，更快更好地到达地质勘探和油藏开发的目标。

利用计算机可视化技术，可以更好地解释大量井下测量数据(包括井眼轨迹参数、地层特性参数及近钻头力学参数等)及丛式井设计数据等，实现三维钻井的几何形态、地质状况及力学行为的“可视化”，为三维钻井的优化控制提供信息可视化帮助。

十三、顶部驱动装置钻井

多年来，石油钻井一直是依靠钻机的转盘带动方钻杆和钻具、钻头旋转进行钻井作业的。近年来，随着钻井装备技术的不断发展，为了更好地满足钻特殊工艺井的需要，20世纪80年代，国外研制出一种将水龙头与马达相结合，在井架空间的上部带动钻具、钻头旋转，并可沿井架内安放的导轨向下送进的钻井装置，同时配备了钻杆的上、卸丝扣装置，可完成井下钻柱旋转、循环钻井液、钻杆上卸、起下钻、边起下边转动等操作。因该装置置于钻机的游动滑车之下，驱动的位置比原转盘位置要高，所以称之为顶部驱动钻井装置。

顶部驱动钻井装置可接立柱(三根钻杆组成一根立柱)钻进，省去了转盘钻井时接、卸方钻杆的常规操作，节约钻井时间20%~25%，同时，减轻了工人劳动强度，减少了操作者的人身事故。使用顶部驱动装置钻井时，在起下钻具的同时可循环钻井液、转动钻具，有利于对钻井中井下复杂情况和事故的处理，对深井、特殊工艺井的钻井施工非常有利。

顶部驱动装置钻井使钻机的钻台面貌为之一新，为今后实现自动化钻井创造了条件。目前国内外的深井钻机、海洋及浅海石油钻井平台、施工特殊工艺井的钻机大多配备了顶部驱动钻井装置。1993年，国内开始顶部驱动装置的研究工作，1996年完成了顶部驱动装置样机的台架试验。1997年，宝鸡石油机械厂生产出了DQ60D型顶部驱动装置，在塔里木油田钻井队使用后现已批量生产。截至2004年，我国在用的顶部驱动钻井装置大约有150台。

1. 国外顶部驱动装置的发展

顶部驱动装置是公认的近20年来钻井设备的一项重要创新，其优越性在海、陆钻井实践中已得到证实。顶部驱动装置一直处于不断改进、不断完善、不断提高的过程中。

(1) CanRig Drilling Technology。CanRig Drilling Technology是Nabors Industries的一个子公司，曾在1986年生产了第一台顶部驱动装置，1986～2001年，销售总数达到200台，而2001～2007年的仅仅6年销售量又增加300台。这500台顶部驱动装置中85%～90%是用于陆上，说明在陆上顶部驱动装置都已得到普遍应用。

在可靠性方面，该公司1986年销售的第一台顶部驱动装置至今仍在使用中，已经连续工作近21年。即使这样，CanRig依旧致力于可靠性方面的改进，其中包括工程、材料、部件和人力因素等各个方面，也包括对用户的培训。由于对可靠性的不断改进，越来越宽地打开了陆上钻井的潜在市场。

为了进一步提高可靠性，该公司提供监控服务，以判断系统中的部件是否需要修理或更换。在休斯顿北部公司的办公室中，CanRig能实时遥测24个数据点。目前在全世界受监控的大约有80台顶部驱动装置，可以自动发送电子邮件给钻井承包商的维护负责人，同时，用户也可以随时观察到顶部驱动装置的工作状态。对早期销售的顶部驱动装置，如果用户需要也可以更新安装监控系统。

(2) Tesco Corporation。Tesco Corporation是在20世纪80年代中期开始生产顶部驱动装置的。该公司为适应最新、最大的海洋钻井要求，认为减轻重量是顶部驱动装置设计的一个关键因素。Tesco已经多年在顶部驱动装置上采用永磁电动机。在得到同样功率的情况下，永磁电动机比普通电动机的重量大大减轻。当提供450马力(1马力=735.5W)时，一个使用铜线圈和铸铁箱的交流电动机重达1 200～1 500lb(1lb=0.45kg)，而永磁电动机只有200～250lb。

采用永磁电动机，价格上升约20%，即使这样，Tesco依然销售状况不错。因为它具有某些领域的适用性，可以使用小一些的井架而得到更大的功率。配有永磁电动机的顶部驱动装置已安装在自升式钻井平台上。

(3) National Oilwell Varco和Maritime Hydraulies。National Oilwell Varco(NOV)和Maritime Hydraulies都已分别生产了最大能力1 250t的顶部驱动装置。这两个公司的目标都是超深水和超深井市场。

Maritime Hydraulies的1 250t顶部驱动装置从设计上就考虑尽量减少非生产时间，采用两个顶部驱动装置系统，部件是模块设计，可以快速在1个小时内更换。

NOV的1 250t顶部驱动装置(型号TDX—1250)，具备了NOV顶部驱动装置的所有特点，TDX—1250具有两台交流电动机，采用高可靠性的设计，例如水冷、防火马达、快速传动联结、便捷主轴移动和一个在油盘箱中的1 220t API主轴承等。

(4) Le Tourneau Technologies Drilling Systems。Le Tourneau Technologies Drilling Systems (LTI)在几年前按Rowan的要求开始发展顶部驱动装置。Rowan提出要取消齿轮箱以提高可靠性，按此要求LTI生产了没有齿轮箱的顶部驱动装置。LTI设计了一个低速、高转矩电动机，这种电动机含有高密度磁性钢和线圈，还含有更多铜和铁成分，因而可承受更高的温度，还有一个独一无二的特点是允许钻井液从电动机轴中空流过。为了取消齿轮箱，LTI不断致力于简化设计，尽量消除泄漏、改进过分复杂的系统。

LTI以传感器来监控，测量主要止推轴承的温度，当温度超过极限时能发出警报。

LTI的第一台顶部驱动装置已安装在Rowan的自升式钻井平台上，以后又陆续销售了十多台，主要用于陆上，其规格是500t和750t。目前公司正在发展250t、350t和1 000t规格，同时也致力于开发1 250t规格。

2. 国内顶部驱动装置的发展

(1) 北京石油机械厂研制成功我国首台DQ40Y液压顶驱，填补了我国较大功率液压顶驱研制方面的空白。2009年，DQ40Y液压顶部驱动钻井装置在位于冀东5号人工岛的渤海钻探50666钻井队一次调试成功，并从2 700m开始实施这口井的三开钻井作业，先后完成了钻水泥塞、钻进、造斜、取心等作业，运行情况良好。现场应用表明，DQ40Y液压顶部驱动钻井装置满足了4 000m钻机的使用要求。

北京石油机械厂DQ40Y液压顶部驱动钻井装置的基本性能参数与DQ40BC交流变频顶部驱动钻井装置基本相当，其主动力机由液压马达取代交流变频电动机，整机结构更加紧凑，空间尺寸整体缩小，较好地满足了我国中小型钻机的要求。

目前，中国石油钻井工程技术研究院北京石油机械厂已经具备为4 000m、3 000m、2 000m等中小型钻机、车载钻机以及海洋钻修井平台配套全系列液压顶部驱动装置的能力，并成为国内外品种最全、型号最多、技术先进的顶部驱动装置供货商。

(2)《石油钻机顶部驱动装置》标准制定完成。由北京石油机械厂负责起草，中国石油勘探开发研究院采油采气装备研究所、新疆石油管理局钻井公司钻井顶驱作业技术服务公司等单位参与起草的《石油钻机顶部驱动装置》标准已在2007年8月通过审查。该标准为国内首次制定，目前尚没有对应的国际标准。本标准的实施必然能够控制和提高顶部驱动钻井装置产品整机的质量和性能，其经济效应和社会效应是显而易见的。

《石油钻机顶部驱动装置》标准的制定完成，填补了国内和国际在该领域的空白，标志着北京石油机械厂已成为当今顶部驱动技术的领先者，站在了行业的前列。

十四、稠油开采技术和装备的发展现状

稠油，国外的准确译法叫“重油”。重油是非常规石油的统称，包括重质油、高黏油、油砂和天然沥青等，也就是我们所熟悉的稠油、特超稠油和沥青等。随着人类年复一年地开采石油，常规原油的可采储量仅剩1 500亿t，而目前全球原油年产量已达30亿t，如此算来，常规原油的枯竭之日已不是十分遥远了。很多人甚至预期，到2010年人类就将买不到便宜的石油。所幸的是，大自然还给人类留下了另一个机会——重油和沥青砂，这种储量高达4 000亿t的烃类资源日益引起人们的关注。当前，国际石油界在重油勘探、开发、炼制与综合利用以及环境保护等方面仍存在一些尚待解决的难题，其中最重要的就是如何在现有技术的基础上开发创新，以求更大幅度地降低成本。

1. 重油将成为重要的战略接替资源

近20年来，全球重油工业的发展速度比常规油快，重油和沥青砂的年产量由2 000万t上升到目前的近1亿t。委内瑞拉是重油储量最大的国家，人们预期在不远的将来其日产重油量可达120万桶；加拿大目前的油砂日产量达50万桶；欧洲北海的重油日产量达14万桶；中国、印度尼西亚等国的重油工业近年来也发展迅猛，年产量都在1 000万t以上。

此外，还有一些国家重油储量很大，但由于油藏分布于海上，或在地面2 000m以下，现在还难以大量开采利用。比较常规油、重油和天然气这三大类烃类资源的状况，可以看到重油的前景是最好的，因为他的储量是年产出量的几千倍，而常规油的储量只是年产出量的50倍。

目前，在全球大约10万亿桶剩余石油资源中，70%以上是重油资源。而在我国，陆上重油、沥青资源约占石油资源总量的20%以上。

我国政府在“十一五”发展规划中明确提出，将增加科技投入，大力开展油页岩、油砂、天然气水合物等非常规油气资源的勘探开发，降低开采成本，提高我国油气资源的保障程度。由于我国大规模的勘探评价工作还处于起步阶段，关于重油勘探开发的鼓励政策尚在研究制定中，不久的将来，重油资源将成为我国重要的战略接替资源之一。

2. 稠油开发的工艺过程

稠油油藏的特征是：原油密度在0.92kg/m^{3}以上，粘度从几百毫帕秒至几十万毫帕秒，储层砂岩疏松胶结差，孔隙度高(30%左右)，含油饱和度高，渗透率高。其开采方式主要有以下几种：

(1)蒸汽吞吐。将一定量蒸汽注入生产井后关井一定时间，然后开井生产。

(2)蒸汽驱。从注蒸汽井注入蒸汽将原油驱向生产井,原油从生产井采出。

(3)水平井开发。水平井吞吐,双水平井蒸汽辅助重力泄油技术(SAGD),直井与水平井组合重力泄油技术。

(4)火烧油层。从注气井注入空气,在井下加热空气,热空气将油层点燃,以后持续注入空气,形成火烧前缘将原油驱向生产井,原油从生产井采出。

3. 稠油开发的装备要求

(1)锅炉。排量9t/h、12 t/h、23 t/h,直排形式,出口干度80% ~90%,压力17MPa、22MPa。目前,正在开发大排量锅炉(60t/h)、过热蒸汽锅炉等。

(2)分离器。将80%出口干度的蒸汽分离出95%以上干度的蒸汽,分离出的水回收热能。

(3)隔热油管。外管外径100mm,内管内径62mm,两管之间加隔热材料(三层玻璃棉、三层铝箔,铝箔作用是防辐射,玻璃棉作用是将铝箔隔开),管内空间早期是抽真空后添入惰性气体,最新形式是抽真空后加吸气剂维持真空状态。

(4)举升系统。抽油泵有常规抽油泵、耐高温抽油泵、大口径抽油泵(外径140mm以上)。

(5)气举。采用天然气气举(用来烧锅炉的天然气)。

(6)螺杆泵。多用于稠油冷采,耐高温型正在推广。

(7)完井。预应力完井,先期防砂,后期防砂。

4. 稠油井采技术存在的主要问题

(1)举升问题。由于蒸汽吞吐,生产井近井地带温度高,采出原油温度也高,进入井筒压力降低,原油中的水闪蒸成气体,同时原油含有的天然气也会脱出。由于稠油粘度高,含有胶质沥青等天然表面活性剂,表面张力低,因此原油内部的气体会与原油形成泡沫油,在原油进入抽油泵内时压力更是瞬间降低,泡沫油的体积进一步加大,因此充满泵筒的是泡沫,实际泵的充满系数很低,泵效低,抽油泵的举升能力很低。

稠油热采对产液量要求很大,因为蒸汽驱要求地层压力尽可能低,以便蒸汽区能够尽可能的扩大。蒸汽驱的采注比要求是1.2以上。

(2)蒸汽干度流量的计量与分配问题。干度计量主要是滴定法分析离子浓度,流量计量是孔板。问题是在一口锅炉注多口井时,要求每口井进入的蒸汽干度相同,但蒸汽量按设计数量注入,由于此时水离子浓度相同,用滴定法无法测出干度,因此分配难以准确。

(3)防砂问题。井筒防砂对于细粉砂如果都完全防住,产液量会受到很大影响。另外还有抽油泵的防砂问题。

5. 稠油开采技术和装备发展趋势

(1)举升技术的发展。采用大直径泵,由于直径大,抽油杆和抽油机的负荷也加大。解决的办法是采用直线式抽油机如皮带式抽油机,这种抽油机几乎不存在扭矩的问题,悬点负荷比较容易解决。在较浅的油层,大排量举升的问题已解决。但是井深超过1 000m后,大直径泵抽油杆强度不足问题比较突出。

为了降低大直径泵的举升负荷,有一种方案是采用大直径泵抽吸、小直径泵举升的组合泵形式。由于抽吸进入的是泡沫油,实际的液量并不大,大直径泵抽吸的泡沫油经过大直径泵压缩,使泡沫油的体积缩小,进入小直径泵和附加油管之间的环形空间,这里形成二次液柱使进入小直径泵的压力上升,泡沫油的体积缩小进入小直径泵。由于小直径泵举升负荷低,因此整个举升系统的负荷下降。第二种方案是采用高效气举方式,由于蒸汽驱是降压开采,油层压力一般不足4MPa,排出液量又很大,采用常规气举降低对地层的回压需要很大的气量,成本很高。高效气举方式是在井下安装一种特殊的气举装置,使得一段时间只进气、一段时间只进液,在油管中形成人为的段塞流,段塞流是所有垂直管流流型中液柱压力最低的。这样既可以减少气举用气量,又可以减少对地层的回压,同时排液量又能满足要求。

(2)防砂技术和装备的发展。针对蒸汽驱生产高温、出砂等特点,形成了以非金属泵、金属泵及陶瓷泵为主的系列举升技术。2008年使用特种抽油泵300余台，平均泵效由转驱前的22.7%提高到53.7%，与2007年相比平均检泵周期延长45天。

(3)高温分层注汽工艺技术的发展。一级二段式分层汽驱工艺技术，实现了稠油蒸汽驱注汽方式的重大突破。与笼统汽驱对比，提高纵向动用程度21%，注汽分配合格率达65%。

(4)蒸汽分离与计量技术。采用球型汽水分离器，通过三级分离，使进出口的蒸汽干度从75%提高到95%以上。应用等干度球型分配器实现了不等量分配，计量误差小于5%。

(5)水平井测试技术的发展。在水平井沿水平段采用热电偶测温、毛细管测压、数据地面直读技术，实现了蒸汽突破位置及生产井生产动态变化的实时监测。

6. 稠油开采已经成为保证我国油田稳产的重要手段

1983年，胜利油田边底水厚层砂岩特稠油油藏蒸汽吞吐的先导试验拉开了稠油开发的序幕。随后，油田稠油产量逐年攀升，1996年已经达到年产量230万t的规模。“十五”以来，胜利油田加快了稠油油藏的开发节奏，技术进步使得产量大幅回升，产油量以年均22万t的速度增长，2008年突破350万t。

“十五”以来，胜利油田以稠油热采为代表的配套技术力量不断壮大，使以往束手无策的稠油区块实现了工业化开采。强水敏稠油开发、超稠油和特超稠油开发、水平井稠油开发等一系列技术取得突破，使稠油成为保证胜利油田稳产的重要资源。2008年，全油田稠油产量已占全年原油总产量的12%。

在“十一五”后两年至“十二五”期间，胜利油田继续保持稠油稳产态势，但是目前油田稠油的开发仍然只不过是“冰山一角”。目前胜利稠油油藏累计探明储量达4.7亿t，分布在单家寺等11个油田，覆盖10个采油厂，动用储量3.55亿t，累计生产原油3 600万t，对丰厚的资源来说，被拿出的还仅仅是很小的一部分。稠油平均采收率只有20%左右，与中国石化提出的50%～60%采收率的目标还有很大距离。

我国目前高度重视稠油开采中的有关世界性技术难题。国家“973”计划将“重油高效转化与优化利用的基础研究”列入其中，以加快解决稠油高效转化与优化利用这一世界性科技难题。胜利油田在稠油开发方面一直走在前列，下一步将创新发展热化学驱理论，推广应用稠油加密吞吐等3项成熟技术，攻关形成普通稠油水驱转蒸汽驱等6项接替技术，同时开展多项矿场先导试验，以提高采收率攻关为总体思路，推动稠油开发持续稳定发展。

而在特超稠油开发方面，胜利油田已迈出技术突破的关键一步。所谓特超稠油，是指50℃时原油粘度在10万mPa·s以上的稠油，其采出的原油在地面条件下基本呈固体状，跺上几脚都不变形。特超稠油开发所需注汽压力大、温度高，一般的稠油开发方式根本不适合，国内外几乎都没有可借鉴的经验。2005年，胜利油田第一口应用HDCS技术的郑411—平2井首战告捷，取得了特超稠油油藏开发重大突破。科研人员乘胜推进，对其各环节进行优化研究，多因素、全方位提高注汽质量，HDCS技术在不断实践中逐步成熟，进一步扩大了该技术的应用领域。截至2008年底，胜利油田特超稠油油藏郑411块已应用该技术累计产油7.26万t。该技术还应用于其他此类油藏，如坨826块、单113块，标志着胜利油田对特超稠油油藏实现全面开发。这不仅使胜利油田特超稠油油藏得以“解放”，而且对国内外同类稠油油藏的开发具有重要借鉴意义。

十五、微生物采油技术的发展现状及趋势

2009年4月，在尼日利亚召开的世界石油微生物技术大会上，讨论了微生物采油技术的发展趋势，微生物采油技术受到全世界的关注。

微生物采油技术，是指利用微生物（主要是细菌）或其代谢产物提高原油产量和采收率的技术，具有多种应用工艺。目前采用的工艺技术有微生物清防蜡、微生物单井吞吐、微生物驱油、内源微生物驱油和微生物封堵等。这些工艺技术既可单独应用也可与其他工艺技术结合应用。

1. 微生物采油技术发展现状

微生物采油技术虽然已经过近半个世纪的发展，但并没有在世界范围内形成大规模的应用。主要原因是：一是化学驱、气驱和热力驱等提高原油采收率的技术发展迅速，各石油国主要精力集中在这几项技术的研究上，在微生物采油技术方面的投入要小得多；二是微生物采油本身机理复杂，还有许多机理问题没有得到系统的研究，技术工艺上还存在许多不足。但前期的研究和试验证明，微生物采油技术不仅是可行的，而且具有成本低、适应性广和环保等诸多优势，在最近十几年发展速度明显加快。

目前，美国、俄罗斯、英国、加拿大和挪威等国家非常重视微生物采油技术的研究，研究的投入正在不断增加。近20年来，美国能源部(DOE)共支持了47个微生物采油研究项目，其中有8个项目正在进行之中。美国的微生物清防蜡技术和吞吐技术现已进入工业化应用阶段，微生物驱油技术正在进行广泛的现场试验。其研究结果表明，在注水开发后期的油藏实施微生物驱油技术可提高采收率16%。美国希望将该项技术应用于枯竭油田和不能进行其他三次采油的油田，以延长油田的开发寿命。俄罗斯主要开展内源微生物驱油技术研究，也进入较大规模的工业化应用阶段，在罗马什金、巴什克斯坦和鞑靼等老油田取得了60万t的增油量，并延长了油藏的开发寿命。挪威国控石油和气体公司(Statoil公司)，在北海油区Norne油田开展了一次世界上规模最大的微生物驱油技术试验，取得了巨大的成功，预计可增产原油3 000万桶(1桶 = 158.99dm^3)。Statoil油田还将微生物提高采收率技术作为今后研究的主要方向。

2. 我国微生物采油技术的发展概况

我国微生物采油技术发展主要是在最近十几年。“九五”期间，科技部开始重视微生物采油技术的发展，在国家重点科技攻关项目“复合驱成套技术研究及矿场试验”中开设专题“微生物驱油探索研究”，由大庆、胜利和大港油田共同承担，在菌种筛选和现场试验等方面进行了微生物采油探索研究。由于微生物采油机理比较复杂，学科交叉跨度较大，中科院微生物所、中石油勘探开发研究院廊坊分院、华东理工大学等高校和科研院所积极参与，大庆和胜利油田建立了石油微生物专业实验室，组织了专业研究队伍，微生物采油基础研究取得了重要进展。目前，我国微生物采油技术已基本接近世界水平。

大庆油田微生物采油技术的研究始于1965年，1990年率先在国内进入矿场试验，2002年以来成功进行了多次先导性矿场试验，还开展了微生物解堵现场试验，取得了较好的效果。目前，大庆油田微生物单井吞吐技术已经成熟，逐渐完善了微生物驱、吞吐与驱结合的配套技术，并正在探索聚合物驱后利用微生物调驱、微生物与三元复合驱结合技术，将微生物采油作为聚合物驱后的储备技术。

胜利油田从1995年开始微生物单井处理研究，1998年开始微生物驱油技术研究和试验，2000年开始空气辅助微生物驱油技术研究，2001年开始内源微生物驱油技术研究。经过十几年的研究，胜利油田已形成一支成熟的微生物采油技术科研梯队，创建了国内最先进的微生物采油实验室，建立了菌种筛选及保藏、现场实施效果评价和微生物驱油油藏评价等理论研究体系，在技术应用方面掌握了微生物单井处理技术、微生物区块驱油技术。目前，胜利油田的微生物单井处理技术已进入工业化应用阶段，截至2008年6月，已开展5个区块的微生物驱油现场试验，累计增油10.05万t，同时已完成一个聚合物驱后的区块微生物驱油试验方案，准备进入现场实施阶段。

大港油田先后开展了外源和本源微生物驱油技术的研究，并在6个不同类型的油藏进行了先导试验，形成了微生物驱油藏筛选、方案编制、菌种开发、施工工艺和监测评价等配套技术。2000年与俄罗斯科学院微生物所合作，开展本源微生物驱油技术研究。吉林油田自1996年开始，与日本石油公团、东北大学、关西新技术研究所等国内外科研院所合作，针对扶余油田系统地开展了微生物采油技术的研究和现场试验。辽河油田开展了稠油井微生物多轮次吞吐采油技术的研究和试验，2006～2007 年，实施了 25 口井微生物吞吐试验，累计增产原油 3 927t。华北油田在哈 22TI 油组开展了微生物调驱研究与应用，注入微生物后大约 1 个月左右油井开始持续见效，见效高峰后生产稳定，水油比大幅度下降。青海油田和克拉玛依油田也开展了微生物采油的相关研究，现场试验效果也令人鼓舞。

大庆和胜利油田均建立了微生物采油菌种库，共保藏400多株不同性能的菌种。近几年，又引入微生物分子生态学分析方法，将油藏作为一个生态环境，研究其中的微生物组成，提高了对油藏微生物生态结构的认知程度，并在此基础上深入研究了内源微生物驱油技术，实现了内源微生物的选择性激活。在微生物驱油效果评价方面，大庆和胜利油田也都探索了相关的评价方法，并有了初步的标准。

3. 我国微生物采油技术存在的问题

我国微生物采油技术虽取得了一定进展，但仍存在以下几方面的问题：

(1)对微生物采油主要机理研究不够、认识不足。虽然对微生物采油的各项机理有了一定的认识，但各个因素对作用效果的影响程度尚需进行深入量化研究。如微生物驱油过程中，微生物不同的代谢产物对提高采收率的贡献程度；微生物在油藏中的生长繁殖以及营养物的消耗缺乏量化描述。

(2)微生物采油技术与油藏工程结合不够紧密。虽然目前已有微生物驱油技术油藏筛选标准，但是还存在在微生物驱实施时对油藏的研究不够深入，微生物驱油技术本身对油藏适应性的研究力度不够等问题，而以物模手段开展的适应性研究不能完全解决这方面的问题，如油藏的动态变化、地层的非均质性等。

(3)微生物采油现场工艺优化难度大。微生物试验区块往往都处于开发后期阶段，而油田进入开发后期，地下情况变得非常复杂，使得地面模拟地下难度极大。同时在工艺优化过程中，有两大难题：一是微生物和激活剂在油藏中运移时，会被油藏多孔介质吸附，各种组分吸附量难以确定；二是在运移过程中微生物生长繁殖，微生物总量在变化，这种变化又受到油藏条件和营养浓度的影响，因此其变化量也难以确定，而目前没有成熟的数模，仅依靠物模结果进行现场工艺的确定，所以需要进一步提高微生物驱物模的仿真程度。

(4)综合措施配套不足。目前，在进行三采技术现场试验时，需要比较齐备的相关配套措施，并在现场实施前还要进行大量调整工作，以确保三采技术现场试验的顺利进行。但微生物驱油技术现场实施过程中，还缺少这方面措施。对非均质性严重油藏缺乏相关配套措施，这也是目前试验过程中微生物不能充分发挥其效能的一个重要原因。

(5)对微生物采油技术的认识不足和重视程度不够。微生物采油技术发展时间短，人们对技术本身认识不足。为了快速缩短与国外先进技术的差距，在开展微生物采油技术的可行性研究方面操之过急，在对油藏研究不够充分的情况下就进入现场，一定程度上影响了现场实施效果分析，也影响了人们对这项技术的重视程度。

4. 微生物采油技术的发展趋势

目前，国内的微生物采油技术还没有形成统一的发展规划，各油田根据自身的油藏条件和开发状态确定各自的发展方向。

(1)在微生物技术定位上，各油田都希望将该项技术作为油田开发后期维持油田生产稳定的一项重要技术。大庆油田提出“应用一代(聚合物驱)，研发一代(三元复合驱)，储备一代(微生物驱)”；胜利油田提出“在现有的基础上，大力发展微生物驱油技术”，在不具备化学驱条件的断块油藏、高含水油藏和聚合物驱后的油藏扩大微生物驱油现场试验，完善微生物驱油技术工艺，提高微生物驱油效果。

(2)在微生物驱油工艺选择上，各油田的共同点是将本源微生物驱油技术作为发展重点。目前，大庆、胜利和大港油田均开展了相应的研究和现场试验，并取得初步的效果。近几年，生物表面活性剂的应用也呈现出其独特的优势，受到广泛的关注。

在研究方面，科技部正在促成中国石油和中国石化联合开展攻关研究，集中力量攻克技术瓶颈，计划通过“十二五”的研究实现微生物采油技术的工业化。

此外，微生物在整个石油领域的应用研究也在不断扩大，微生物处理油田污水技术、微生物勘探技术和生物腐蚀的防治技术也取得快速发展。胜利油田已成功开发以微生物处理为特色的油田污水处理与回用技术，部分技术已进入工业化应用阶段，相关的现场试验也在积极开展。随着石油微生物技术的不断发展突破，其在油田开发过程中会发挥越来越重要的作用。

十六、2008 年世界石油工程技术创新特别奖

美国《勘探与开采（E&P）》杂志石油工程技术创新特别奖是由全球知名油田工程技术服务公司和作业公司提交，经石油公司和咨询公司专家组成的委员会评审推出的。该奖项注重新产品和新技术理念以及设计和应用等方面的创新，获奖项目多为单项新技术，并在作业过程中解决了关键问题，为降低油气勘探、钻井和生产成本，提高作业效率和收益方面发挥了重要作用。2008 年度共有 12 项技术获此奖项。

2008 年度 12 项石油工程技术创新特别奖获奖项目是：

1. BJ 石油服务公司的可以免除修井的 SHARP 智能完井系统

SHARP 智能完井系统在初始完井期间通过在井中安装遥控油藏控制阀，可以免除与机械修井相关的直接费用。该系统可以在油井寿命期限内经济、可靠地实施多次完井，并独立遥控每个产层以优化油气生产。

2. 哈里伯顿公司的具有自修复功能的 Swellpacker 电缆系统

Swellpacker 电缆系统是一种电缆馈通封隔器，允许单根或多根控制与通信缆线通过，而无需切割和拼接电缆，用于裸眼井和套管井完井。Swellpacker 系统橡胶的自愈合特性确保了控制缆线周围以及与地层间的完好密封。在中东已经成功地用该系统实施了世界上第一个裸眼完井，节省了大量建井费用。

3. BJ 石油服务公司的 ComPleteMST（多层段、一次起下）系统

ComPleteMST 系统是一种经济的替代常规“多层充填”完井和增产作业的系统，有助于在多个生产层段实施一次起下砾石—压裂—充填完井。该系统具有很大的灵活性，在完井、增产或生产作业期间，可对层段进行有选择的封隔，甚至可以先完成某些层段，以后再返回完成剩余层段。

4. 休斯克里斯坦森公司的能降低钻井风险与非生产时间的 EZCase 钻头

EZCase 是一种优质的 PDC 钻头，独特的设计和广泛的应用领域，使其成为新兴的套管和尾管钻井市场的一部分。这种钻头可以安装在套管或尾管上，引导油管达到现有的总深度或有效地钻入新地层。这种新技术使钻井和下套管（或尾管）作业融为一体，降低了非生产时间和钻井风险，提高了钻井作业的经济性。

5. 哈里伯顿公司的能降低建井总成本的柴油基 INTEGRADE 体系

INTEGRADE 体系是惟一的不含黏土与褐煤的柴油基钻井液，通过降低柴油和添加剂的用量，改善了钻井性能，同时使井下漏失量降至最低，并减少环境污染。INTEGRADE 体系的凝胶结构很独特，凝胶能够快速形成并达到很高值，具有极好的悬浮和井眼清洁特征，可避免沉降。当阻断循环时，能降低当量循环密度和波动效应。

6. AtBalance 公司的动态环空压力控制（DAPC）系统

DAPC 系统可以自动地测量、管理和控制井下压力。该系统是用于继续开发现有油田和勘探新油田的创新钻井系统，是由美国矿产管理服务局（MMS）核准的第一个用于墨西哥湾深水平台上的自动压力控制钻井系统，后来 MMS 又核准其用于深水静态欠平衡钻井。

7. WesternGeco公司的动力传播控制(DSC)技术

在Q - marine地震采集系统中引入DSC技术,可以极大地改善海上设备定位的可重复性,更精确地监测油藏流体的变化。除拖缆之外,DSC技术对震源实施独立定向。四维定向控制器利用以前的测量信息和密集的海上实时声波定位网络,自动地定向测量船、震源和拖缆,以达到最佳的四维匹配效果。

8. 哈里伯顿公司的In - Site方位深电阻率传感器(ADR)

In - Site ADR能够在32个方向上、以14个不同的探测深度测量地层电阻率,对仪器四周地层进行综合成像,测量地层的各向异性。In - Site ADR可以有效地提高地质导向的精度,避免钻入油气层上部的非产层和下部的含水层。广泛的现场测试证实,In - Site ADR可以探测距传感器5.49m(18ft)的电阻率变化,有助于钻井期间建立更精细的地层模型。

9. 贝克石油工具公司的EmuSOLV油井恢复处理液

EmuSOLV油井恢复处理液含有酸、溶剂和表面活性剂,能够分解常见的油田乳状液,使非混相流体分离,并使地层砂处于亲水状态,从而优化油气生产。该处理液用于处理泥浆滤液侵入带,还可以处理因渗透率或流体表面张力遭遇水锁问题的井。

10. Cameron公司的万能采油树连接装置MARS系统

对于海底井,MARS系统的功能类似于计算机的USB接口。作为所有采油树的万能接口,MARS系统允许在现有的采油树之间连接任何的工艺处理装备。MARS系统可以灵活、有选择地优化新油田或现有油田的油气生产,提供通用的工作平台。

11. 斯伦贝谢公司的FUTUR活性固化水泥

FUTUR活性固化水泥是一种具有自修复特性的水泥,当油气流过水泥环中出现的裂隙或微缝时,这种活性固化水泥会发生反应并在数小时内永久性地封堵这种流动通道。

12. BJ服务公司的DuraLink可缠绕连接器

DuraLink可缠绕连接器能可靠地将两个连续管(CT)管柱连接起来,除了比对头焊接更快外,接头具有更长的疲劳寿命。此外,该连接器可以抵抗酸腐蚀并可避免因硫化氢应力导致连续管腐蚀破裂。

〔供稿单位:中国石油和石油化工设备工业协会〕

2008年国外石油科技十大进展

一、深水盐下油气地质勘探理论和技术的应用取得重要进展

随着深水盐下油气地质勘探理论和技术的不断创新与应用,世界盐下油气勘探取得突破性进展,分别在巴西海域、墨西哥湾等地区都发现了盐下油气藏,特别是近期在巴西海上桑托斯盆地盐下相继发现一系列重大油气藏,引起业界的高度关注。盐下层系作为油气资源储藏非常重要的一个领域,显示出良好的勘探前景,正在成为世界油气勘探的新热点。

深水盐下油气地质勘探理论和技术的快速发展,深化了对盐下油气成藏条件和油气分布规律的认识,提高了深水盐下油气勘探的效果,为勘探突破奠定了基础。近几年获得的多项地质勘探研究成果和认识,主要体现在:①开发了盐下储层识别、评价和预测技术,提出了盐下油气以碳酸盐岩和生

物礁储层为主的观点，明确了圈闭类型以生物礁建造和背斜构造为主主张，为准确地预测油气分布和部署勘探战略奠定了基础；②采用先进的盐下地震成像等技术，有助于准确预测岩相模式与储层的非均质性以及确定圈闭的形态、规模与埋深，通过研究形成了一套盐下碳酸盐岩储层预测的配套技术；④地震勘探技术的发展及三维模拟技术的普遍应用，极大地推动了盐构造研究的进程，通过模拟可以恢复盐构造的发育过程和空间变化，对盐构造的勘探及地质解释具有重要指导作用；④通过解析盐构造演化过程，进一步掌握了盐膏层蠕变规律，建立了蠕动压力的预测方法，提高了评价盐下油气成藏条件的准确性。

在深水盐下油气地质勘探理论和技术的指导下，近期全球深水盐下油气勘探获得多个重大发现，特别是巴西发现的 Tupi 油气田是 2007 年全球最引人注目的油气发现，初步估计可采储量达 50 亿～80 亿桶油当量。

二、北极地区油气资源评价获突破性进展

北极是一个资源非常丰富、资料十分匮乏、地质条件极其复杂、环境敏感度特别高的地区。为了更好地了解该地区石油资源情况，美国地质调查局采用统一的评价标准和方法，与多家国际机构一道，用 4 年时间对北极地区待发现的石油资源进行了全面、系统、客观的地质分析和研究，并于 2008 年 7 月公开披露了整个北极地区石油资源的评价结果，标志着北极区首次系统油气资源评价工作取得突破性进展，也表明这套评价方法对于很多勘探条件困难的新区油气资源的评估具有重要的参考价值。

评价结果显示，在北极圈以北地区 25 个最具油气潜力的地质区，共计拥有 900 亿桶待发现的技术可采石油、472 890.56 亿 m^3 待发现的技术可采天然气和 440 亿桶待发现的技术可采天然气液。他们分别占世界待发现的石油、天然气和天然气液的 13%、30% 和 20%，合计占世界待发现的技术可采资源总量的 22%。在这些资源中，估计有 84% 位于海上，多半待发现的石油资源仅局限在阿拉斯加极地、美亚盆地和东格林兰裂谷盆地。广阔的北极大陆架可能是地球上最大的尚未开发的石油储藏地。按目前全世界每天大约需求原油8 640万桶计算，北极蕴含的石油储量能够满足全球 3 年的需求。

三、重油就地改质开发技术的矿场试验获突破性进展

重油就地改质是对重油开发方式的革命性转变，多年来国际石油界一直在探索有效的重油就地改质方法，但仅限于实验室试验。电加热器就地改质现场试验取得成功，直井水平井结合火烧油层（THAI）/催化改质（CAPRI）井首次投产，推动重油就地改质技术实现了突破性进展。电加热器就地改质是通过在地层钻若干口距离很近的水平井，其中一些插入加热器，另一些用来生产和监测。经过一段时间，加热器慢慢将重油加热，随着温度升高，重油开始发生裂解，焦炭留在地下，轻油从生产井采出。在加拿大阿尔伯达西北和平河油砂矿区，应用该技术成功进行了先导性试验，10 万桶黑色半固体状油砂改质成 30～49API 度的轻油。尽管应用规模还不是很大，但该技术有可能成为彻底改变重油开采方式的“游戏变革者”。

THAI/CAPRI 是将 THAI 的热裂解效应和 CAPRI的催化裂解效应相结合的就地改质技术。其中 THAI 技术是一项通过采取垂直注入井和水平生产井的布井方式来提高火烧油层采收率的新技术。在阿尔伯达 Whitesands 油砂项目的三对 THAI 试验井取得成功的基础上，在生产井水平井段安装了两个同心割缝衬管，之间放置了活性催化剂床。这样，产出油先是经过 THAI 的热裂解，然后又经过 CAPRI 催化裂解。在实验室测试中，除 THAI 技术的改质效果外，CAPRI 技术成功改质了 7API 度的原油。在油田现场应用中，2008 年 6 月完钻的试验井 8 月开始注空气和采油，至今正在连续生产，产出油已经由 8API 度改质到 11.5API 度。

四、高含水油田改善水驱新技术取得重要进展

针对世界上大量的已注水和水淹后油藏的深化开发，摸清剩余油的空间分布，有的放矢地开采剩余油成为关键。以极大触及储层井(ERC)为代表的8项新技术将成为未来20年的关键技术,即极大触及储层(ERC)的钻井技术、水平分支井流入量灵巧控制技术、油田智能化全自控技术、井下储层流态无源地震监测技术、储层千兆级网格模拟技术、注入流体随机变性技术、仿生井技术和可深入储层的纳米级侦测技术。

目前正在积极研发ERC井和仿生井,其大部分要素已经实现,如井下智能控制阀可以封堵特定分支,井下监测和地面控制装置可以实时分析流体特性。多家石油公司和服务公司研发的应用液压或电力系统的流量控制技术已经取得成功并得到广泛应用,正在向智能化方向迈进。各大石油公司正在着力研发和推广的数字油田技术已经实现油田的实时监测,为实现能“自动运行”的全自控油田奠定了基础。技术服务公司正在将无源微震技术推向商业化应用。已经攻克千兆网格模拟器的核心技术,并实现了700兆网格的数值模拟。注入流体自变性技术的研发已经取得初步进展,今后的研发重点是使其适应更广泛的油田条件。油藏纳米侦测仪已经研发成功并通过了首次可行性测试,解决了侦测仪在地下“旅行”必须要满足的尺寸、浓度、化学性质等关键要素。

五、随钻地震技术在精确、高效、低成本勘探钻井方面发挥重要作用

随钻地震技术(SWD)是一种根据深度和对地震旅行时的实时跟踪确定井眼轨迹的新方法,主要用于钻井过程中的实时监测,及时为钻井工程师提供取心、下套管点、预防钻井危害及确定过压带等相关信息。随着SWD的不断发展、成熟,作为一种新的低成本的勘探手段,在为油田开发或储层描述提供更加翔实和有效的补充信息方面发挥着越来越重要的作用,近年来在世界范围内得到较大范围的应用,尤其是现阶段对于国内大力发展水平井开发薄产层能更好地发挥精确导向作用。

SWD测量完全是在钻进过程中进行的,对钻井几乎没有干扰,其本身成本很低,如能正确使用可大大降低钻井成本,并能保证钻井安全。如果把检波器或检波器排列置于地表或近地表,则其实质是一种逆VSP(垂直地震剖面),有人称之为随钻VSP或随钻逆VSP;如果把检波器排列置于相邻的井中,则其实质是一种井间地震测量,也可称之为随钻井间地震测量。SWD通过两种方式应用,早期是利用井下震源和地面检波器,近年来利用地面震源,在井下安置一个或多个检波器。随钻VSP技术已经在确定钻头位置、随钻成像、选取固井和取心点、估算钻头附近孔隙压力以及钻井事故预警等诸多方面发挥了重要作用。

新一代SWD工具通过多波、多轴传感器、加固检波器、地震加速器和水下检波器,并结合新的高精度定时与地面系统,成功解决了耦合问题。哈里伯顿公司对新工具的设计性能进行了研究,并应用多重传感器和不同类型传感器在各种地层和定向井中进行了地震数据采集的现场试验,将随钻地震数据采集与电缆VSP测量数据进行对比,证实新一代SWD工具可以为钻井工程师提供精确有效的数据支持。

六、连续管钻井技术进一步拓展应用领域

连续管钻井技术在油气勘探与开发中发挥着越来越重要的作用。截至2007年底,全世界应用连续管钻井已超过10 000口,预计今后每年新增连续管钻井数量将达到1 000口左右。随着连续管钻井技术与欠平衡钻井、控压钻井、旋转导向等技术的结合,连续管钻井技术的应用领域将得到大幅度的拓展。

连续管欠平衡钻井(CT—UBD)是以连续管作为管柱的欠平衡钻井,不仅解决了过平衡作业钻速低和钻井液漏失等问题,同时也降低了储层伤害,使油井产量提高40%。连续管旋转导向钻井(CT—RSS)突破了泥浆马达—特定弯接头导向造成的管径限制,解决了井深超过1 500m时的定向控制问题,在定向和垂直深井钻井中获得良好的效果。连续管控制压力钻井(CT—MPD)可以减少连续管钻井过程中频发的压差卡钻事故,在北海油田的应用中,降低了成本,简化了操作,明显提高了油井的生产效率。微井眼钻井技术

(Microhole Drilling)是美国能源部资助的重点研发项目，目的是推动美国浅层油气资源的快速开发。目前微井眼钻井技术的研发已取得一系列进展，包括微井眼钻机、井下仪器、智能导向马达、随钻测井系统、微井眼连续管牵引车、雷达导向与无线电数据传输系统等。为了解决常规连续管不能转动所带来的钻井问题，已经研制成功一种可以从地面旋转的连续管钻井装置。该装置可以以20r/min的速度驱动连续管，节省40%的钻井时间，减少66.6%的盘管、放管和矫直作业次数，从而使连续管的疲劳寿命延长300%。

连续管钻井技术的快速发展，已经体现在发达国家油气钻井工业的规模化应用上，相信这些技术的进展将对我国连续管钻井设备与技术的发展起到良好的借鉴和引领作用。

七、测量横向弛豫时间的磁共振随钻测井仪器研制成功

随钻核磁共振测井技术是一种能够测量井下多种地层参数的先进测井技术。开发这种仪器面临的主要难题是，井底钻具组合(BHA)的振动会严重影响测量效果，造成钻井期间无法直接测出横向弛豫时间(t_2)，这是长期以来影响业界接受随钻核磁共振测井技术的部分原因。

为了降低振动和采集t_2数据，贝克休斯INTEQ公司开发成功的LWD磁共振仪器——MagTrak LWD在设计中采取了3种技术措施：第一，使形成的静态场在探测范围内梯度接近于零；第二，开发了特殊的电子线路，保持回波间距为0.6ms；第三，设计了特殊扶正器以消除BHA与井眼摩擦造成的旋转。

MagTrak LWD是第一个在钻井过程中成功测量t_2的仪器，并能实时提供t_2信息分布。MagTrak LWD可以提供综合的磁共振测结果，包括地层孔隙度、束缚流体体积、自由流体体积、渗透率、油气检测以及t_1(纵向弛豫时间)与t_2谱分布等。实时应用包括通过页岩分类识别潜在的井眼、改善射孔作业、识别遗漏的低阻油气层、在高风险井中获得高质量数据，为优化井位、安全钻井和提高最终采收率提供数据支持。

目前，该仪器已经在北海、西非、欧洲等海上和陆上的约60口井中投入应用。

八、"血小板"技术解决油气田集输管道泄漏的定位与修复难题

一种被称为"血小板"(Platelets)的管道修复新技术在英国开发成功并得到应用。该技术可替代传统的管道泄漏的定位与修复方法，并可形成一整套管道泄漏问题的解决方案，在管道安全运行方面发挥重要作用。

这项由英国Brinker技术公司开发的新技术，其灵感来源于人类的血小板。当人身体的血管破裂时，血液里的血小板就会自行在血管破裂处凝结堵住伤口。在管道流体中加入Platelets微粒，微粒随流体流至裂缝处时，流体的压力迫使微粒进入裂缝，微粒紧贴管壁从而达到阻止泄漏的目的。该技术还可用于管道泄漏的定位，应用时只需在微粒中加入放射源，辐射探测器安装在遥控潜水装置或清管器上，即可准确找到泄漏位置，排除其他可疑点。Platelets技术可以用于任何流体管道，只需流体与管壁间存在正压，从操作压力高达50MPa的小口径海底管道到仅比大气压稍高的大口径陆上管道均可使用，包括输油管道、天然气管道、挠性管和井下维修。

Platelets技术首次是应用在英国BP公司Foinaven油田的注水管道中，其后又被用于阿帕奇公司在Forties油田超期服役的原油集输管道上，作为解决老管道泄漏问题的应急方案。在Forties油田所修复的4条管道中，管径分别为0.305m(12in)和0.508m(20in)，长度为3 300～7 600m。壳牌及挪威海德罗等公司也相继应用了Platelets技术，对其管道安全运行发挥了重要作用。

九、渣油悬浮床加氢裂化工业试验成功

埃尼公司悬浮床技术(EST)是渣油转化和非常规原油改质的一项重大创新技术，该技术的核心是悬浮床反应器。该技术可使原油中最重的组分全部转化为有用的产品，对石油的有效利用和环保效益有重大影响。

EST采用纳米级的加氢催化剂和创新的催化剂分离流程，可使原料油完全转化为有用的产品，或改质为比重低的合成原油，而不产生残渣。重原料油在纳米级铝基催化剂的存在下转化为比较轻的产品。原料油转化由热反应开始，碳－碳键断裂产生自由基，自由基通过 H－吸附反应被突然骤冷，防止自由基再结合进一步生成焦炭。由于使用无载体的淤浆催化剂，不会发生因固定床和沸腾床反应器中金属和焦炭沉积在多孔载体上而出现的堵塞问题。反应产物从反应器流出经过改质的油进入分离系统，回收气体、石脑油、中馏分油和减压瓦斯油，未转化的原料油和分散的催化剂循环回反应器。

该技术在实验室和中型装置上试验成功，并已在 Taranto 炼油厂建设一套 6 万 t/a 的工业示范装置。装置运行表明，EST 有很好的原料灵活性，可将各种渣油、超重原油和沥青全部转化为轻、中和重馏分油并很少排出尾油；同时还具有较强的脱硫、脱金属和脱炭的功能和适当的脱氮功能。

与现有的转化技术相比，EST 具有良好的经济性，埃尼公司决定在 Sannazzaro 炼油厂建设第一套 100 万 t/a 的工业生产装置，计划在 2012 年第二季度投产。

十、第二代生物柴油生产技术开发成功，首套装置建成投产

芬兰耐思特（Neste）石油公司采用其第二代生物柴油生产技术 NExBTL 在其芬兰 Porvoo 炼油厂建成投产的 17 万 t/a 装置，是世界上首套生产第二代生物柴油的炼厂级生产装置。

NExBTL 工艺适用范围广，既可处理植物油，又可处理动物脂肪，目前采用的原料主要是菜籽油、棕榈油和动物油脂。NExBTL 被列入 2008 年环境欧洲商品奖产品目录。NExBTL 生物柴油是世界上首次工业生产的第二代生物柴油，适用于所有柴油发动机，至少含 10% 的可再生柴油。与化石柴油相比可减少 40% ~60% 的温室气体排放，并显著减少悬浮颗粒物的排放。

2008 年 5 月采用该工艺的绿色柴油装置在耐思特石油公司 Porvoo 炼油厂建成投产，生产的柴油在芬兰赫尔辛基大都市区使用，并计划分阶段在芬兰全国范围推广。这种柴油中的可再生柴油含量比目前欧盟规定的 2% 更高，并达到 2020 年欧盟执行的规定。Neste 石油公司的第二套生物柴油装置 2009 年在 Porvoo炼油厂投产。采用该工艺的第三套装置正在新加坡建设，产能 80 万 t/a，计划于 2010 ~2011 年投产。

〔供稿单位：中国石油和石油化工设备工业协会〕

中国石油石化设备工业年鉴2009

行业概况

从行业总体、各分行业、地区行业发展等多个方面剖析石油化工装备制造业2008年的运行情况，重点描绘了海洋石油设备的发展现状及趋势

行业概况

人物访谈

Yang Hanli

杨汉立

国务院特殊津贴专家

河南省学术技术带头人、河南省五一劳动奖章获得者

中国机电行业影响力十大创新企业家、河南行业最具影响力企业家

河南省十大创新英才

现任南阳二机石油装备（集团）有限公司董事长、总经理，河南省人大代表，中国石油和石油化工设备工业协会副理事长

创新——支撑企业发展的基石

——访南阳二机石油装备(集团)有限公司董事长、总经理 杨汉立

南阳二机石油装备（集团）有限公司（以下简称南阳二机集团）是中国最大的石油钻采装备制造厂家之一，是国家重大技术装备国产化基地、中国石化集团公司石油轻便钻机国产化基地、国家创新型试点企业、中国机械500强、河南省百户重点企业、河南省高新技术企业、河南省知识产权优势企业和国际石油钻井承包商协会(IADC)会员单位。

持续增强的技术创新能力，为公司的快速发展提供了重要支撑。2004年改制以来，南阳二机集团实现了跨越式发展，经营规模及经营效益保持年均45%的增长速度，企业综合实力稳居同行业前列，在国内、国际市场上的影响力日益提高。而技术创新能力的增强，关键得益于坚持不懈地推进了科技创新体系建设。2008年5月11日，中央政治局常委、国务院总理温家宝到南阳二机集团视察时勉励道：“我觉得二机集团是大有希望的！愿二机集团像石油钻塔一样，永远高高耸立！”

一、培育企业创新文化，为自主创新营造良好环境

南阳二机集团近几年的发展历程，实际上就是一个培育创新文化、坚持不断创新的历程。几年来，机制创新、管理创新、技术创新等一系列创新活动的开展，为公司的发展提供了强大动力，推动了公司的快速发展。

在体制创新上，南阳二机集团抓住国家主辅分离、辅业改制的政策机遇，2004年从中国石化集团改制分流，在全国石油装备行业中率先实现产权体制改革。

在机制创新上，南阳二机集团在全行业率先推进薪酬分配制度改革和劳动用工制度改革，实施“同工同酬”、大比例浮动的“效绩工资制”，极大地增强了企业活力。

在管理创新上，南阳二机集团在同行业率先推行6S管理、TPM（全面生产管理）等新的管理模式，有效提升了整体管理水平。

在技术创新上，南阳二机集团坚持以市场为导向，研制出国内首台海洋钻修井装备，结束了长期依赖进口的历史；在国内率先提出石油轻便钻井装备概念，并研发出以快速移运为特点的系列产品，年产量和出口量保持行业第一；研制的3 000m车装钻机荣获国家科技进步奖二等奖，是迄今为止中国石油装备行业获得的最高科技奖项；研制出世界上最大吨位的自走式钻井装备—4 000m车装钻机；在国内率先开发出适应−45℃高寒环境的低温钻机，并实现系列化、产业化，批量出口俄罗斯、加拿大等国际高端市场。

一系列创新活动的开展，在南阳二机集团内部形成了“尊重创新、勇于创新、全员参与创新”的良好文化氛围，为企业自主创新营造了良好环境，“务实诚信、学习创新、开放竞争、追求卓越”的企业精神日益深入人心，企业中人人讲创

新、年年讲创新，有发明、有创新、有创造的人受奖励、得重用、受尊重。

二、建立创新激励机制，持续激发自主创新活力

南阳二机集团对培育全员创新意识极为重视。公司鼓励每一位员工在有利于提高工作效率、提高工作质量、提高企业竞争力的前提下，立足岗位、大胆创新。

为激发创新活力，南阳二机集团在科研开发队伍中推行项目负责制。在项目分配上，不惟资历、不惟学历、只惟能力，在科技人员中形成了“竞争、公平、风险相统一，项目、责任、收益相结合”的分配激励机制，技术人员的积极性、主动性和创造性持续高涨。南阳二机集团对技术骨干实施股权期权激励，为住房不达标技术人员提供住房无息借款，帮助改善居住条件。薪酬激励、股权激励、住房激励等多层次激励机制的建立和完善，在激发技术人员活力上发挥了明显作用。在未来的发展中，南阳二机集团还将培育有效的激励约束机制，充分调动各方面的积极性，为企业的自主创新奠定坚实的基础。

三、树立“人才是企业第一资源”的指导思想，加强人才队伍建设

自主创新，关键在人才。“科技兴企”战略，在本质上就是“人才强企”战略。南阳二机集团高度重视技术队伍建设，把培养和造就一支与企业发展相适应的高素质的、富有创新活力的自主创新人才队伍，作为培育科研开发人才的着眼点和立足点，采取了四项措施：一是加强专业技术人员继续教育工作。通过与大学联办工程硕士班、外派培训、组织学术讲座等途径，努力为广大技术人员学习、“充电”提供机会。二是实施人才库工程，有针对性地对入库人才开展业务培训。三是构建阶梯型人才培养体系，鼓励技术人员争当“学术技术带头人”、“科技标兵”和“科技新锐”，对当选人员在物质和精神上给予奖励。四是建立多元人才引进机制。通过引进大专院校毕业生、社会成熟人才和社会智力几种途径的有效结合，逐步建立起多元人才引进机制。

富有成效的人力资源开发，使南阳二机集团拥有了一支具有国内领先、国际一流水平的自主创新人才队伍，形成了以中青年技术人员为主体的石油钻采装备研发队伍。其中，享受国务院特殊津贴专家3人，国家“863”课题计划专家3人，省部级学术技术带头人6人。

四、搞好自主创新能力建设，提升企业市场竞争力

多年来，南阳二机集团以实现我国石油钻采装备现代化为己任，立足增强自主创新能力，坚持走自主开发、联合开发与技术引进有机结合的技术开发路线，构建公司自主创新体系。近年来，南阳二机集团承担国家省部级以上科研项目15项，获得省部级以上科技进步奖19项，获得专利授权130项（其中发明专利11项），制定国家、行业标准45项。产品开发形成了“生产一代、研制一代、储备一代”的良性循环。

南阳二机集团坚持把科技投入放在优先位置，确保科研经费随销售收入同步增长。为优化科研手段，近几年先后投资数千万元，改善科研实验基础设施，建立了科研开发局域网络系统，配置了先进的设计、计算软件，实现了数据资源共享，有效缩短了产品设计周期。

南阳二机集团以项目为纽带，不断加强与高校和科研院所的技术交流与合作，依托中国石油大学（北京）在北京成立了“石油钻采装备联合研发中心”，此外，还与清华大学等院校建立了广泛的合作关系，培育和拓宽了公司技术创新平台。几年来，南阳二机集团先后在低温材料应用、石油井架焊接机器人、数字化深井钻井装备、钻机自动化控制等重点项目上取得重要进展，提高了产品自动化、智能化和可靠性，产品市场竞争力明显提高，公司的技术开发能力也始终处于国内同行业领先水平。

2006年，南阳二机集团设立了博士后科研工作站，研究成果在产品开发中得到应用，被评为“河南省优秀博士后站”。2006年，全国石油钻采设备和工具标准化技术委员会在南阳二机集团设立“车载装备标准化工作部”，成为全国石油石化行业车载装备标准的牵头制订单位，负责起草车装钻机标准。2008年，南阳二机集团技术中心被认定为全国石油装备行业惟一的国家级企业技术中心。

五、持续推进自主创新战略，全面打造企业核心竞争力

经过多年发展，南阳二机集团在资源积累、品牌影响力等方面，走在了中国石油装备制造行业的第一方阵。面对金融危机冲击，南阳二机集团重点围绕四个方面开展工作。

一是继续加大市场营销力度，努力巩固和扩大国内、国际两个市场，突出“品牌和服务”。加大营销力量和资源投入力度，提高对国内外资源的整合利用能力，不断开拓国内外市场。继续加大在国际市场上的参展推介力度，积极探索国际贸易新途径。在国内市场上，在巩固、拓展三大石油公司市场的前提下，努力提高市场份额，拓宽业务范围。

二是进一步加大技术创新力度。按照技术相关、市场相关的方针，继续加大石油装备研发力度，多渠道、多方式开展技术研发，生产的装备向高技术含量、高智能化、适应更恶劣环境的方向发展。与此同时，着手研发新项目，加强技术储备。

三是坚定不移地推进管理创新工作。继续加大6S、现场物流改善、TPM、成本专项管理等管理创新工作，在质量升级、成本控制、管理创新、组织效率提升等各个方面下大功夫，不断推进公司精细化管理水平。

四是努力化解制约企业升级发展的瓶颈因素。

杨汉立表示，当前的形势，既是挑战，也蕴藏着机遇。南阳二机集团将大力实施“技术专利化、专利标准化、标准国际化”的战略，通过持续不断的技术创新，精心打造自主品牌，全方位提升企业品质和核心竞争力，为中国和世界石油工业提供一流的装备和服务，为振兴中国石油装备制造业做出新的更大的贡献！

WANG Junqiao

王峻乔

教授级高级工程师。现任江汉石油管理局副总机械师兼第四机械厂厂长、党委副书记，中共湖北省第九次代表大会代表、湖北省人大代表。兼任国家认证认可监督管理委员会社会义务监督员、中国石油与石油化工设备协会常务副理事长、湖北省制造业信息化科技工程专家委员会委员、长江大学兼职教授等。

荣获“全国机械工业优秀企业家”、“中国石化突出贡献专家”、“湖北省劳动模范”等称号。

切实履行社会责任，展示国企良好形象

——访江汉石油管理局副总机械师、四机厂厂长 王峻乔

随着经济全球化的深化和发展，国际社会对企业社会责任的认识不断提高，把企业履行社会责任作为评价企业的一项标准，已逐步成为当今国际潮流。同时，随着国际经济竞争日趋激烈，企业之间的竞争与持续发展，越来越依赖企业核心竞争力的较量。国有企业要具备与国际大公司同台竞技的能力和水平，就必须履行社会责任，在国际市场上树立负责任的企业形象。

近几年来，中国石化集团江汉石油管理局第四机械厂（以下简称四机厂）抓住有利的发展时机，实现了企业又好又快的跨越式发展，2006～2008年利税总额超过3亿元。在为国家提供税收的同时，四机厂如何主动承担更多的社会责任，使自身发展与社会进步形成良性互动？作为老牌国有企业，其履行社会责任的表率作用如何彰显？带着这些问题，记者约访了江汉石油管理局副总机械师、四机厂厂长王峻乔。

谈到国企承担的社会责任，王厂长表示，作为一个经济实体，企业的价值最大化并不等同于利润最大化，而是在实现利润最大化的过程中，取得企业品牌、市场美誉度和社会形象等的最优化。随着四机厂不断参与国际企业竞争与合作，工厂对国企社会责任的认识不断加深，切实履行社会责任已融入四机文化建设的一部分并在实际工作中不断践行。

一、提高产品创新能力和服务水平，建设石油四机品牌

履行社会责任，必须持续增强企业的经济实力，奠定坚实的物质基础，这就要求企业加大科技创新力度，不断提高服务水平，以自主品牌赢得市场，获得更大发展。四机厂建立了完整的科技创新体系和“产学研用”一体化互动研发平台，拥有100多项国家专利和30多项核心技术。近年，主动承担国家和集团公司重大项目研究任务，研制出一批处于国际领先和先进水平的国产化重大石油装备，提升了工厂石油钻采装备的创新研发实力，为石油勘探开发工程提供了强有力的装备支撑。

同时，工厂建立了严谨的质量控制和检测体系，从每一个岗位、每一道工序入手，控制制造环节质量，持续实施质量提升行动，产品实物质量明显提高。

建设完善的市场服务体系，提出“以敬畏之心对待市场，以感恩情怀服务用户”的市场理念，制订“先修保运转、后理分责任”等多项服务准则，塑造了石油四机“讲信誉、重服务”的良好市场形象，产品覆盖全国各陆上油田、海洋石油所属单位，工厂获得“全国用户满意服务单位”称号。

工厂始终坚持把“铸精品、创名牌”作为立身之本和发展之源，持之以

恒地实施品牌战略。工厂多次组队去国外推介“SJPETRO”品牌，大型钻机出口80多台套，修井机出口达到330多台，成为国内出口钻、修井机数量最多的企业。近年来，工厂切实以经过国际市场检验和洗礼的成熟技术和产品反哺国内油田用户，加大快移快装钻机、2500型压裂机组等具有国际领先水平成果的转化力度和市场推介力度，“石油四机”品牌享誉国内外石油市场。

二、积极为社会提供就业机会，促进社会和谐与稳定

坚持用改革开放的发展成果回报社会，提升企业在地方的影响力，展示国有企业的良好形象。按照同等优先的政策，工厂积极扶持、引导和帮助“协解”职工成立的12家民营企业，给予技术支持和市场引导，提供配套协作，增加就业机会，促进了改制企业的良好发展，共同为“四机”社区和周边地区的近1000名“协解”、下岗职工和社会富余人员提供就业岗位。

通过延伸产业链，带动荆州本地企业发展。四机厂作为民营企业和荆州区石油机械产业集群的龙头企业，通过强化社会分工协作，实现优势资源互补，抢抓市场机遇，促使荆州本地一批专业化的生产协作厂家迅速崛起，形成规模效应。以四机厂为主体的荆州石油机械产业集群被列入湖北省重点成长型产业集群，产业集群生产规模达到45亿元，解决了荆州市及周边地区2 000多人的就业难题，形成了企业与社会资源相互补充、相得益彰的良好局面。

三、推进文明创建工作，丰富社区文化生活

坚持用发展的成果回馈职工、反哺社区。在保证职工收入较大增长的同时，加强基础设施配套改造，不断改善职工群众的工作条件和生活条件。工厂重点部位烟粉尘污染治理与排污系统改造全面竣工。社区供暖系统完成大规模改造，切实解决了社区职工家属住宅供暖问题；美化小区环境、装修职工公寓、扩建社区主干道，实施厂区和周边道路绿化工程，新植草坪和绿化带3万多m^2，社区环境明显改观，企业面貌焕然一新，工厂被评为“全国绿化工作先进集体”。

扎实开展文明创建活动。建设了企业文化长廊、改造文体活动广场、建设荆州古城新南门外主题公园，举办元宵焰火文艺晚会、“和谐杯”篮球运动会、“健康杯”羽毛球赛，参加奥运火炬传递接力等活动，极大地丰富了四机园区居民的精神文化生活，促进了职工的身心健康。工厂通过了“湖北省最佳文明单位”考核验收。

四、热心支持社会公益慈善事业，帮助弱势群体

注重以实际行动参与各种社会公益和慈善活动，完善“协解”退休人员管理和困难群体的帮扶救助机制。按照“真困难，真帮助”的要求，努力解决职工群众的实际困难；积极配合地方政府，做好“低保”工作，做到应保尽保；严格落实再就业优惠政策，发挥社区服务功能，积极创造灵活就业机会，拓宽就业渠道，安置困难家庭人员就业，解决子女就业问题，缓解社区就业压力。

尊重、关心离退休老同志，按照有关政策规定，创造条件，配合管理局解决好老同志在政治、生活中的实际困难和问题，为老同志提供真诚细致的服务。

心系灾区、奉献爱心，共为南方冰雪灾区、四川地震灾区捐款达50余万元，交纳特殊党费近20万元。

五、完善维稳体系建设，全力做好新时期的稳定工作

重视维稳组织体系、责任体系与工作体系建设，逐步形成了完善维稳工作体系和长效机制。一是认真落实党政主要领导共同负责、分管领导负专责、党政工团齐抓共管的稳定工作责任制，加大维稳力量投入，注重从源头发现问题、解决问题，及时化解各种矛盾，把不稳定因素消除在萌芽状态。二是进一步完善信访工作机制，健全信访网络，加强涉稳信息的收集处理，落实领导信访接待制、重要事项领导交办制，及时接待群众来信来访，切实做好职工群众的政策解释和思想疏导工作。三是继续强化法制宣传教育，深入开展“五五”普法和《信访条例》宣传，不断增强职工群众的法制观念。四是制定政策方案、推进改革时，兼顾各个方面的利益，搞好稳定性评估，严格规范操作，以务实的作风、扎实的工作确保工厂及社区的稳定。

此外，组织落实节能减排措施，推进错峰用电、循环利用工业废水，推进技术改造节能，万元产值耗标煤指标不断下降。工厂节能环保项目——大齿轮锻造工艺技术改造被评为全国节能减排优秀合理化建议。

四机厂正处于改革发展的关键时期，今后面临的市场环境会更加复杂，竞争更加激烈。工厂将以科学发展观为指导，深入贯彻落实集团公司及管理局的工作方针、思路和部署，积极消除国际金融危机带来的不利影响，着力开拓市场、培育品牌，深入实施技术创新工程，打造企业核心竞争力，更好地履行国企的社会责任，铸就“石油四机”新的辉煌！

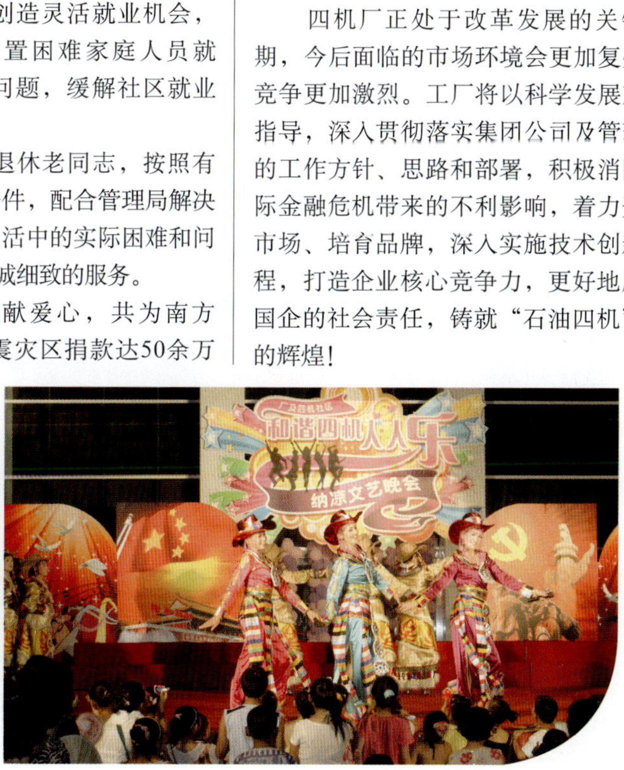

张爱明

2003年10月被选为“河北省第十届人大代表”

2004年4月被河北省人事厅授予“河北省农村优秀实用人才”；被河北省人民政府评为“河北省劳动模范”

2004年12月被国家农业部授予“全国第五届乡镇企业家”

2006年12月被河北省统战部评为“第三届河北省优秀中国特色社会主义事业建设者”

2008年4月被中国设备协会授予“设备工程专家”

2009年8月被评为中国石油石化装备制造业十大领军人物

ZHANG Aiming

诚信兴业　合作共赢

——高速发展的河北中原钢管制造有限公司

河北中原钢管制造有限公司坐落于盐山县工业开发区，创建于1993年，是螺旋钢管、热轧钢管、石油套管的专业生产厂家，董事长兼总经理张爱明带领全体员工，经过17年的艰苦创业，现已发展为占地面积54.5万m^2，建筑面积21万m^2，职工1 200人，总资产9.5亿元的大型钢管生产企业，拥有先进的ERW热轧钢管生产线4条，Φ219～2790mm螺旋钢管生产线9条，石油套管生产线2条，大型三层结构聚烯烃涂敷生产

线一条，年生产能力93万t，“世兴”牌商标于2004年被河北省工商行政管理局认定为河北省著名商标。

公司秉承“诚信兴业、合作共赢”的经营宗旨，把产品质量视为企业的生命，始终严格质量管理体系的培育和建设，自2000年以来，先后获得国家特种设备（压力管道）制造许可证、ISO9001国际质量管理体系认证、ISO14001国际环境管理体系认证、GB/T28001职业健康安全管理体系认证、美国石油学会API 5L、5CT、5B产品认证、欧盟锅炉压力容器PED认证。为不断提升产品科技含量，公司投资3500万元建立产品技术研发中心和金属材料检测实验室，并于2006年6月30日，经中国合格评定认可委员会批准授予实验室认可证书，成为全国民营企业中第一家拥有实验室认可资质的企业，技术研发中心的建立为持续提升产品质量、实施品牌战略以及打开国际市场等提供了强有力的技术支撑，高质量的钢管产品已经进入国内外许多重点油、气工程并赢得客户的信赖。

公司自创建以来就以质量和服务为核心实施品牌战略，在练好内功的同时，利用先进的网络媒体、各种形式的广告及参加国际大型专业产品展销活动等，宣传推介我们的产品，为走向国际市场，自2006年9月至2008年9月，公司组团先后参加了新加坡、德国杜塞尔多夫、阿联酋迪拜、巴西圣保罗、阿塞拜疆巴库和中国的北京、上海、天津等十次大型国际展销会，吸引了大批国外客户，几年来产品销往西班牙、荷兰、加拿大、智利、意大利、秘鲁、沙特、伊朗、马来西亚、印度、韩国等十几个国家和地区，2006年以来连续三年出口创汇超1000万美元，国内市场已经站稳脚跟，产品销往全国各地，2006年销售收入9.9亿元，2007年12.7亿元，2008年15.5亿元。2006年纳税1570万元，2007年纳税1969万元，2008年纳税2419万元。

在国家大好政策的指引下，中原公司的发展步入快车道，2006年以来共投资3.9亿元连续建设完成了“Φ630mm热轧钢管”和“Φ508～2790mm大口径螺旋钢管”两项河北省重点项目，2008年11月，省委书记张云川同志亲临公司调研指导工作，给全厂职工极大的鼓舞。几年来随着企业的发展赢得了诸多荣誉和证书，其中有国家质检总局颁发的“AAAA级标准化行为良好企业”、中国石油和石油化工设备工业协会“装备制造业五十强、信用AAA级”企业、中国钢管协会排位前十名企业、“河北省百强民营企业”、“河北省重合同守信用企业”、“河北省环境保护先进企业”、省农行和省信用联合社“AAA级信用企业”，“世兴”牌产品被评为“中国石油石化行业名牌产品”、“河北省名牌产品”。

WU Zhengsheng

吴征胜

江苏省新长征突击手

盐城市杰出青年企业家

建湖县政协委员

建湖县石油机械商会副会长

现任盐城特达钻采设备有限公司总经理

技术创新为支撑 质量管理为保证 努力打造一流钻采设备制造企业

——访盐城特达钻采设备有限公司总经理 吴征胜

盐城特达钻采设备有限公司（以下简称特达公司）是从事采油机械、钻井机械、固井工具系列产品科研、开发、生产与经营的专业厂家，现为中国石油和石油化工设备工业协会理事单位，中国石油、石化物资装备公司石油钻采配件一级供应网络成员单位。经过多年的创新发展，特达公司已经成为行业的领军企业，连续多年获得中国石油和石油化工装备制造业“五十强企业”称号。公司主导产品液压动力钳也连续多年获“中国石油石化装备名牌产品”、“江苏省名牌产品”称号，并在市场上享有较高知名度，由于具有科技含量高、质量可靠、使用方便等优点，深受广大油田用户的青睐，修井用动力钳市场占有率达70%以上，并远销美国、加拿大、独联体等国际市场。

近年来，公司通过了ISO 9001质量管理体系、ISO 14001环境管理体系、OHSAS 18001职业安全健康管理体系和API认证，并先后被授予中国石油和石油化工设备工业协会AAA级信用企业、江苏省高新技术企业、江苏省明星企业、江苏省星火龙头企业、江苏省综合管理示范企业、中国专利江苏百强企业、江苏省科技先进企业、江苏省专利先进集体、江苏省AAA级重合同守信用企业、中国专利优秀企业等荣誉称号。

多年来，特达公司始终围绕技术创新和质量保证两个主题，唱响加快发展、做大做强企业的主旋律，经过十多年的跨越发展，由一个名不见经传的企业发展成为行业排头兵，经济总量和效益连年大幅递增。近年来，每年向国家上缴税收都在2000万元左右，对国家和社会作出了较大的贡献。

一、培育企业创新文化，为技术创新营造良好环境氛围

自涉足石油机械产品起，创新理念便始终伴随企业发展的全过程。特达公司第一台液压动力钳产品的问世，就凝聚了特达人敢为人先的创新精神，从单一产品到形成4大系列20多个品种的产品集群更是特达创新精神最好的诠释。在企业发展过程中，已经形成了具有特达特色的创新文化，为创新发展提供了良好环境并注入强大内在动力。

在体制创新上，从乡办集体企业改制成为产权明晰的私人股份制企业。当小富即安的思想束缚企业发展时，特达的领头人开始谋划资产重组，实现了强强联合，如今的特达是学历层次高、年龄结构优、前瞻思维强的开拓型集体。特达的发展充分反映了时代发展的要求和特达人敢于否定自我的创新意识。

在机制创新上，以能否激励创新为试金石，经过多年的积累，形成了一套行之有效的创新激励机制。高中级管理人员的年度薪酬考核、一般管理人员的岗位责任考核和一线生产工人的按件计酬等制度将公司所有人员的薪酬与工作实绩挂钩，极大地调动了全体员工的工作热情。技术人员的薪酬与技术创新成果挂钩，新产品进入市场销售后，开发的技术人员都有一定比例的销售提成。此外每年公司都要拿出一定数量的资金奖励小改小革成果显著的生产工人。

在管理创新上，持之以恒地抓好质量体系的有效运行与先进管理理念、方法的引进相结合，不断丰富管理的内涵。近年来，公司对高、中级管理人员系统地进行了“加强执行力”的培训，推行了5S管理。

在技术创新上，以发展领先技术，始终站在行业技术发展前沿为目标，以市场为导向，不断开发具有高技术含量的新产品拓展市场，先后承担了国家级火炬计划、中小企业技术创新基金以及多项省级科技攻关计划。由于在技术创新方面业绩突出，特达公司再次被江苏省科技厅、财政厅等四厅局联合授予“高新技术企业”称号，同时被国家有关部门命名为博士后工作站站内企业。

一系列创新活动的开展，使特达公司形成了“全员参与、敢于创新”的良好氛围，一大批敢于创新的技术人员、生产工人脱颖而出，担负起加快公司发展的重任，这又极大地调动了全体员工的创新热情，形成了良性发展的大好局面。

二、实施滚动投入，强抓技术创新

自开发第一代液压钳产品以来，每年的研发资金投入达到销售收入5%左右。随着公司的发展、销售规模的扩大，近几年的研发投入资金都有千万元之多，为技术创新工作提供了充分的资金保证。在创新平台建设上，进一步加大“技术中心”的软硬件设施建设力度，购置了较先进的万能试验机、超声波探伤仪等一批试验检测设备，技术中心达到了装备精良、环境优美的要求。公司为技术人员创造了一流的工作环境和条件，并在人、财、物上给予有力保证，极大地调动了技术人员的工作热情。公司先后申报并获得国家授权的专利50多项，开发的4大系列20多个产品都已成功面市，受到油田用户的欢迎。特别是行星爪式开口型液压动力钳的成功开发，改变了传统的夹持方式，实现了夹持不同管径的油管、油杆不需更换零部件，大大提高了油田工人的作业效率，降低了工人的劳动强度。目前，智能型微损伤液压动力钳等一批具有高科技含量产品的研制工作已取得突破性进展，不久将投放市场。在稳定发展液压动力钳产业的基础上，近年来公司又相继开发了气动卡瓦、水泥头、水龙头、全焊接球阀等相关系列产品，形成了一业（液压动力钳）为主、多点纷呈的发展格局。

永不满足是特达人的可贵品质。近年来，随着市场竞争的加剧，部分产品的技术优势已不明显，2009年公司决定用近几年的研究成果对市场需求量较大的3型、6型、12型修井动力钳进行全面技术升级改造，以提高市场竞争能力。不久，升级后的产品将在市场上全部亮相。

为了跟踪、掌握国内外石油钻采设备前沿技术，提高新产品、新技术的开发应用能力，2009年公司与石油专业大学签署了共同组建特达钻采设备研究所的协议。与专业大专院校的合作，将进一步增强公司的技术创新能力，加快公司发展步伐。

三、保证质量体系有效运行，加强品牌建设

走进厂区，“技术先进、精心制造、严格管理、持续改进”的质量方针耀眼夺目，也深深地印刻在公司每个职工的心里。自全面贯彻ISO 9000标准以来，公司连续多次通过ISO 9000质量体系认证；为使产品得到国际市场的认可，又多次通过了美国石油学会API会标许可认证；2009年通过了环境管理体系、职业安全健康体系认证。国际先进标准的采用，不断提高了企业管理水平和产品质量水平，为开拓国际、国内市场打下了坚实基础。

为强化质量管理工作，公司设立了质量管理办公室、检验科、售后服务科等职能科室，每年制订培训计划，定期组织员工进行质量体系知识培训。公司严格按照《质量手册》要求，组织各道工序的生产，加强生产过程控制，从原料进厂到成品出厂各工序都有严格的质量标准为依据，道道把关，严格检验，确保产品零缺陷出厂。在把好产品出厂关的同时，公司组建了一支由30多人组成的思想素质过硬、技术业务精良的售后服务队伍，采取驻点和流动服务相结合的办法，在每个油田派驻1～2名售后服务人员，确保提供快捷、有效的售后服务。在公司长期坚持质量体系的有效运行后，产品质量有了充分的保证，液压动力钳产品在国际、国内油田市场具有较高的知名度。“特达”牌液压动力钳多次被评为中国石油和石油化工设备工业协会名牌产品和江苏省名牌产品。

四、持续推进技术创新、理念创新，全面提升公司核心竞争力

经过多年发展，特达公司在技术先进性、产品质量、市场占有率等方面都位居同行前列，面对竞争的加剧和金融危机的冲击，将着重围绕5个方面开展工作：

一是加大国内外市场营销力度，进一步扩大国内外市场覆盖率，提高市场占有率。国内市场销售要突出品牌和服务，以优质的服务占领市场，巩固和提高国内市场地位；国外市场销售在注重品牌保护的同时，加大与国际高端客户合作，扩大公司在国际市场的知名度，实现互利双赢。

二是做强做大液压动力钳产业，把公司打造成为国际知名的动力钳专业生产厂家，实现做“专”、做“精”、做“优”液压动力钳产业目标。做“专”就是品种规格齐全；做“精”就是产品技术领先，达到国际领先水平；做“优”就是质量稳定、使用可靠，使用户满意。 在此基础上，坚持多元发展，拉长产业链，形成一业（液压动力钳）为主、多点纷呈的发展格局。

三是加强技术人才队伍建设，提高技术创新能力。通过外引和内培相结合的方式打造一支素质过硬、业务精良、忠诚企业的技术人才队伍。在抓好自身人才队伍建设的同时，扩大与科研院所、大专院校的合作。

四是实施名牌战略。在连续多年荣获中国石油石化装备驰名品牌、江苏省名牌产品称号的基础上，进一步推进品牌战略的实施，严格质量管理，狠抓产品质量，向品牌战略的更高目标冲刺。

五是大力开展内部挖潜、生产节约活动，降低生产成本，向客户提供质优价廉的产品，进一步提高产品的市场竞争能力。

吴总表示，当前的形势既是挑战，也蕴含着难得的发展机遇，特达公司将一如既往地抓好技术创新和品牌效应双轮战略的实施，努力打造一流钻采设备制造企业，全面提升公司的核心竞争力，为客户提供优质的产品和温馨的服务，为振兴和发展我国石油装备制造业作出新的贡献！

殷舜时

高级工程师

现任江苏金石机械集团董事长、党委书记

江苏省优秀企业家、省劳模

全国“五一”劳动奖章获得者

YIN Shunshi

金石：王者之道

——访江苏金石机械集团董事长 殷舜时

江苏金石机械集团（以下简称金石集团），偏安金湖县城，1991年以金湖石油机械厂起步，从一个县级小厂成长为中国最大的油气井口装备研发制造企业、江苏省石油机械行业惟一的国家高新技术企业，中国石油、石化装备制造业十强企业，实现了连续十年的持续快速增长。金石的发展之路就是一条充满智慧、胆略与责任的王者之路。

胆略：破釜沉舟

风险面前是退缩企稳抑或放手一搏？这是每个企业在发展中都必须面临的抉择，金石集团也不例外。他从年产值仅有3000万元的小厂起步，每一个决策、每一步跨越都曾经面临风险，但在殷舜时“风险也是机遇”的理念下，金石选择了“搏击”。20世纪90年代，国内生产石油机械产品的企业越来越多，市场竞争异常激烈，金湖整个机械制造行业几乎全部陷入资不抵债的境地。殷舜时恰在此时，提出了在资产重组全县机械制造企业的基础上建立企业集团的大胆构想，并通过对金湖县煤矿机械厂、金湖县轧钢厂、金湖县滚轮体厂、金湖县高中压阀门厂进行收购、兼并，最终组建成立金湖石油机械集团，不但解决了四个企业的生存困难，还以最短的时间实现了快速扩张。

有一个经典案例充分体现出金石人的气魄。20世纪90年代中期，时任金湖石油机械厂厂长的殷舜时在北京参加国际石油展览会期间，听说中国石油技术开发公司从印度接下了一单井口采油树生产业务。由于产品要求在600~900℃高温下带压操作，国内没有企业可以承接。

这个订单是个极具诱惑力的烫手山芋。拿下这一单，石油机械厂就有了自己的拳头产品，对于增强研发能力、提高企业在市场的知名度大有裨益。然而，一旦失败，就要面对足以致企业于死地的巨额赔偿。接，还是不接？几天几夜的权衡后，殷舜时力排众议，接下了这一单。回到厂里，他召集成立了攻关小组，带领技术人员与几个研究所对产品特点和要求进行了充分分析，针对密封填料这一关卡进行了十多次技术攻

关，最后又专门制造了一套装置来试验，最终，新产品成功问世，并从此与中石油建立起长期稳固的合作关系。这次技术突破，实现了石油机械厂产品出口零的突破。

智慧：运筹帷幄

2008年下半年的金融危机，致使油价下跌，石油机械行业业绩出现下滑。但是，石油机械行业的主要原材料特殊钢价格也急速下跌，加之石油机械行业对油价反应相对滞后，金石集团平安度过了2008年，实现销售收入12.8亿元，是1998年的18倍，圆满地完成了年初制订的目标。然而，2009年才是真正的危机年，金融危机的负面影响都将完全释放。

危机来了，怎么办？喊没有用，等更没有用。金石集团早已运筹帷幄。

首先是任务的分解。年初，一张庞大的目标任务分解表发至金石集团各部门，集团董事、成员企业负责人等都要从中“领”到一项重点工作，视工作的完成情况进行业绩考核，责任和激励用一张表格就完全传递了下去。

其次，金石集团还坚持国内直销、国外代销和自营出口相结合。金石集团是出口导向型企业，主要业务在受金融危机冲击最大的北美地区，市场订单日趋减少。金石人果断提出了“三个市场”战略：巩固陆上，拓展海上，主攻国际。同时，将美国公司的独家代理变为多家代理，有效规避了受制于人的风险。同时，达大规模进军伊朗、卡塔尔、沙特阿拉伯等西亚石油主产地，不断拓宽金石产品的全球布局。此外，金石在全国的销售网络已经基本完整，部分空白市场，则通过增加售后服务网点的形式填补。

金石人开拓市场的谋略为品牌的扩张铺平了道路，而优秀的具有国际影响的品牌又为金石扩大“三个市场”打下了坚实的基础，海洋井口、HH井口等高端产品将成为金石的主打品牌。

管理、市场等方面的多管齐下，使金石截至2009年全年实现销售收入16亿元，比上年同期增长25%，逆市飘红，业绩格外耀眼。

责任：精益求精

而今，金石集团已然成为金湖县产业集群的典范，他是金湖县鲜活的“明信片”，同时也是金湖县技术创新与品牌建设的典范。他的标杆作用，吸引了大高机械、中高煤矿机械、三木机械等许多外商前来金湖投资。2009年9月，以金石为龙头企业的金湖石油机械特色产业基地，经国家科技部火炬计划中心批准建设。

技术创新是金石集团跨越发展的法宝。多年来，金石集团始终坚持技术进步，开发用户需要的勘探开发产品，研究可替代市场紧缺产品的高新技术产品。10年来，集团科技投入累计高达4亿元，几乎相当于企业十年创造的全部利润。即使在金融危机期间，金石集团依然不削减技改投入，筹资2亿多元，实施海底井口开发与产业化项目，该项目被列为新增中央投资项，并着力解决特种钢材原料问题；投入500多万元，添置了先进的检测设备，加强了硬件建设，提高了公司在金相试验、化学成分分析、力学性能测试、无损检测、硬度试验、机械加工检测等方面的质量检测能力。金石已建立了自己的省级高科技园，拥有全国最大的油气井口装备工程技术研究中心，配备了国际最先进的数控机床、加工中心、快速光谱分析仪、X射线探测等高精度加工、测试设备，科技园新增了两条高端产品加工线，装备水平全国一流。

金石先后开发了30多项石油井口设备新产品，拥有20多项国家专利技术，积极承担了20多项国家及省级科技攻关、星火计划及火炬计划项目。

金石还结合API复查、ISO 9001换版工作，对照企业组织体系和管理规范化、制度化、科学化的要求，起草修订了200多个长达十多万字的企业管理技术标准和44个程序性文件，建立了完善的标准化体系、质量管理和质量保证体系；建立了严格的奖惩制度，每年用于奖励质量能手的资金达十多万元。经过多年的磨砺，金石的产品废品率达到了低于0.2%的高标准，井口阀门质量全国第一。

如今，金石产品覆盖全国各大油田，市场占有率和覆盖率在全国同行业中居领先地位。产品先后出口欧洲、美洲、非洲、亚洲、大洋州5大洲20多个国家，出口值占销售总额的70%以上。2009年，金石启动了上市程序，迈上了崭新的征程。

王平生

北京天海工业有限公司董事长、党委书记

1993年　被市总工会授予首都劳动奖章
1995年　被市政府授予北京市劳动模范光荣称号
1996年　被评为机械工业优秀企业家
1997年　被评为北京市外商投资企业优秀高级管理人员
2002年　被北京市工委授予工业系统“廉政公仆”光荣称号
2008年　被评为北京市优秀创业企业家

天海六招——历练严冬

——访北京天海工业有限公司董事长、党委书记 王平生

北京天海工业有限公司（以下简称天海公司）是中外合资经营企业，总投资4674万美元，是拥有六个专业气瓶生产基地（北京生产基地、天津生产基地、上海生产基地、廊坊生产基地、大兴生产基地、木林生产基地）的集团公司。

公司具有B1、B2、B3、A1、C3、D1、D2级压力容器设计、制造资格，可生产681个品种规格的高压无缝气瓶、焊接气瓶、缠绕气瓶、蓄能器、低温气瓶、储气式特种集装箱、铝内胆碳纤维全缠绕复合气瓶及低温储运设备等系列产品。产品广泛应用于汽车、化工、消防、医疗、石油、能源、城建、食品、冶金、机械、电子等部门，多种产品荣获国家级、部级、省市级优等产品称号。

天海公司各项经济技术指标已经连续12年保持全国同行业第一。2003年再次被评为“守信企业”、“用户满意企业”、“中国机械工业500强”和“核心竞争力100强”企业，属北京市大中型企业综合经济效益100强企业；2004年荣获“全国五一劳动奖状”；2005年荣获“中国工业行业排头兵企业”称号；2006～2008年连续获得“中国金属压力容器制造行业排头兵企业”称号。

由美国次贷危机引发的金融危机已波及全球，在经济发展的严冬期，作为出口型企业，天海公司正经历着前所未有的困难。受金融危机的冲击和影响，天海公司2009年一季度新签合同同比下降51.6%，合同余额同比下降75.8%。企业经受着市场萎缩、订单锐减、部分产品生产停滞、企业效益下滑、部分员工待岗等问题的困扰。

面对困难局面，董事长兼党委书记王平生在中层以上干部会上指出，在复杂多变的经济形势下，振奋精神是非常重要的。干工作一定要有精气神，没有勇于胜利的信心更不行。连梦都不想做的人能干成什么事呢？

的确，机会往往会光顾那些做好准备的人。

2008年下半年，在“山雨欲来风满楼”的严峻形势下，天海公司领导班子审时度势，未雨绸缪，积极研究应对金融危机的对策，做出了“先人一步，抢占市场，强化战略合作，实施全方位出击”的工作方针。2009年以来，天海公司连出六招，克服了金融危机的影响，站稳了脚跟，做到了队伍不散、企业不垮。

第一招：让利不让市

“让利不让市”就是适当减少产品销

售利润，有的产品甚至可以实行无利润销售，其目的是保住继而扩大产品的市场份额。针对出口市场对高端气瓶产品需求大幅下降的具体情况，天海公司领导班子决定全力扩大国内市场占有率，增加技术附加值较低的工业气瓶的生产量，并结合行业竞争的具体情况四次下调该产品的售价。销售部门充分发挥品牌优势、比价优势和网络营销优势，在市场竞争中抢得了先机。截止到2009年11月底，国内市场销售额跃升至11.8亿元，同比增长33.4%，创历史最好水平。从实施的情况看，一是扩大了低端产品的市场份额。目前，北京天海、天津天海、廊坊天海公司三个企业都在三班倒、满负荷地生产φ219mm常规工业气瓶。截至8月底，φ219mm工业气瓶的国内销售量达到91万支，同比增长126%。产量增加的同时，也大大缓解了员工待岗的压力。二是通过满负荷运转，廊坊天海公司三月份产量达到了创纪录的4.7万支，由此证明新建的廊坊天海公司在总体设计、设备制造、安装调试和员工队伍的素质等方面都十分过硬。三是为企业提供了稳定、充足的现金流。

第二招：积极开拓国际市场

金融危机对产品出口的影响是灾难性的。金融危机的重灾区——美国气瓶市场的出口额占天海公司总出口额的45%，2008年11月至2009年上半年，几乎没有订单。而在过去，美国气瓶市场供不应求，客户为了尽早拿货甚至将催货的传真直接发给了董事长。面对急转直下的局面，天海公司改变了以往的销售方式，相继组织了几个代表团，对国外重点用户进行了回访，并成立了“欧非市场攻坚组”，技术系统也积极加快了开发符合欧洲标准新产品的步伐，下大力气开拓、扩大欧洲市场，形成了双管齐下的态势。从目前发展的情况看，美国市场已有所回升，欧洲市场新开发的几个客户也陆续签了订单。

第三招：实施市场供求联动

2009年以来，天海公司在原材料采购上积极寻求战略合作伙伴的强力支持，千方百计降低原材料采购成本，形成了市场供求的联动机制。天津钢管公司是天津天海高压容器有限公司的主要合作方，在金融危机面前表现出同甘共苦的积极姿态。天津钢管公司老总甚至表态，让天海公司以市场价格倒推法计算原材料的采购成本，并在三个月内两次下调钢材价格，充分体现了利益共同体的互助共赢原则。太钢不锈钢公司老总也表示，要一如既往地支持天海公司，团结合作，共度时艰，在企业利润下降的情况下，确保对天海公司优先供货，并给予天海公司最优惠的价格待遇。根据价格波动的具体情况，供应部门对大宗材料的采购价格实行“一单一定”，最大限度地减少了材料价格对资金的占用。

第四招：调整产品结构，坚持差异化战略

面对金融危机，天海公司咬定技术创新不放松，大力开发高附加值产品。2009年，天海公司狠抓产品开发和产品认证两项重点任务，不断提升企业发展的后劲，相继进行了超高压轻质气瓶产品的开发、车用液化天然气低温瓶SI系列产品国内版的开发和焊接消防瓶φ400 150L中国船级社认证、缠绕瓶φ325 55～70L新西兰NZS认证等工作，为提高产品竞争力提供了有力的技术支撑。同时，也为进一步开拓市场创造了有利条件。

第五招：加快流程再造步伐，提高生产效率

2009年以来，天海公司按精益生产的原则，努力减少不增值的劳动，在部分生产线开工不足的情况下，抓住时机，投入专项资金，在人力、物力上给予了强力支持，积极进行了公司本部大瓶生产线、低温瓶柔性生产线和廊坊天海公司缠绕瓶内胆生产线的流程再造。大规模的流程再造，使工艺布局更加合理，生产能力和效率进一步提高，为气瓶市场的复苏做好了充分准备。与此同时，生产部门针对合同不足、产能放空的情况，合理组织生产；人力资源部门配合生产部门加强现场管理，重新核定了在岗人员，通过合理调配待岗人员、减少使用外用工等措施积极为待岗员工创造上岗条件。同时，在员工待岗期间安排员工休年假，适时进行岗位技能培训。通过全面、妥善的安排，已基本解决了员工待岗问题，维护了员工队伍的和谐稳定。

第六招：“走出去”，实施新的扩张计划

天海公司领导正视金融危机的影响，着眼于未来的发展，目前正积极与某国际著名的压力容器制造商洽谈该公司的收购事宜，并加紧筹备设立驻美销售公司，为天海公司“十二五”的战略发展进一步打好了基础，创造了条件。

天海公司领导认为，2009年气瓶行业有可能重新洗牌，原有的市场格局将被打破。天海公司一定会在新的市场竞争中，经受考验，赢得挑战。

面对危机主动出击沉着应对

——访浙江佳力科技股份有限公司董事长龚政尧

GONG Zhengyao

龚政尧先生，高级经济师。

历任萧山工程机械厂、管道油泵厂厂长

现任浙江佳力科技股份有限公司董事长兼总经理

同时担任杭州市萧山区政协委员、中国石油和石油化工设备工业协会常务理事等社会职务

浙江佳力科技股份有限公司(以下简称佳力科技)是一家专业研发、制造能源设备的国家级高新技术企业，公司下属浙江佳力风能技术有限公司、杭州斯韦姆佳力燃气技术有限公司、浙江佳力德国研发有限公司、德国贝欧科技有限公司、上海佳力欧进出口有限公司等五家境内外子公司。

2008年的国际性金融危机已经波及全球各个地区和领域，并在实体经济中大肆蔓延，加上国家宏观调控的影响，民营企业的生存受到严重的影响。虽然当前政策优惠，但市场的缺乏使得民营企业相对于国有企业而言，要艰难得多。从2008年开始，佳力科技就已经切实感受到了经济危机带来的不利影响，公司的经营发展也遇到了一些困难和阻碍，主要体现在订单减少、出货延迟、有的甚至停止下单，导致出口量锐减，这些都使得佳力科技风电部件原有的经营模式受到了沉重的打击。

面对突如其来的危机，佳力人依靠多年来打造的基础和积累从容应对。公司提出“夹缝中生存”的观念，上下积极行动，大胆创新，把风电零部件从以出口为主转向为国内新兴的风电巨头如东方汽轮机、湘电集团、金风科技等企业配套为主，营销模式从原来的卖方市场、等待客户上门转变为主动出击、上门服务宣传。2008年佳力科技的经营业绩保持了较快的增长，销售和利润均比往年同期翻番。2009年1～4月其营业收入同比增长21.4%；净利润也有了很大增长，依然保持良好的态势，充分体现了公司对经济危机较强的抵御能力。

在当前乃至今后很长一段时间内，佳力科技将始终围绕“不变主题”，积极创新“求变策略”，沉着应对危机，主动谋求更多生存空间。

一、始终围绕的不变主题是“一个理念，三种意识”

一个理念：“科技铸造永恒，创新成就未来”。三种意识：“服务于社会，服务于人类”的意识、“为推动行业的科技进步做出贡献”的意识、“坚持共赢”的意识。

1.“服务于社会，服务于人类”的意识

佳力的产品始终坚持两个原则，一是研发生产符合国家安全、环保、节能等政策的装备，二是专门研发生产国家重点建设项目、特殊场所、专业场所需要的产品。公司的风电项目、石油化工工业泵、防爆叉车等均为国家重点支持的资源与环境技术或高新技术改造传统产业项目。举例来说：

佳力科技自主研发的CPDY、CPDYJ、CPDB16—3等一系列高端防爆叉车，可以替代原有运行于这些场所的普通搬运机械，大大增强了易燃易爆领域的安全保障，已经成为降低产品价格和取代进口产品的重要保证，市场需求逐渐扩大。

通过准确把握市场，佳力科技成功研发生产了先进的油气回收系统，并已经在广东小虎岛成功应用，环保部(环发

〔2008〕91号)已经将压缩式冷凝油气回收处理装置列为鼓励发展的环保技术，这不仅为企业发展带来效益，还产生巨大的社会经济效益。

佳力科技大力创新研发的长输管线泵、航空加油泵、石油库收发油系统设备等，均在重点项目或中航、各大油库等领域运行了多年，在行业市场中占据第一，其中长输管线泵为国家“十一五”重大科技攻关项目。它们的作用不仅在于为这些重大输油管线和专业场所提供专业的服务，更重要的是此类产品为取代进口、节约外汇作出了杰出贡献，为国家的建设和发展创造了更多效益。

2．“为推动行业的科技进步做出贡献”的意识

科技创新是佳力科技发展的根本，其自主研发生产的多项产品达到国际先进水平，填补了国内空白。累计获得拥有自主知识产权的国家专利34项，在权限期内的有25项，其中发明专利4项。这些专利都是公司自主研发的成果结晶，更重要的是都在公司得到了100%的实施，不仅为公司创造了拥有核心技术竞争力的产品和效益，还使得这些引领行业技术先进性的成果实质性地发挥了作用。

佳力科技承担完成了国家标准《防爆工业车辆通用要求第一部分：电动工业车辆》的起草制订，还将与中石化储运技术中心站共同起草防爆叉车使用的国家标准。同时，公司承担并完成了CPDYJ20—FB系列电动防爆叉车（计划编号2006C14041）等五大项省级重大项目。这些都将大大促进行业技术的成熟，为国内民族产业的发展奠定基础。

佳力科技通过自主创新，研发了中开式输油管线泵、防爆全液压交流电动叉车等一系列填补国内空白的技术和产品，并已经制定完成企业标准，集成式发油系统标准也正在组织制定并在为制定国家标准做准备，这些都将为打破进口垄断、带动国内行业科技进步发挥巨大作用。

3．“坚持共赢”的意识

企业的发展依靠全体员工的辛勤付出，依靠政府的支持与关心，也依靠社会和用户的大力支持。只有始终坚定地与员工、客户、社会实现共赢，企业才能长久发展。所以，佳力科技坚持不裁员，保证其收入及福利；坚持客户服务、提供配套不降级反而升级，因为佳力科技相信雪中送炭必然自取其暖。

二、积极主动创新策略，扎实推进各项工作的落实

1．继续大力推进自主创新

佳力科技在“引进、消化、吸收”基础上，积极探索独立自主的发展道路，走高起点、高技术、高质量、高效率之路，坚持自主创新，不断提高企业管理水平、技术水平与制造水平，立志打造企业发展的核心竞争力。目前，公司正在研发的新技术与新产品共有近20项。其中正在研发的新产品有苏司兰1.5MW主轴、2000kW及以上大功率管线输油泵等6项，正在从事的新技术研发有大型铸件强制冷却技术、与使用介质相关联的多级泵临界转速计算研究等10项。另外，公司正在申请25项新的专利（包括国际专利2项，德国专利2项）。

继续推进管理创新和营销模式创新。在市级管理创新示范企业的基础上，进一步强化企业执行力管理、企业区层化绩效考核体系管理等，努力创建省级管理创新示范企业和单项星级管理。营销模式创新方面，公司已经积极调整了直销和代理商网络机制，推行电子商务活动，向国际化迈进，大大优化了市场销售模式和效率。

2．风电设备：积极转变市场策略，做到内外销兼顾

经过三年的努力，2005年开始研制的大功率风机关键零部件——轮毂、主轴等产品，已经被德国西门子、力士乐、西班牙安讯能、印度苏司兰等国际大型风机制造商列入重要供货目录，丹麦维斯塔斯公司正在洽谈中。

经济危机爆发后，佳力科技清楚地意识到，要积极主动寻找合适的国内整机厂商并与其合作，将市场营销以国际为主转向国际、国内并重，这样才能真正建立稳定的营销客户群体。

国内的风电整机制造厂商中，佳力科技已经与东汽、湖南湘电等建立了长期合作关系，除此之外，佳力科技还与新疆金风科技（国内最大的风电制造商，市场占有率35%左右）签订了3MW风机底座的开发试制合同，其3MW的风力发电机也是我国目前最大功率的机型。同时，公司已经与上海电气、浙江运达等国内知名的风电制造公司进行了深入地友好会谈，双方合作意向明确。另外，还与西班牙歌美飒等公司进行了报价程序。这些举措大大稳固了佳力科技国际、国内的合作基础，拓展了公司的生存发展空间。

3．主动与国有大型企业合作，开展大型项目的研发合作

在经济危机形势下，民营企业应当适时和主动地寻求与国有企业的合作，合作共赢，创造更广阔的生存空间。

公司积极参与国防工业新科研项目的开发，依靠与军队多年成功合作的基础，结合公司在防爆车辆技术上的领先优势，落实了一批稳定的、受外部影响小的军工合作项目，为公司下一步稳步推进提供了保障。

基本落实与中石化集团青岛安全工程研究院合作开发的油库收发油系统项目，该项目将成为佳力又一新的亮点。

大力推进极端制造。公司与哈萨克斯坦合作开发的2000kW大型高效输油管线泵项目，在国内绝无仅有，在国际上也是顶尖的。该项目研发成功后，将为国内输油干线的超临界大型输油管线泵推广打下良好的基础，目前样机开发工作正紧锣密鼓地开展当中。该项目一旦投产成功，可以替代进口，并形成新的经济增长点。

面对国际经济危机的影响、国家宏观调控的严峻形势，佳力科技切实感受到了冲击，但并没有担心更没有却步，反而增强了迎接挑战、转危为机的信心。公司积极主动寻求创新和突破，风电零部件二期项目即将启动，总投资3亿元以上，计划两年时间完工投产，全部达产后可实现年营业收入15亿元。佳力科技坚信做企业贵在坚持和创新，始终相信办法总比困难多，有信心和决心度过难关，迎来发展的春天，为地方和国家的经济发展作出应有的贡献。

基石。

1989年，国内纺织行业日趋萎缩。王树林未雨绸缪，及时调头转为石油机械做配件。这次调头，是承接了一家油田机械厂久攻不下的固井套管砂眼渗漏技术难题，经过半个多月的昼夜攻关，终于攻克渗漏难关并形成独家技术，加工的400kg大型铸钢套经受住了320MPa的打压试验。此举成功后，企业名声大振，此后更名为天津渤海石油机械厂，为以后进入石油机械高端市场打开了通道。

1991年，随着市场变化，小作坊已难以发展。踌躇满志的王树林感到，单靠承揽加工活，只能随人身后、拾人牙慧，要有所作为、有大作为，必须上自己的当家产品。那时，许多乡镇企业都看好石油机械，急功近利，一哄而上。王树林则理性地做出决策：专一精品，不断创新，做出特色，差异竞争，抢占石油工具高端市场。这一产品专精化、市场高端化的战略决策，后来被证明是富有远见的，对日后立林称雄螺杆钻具市场起了决定性作用。

天津立林——屹立世界螺杆钻具

——访天津立林机械集团有限公司董事长 王树林

天津立林机械集团有限公司（以下简称天津立林）是天津市重点工业企业和高新技术企业，现已发展成为辖属4个子公司、拥有资产8.4亿元、年销售收入超过9亿元的大型企业集团。其当家产品——螺杆钻具，年产销量占世界总量的18.6%，位居首位，在国内以55%的份额占据市场半壁江山。2004年以来，已连续五年被中国石油和石油化工设备工业协会评为中国石油石化装备制造企业10强、50强，2008年被评为全国机械工业先进集体。

对天津立林来讲，志立强手之林不是一个概念，而是发奋图强、奋之有“道”、其“道”为“专”、致“专”创新。25年来，立林人用智慧和意志一路打拼，创造了称雄世界螺杆钻具市场的辉煌与传奇。

图强：打造专一精品，抢占石油工具高端市场

管理学者弗兰克•耶茨认为，成功的企业都有一个共同的特点，那就是在企业成长的关键节点上保证了宏观决策的正确性。天津立林的成长印证了这个观点。

回望天津立林的发展历程，有三个看似平凡却不凡的重要节点：

20世纪80年代初，市场经济在我国初露端倪。王树林凭他特有的敏感和干事创业的秉性，抢抓机遇办起了天津三合机械厂，即天津立林的前身。他们在加工纺机配件的过程中，以保质保量、交货及时赢得了良好商誉，企业利润逐年增长，为天津立林后来的巨大产业打下了第一层奠

回眸天津立林，三个重要节点串成了她的成长主干。在这条主干上还有许多大大小小的节点，比如企业管理机制重大变革，企业技术创新、技术改造重大举措……正是对这些节点的完美把握，使天津立林成为了科技型、集团化的正规企业，形成了螺杆钻具、石油钻头、单双螺杆泵等三大系列上千个规格的立林产品家族。近五年，天津立林经济总量以35%的年增速驶入发展快车道。

图强：培育专长技术，成就螺杆钻具世界强手

提起天津立林，就不能不提她的当家产品——螺杆钻具。这是用于石油、天然气领域专打定向井、水平井的特殊钻井工具，我国最早是从美国引进的技术。1991年，国家石油部将这一装备的自

主创新定为“七五”攻关项目，攻关的关键部件是把硬质合金块镶嵌在钢本体上的TC轴承，石油部的两家机械厂攻关几年都没有得到满意的结果。而天津立林迎难而上，历经百日攻关所制造的TC轴承各项指标均高于国家立项标准的技术要求，被国家科委、质监总局等五委局评为国家级重点新产品。在此基础上，天津立林一鼓作气，斥巨资购进以数控机床为主的各类设备，建成了螺杆钻具整机制造系统，成为国内三大油田特殊工艺钻井所需工具的主要制造商。2007年，螺杆钻具全球产销总量为3万套，我国产销总量为1.01万套，而天津立林的产销量达到5600套，占国际市场产销量的18.6%，占国内市场产销量的55%，成为无可争议的世界螺杆钻具强者。

在攻关螺杆钻具的同时，王树林从一份杂志的一则信息获知，正处于研发阶段的聚晶金刚石复合片钻头（PDC钻头），在我国石油钻井中有着广泛的实用价值。这则信息再度激发了王树林的创新灵感，产品很快研制成功。进入21世

业强手之林

纪，他又把目标瞄准了具有破碎岩石强劲冲击功能的牙轮钻头，创造了带副齿牙轮钻头、渗碳强化牙掌流道、金属密封替代传统橡胶密封等多项专有技术，又投资近1亿元，建成了牙轮、牙掌及组装3条自动化生产线，生产的产品应用到国内各大油田。

天津立林在走出攻关创新的关键几步后，已拥有一批独特的技术专长，成为目前国内惟一集螺杆钻具和牙轮钻头于一身的生产厂家。基于深厚的技术积淀，2008年，天津立林又确立了开发高效能复合钻井成套装具的新项目。该项目以长寿命螺杆钻具和高效能牙轮钻头为核心单元组成，与常规钻具相比，在相同的地质条件下可提高机械钻速50%以上，一次下井使用寿命80～100h。该项目尚属国内首创，被列为天津市20个自主创新产业化重大项目，现已完成产品技术和工艺技术设计，进入产业化工程实施阶段。2010年，将达到年产1万套、年销售额10亿元的产出规模。

天津立林奋发图强，培养技术专长，收获颇丰：1种产品被列为国家火炬计划重点项目，3种产品获得天津市科技进步奖、科技创新奖，3种产品被评为国家级重点新产品，13项技术获得国家授权专利。此外，螺杆钻具、聚晶金刚石复合片钻头及钻杆接头连接螺纹，获得美国权威认证机构颁发的API证书。天津立林被评为中国优秀民营科技企业，集团辖属的立林石油机械有限公司和立林钻头有限公司被认定为天津高新技术企业。

图强：苦练专业内功，增强企业运营综合实力

天津立林能够称雄螺杆钻具市场，在于有不断增强的技术能力和管理能力做支撑，这是其专心产业，苦练内功，增强企业实力的核心。

在王树林的心中，培育和提升自主创新能力是发展立林的第一要务。他深谙人才是这第一要务的第一要素。多年来，通过机制纳才、培训育才和企业前景引才，造就了一支强有力的技术创新主力军。与立林风雨同舟、年已花甲的老总工罗庆生，后来加盟立林、年轻有为的新总工罗绪良，都以创新业绩显著成为立林技术创新的带头人。他们说，王树林对有专业技术并做出贡献的加盟者有“知遇之恩”，不仅给予一份体现自身价值的薪酬，更提供了一个施展才干的舞台。因此，许多从国有企业退下来的精兵强将，许多毕业于名牌大学的优秀学子，都在这里找到了用武之地。

人才济济的技术团队，可以说是天津立林最大的核心竞争力。在此基础上，他们累计投入上亿元，采用现代设计手段，配备世界先进的超声波金属探伤仪、智能金属诊断仪等百余台（套）精密器具，建立螺杆钻具马达试验台、螺杆输送泵试验台、金属物理性能及橡胶物理性能化验室等，建成了被评定为天津市级的企业技术中心。与此同时，还与名牌大学和石油勘探开发机构合作，建设没有围墙的外研体，构筑了一个主体与外脑相结合的广延型技术平台。

天津立林的技术能力还体现在业内一流的工艺装备上。其以400余台高效设备和40余台检测设备构成的制造体系，主要设备数控化率达到30%以上，有些技术密集的设备系自行研制。自制的数控铣床，造价仅为进口同类设备的1/15，加工效率高出国产同类设备的2～3倍，可见其技术实力。目前，天津立林已自制使用16台这种设备，还将自制34台，把整体装备水平提到更高层次。

伴随技术创新能力的不断提升，王树林力主导入现代管理理念和方法，从规范员工行为到实现各项专业管理标准化，建立了与先进制造体系相匹配的科学管理体系。在推进标准化管理中，从定置管理入手，以生产现场为中心，以准时生产为目标，以超前服务为宗旨，全面推行精益管理生产方式，大大提高了人流、物流、信息流和资金流的运行效率。开展以质量和成本为核心的全员全过程目标考核责任制，把各项目标细分落实到各个岗位。在加强机制激励与约束的同时，注重“制”与“情”的结合，实行民主管理和人性化管理，激发了广大员工的责任感和对企业的归属感。随着管理现代化和集约化的推进，企业先后取得了国际权威机构英国SGS的ISO 9001认证以及ISO 10012认证，被国家工商总局评为守合同重信用企业。其当家产品螺杆钻具被评定为天津名牌产品，该产品以与国际同类产品质量相同而价格低1/3的高性价比优势，风靡国内、国际市场。

天津立林守“专”创新、致“专”图强的发展历程，可以说是共和国发展民营企业的一个成功典范。王树林感言：秉持守专不可守城，持续创新方可大成。他满怀为国争气、称强世界的远大抱负踏上新的征程。

刘志刚先生

江苏如石机械有限公司董事长兼总经理

中国石油井口设备和钻采专用工具专委会副主任

江苏省“333高层次人才培养工程”首批中青年科学技术带头人

江苏省“千名企业家培养工程”培养对象

江苏省首批高级职业经理人

LIU Zhigang

练好发展内功　增强抗风险能力
在应对风险和经受考验中实现新的更好的发展
——访江苏如石机械有限公司董事长兼总经理 刘志刚

理性是市场的基石，冷静比迷茫更紧迫。居安思危，居危思进，以百折不挠的意志迎难而上，在市场竞争的惊涛骇浪中磨练自己，增强抵抗风险的能力，是江苏如石机械有限公司（以下简称江苏如石）应对这场金融危机的正确心态；坚定信心，苦练内功，加快自主创新，提升产品质量是应对这场金融危机的破冰之策。

基于这样的认识，江苏如石当前以及今后一段时期的重要工作可以归结为一句话：“一保二压三抓四加强”。

一、保市场，千方百计确保满足用户需求

市场形势越不确定，就越要强化市场意识，保证用户需求。因为只有这样才有可能使市场份额不会受到太大影响。

2009年，江苏如石真正转变思想，以满足用户需求作为一切工作特别是内部生产工作的出发点和落脚点；不折不扣地保证每份定单，不放弃点滴合同；做到只要用户需要如石产品，哪怕是一个小配件，也能及时交出。

要切实提高应对市场的快速反应能力，需要生产管理部门进一步加强生产计划的严谨性、科学性和严肃性；需要生产车间针对全年生产大纲和每周调度会布置的任务认真考虑切实可行的分解落实措施，确保任务落实到具体人员、具体设备并明确时间进度，加强考核；需要对生产过程中发生的问题及时沟通，尽快解决，特别是要迅速解决质量问题；需要采购、设备等相关部门积极配合，环环扣紧；需要提高对用户技术的改进要求以及质量信息的反馈处理速度。

二、压成本、压支出，确保内部挖潜取得新成效

企业不能左右外部宏观经济形势和市场变化，面对危机惟一能做到并且能做好的就是苦练发展内功，不断挖掘内部潜力。

江苏如石根据“降本增效、节能降耗目标分解考核标准”，在公司内部广泛深入地开展了“节能降耗、降本增效、双增双节保盈利”活动，并严格兑现奖惩。

江苏如石厉行节约，树立过紧日子的思想，按照“量入为出、量力而行”的原则，精打细算，统筹安排，严格控制和压缩招待费、办公费等各类非生产性支出，减少不必要的行政开支和费用。同时，整合、挖掘企业内部资源，提高效率，减少闲置，积少成多，集腋成裘，为企业渡过难关打下基础。

三、抓管理、抓质量、抓安全，努力提升内部运行质态

抓生产和销售工作带来的是显性的效益，而抓管理、抓质量、抓安全带来的则是隐性的效益。在显性效益受到制约的时候，关注隐性效益尤为重要。

对于内部管理，综合管理部门和各车间管理者要沉下心来，脚踏实地，围绕效益目标抓好精细管理，推动经济增长方式由粗放型向集约型转变，促进管理手段由传统经验管理向科学化管理转变。精细化管理的重点是对执行的管理，发力点在于抓落实，做到事事有人管、人人都管事、事事有标准、事事有考核；而科学化管理就是尽力使每一个管理环节数据化、客观化。

对于质量工作，要充分认识到这不仅关乎声誉问题，也关乎效益问题，要将质量管理由事后质量检验把关转变为事前控制和过程控制，要在进一步提高控制水平的同时将质量损失降到最低。

对于安全生产，需要进一步确立“安全责任重于泰山”、“抓安全就是抓效益”的思想认识，全员重视，齐抓共管，坚决贯彻“安全第一，预防为主”的方针。各车间负责人要真心实意抓安全，要以铁的手腕坚决和违章行为作斗争。

四、加强新产品开发、加强人力资源管理、加强干部队伍建设、加强品牌建设，为企业发展增添活力

加强新产品开发，加速产品结构调整，不断提高产品附加值已经成为企业应对激烈市场竞争、增强发展后劲的重要支撑手段之一。要制定专项实施计划，落实专人跟踪，确保一批重点新产品顺利投产。

战略和目标确定后，人的因素决定一切。人力资源管理工作需要在五个方面加强：一是进一步细化、明确各类人员的岗位职责；二是根据生产需要加强人力资源合理调配；三是加强对各类人员业务技能的培训；四是加强思想政治工作，使每个员工进一步增强克服困难、战胜困难的信心和勇气，与企业同呼吸、共命运；五是严格依据《劳动合同法》及实施条例，维护公司利益，对拒不执行公司规章制度要求，拒不接受工作分工安排的人员，坚决予以辞退。

没有落后的群众，只有落后的干部。整个中层干部团队的执行力度和工作成效将在很大程度上决定公司全年目标的实现。中层以上干部要加强学习，在实际工作中要增强主观能动性，要多动脑筋分析问题，积极主动解决问题，要做到心中有数，手中有招；要切实改进工作作风和方法，转变管理思维，养成脚踏实地、真心实意的工作作风，工作不能浮于表面；要树立大局和全局意识，加强沟通协调，而不是自成一统搞管理。

品牌是企业长久发展的生命力所在，面对复杂多变的经济环境，要切实强化品牌意识，高度重视品牌战略，以品牌战略促进市场开拓。创名牌难，保名牌更难，要上下努力，珍惜维护行业名牌产品和省著名商标信誉。

新的更加艰巨的任务和目标已经摆在了江苏如石面前，需要其继续保持奋发有为的精神状态和脚踏实地的工作作风，攻坚破难，锐意进取。江苏如石充分利用一切有利条件，充分调动一切积极因素，化挑战为机遇，变压力为动力，坚定发展的信心，积极有效应对，在困难中攀高，在逆境中上扬。江苏如石将勇敢地肩负起光荣的历史使命，振奋精神，齐心协力，扎实工作，以压倒一切的英雄气概去迎接更加严峻的挑战，在应对风险和经受考验中实现公司新的更好的发展！

人物访谈

他是这样一种人

有智慧、有远见、能创新

他有大勇气、大想法、大气魄

有能力选择和作出贡献

他是企业的灵魂

走进访谈

发现不一样的企业家

2008年石油和石油化工设备工业发展综述

2008年,国际油价跌宕起伏,100美元的降幅让全球经济在油价迷雾中持续衰退。2008年1~8月石油钻采装备国内外市场延续了2007年的兴旺局面,我国石油和石油化工设备行业各项经济指标的增长幅度持续攀升。尽管受国际金融危机的影响,9月增长幅度开始回落,但2008年全行业的各项经济指标仍然表现出色。2008年石油和石油化工设备工业主要经济指标见表1。

表1　2008年石油和石油化工设备工业主要经济指标

行业名称	工业总产值		工业销售产值		新产品产值		出口交货值	
	金额（亿元）	同比增长（%）	金额（亿元）	同比增长（%）	金额（亿元）	同比增长（%）	金额（亿元）	同比增长（%）
总计	1 703.08	50.39	1 634.64	49.19	221.55	58.71	208.08	46.09
石油钻采设备	968.54	60.69	931.78	60.83	155.91	67.15	156.19	52.75
炼油化工设备	382.45	40.31	363.13	35.63	44.76	44.15	17.06	45.25
金属压力容器	352.09	36.96	339.73	36.66	20.88	36.81	34.83	22.47

一、2008年经济运行概况

1.企业数量持续大幅攀升

根据国家统计局发布的行业统计,2008年以石油钻采设备、炼油化工设备、金属压力容器3个行业组成的我国石油和石油化工设备工业,规模以上企业的数量大幅升至1 421家,比上年的1 201家增加220家,增幅达18.32%。其中石油钻采设备企业588家,比上年的476家增加112家,同比增长23.53%;炼油化工设备企业409家,比上年的350家增加59家,同比增长16.86%;压力容器制造企业424家,比上年的375家增加49家,同比增长13.07%。2005~2008年企业数量增长情况见图1。

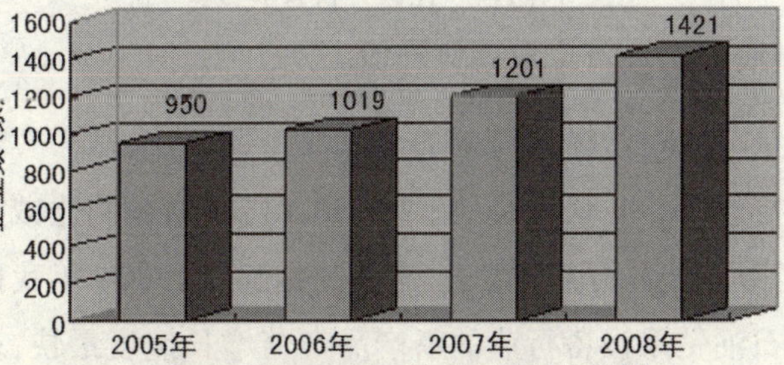

图1　2005~2008年企业数量增长情况

2008年,石油钻采设备行业即上游设备制造企业发展仍然较快,企业增加数量占全行业企业增加数量的51%,但是相对于2007年的55%,减少4个百分点。

2.主要经济指标完成情况

(1)工业总产值:2008年,全行业完成工业总产值1 703.08亿元,同比增长50.39%,增幅同比增加2.25个百分点。其中石油钻采设备行业完成工业总产值968.54亿元,同比增长60.69%,增幅同比增加11.02个百分点;炼油化工设备行业完成工业总产值382.45亿元,同比增长40.31%,增幅与上年持平;金属压力容器行业完成工业总产值352.09亿元,同比增长36.96%,增幅同比增加9.77个百分点。2008年,我国石油钻采设备行业完成的工业总产值仍然超过炼油化工设备制造行业和压力容器行业完成的工业总产值之和。2008年上半年在国际原油价格持续飙升的强烈刺激下,石油工业的上游市场——全球石油天然气的勘探开发生机盎然;国内的各大石油公司加快了勘探开发的步伐，所属的各大油田在利润大增的大好形势下，纷纷投资建设新项目，更新改造老设备，使得国内石油钻采设备市场从2005年开始快速发展。在国际市场上，我国制造生产的石油钻采设备以中低档为主，具有明显的价格优势，因此我国已成为国际石油钻采设备采购的主要市场，从而推动了我国石油钻采设备行业工业总产值自2005年起连续3年创新高。2005～2008年我国石油和石油化工设备各分行业工业总产值见图2。

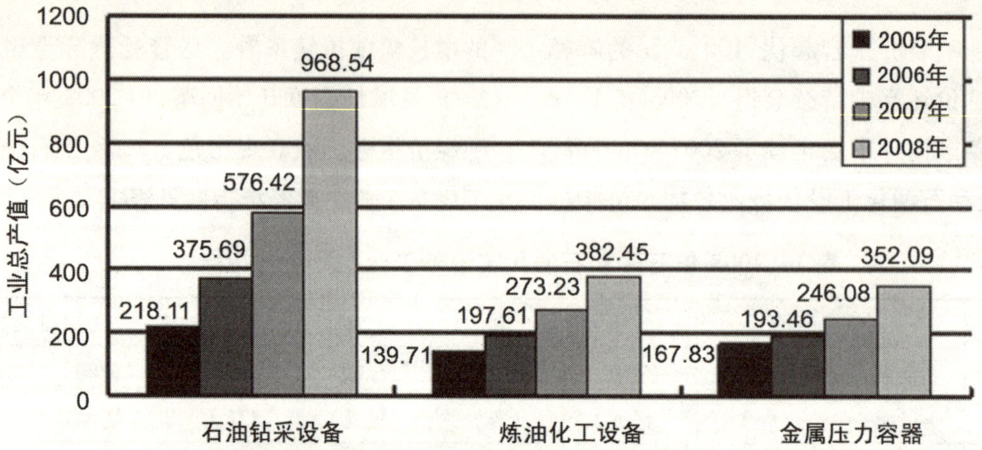

图2　2005～2008年我国石油和石油化工设备各分行业工业总产值

（2）工业销售产值：2008年，全行业完成工业销售产值1 634.64亿元，比上年增长49.19%，增速同比增加6.32个百分点。其中石油钻采设备行业931.78亿元，同比增长60.83%，增速同比增加11.22个百分点；炼油化工设备行业363.13亿元，同比增长35.63%，增速同比减少8.94个百分点；金属压力容器行业339.73亿元，同比增长36.66%，增速同比增加8.84个百分点。以上统计数据显示出我国石油钻采设备行业的销售业绩仍保持在全行业的榜首地位，另外，金属压力容器行业的销售产值连续两年同比稳步攀升，需要特别关注。2008年1～12月石油和石油化工设备工业销售产值见图3。

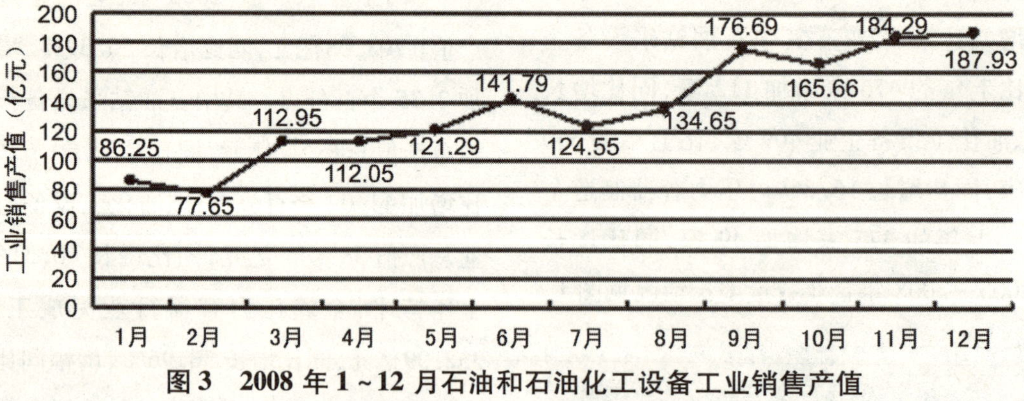

图3　2008年1～12月石油和石油化工设备工业销售产值

（3）新产品产值：2008年，全行业新产品产值221.55亿元，同比增长58.71%，增幅同比增加30.52个百分点。其中石油钻采设备行业155.91亿元，同比增长67.15%，增幅同比增加44.95百分点；炼油化工设备行业44.76亿元，同比增长44.15%，增幅同比增加12.55个百分点；压力容器行业20.88亿元，同比增长36.81%，增幅同比减少28.4个百分点。以上统计数据显示，2008年我国石油钻采设备行业的新产品产值增长速度最快，表明随着石油天然气勘探开发难度的增大，对装备的技术要求相应提高，石油钻采设备行业企业为及时应对市场需求变化，自主创新意识和能力不断提高。近年来，我国石油钻采设备行业的新产品产值始终占全行业的2/3以上。2008年1~12月我国石油和石油化工设备工业新产品产值见图4。

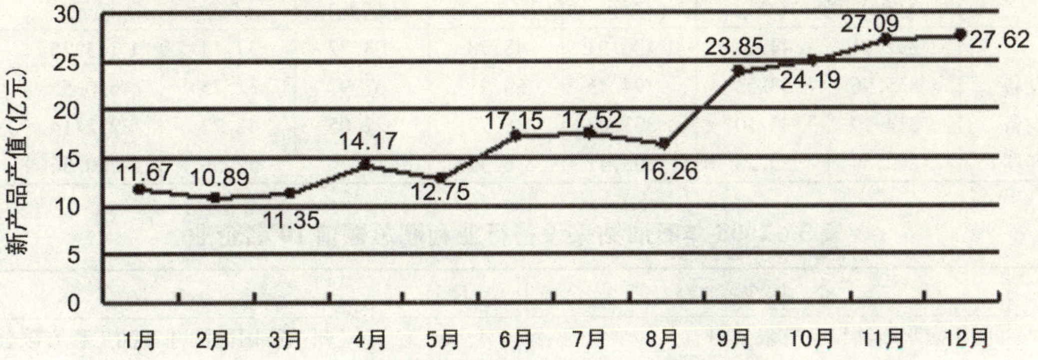

图4　2008年1~12月我国石油和石油化工设备工业新产品产值

（4）出口交货值：根据国家统计局发布的行业规模以上企业统计月报简表，2008年全行业完成出口交货值208.08亿元，同比增长46.09%，增幅同比增加16.53个百分点。其中石油钻采设备行业156.19亿元，同比增长52.75%，增幅同比增加26.83个百分点；炼油化工设备行业17.06亿元，同比增长45.25%，增幅同比增加11.7个百分点；压力容器行业34.83亿元，同比增长22.47%，增幅同比减少19.26个百分点。数据显示，石油钻采设备行业在2008年国际油价的高位驱使下，出口增幅比上年又高出26.83个百分点。2008年1~12月石油和石油化工设备工业出口交货值见图5。

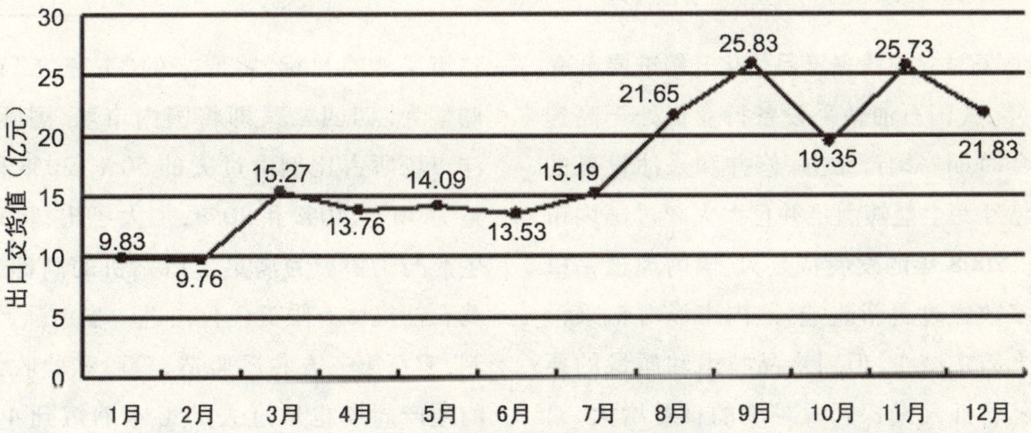

图5　2008年1~12月石油和石油化工设备工业出口交货值

3.主要效益指标完成情况

根据国家统计局数据，截至2008年11月，全行业规模以上企业资产总额1 392.94亿元，同比增长44.24%；实现产品销售收入1 400.91亿元，同比增长48.78%；产品销售成本1 163.25亿元，同比增长47.27%；实现利润总额103.72亿元，同比增长37.14%。销售成本与销售收入基本同步增长，利润增长平稳。其中石油钻采设备行业实现利润总额前三名的省份是江苏省（14.53亿元）、山东省（14.45亿元）和四川省（9.54亿元），炼油化工专用设备制造行业实现利润总额前三名的省份是河北省（4.38亿元）、江苏省（3.38亿元）和黑龙江省（3.14亿元），金属压力容器行业实现利润总额前三名的省份是山东省（2.54亿元）、江苏省（2.39亿元）和辽宁省（1.58亿元）。2008年石油和石油化工设备各分行业经济效益指标见表2。2008年石油钻采设备行业利润总额前10名企业见表3。2008年炼油化工设备行业利润总额前5名企业见表4。

表2　2008年石油和石油化工设备各分行业经济效益指标

行业名称	资产总额		产品销售收入		利润总额		产品销售成本	
	金额（亿元）	同比增长（%）	金额（亿元）	同比增长（%）	金额（亿元）	同比增长（%）	金额（亿元）	同比增长（%）
总计	1 392.94	44.24	1 400.91	48.78	103.72	37.14	1 163.25	47.27
石油钻采设备	815.96	58.53	794.48	59.91	67.97	32.75	650.55	58.58
炼油化工设备	314.29	32.10	303.02	35.77	22.05	42.72	252.14	34.83
金属压力容器	262.69	23.28	303.41	36.92	13.70	52.56	260.56	35.26

表3　2008年石油钻采设备行业利润总额前10名企业

序号	企业名称	序号	企业名称
1	四川宏华石油设备有限公司	6	兰州兰石国民油井石油工程有限公司
2	中国石化集团江汉石油管理局第四机械厂	7	胜利油田胜机石油装备有限公司
3	宝鸡石油机械有限责任公司	8	河北华北石油荣盛机械制造有限公司
4	南阳二机石油装备(集团)有限公司	9	浙江佳力科技股份有限公司
5	上海神开石油化工装备股份有限公司	10	德州联合石油机械有限公司

表4　2008年炼油化工设备行业利润总额前5名企业

序号	企业名称	序号	企业名称
1	哈尔滨空调股份有限公司	4	盘锦兴达实业有限公司
2	兰州兰石集团有限公司	5	山西丰喜化工设备有限公司
3	大连冰山集团金州重型机器有限公司		

二、我国石油钻采设备产品优化升级进展迅速

2008年，我国石油钻采设备行业仍处于高速发展的黄金时期。国产钻井、修井和采油设备的制造能力已经完全能够满足并且大大超过国内市场的需求。2008年的发展特点为：国内现役钻机近八年已多数经过更新改造，国内市场对钻采设备在数量上需求减少，但对产品技术和质量的要求提高。随着油气勘探开发难度的日益增大，对大型超深井钻机、电动及数字变频钻机、高移运（车装、快移快运）钻机、特殊环境（耐高寒）钻机等高技术含量和高附加值的产品需求趋旺，部分产品已出现暂时的供不应求和产能缺口。国内主要石油钻机制造企业宝鸡石油机械有限责任公司、四川宏华石油设备有限公司、南阳二机石油装备（集团）有限公司和江汉石油管理局第四机械厂等及时调整产品结构和经营策略，加快了自主创新开发新技术、新产品的步伐，2008年产销双双取得优异成绩，呈现出良性发展的态势。

2008年，宝鸡石油机械有限责任公司适时调整市场战略目标，将原来的“五三二”市场格局，调整为“四四二”，即将国内市场、国际市场和海洋市场所占比例由过去的50%、30%和20%，调整为40%、40%和20%，加大了出口海外钻机的生产与销售。为满足出口钻机的高标准要求，宝鸡石油机械有限责任公司进一步加强产品质量控制，实行第三方驻厂监造、检验和验收，出口钻机的生产周期也从过去的1年缩短到4～6个月。2008年，公司在进一步稳固原有海外市场基础上，新开拓了印度、缅甸、俄罗斯和阿尔及利亚等国际市场。出口钻机数量达到34台，而2007年全年订货只有25台。

2008年7月，四川宏华石油设备有限公司出口我国首台9 000m钻机，该钻机拥有完全知识产权，标志着四川宏华石油设备有限公司增强了企业的核心竞争力，在钻机制造领域成功抢占了技术制高点，形成新的经济增长点。

江汉石油管理局第四机械厂2008年面对异常激烈的市场竞争和原材料价格的大幅上涨，强化精

益管理，加快生产节奏，以部件、整机为单元，对原有生产组织机构进行专业化重组，成立了4个部件生产单位和3个总装分厂，基本形成了专业化生产格局；启动ERP优化工作，理顺了绞车、油缸、柱塞泵、管件和结构件生产流程，使高附加值产品大型压裂机组、不压井修井机和欧亚低温钻机等重点新产品的产能得到快速提高。该厂于2008年9月再次与美国公司签售20台具有特色新技术的大易“快移快装”钻机（BIG EASY），为打造“石油四机”国际知名品牌再次迈出了坚实的步伐。

南阳二机石油装备（集团）有限公司从2005年以来，坚持开展产品结构调整优化升级工作，先后研制出能够满足-45℃高寒地区钻井作业要求的1 000~5 000m系列低温钻机，于2008年8月，通过了河南省科技成果鉴定。该产品近几年批量出口俄罗斯、加拿大等高端市场。2008年9月，公司研制成功的我国首台7 000m全配套低温橇装钻机运往俄罗斯油气田。它的研制成功，标志我国低温钻机研发能力又跃上一个新台阶。

2008年，江苏曙光集团公司加快了产品优化升级的速度，保持了强劲的发展势头，产销值均达到30亿元。公司投资1.3亿元新建的特种石油钻铤项目已经完成标准厂房建设，设备进入安装调试阶段，将分批投产；油管头、套管头项目已试产成功，进入批量生产阶段；投资10亿元新上的石油钢管项目，拉长了石油钻具产品的产业链；在现有海洋石油钻井隔水管Viper接头生产线的基础上，公司自主开发的海洋石油钻井专用隔水管项目，由生产配件向成品方向发展，拓展了海洋石油装备市场。2008年10月，曙光集团第三条生产线中的石油钻杆摩擦焊机落户曙光石油钻杆设备产业园，使曙光集团成为我国最大的石油钻杆生产基地。该台石油钻杆用摩擦焊机总价值超过2 000万元，是目前世界上最先进的石油钻杆生产设备，可年生产石油钻杆5万根，可以为曙光集团创造7亿元的销售产值，为国家新增7 000万元的税收。这些项目成功实施后，曙光的产品将形成“横向做粗，纵向拉长”的“葡萄串”效应。

我国的石油装备制造企业正处于技术升级时期，上述制造企业加速提高新技术、新产品的自主创新能力和制造水平，着力调整产品结构优化升级，避免了低水平重复建设和无序竞争。

三、重大技术装备——百万吨乙烯装备国产化取得新进展

2008年，遵照国务院《关于加快振兴装备制造业的若干意见》，国内科研、设计、制造和使用单位相结合，对百万吨乙烯重大装备中的大型乙烯裂解炉、大型气体压缩机组、大型乙烯反应器、大型乙烯换热器和大型乙烯专用机械等开展了联合攻关，取得了不少重大成果。这些重大装备中的部分设备2008年已应用于最近建设的一批百万吨乙烯项目中，促使我国石化重大装备制造水平上了一个新台阶。

（1）乙烯大型裂解炉开发：乙烯裂解炉是乙烯裂解装置的核心设备，中国石化工程建设公司为了满足百万吨乙烯生产的需要，与国外合作研制了15万~20万t/a大型乙烯裂解炉，应用于新建的浙江镇海、天津大港和辽宁抚顺等大型乙烯工程中。

（2）乙烯大型气体压缩机开发：乙烯裂解装置中的乙烯三机——裂解气压缩机、乙烯压缩机和丙烯压缩机是该装置的重大关键设备，世界上只有美国、日本、德国和意大利等少数几个国家能够制造。沈阳鼓风机集团引进国外离心压缩机设计制造专利技术，经过多年的消化、吸收，已经掌握了引进技术的核心，通过多年不断开发创新和技术攻关，在压缩机气体动力学、转子动力学和传热学等方面的研究取得了重大突破，国内已经具备研制大型乙烯三机的技术基础和能力。为了落实百万吨级大型乙烯三机国产化，沈阳鼓风机集团承担了天津、镇海和抚顺80万~100万t/a乙烯项目中乙烯三机的研制工作。

（3）大型PTA装置的工艺空气压缩机组由压缩机、涡轮膨胀机和汽轮机组成，其中又可分为单轴压缩机和多轴压缩机组。百万吨PTA装置空气压缩机的设计流量为176 000m^3/h（标准状态），轴功率为22 400kW。陕西鼓风机集团组织研制攻关，采用静叶可调轴流压缩机加离心压缩机、中间进气双分流冷凝式汽轮机和尾气膨胀机的单轴布置设计方案，为重庆涪陵90万t/a PTA的项目研制了第一台国产的工艺空气压缩机。

（4）乙烯大型反应设备开发：在乙烯成套设备中，各种反应设备是生产装置的“心脏”设备，反应器技术大都和石化生产工艺技术一起形成专利技术或专有技术。聚乙烯反应器是在一定压力和温度下，将乙烯聚合成聚乙烯树脂的关键设备。中国石化工程建设公司在攻关聚乙烯生产工艺技术的同时，开发了具有自主知识产权的聚乙烯反应器，将应用于今后建设的百万吨乙烯工程中。

聚丙烯反应器是在一定压力和温度下，将丙烯聚合成为聚丙烯树脂的关键设备，聚丙烯反应器根据工艺不同有带搅拌釜式反应器和管式反应器。中国石化工程建设公司和茂名重力石化设备制造公司联合攻关，自行设计和制造的聚丙烯反应器，已经在20万~30万t/a聚丙烯装置中应用。目前正在开发天津百万吨乙烯工程中的45万t/a聚丙烯复合式环管反应器。

（5）乙烯换热设备开发：乙烯大型换热设备中难度最大的为乙烯冷箱和板壳式换热器。乙烯冷箱是乙烯生产装置和天然气液化装置中必不可少的关键设备。杭州制氧机厂引进美国S.W公司设计技术和关键加工设备大型真空钎焊炉，使冷箱的设计水平、制造能力趋近和达到了国际先进水平。该公司为燕山72万t/a乙烯改造、扬子65万t/a乙烯改造、上海70万t/a乙烯改造、齐鲁70万t/a乙烯改造和茂名100万t/a乙烯改造等项目制造过乙烯冷箱。目前国内制造80万~100万t/a大型乙烯冷箱已经具备基本条件，在近期建设的百万吨乙烯工程中将得到应用。

板壳式换热器为立式换热器，焊接板束装在压力容器壳体内，换热面积大，换热效率高，占地面积小，适用于干净介质、中低压条件，过去一直靠国外进口。目前兰州石油化工机械研究所已经掌握了大型板壳式换热器的设计、制造技术，产品已经应用到大型炼油和乙烯项目中。

（6）乙烯大型专用机械开发：专用机械包括干燥设备、分离设备、包装设备、造粒设备和输送设备等。

回转干燥机应用于聚乙烯装置和PTA装置，主要是将聚乙烯和PTA粉料干燥。锦西化工机械集团承制的百万吨PTA干燥机已经完成研制工作，即将应用到重庆蓬威石化有限责任公司的90万t/a PTA装置中。

大型乙烯重大装备攻关研制工作正在蓬勃进行，国内科研、设计、制造和使用单位密切配合，研制项目都有依托工程，研制的设备起点高，技术水平向国际水平看齐，具有自主知识产权的乙烯成套装备正在武装我国的乙烯工业。

〔供稿单位：中国石油和石油化工设备工业协会〕

2009年1~9月我国石油和石油化工设备工业经济运行情况

一、主要经济技术指标完成情况及其分析

根据国家统计局统计数据，截至2009年9月，我国石油和石油化工设备工业规模以上企业增至1 868家，9个月净增447家，增幅31.4%；完成工业总产值1 553.43亿元，同比增长16.16%；工业销售产值1421.59亿元，同比增长16.99%；新产品产值164.04亿元，同比增长12.24%；出口交货值114.99亿元，同比下降19.18%。2009年1~9月石油和石油化工设备工业经济指标见图1。

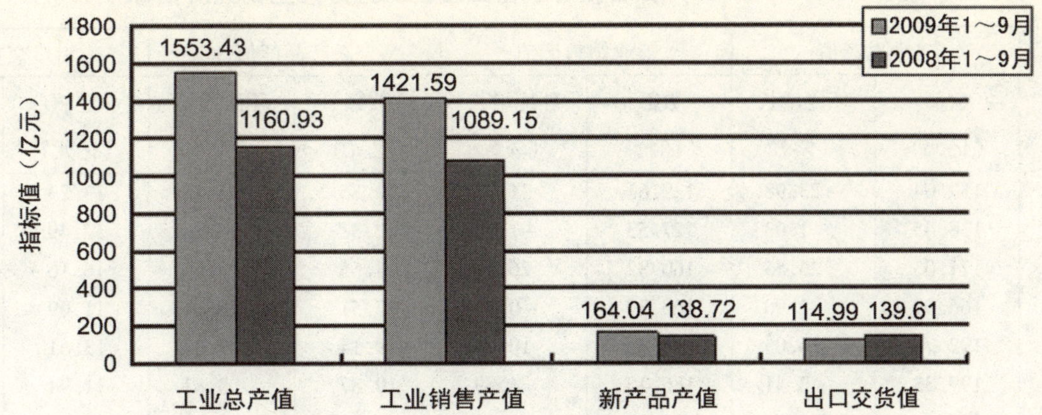

图1　2009 年 1 ~ 9 月石油和石油化工设备工业经济指标

石油钻采设备行业规模以上企业增至 798 家，9 个月净增 220 家，增幅 38.1%；完成工业总产值 893.87 亿元，同比增长 18.7%；完成工业销售产值 782.24 亿元，同比增长 18.88%，产销率 87.51%；完成新产品产值 109.61 亿元，同比增长 5.8%，新产品率为 12.26%；完成出口交货值 83.16 亿元，同比下降 16.78%。

炼油化工设备行业 1 ~ 9 月完成工业总产值 322.15 亿元，同比增长 11.17%；完成工业销售产值 311.89 亿元，同比增长 12.29%，产销率为 96.81%；新产品产值 37.05 亿元，同比增长 48.64%，新产品率 11.5%；出口交货值 15.99 亿元，同比下降 12.15%。

金属压力容器行业 1 ~ 9 月完成工业总产值 337.41 亿元，同比增长 14.98%；完成工业销售产值 327.46 亿元，同比增长 17.21%，产销率 97.05%；完成新产品产值 17.39 亿元，同比下降 1.79%，新产品率 5.1%；出口交货值 15.84 亿元，同比下降 34.43%。2009 年 1 ~ 9 月，金属压力容器行业的新产品产值和出口交货值均比上年同期有较大的下降，其中出口交货值降幅达到 20% 以上，说明化工工业形势仍然比较严峻，对新产品的需求不旺，给新产品的开发带来不利影响。2009 年 1 ~ 9 月石油和石油化工设备各分行业主要经济指标见表 1。2009 年 1 ~ 9 月石油和石油化工设备工业分月主要经济指标见表 2。2009 年 1 ~ 9 月全行业工业总产值和工业销售产值走势见图 2。2009 年 1 ~ 9 月全行业新产品产值和出口交货值走势见图 3。

表 1　2009 年 1 ~ 9 月石油和石油化工设备各分行业主要经济指标

分行业名称	工业总产值		工业销售产值		新产品产值		出口交货值	
	数额（亿元）	同比增长（%）	数额（亿元）	同比增长（%）	数额（亿元）	同比增长（%）	数额（亿元）	同比增长（%）
总计	1 553.43	16.16	1 421.59	16.99	164.04	12.24	114.99	-19.18
石油钻采设备	893.87	18.70	782.24	18.88	109.61	5.80	83.16	-16.78
炼油化工设备	322.15	11.17	311.89	12.29	37.05	48.64	15.99	-12.15
金属压力容器	337.41	14.98	327.46	17.21	17.39	-1.79	15.84	-34.43

表2　2009年1~9月石油和石油化工设备工业分月主要经济指标

月份	工业总产值		工业销售产值		新产品产值		出口交货值	
	数额（亿元）	环比增长（%）	数额（亿元）	环比增长（%）	数额（亿元）	环比增长（%）	数额（亿元）	环比增长（%）
1月	137.04	-23.98	129.61	-31.03	12.85	-53.48	13.23	-39.40
2月	138.45	1.03	127.53	-1.60	12.31	-4.20	12.49	-5.59
3月	171.05	23.55	160.82	26.10	14.55	18.20	16.16	29.38
4月	166.09	-2.90	160.37	-0.28	17.51	20.34	11.09	-31.37
5月	192.75	16.05	177.75	10.84	19.14	9.31	13.61	22.72
6月	199.33	3.41	186.45	4.89	19.87	3.81	11.94	-12.27
7月	165.48	-16.98	163.97	-12.06	16.72	-15.85	11.01	-7.79
8月	163.77	-1.03	158.25	-3.49	17.95	7.36	12.94	17.53
9月	175.09	6.90	168.90	6.70	19.15	6.68	11.21	-13.37

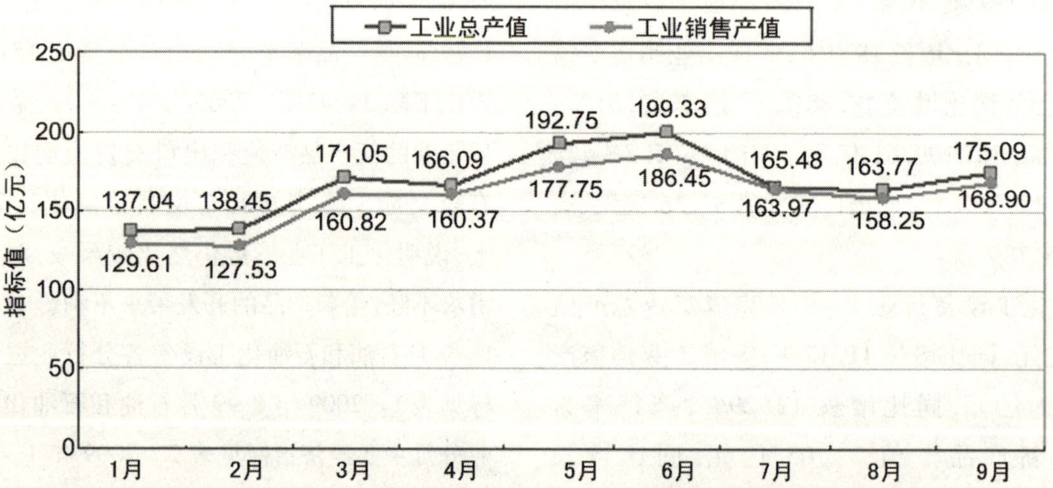

图2　2009年1~9月全行业工业总产值和工业销售产值走势

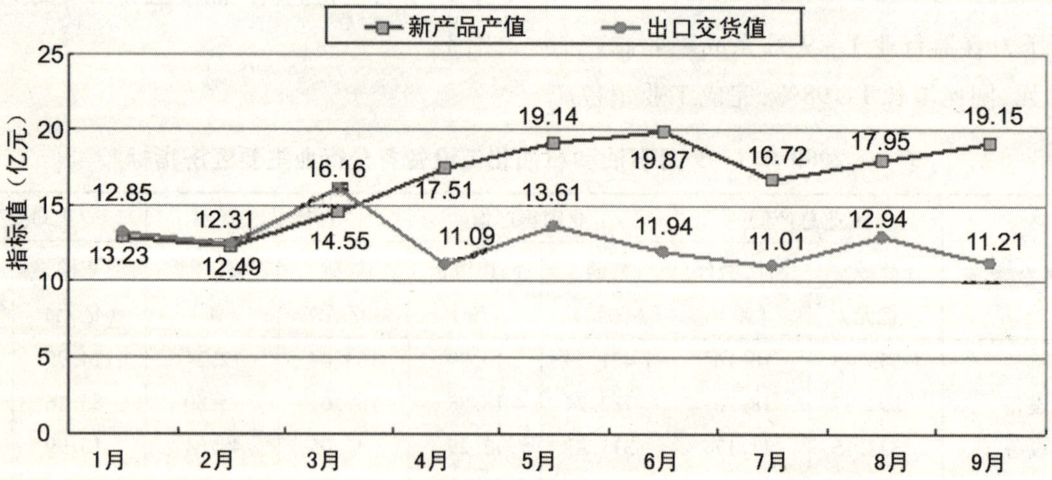

图3　2009年1~9月全行业新产品产值和出口交货值走势

二、主要经济效益指标完成情况

2009年1~8月，全行业资产总额1 630.22亿元，同比增长16.43%；实现产品销售收入1 166.94亿元，同比增长18.22%；产品销售成本988.49亿元，同比增长20.83%；实现利润总额67.77亿元，同比下降4.94%。2009年1~8月全行业经济效益指标见图4。2009年1~8月全行业效益情况见表3。

表3　2009年1~8月全行业效益情况

时间	指 标 名 称	固定资产	销售收入	销售成本	利润总额
2008.11	数值(亿元)	1 392.94	1 400.91	1 163.25	103.72
	月均增速(%)	42.21	127.36	105.75	9.43
2009.2	数值(亿元)	1 527.39	216.58	181.39	12.34
	月均增速(%)	44.82	108.29	90.70	6.17
2009.5	数值(亿元)	1 581.23	689.62	581.37	38.92
	月均增速(%)	31.38	137.92	116.27	7.78
2009.8	数值(亿元)	1 630.22	1 166.94	988.49	67.77
	月均增速(%)	26.36	145.87	123.56	8.47

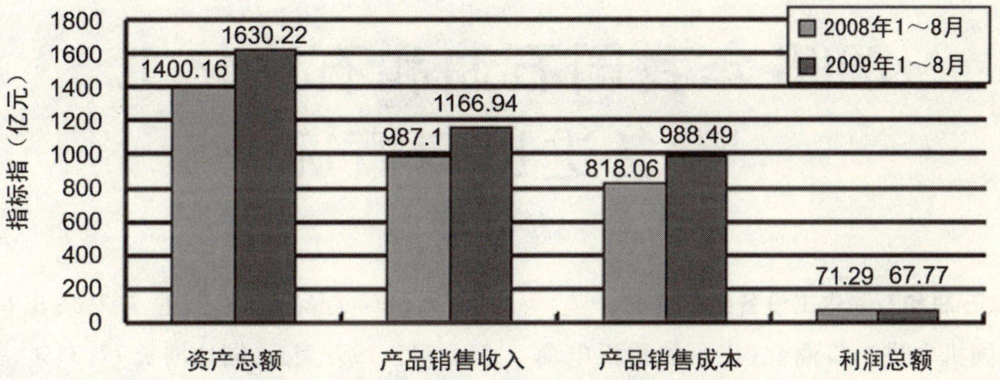

图4　2009年1~8月全行业经济效益指标

截至2009年8月,石油钻采设备行业实现资产总额908.47亿元,同比增长13.89%;产品销售收入626.22亿元,同比增长20.19%;产品销售成本533.85亿元,同比增长25.85%;利润总额38.46亿元,同比下降14.34%。利润总额前3名的省份是山东省(12.85亿元)、四川省(4.88亿元)和江苏省(4.63亿元)。

截至2009年8月,炼油化工设备行业实现资产总额386.1亿元,同比增长21.57%;产品销售收入262.13亿元,同比增长14.41%;产品销售成本219.09亿元,同比增长15.39%;利润总额18.14亿元,同比增长12.11%。利润总额前3名的省份是江苏省(5亿元)、辽宁省(2.9亿元)和浙江省(2.6亿元)。

截至2009年8月,金属压力容器行业实现资产总额335.64亿元,同比增长17.65%;产品销售收入278.59亿元,同比增长17.56%;产品销售成本235.55亿元,同比增长15.47%;实现利润总额11.16亿元,同比增长9.3%。利润总额前3名的省份是江苏省(3.4亿元)、辽宁省(1.38亿元)和山东省(1.29亿元)。

根据国家统计局的数据,截至2009年8月,石油和石油化工设备工业亏损企业406家,占企业总数的21.89%,比上年同期增加105家,累计亏损额6.95亿元,同比增长61.6%。其中,石油钻采设备行业亏损企业191家,同比增加42家,累计亏损额4.54亿元,同比增长153%;炼油化工设备行业94家,同比增加25家,累计亏损额0.88亿元,同比下降16.98%;金属压力容器行业121家,同比增加38家,累计亏损额1.54亿元,同比增长83.33%。各分行业的亏损企业和亏损额都有较大增长。传统产业产能过剩,迫切需要行业进行产业结构调整和技术创新,依靠科技进步、管理创新,加快向现代制造服务业的转变,通过兼并重组优势企业扭转亏损局面。2009年石油和石油化工设备工业亏损情况见表4。

表 4　2009 年石油和石油化工设备工业亏损情况

时间	企业数		亏损企业数		累计亏损额	
	数值（家）	环比增长（%）	数值（家）	环比增长（%）	数值（亿元）	环比增长（%）
2008.11	1 421		206		4.30	
2009.2	1 903	33.92	542	163.11	3.15	-26.74
2009.5	1 837	-3.47	475	-12.36	5.87	86.35
2009.8	1 855	0.98	406	-14.53	6.95	18.40

〔供稿单位：中国石油和石油化工设备工业协会〕

2008 年我国石油和石油化工设备进出口概况

一、重点石油和石油化工设备出口情况

根据中国机电进出口商会（以下简称机电商会）的统计，2008 年我国重点石油和石油化工设备出口总额为852 410.87万美元，同比增长54.27%。其中出口亚洲512 799.44万美元，同比增长63.86%，占出口总额的60.2%；出口欧洲165 454.14万美元，同比增长79.5%，占出口总额的19.4%；出口北美洲61 610.55万美元，同比增长7.62%，占出口总额的7.2%；出口拉丁美洲54 545.19万美元，同比增长77.31%，占出口总额的6.4%；出口非洲48 182.17万美元，同比增长5.28%，占出口总额的5.7%；出口大洋洲9 819.38万美元，同比下降27.93%，占出口总额的1.1%。2008 年重点石油和石油化工设备出口情况见表1。2008 年石油和石油化工设备十大出口目的地见表2。

表 1　2008 年重点石油和石油化工设备出口情况

产品名称	单位	数量	金额（万美元）	占比（%）	同比增长（%）
1. 石油钻采设备合计			276 354.62	32.43	
石油或天然气钻机的零件	t	196 574 719	126 030.25	14.79	57.71
未列名自推进的石油及天然气钻机	台	711	48 436.04	5.68	4.65
自推进石油及天然气钻机，钻探深度≥6 000m	台	52	43 873.25	5.15	109.58
浮动或潜水式钻探或生产平台	个	17	29 980.62	3.52	73.59
其他自推进采油机械	台	8 253	24 890.77	2.92	87.00
机动钻探车	辆	91	2 328.08	0.27	32.32
石油测井车、压裂车、混沙车	辆	22	815.61	0.10	-25.87
2. 炼油化工专用设备合计			49 561.93	5.82	
未列名利用温度变化处理材料的机器、装置等	t	1 180 824	37 484.72	4.40	128.18
转速在10 000r/min 及以上的离心泵	t	1 866 222	6 707.89	0.79	169.66

（续）

产品名称	单位	数量	金额（万美元）	占比（%）	同比增长（%）
加氢反应器	套	342	2 338.77	0.27	496.42
提净塔	台	829	1 540.87	0.18	29.92
精馏塔	台	94	1 186.54	0.14	-41.29
二氧化碳压缩机	台	4 168	303.14	0.04	68.72
3. 金属压力容器合计			17 912.27	2.10	
装压缩气体或液化气体的非零售包装钢铁容器	t	62 987 191	17 912.27	2.10	18.83
4. 石油天然气运输船合计	艘	230	478 301.89	56.10	
载重量不超过10万t的成品油船	艘	199	305 874.15	35.88	53.64
载重量不超过15万t的原油船	艘	19	94 391.54	11.07	113.79
载重量超过30万t的原油船	艘	5	45 588.55	5.35	11.17
10万t<载重量≤30万t的成品油船	艘	4	20 579.65	2.41	
15万t<载重量≤30万t的原油船	艘	1	10 543.80	1.24	-27.25
容积≤20 000m^{3}的液化石油气船	艘	1	943.20	0.11	-37.17
载重量超过30万t的成品油船	艘	1	3 810.00	0.04	

表2　2008年石油和石油化工设备十大出口目的地

序号	国家或地区	出口额（万美元）	同比增长（%）	序号	国家或地区	出口额（万美元）	同比增长（%）
1	中国香港	123 633.07	217.23	6	韩国	19 645.92	3.00
2	美国	52 922.13	4.59	7	土库曼斯坦	19 507.41	263.63
3	俄罗斯联邦	31 908.35	171.16	8	哈萨克斯坦	18 973.37	19.38
4	塞浦路斯	29 836.54	1 314.23	9	希腊	18 339.29	5.32
5	荷兰	24 307.63	2 070.32	10	利比亚	16 884.35	856.47

二、重点石油和石油化工设备进口情况

根据机电商会的统计，2008年我国重点石油和石油化工设备进口总额为162 366.21万美元，同比增长43.04%。从欧洲进口65 409.8万美元，同比增长11.31%；从北美洲进口49 611.52万美元，同比增长79.35%；从亚洲进口46 807.71美元，同比增长76.27%；从大洋洲进口376.49万美元，同比增长6.92%；从拉丁美洲进口153.33万美元，同比下降9.8%；从非洲进口6.86万美元，同比增长39.7%；从国际组织进口0.5万美元。2008年我国石油和石油化工设备进口地区比例见图1。2008年重点石油和石油化工设备进口情况见表3。2008年石油和石油化工设备十大进口来源地见表4。

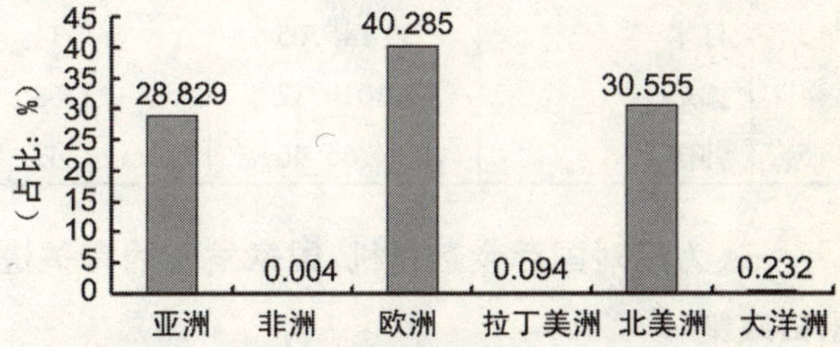

图1　2008年我国石油和石油化工设备进口地区比例

表3　2008年重点石油和石油化工设备进口情况

产品名称	单位	数量	金额（万美元）	占比（%）	同比增长（%）
1. 石油钻采设备合计			57789.17	35.58	
石油或天然气钻机的零件	t	6 321 112	28 985.34	17.85	75.91
未列名自推进的石油及天然气钻机	台	88	21 074.42	12.98	123.17
自推进石油及天然气钻机，钻探深度≥6 000m	台	2	328.64	0.20	
其他自推进采油机械	台	110	572.29	0.35	-22.48
机动钻探车	辆	13	1 757.13	1.08	116.73
石油测井车、压裂车、混沙车	辆	48	5 071.35	3.12	-12.56
2. 炼油化工专用设备合计			95 890.59	59.06	
未列名利用温度变化处理材料的机器、装置等	t	62 683	79 410.25	48.91	30.20
转速在10 000r/min及以上的离心泵	t	626 377	9 194.66	5.66	141.33
加氢反应器	套	67	4 702.72	2.90	140.38
提净塔	台	9	133.89	0.08	-78.59
精馏塔	台	38	1 230.82	0.76	54.58
二氧化碳压缩机	台	475	1 218.25	0.75	138.35
3. 金属压力容器合计			5 976.95	3.68	
装压缩气体或液化气体的非零售包装钢铁容器	t	26 685 128	5 976.95	3.68	32.88
4. 石油天然气运输船合计	艘	38	2 709.49	1.67	
载重量不超过10万t的成品油船	艘	35	999.75	0.62	301.21
容积≤20 000m^{3}的液化石油气船	艘	3	1 709.74	1.05	-52.87

表4　2008年石油和石油化工设备十大进口来源地

序号	国家或地区	进口额（万美元）	同比增长（%）	序号	国家或地区	进口额（万美元）	同比增长（%）
1	美国	47 412.26	81.56	6	新加坡	6 073.64	56.22
2	德国	26 397.85	34.08	7	中国台湾	5 432.43	20.86
3	日本	20 145.05	81.11	8	意大利	4 857.99	-37.74
4	挪威	12 010.12	43.68	9	奥地利	3 305.78	49.51
5	韩国	8 766.46	112.42	10	英国	2 624.26	-30.68

三、为应对国际金融危机，国家发布的有关进出口政策

由于受美国金融危机的影响，美国和国际市场机械产品需求减少，机械产品进出口增速逐月回落，尤其是出口，2008年10～12月，月出口额环比逐月减少，形势严峻。

为应对国际金融危机的影响，我国政府已采取多项政策和措施，加大宏观调控力度，增加固定资产投资，全面实行增值税转型改革，扩大国内消费，积极拉动内需，进一步支持装备制造业的发展。

从2008年下半年起，为削弱国际市场需求减少对我国的影响，我国政府颁发了一批进出口的新政策，其中涉及石化通用机械的有3项：

1. 177种石化通用机械提高出口退税率

2008年，我国政府已4次提高出口退税率，其中有3次涉及石化通用机械。

财政部、国家税务总局2008年10月21日发布通知，提高部分产品出口退税率，从2008年11

月1日起实行。机械产品提高出口退税率的共15种,其中石化通用机械1种:装压缩气或液化气的容器,出口退税率由5%提高到11%。

经国务院批准,财政部、国家税务总局2008年11月17日发布通知,决定提高部分商品的出口退税率,自2008年12月1日起实行。机械产品提高出口退税率的共445种,其中石化通用机械143种,提高出口退税率1~5个百分点。

财政部、国家税务总局2008年12月29日发布通知,决定再提高部分商品的出口退税率,自2009年1月1日起实行。机械产品提高出口退税率的共328种,其中石化通用机械33种,提高出口退税率1~5个百分点。

2.113种石化通用机械列入《国内投资项目不予免税的进口商品目录》

财政部、国家发改委、海关总署和国家税务总局2008年12月9日发布公告,对2006年修订的《国内投资项目不予免税的进口商品目录》(以下简称《目录》)进行了调整,主要是对部分产品的技术规格进行了调整,同时对税则号列进行了相应调整和修正。调整后《目录》自2008年12月15日起执行。

为保证《目录》调整前审批的老项目顺利实施,对2008年12月15日以前批准的国内投资项目,其进口设备在2009年6月30日及以前申报进口的,仍按照调整前《目录》执行。但对于有关进口设备按照调整前《目录》审核不符合免税条件,而按照调整后《目录》审核符合免税条件的,自2008年12月15日起,可以按照调整后《目录》执行。货物已经征税进口的,不再予以调整。

3.增值税转型改革的新政策

2008年11月5日,国务院出台扩大内需促进经济增长十项措施,其中第九项提出,“在全国所有地区、所有行业全面实施增值税转型改革,鼓励企业技术改造,减轻企业负担”。2008年11月10日,国务院发布《增值税暂行条例》,决定增值税转型改革从2009年1月1日起在全国范围实施。

在此同时,对进口设备增值税免税政策和外资企业采购国产设备增值税退税政策也作相应调整。

〔供稿单位:中国石油和石油化工设备工业协会〕

我国石油钻采设备制造业发展概略

我国石油钻采设备制造业起步于20世纪50年代,是伴随我国石油工业发展起来的。五十多年来经历了由探索起步阶段到成长壮大阶段的转变,特别是改革开放30年来,石油钻采设备制造业获得了长足发展。

一、“十一五”期间我国石油钻采设备制造业发展目标和任务

石油钻采设备系指专用于陆地和海洋石油、天然气开采的装备。它主要包括陆上石油钻采设备、海洋和沙漠石油钻采专用设备、钻具(井下钻采工具)等。在整个石油钻采装备中,石油钻机占70%,采油设备占20%,其余装备占10%。

石油钻机是最主要的石油钻采设备,目前我国石油钻机和泥浆泵产量已居世界第一位。2006年,仅中石油集团就生产石油钻机266套,其中出口19套,创汇4 058万美元;生产泥浆泵1 489套,出口378套,创汇5 988万美元。

根据我国石油工业“十一五”发展规划对勘探开发设备的需求,我国石油钻采设备制造业在“十一五”期间,产品品种和产量都将有较大的增加,产品结构将进一步优化升级，技术水平亦将有较大的提高。到2010年，我国石油钻采设备产品产量将增长30% ~50%，产值增长60%以上，达到1 000亿元，出口额达到25亿美元。

(一)钻井设备发展规划

开发全电驱动和复合电驱动(SCR滞留电驱动钻机和VFD交流变频电驱动钻机)钻机，提高钻机自动化和智能化水平，建造钻机机、电、液、气、信息和钻井仪表、自动送钻一体化网络平台。

为缩短钻机移动过程的拆卸、运输、安装时间，大力发展车装钻机和拖挂钻机，4 000m以上钻机采用大拖挂方式，3 000m以下钻机发展车装交流变频驱动和车装全液压驱动。

着手开发极寒地区、沼泽地区使用的特殊钻机，以及小井眼钻机、套管钻机等特种工艺钻机，并开始超大功率钻机2 237.1kW(3 000hp)以上绞车的设计和制造，以适应国内外不同区域、不同地质条件的钻井需求。

优化钻机井架、底座的设计制造，以减轻钻机的整体重量。

提升海洋钻机的自主设计能力和制造能力，争取全部承揽国内海洋钻机模块设计生产任务，并开始海洋石油钻井平台的设计制造。

在顶驱钻机制造方面，进一步提高SCR顶驱液压系统、电控系统的可靠性，发展系列变频顶驱。

提高常规型泥浆泵(52MPa)的可靠性，开发研制智能化软泵系统、自动检测等单元技术，开发液缸起立环形布置泥浆泵和液压泥浆泵。

加快超大型钻机和微型化钻机的研发。国外超大型钻机钻深已经达到15 000m，最大钩载12 500kN，井架高度超过50m，而轻型钻机则趋向小型化，最小的阿微型钻机用于小井眼钻井。

预计“十一五”期间，国内钻机的年更新量每年大约40台(套)，每年出口1 000 ~7 000m钻机约20 ~30台(套)。

(二)采油设备发展规划

机械采油设备研制方面。机械采油设备的研究和开发，可满足开采难度大的油井和稠油、结蜡、结盐等油井的需要，提高经济效益和节能降耗效果，提高整机效率和可靠性，提高自动化和智能化控制技术水平。开发三次采油设备和稠油采油装备，加大在用量较大的游梁式抽油机等的节能降耗改造力度。

修井机研制方面，努力提高产品的安全可靠性、自动化水平、集装化程度和移运能力，大力研制适用于深井、边远地带的修井设备，以及沼泽、严寒、沙漠地区使用的特殊修井机。

固井压裂设备研制方面。大力发展大功率、多功能、自动化系列压裂车，发展大排量、高砂比、多功能和自动化混砂车。

(三)油气输送管道设备发展规划

大力发展油气输送钢管和输送设备，包括敷管钻机、天然气长输管道增压机、大口径高压油气集输管道阀门和油气管道钢管和器材。中型管道非开挖敷设定向钻机市场需求量较大，中型钻机技术上优于小型管道钻机，而难度远低于大型管道钻机，因此应大力发展。中型管道钻机系指用于敷设管道直径小于720mm，敷设深度1 ~5m，敷设管长度50 ~200m的钻机。天然气长输管线压缩机是天然气远程输送的关键设备，“十一五”期间，2万kW以上的大型天然气长输管线离心压缩机的需求量约为100台，如果全部进口大约需要4亿美元，若50%分交国内制造，只需要10亿元，经济效益十分可观。“十一五”期间，大口径高压油气集输管道(大于1m)阀门，在消化、吸收引进技术方面应当有所突破。

(四)海洋石油钻采设备发展规划

海洋石油钻采设备与陆地石油钻采设备相比，技术要求更高，制造难度更大。另外，由于我国海洋石油勘探开发，一开始就采取国际招标采购方式，国产设备难以问津。多年来，海洋石油钻采设备国产化率一直在20% ~30%，关键设备几乎全部进口，我国海洋石油钻采设备与国际差距越来越大。“十一五”期间，我国海洋石油设备研制应当有所突破。

二、2006～2008年我国石油钻采设备制造业发展情况

(一)基本情况

近几年,世界原油价格持续攀升,强烈地刺激石油上游产业投资快速增长,进而带动世界石油装备业资本市场迅速膨胀。1999～2006年,全球石油勘探开发投资从675亿美元增加到2 708亿美元,增长了3倍。2007年,世界石油勘探开发投资继续保持快速增长势头,同比增长10.6%。1998～2007年,我国石油和天然气开采业固定资产投资额逐年增长,而且增速呈逐年加快的趋势。"十五"后期,我国石油钻采设备行业呈现出高速发展态势,工业总产值等经济指标连续三年创新高。2006～2008年是我国石油钻采设备行业发展最好的时期,各项经济指标全面超"十五"时期数据,经济效益逐年攀升。

1.2006年运行情况

2006年,在国务院《加快振兴装备制造业的若干意见》鼓舞下,以及国际原油价格持续走高的带动下,我国石油钻采设备制造业总体运行良好,呈现加速发展的态势,行业的产值、效益、出口和增长速度都达到了历史的高点,各项经济运行指标和经济效益指标较上年都有较大的增长。

截至2006年底,石油钻采设备行业共有规模以上企业376家,占石油石化装备制造业企业总数的36.9%;拥有资产总额337.05亿元,占全行业资产总额的50%;工业总产值、产品销售收入、新产品产值、出口交货值和利润总额分别达到全行业的48.5%、49.47%、69.62%、70.3%和67.63%;新产品产值、出口交货值和利润总额的同比增速都超过100%。2006年石油钻采设备行业工业总产值前5名企业见表1。2006年石油钻采设备行业产品销售收入前5名企业见表2。2006年石油钻采设备行业利润总额前5名企业见表3。

表1　2006年石油钻采设备行业工业总产值前5名企业

序号	企业名称	工业总产值(亿元)	序号	企业名称	工业总产值(亿元)
1	川油广汉宏华有限公司	21.74	4	江苏曙光集团有限公司	18.62
2	兰州兰石集团有限公司	21.14	5	山东墨龙石油机械股份有限公司	16.10
3	宝鸡石油机械厂	20.87			

表2　2006年石油钻采设备行业产品销售收入前5名企业

序号	企业名称	产品销售收入(亿元)	序号	企业名称	产品销售收入(亿元)
1	川油广汉宏华有限公司	22.42	4	江苏曙光集团有限公司	18.15
2	宝鸡石油机械厂	20.83	5	山东墨龙石油机械股份有限公司	16.01
3	兰州兰石集团有限公司	20.11			

表3　2006年石油钻采设备行业利润总额前5名企业

序号	企业名称	利润总额(亿元)	序号	企业名称	利润总额(亿元)
1	川油广汉宏华有限公司	5.59	4	江阴市银惠塑钢厂	2.31
2	江苏曙光集团有限公司	2.46	5	山东墨龙石油机械股份有限公司	2.14
3	深圳赤湾胜宝旺工程有限公司	2.32			

2006 年，规模以上石油钻采设备企业出口交货值同比增长 121.31%，达到 70.93 亿元，反映出世界石油钻采设备需求的快速增长，同时也说明了我国在世界石油钻采设备市场中已经占有一席之地。

2006 年，石油钻采设备行业利润总额 36.83 亿元，同比增长 102.14%，增速高于上年 31.57%，处于加速增长状态。亏损企业数量由 41 家下降为 35 家，同比下降 14.6%，亏损额 5 621 万元，同比增长 17.22%，说明大部分企业经济效益大幅度提升，同时少部分亏损企业相对集中，亏损程度继续扩大。

2006 年，行业经济运行中还存在一些问题：投资增长速度偏快，小企业数量增加偏快，行业竞争加剧，行业亏损面扩大，亏损总额增加。

2. 2007 年运行情况

2007 年，世界油价从年初的每桶 65 美元，经历了先跌后涨、一路高走，11 月下旬一度高达 99.24 美元/桶，直逼百元大关。2007 年，我国石油和天然气开采业投资额达到 2 230 亿元，同比增长22.4%，达到历史新高。油价居高，投资增加，强烈地刺激世界石油钻采设备的需求。

2007 年，我国石油钻采设备制造业在 2006 年的基础上继续快速发展。截至 12 月底，石油钻采设备行业规模以上企业数量达到 476 家，同比增长 26.6%。石油钻采设备行业工业总产值达到 576.42亿元，同比增长 49.67%；产品销售收入达到 554.37 亿元，同比增长 49.61%，增速下降 14.85 个百分点；新产品产值达到 91.77 亿元，同比增长 22.2%；1 ~ 11 月石油钻采设备行业工业增加值达到 10.93 亿元，同比增长 38.42%。石油钻采设备行业的出口交货值为 97.27 亿元，占石油石化装备制造业的 70% 以上。

2007 年，全球石油钻采设备的市场规模为 340 亿美元左右。我国各大石油公司也加快了勘探开发的步伐，所属的各大油田纷纷投资建设新项目、更新改造老设备，国内石油钻采设备市场规模也在继续增加。国际市场上，我国制造生产的石油钻采设备以中低档产品为主，具有显著的价格优势，使得我国成为国际石油钻采设备采购的主要市场，工业总产值连创新高。

3. 2008 年运行情况

2008 年是国际油价剧烈动荡的一年，从年初每桶近 100 美元开始一路走高，7 月 11 日达到历史最高点每桶 147.27 美元，随后受国际金融危机影响急剧下跌，12 月 21 日跌至每桶 35 美元。油价剧烈动荡直接影响着国际石油开采业的投资、运营，国际市场石油钻采设备需求放缓，制造业随之走低。2008 年，国际油价对我国石油钻采设备行业的影响，在当年第四季度已有所显现。我国石油钻采设备本已供大于求，国际金融危机导致一系列问题出现：如企业产品积压，出口订单被撤单，外商推迟接货、推迟付款；2009 年出口订单减少，价格下降；中小企业银根偏紧，融资出现困难。2008 年业内 109 家企业亏损，同比增加 12 家，累计亏损额 1.69 亿元，同比增长 69%。但由于 2008 年生产企业的订单大多是 2007 年确定的，金融危机对 2008 年各项经济指标影响并不大，石油钻采设备制造业仍然延续前三年快速增长的态势。

2008 年，我国石油钻采设备制造业规模以上企业达到 588 家，完成工业总产值 968.54 亿元，同比增长 60.69%；销售收入达到 931.78 亿元，同比增长 60.83%；新产品产值 155.91 亿元，同比增长 67.15%；出口交货值 156.19 亿元，同比增长 52.75%，是石油钻采设备制造业经济运行最好的一年。2006 ~ 2008 年石油钻采设备制造业主要经济指标见表 4。

表4 2006~2008年石油钻采设备制造业主要经济指标

指标名称		2006年	2007年	2008年
工业总产值	数值(亿元)	385.13	576.42	968.54
	同比增长(%)	48.50	49.67	60.69
产品销售收入	数值(亿元)	352.41	554.37	931.78
	同比增长(%)	76.75	49.61	60.83
新产品产值	数值(亿元)	74.60	91.17	155.91
	同比增长(%)	69.62	22.20	67.15
出口交货值	数值(亿元)	70.93	97.27	156.19
	同比增长(%)	121.31	25.92	52.75
企业数(家)		376	476	588

4.行业综述

经过近十年的快速发展,石油钻采设备制造业已成为我国机械装备制造业中一个举足轻重的组成部分。2007年在机械装备制造业的子行业中,石油钻采设备行业的产品销售收入增速排名第二,利润增速排名第六;亏损企业比重和亏损额占比逐年下降,利润率提高;期间费率逐年下降趋势明显,流动资产周转速度明显加快。

十年来,我国石油钻采设备工业已经形成比较完整的体系,造就了一批大型骨干企业,并以其为中心形成了石油钻机、抽油机、井口装置和专用工具等石油机械制造基地。常规石油钻机和抽油机产能和产量居世界首位,我国已成为名副其实的世界石油钻采设备制造大国,钻机、抽油机等产品已出口三十多个国家和地区。如今,国产石油钻采设备制造技术已日趋成熟,设计制造能力极大提高,包括交流变频调速电驱动石油钻探机在内的一批新产品达到了同期国际先进水平。我国生产的石油钻采设备完全可以满足国内石油勘探开发的需要。

当今,全世界有一百多个国家和地区从事石油和天然气的勘探和开采,但只有二十多个国家能够制造石油钻采设备,其中美国实力最强,水平最高。我国钻机制造水平已经领先于俄罗斯,与欧美先进厂家水平大体相当,但成本低20%~25%。我国现已基本掌握国际先进的石油钻采设备制造技术,先后开发了适用于陆地、沙漠及海洋作业的石油钻机,传动技术已发展到机械传动、直流电传动、交流变频电传动及机电复合传动并举。可以成套生产较先进的6 000m以上变频驱动钻机和适应极地-60℃的车装钻机,产品技术含量和附加值高,经济效益好,并已成批出口到美国、加拿大和俄罗斯等国家。2001年以来,我国石油和天然气钻探设备出口年均增幅达26.1%,2007年出口总额近5亿美元。

出口大幅增长的主要原因在于:①国家政策鼓励自主创新,推动技术进步。我国石油钻探设备企业在吸收国外先进技术的基础上自主创新,在短时间内掌握了石油钻探设备制造的核心技术。②我国石油钻探设备人工成本低,产品价格平均比国外同类产品低30%左右,有的甚至低一半左右,价格竞争优势明显。③我国石油国际化经营为国产石油钻探设备拓宽了市场。截至2006年底,我国石油企业与三十多个国家累计签订石油合同项目四十余个,带动了石油钻探设备走向国际市场。

(二)自主创新主要成果

2006~2008年不仅是我国石油钻采设备制造业发展最快的几年,也是获取自主创新成果最多的时期。

宝鸡石油机械有限责任公司(以下简称宝石机械)钻采设备的技术实力及研发成果在国内处于领先地位,部分技术与国外同步发展或居于国际领先水平。该公司以自主创新为主,技术引进、国际合作和产学研联合为辅,大力开发具有自主知识产权的高端产品，全力打造民族品牌，为客户提供创造卓越价值的石油钻采设备，为保障国家石油安全提供装备支撑。在科研开发工作中坚持“先于对手信息跟踪、立项；先于对手开发设计；先于对手生产试制；先于对手评价验收、推向市场”的“四先”原则，确保新产品的研发始终领先于对手。2006～2008年，R&D经费累计投入46 000余万元，为承担的40多项列入国家重大装备科技攻关计划、国家重大装备创新研制计划、国家重点新产品计划及国家级火炬计划等重大项目的研发工作提供了资金保障。2006～2008年，该公司先后研制出以12 000m深井石油钻机为代表的一大批新型钻机，并都已实现工业化生产。截至2008年底，公司已拥有131项专利。

四川宏华石油设备有限公司（以下简称宏华公司）始终把技术创新作为企业发展的基石，新产品、新技术研发的经费始终是保证的重点，而且不设上限。近三年来，企业科技活动经费支出累计高达4.14亿元，占销售比重5%以上。公司原有的技术中心是被四川省认定的企业技术中心，2008年在全省省级技术中心的综合评价中名列第一。2006～2008年，该公司累计申请专利25项，科技成果转化39项，实现成果的全部转化。在石油钻机方面，先后研发出4 000m和5 000m“超越”钻机、ZJ1500hp（1hp=745.7W）快速移运钻机、ZJ50DBS高寒钻机、ZJ90DBS超深井钻机等一批新型钻机。公司提出的“技术同步，品质相当，服务周全，性价优越，推动全球陆地钻机升级换代”的国际市场战略，已取得显著成效。

南阳二机石油装备（集团）有限公司（以下简称南阳二机集团）实施以“关键技术与关键产品拥有自主知识产权”为核心内容的“科技兴企”战略，以市场为导向，积极开发适应国内、国际市场需要的新产品，加大“三新”技术的推广应用力度，积极改进完善老产品的设计和制造工艺，不断提高产品性能和质量。先后开发出一批具有自主知识产权和世界一流技术的产品，世界最大吨位的4 000m车装钻机、适应－45℃环境的系列低温钻机、井架高度达47m的世界首台新型拖挂钻机、改变传统作业方式的超级单根钻机等一大批新产品相继问世。

江汉石油管理局第四机械厂（以下简称四机厂）具有较完善的科技创新研发体系，成立了企业技术中心，建成了钻机、修井机综合性能试验场，柱塞泵性能试验中心和固井压裂设备试验场。工厂以合资企业为技术前沿窗口，在荆州、北京和美国休斯敦建立了互动的研发合作技术平台，跟踪国际先进水平。工厂用于产品研发的科技投入逐年增加，2006～2008年累计投入2亿多元，约占销售总额的3%。经过多年的技术创新和积累，大型压裂机组、高压管汇、自动混浆控制等核心技术已在行业中处于领先地位，取得近20项专利。先后研制成功快移快装钻机、2500型压裂机组、液压不压井修井机、LGC230连续油管作业机、5 000m低温钻机、7 000m深井钻机等一批新产品。

2006～2008年我国石油钻采设备自主创新主要成果见表5。

表5　2006～2008年我国石油钻采设备自主创新主要成果

序号	成果名称	研发单位	主要技术水平	产业化程度
1	我国首台12 000m超深井钻机	宝鸡石油机械有限责任公司	这是继2006年9 000m钻机研制成功后，2007年又开发成功的我国首台陆用12 000m交流变频电驱动钻机，也是目前全球技术最先进的特深井陆地石油钻机。该钻机采用国际最先进的全数字化交流变频控制技术，作业全部实现了智能化控制，能保证在－40℃环境条件下进行正常钻井作业。钻机的核心部件基本实现了国产化，已申请2项发明专利，7项实用新型专利，拥有完全知识产权。12 000m钻机的快速成功问世，将把我国陆地深层和海洋深水油气田、大位移井及其他复杂超深油气藏的勘探开发技术提高到一个新的层次	已投入使用

（续）

序号	成果名称	研发单位	主要技术水平	产业化程度
2	首台人工岛环轨移动钻机	宝鸡石油机械有限责任公司	人工岛7 000m环轨移动模块钻机，其环形轨道移动设计为全球首创技术，填补了国内空白。该钻机主模块把地面上搬家的设备全部集中到一个平台上，缩短了搬运安装时间，大大提高了钻井时效，是加快我国近海地区油气开发、实现海油陆采的战略性精良钻井装备。该钻机主模块开创了海洋钻机陆用化的先河，其弯道滑移技术属全球首创	已投入使用
3	我国首套多功能海洋3 000m钻修井机	宝鸡石油机械有限责任公司	这种钻修井机集钻井、完井、修井三项功能于一体，适用于自升自航式海洋多功能钻井船作业。在结构设计上，全部实现模块化和高移运性，大大减少设备的现场吊装工作量，可满足海上作业现场频繁拆卸、移运和安装的需要，能大大地提高海洋油气勘探开发的工作效率。该设备在国内第一条海洋多功能船上为多个油气作业平台提供服务，标志着我国海洋石油钻采设备研制实现新的突破	已投入使用
4	大功率高压钻井泥浆泵	宝鸡石油机械有限责任公司	这是我国最新研制的最大石油钻井泥浆泵，最大功率和最大压力分别由1 600hp（1hp = 745.7W）、35MPa提高到2 200hp（1hp = 745.7W）、52MPa，满足了我国特深井、大位移井和深水海洋钻井对高压钻井泵的需求，填补了国内空白，达到国际先进水平	
5	900t变频顶驱	北京石油机械厂	北京石油机械厂研制的900t变频顶驱，是为12 000m钻机配套的，性能达到国际先进水平	
6	万米以上石油开采钻机交流变频控制系统	西安宝德自动化股份有限公司	12 000m超深钻机交流变频控制系统自主研发成功，标志着我国在超深井石油开采设备研制方面取得重大突破，也代表了目前我国钻机电控系统的最高水准。该系统可以根据钻机在钻探过程中的实际工作状态，通过自动送钻、冗余控制、多电机负荷分配、一体化控制等技术，对深入地下的钻机发出不同指令，使钻机达到最佳工作状态	已投入使用
7	新型钻井动力柴油机	济南柴油机股份有限公司	以B3012高可靠性柴油机、BL3012长冲程柴油机、2000系列和3000系列柴油/天然气双燃料发动机为代表的一系列新型石油钻井动力装备，各项性能指标接近或达到国际先进水平，能替代进口产品，填补多项国产动力装备空白	已投入使用
8	万米测井绞车	宝鸡宝石特种车辆有限责任公司	采用国内先进的电比例控制和液压控制双模式控制系统，液压泵、液压马达、低速阀三级变量控制，实现了大范围速度控制，超低速测井，速度范围达到20～10 000m/h，测井深度可达1.15万m，比国际同类产品深1 500m	已投入使用
9	ZJ50DB直升机吊装固控系统	长庆石油勘探局机械制造总厂	直升机吊装固控系统采用四级泥浆净化设备，集固相控制、泥浆加重、筛分、循环、控制和储备等多种功能于一体，达到在同一井场同时进行6～8口钻井的特殊工艺要求。该系统是亚洲第一套，世界第三套	已投入使用

（三）我国石油钻采设备市场基本状况

近几年，众多企业实行“外向型”战略，很大一部分产品销往国际市场。

1. 石油钻机市场情况

中石油和中石化两大集团拥有石油钻机1 500～1 700台，其中中石油1 000～1 100台，中石化500～600台。中石油年钻井进尺2 000多万m，中石化年钻井进尺约1 000万m。

据不完全统计，全国石油钻机生产企业有20多家，年生产能力达800多台。配套的泥浆泵生产厂家30多家，年生产能力3 000多台。其主要生产企业有宝石机械、宏华公司、兰州兰石集团有限公司、四机厂、南阳二机集团、胜利油田高原石油装备有限责任公司等。除兰石和宏华公司外，其他都是原来中石油和中石化集团所属的企业。近几年来，石油钻机产量一直供过于求，2008年各油田钻机订货多属于装备更新，新增钻井队不多。各企业生产的钻机主要销往国外，宏华公司、南阳二机集团生产的钻机60%出口。

2. 三抽设备市场情况

机械采油设备通常称为“三抽”设备。中石油和中石化两大集团年均钻井16 000～18 000口井，均需要配备三抽设备。“三抽”设备主要包括抽油机、抽油泵、抽油杆，由于相对易于制造，生产厂家很多。据不完全统计，全国三抽设备生产企业已达200多家，其中获得生产许可证的70多家，其中绝大部分是油田机械厂。抽油机全国年生产能力超过20 000台，抽油机生产企业基本立足于出口，如华北油田一机厂、中原油田总机厂等，60%以上的产品销往国外。抽油泵全国年均生产能力超过30 000万台。抽油杆全国年均生产能力3 000多万m，国内市场空间有限，亦需立足出口。

3. 井控设备、节流管汇及阀门、泥浆泵管汇

井控设备包括：防喷器、大四通、防喷节流管汇及阀门、液压控制系统及高压软管等。由于井控设备生产难度较大，国内生产厂家不多。但国内市场空间较小，也需着眼国际市场。泥浆泵管汇包括：砂泵、管汇、立管和水龙带等，均系钻机和泥浆泵必备的配套部件。全国现有生产厂家不多，但产量已能满足国内需要。

4. 采油树、采气树、套管头、油管头等井口设备

这是有发展前途的产品。我国每年新增10 000多口井，都需要安装采油井口装置（含油管头）或采气井口装置（含油管头）。油田所需采油井口装置，一般由油田机械厂配备；采气井口和注水井口装置大部分由国内的什邡等几家生产厂提供。国际市场每年新增油井近10万口，市场前景广阔。

套管头是钻井必备的管件，用量大。

5. 油管、套管和石油钻具（钻杆、钻铤和加重钻杆）

全国有60～70家油套管和钻具制造厂，几乎每个大油田都有油套管生产厂。据不完全统计，全国油套管年生产能力约为600万～700万t。国内市场从20世纪末趋于饱和，每年需求200万～250万t，不宜再扩大产能。国内生产石油钻铤和加重钻杆的有20多家企业，市场年需求20 000t左右。主要生产厂家的产量，除能满足国内需要外，尚有50%的产品出口。

（四）我国石油钻采设备制造业存在的主要问题和差距

就从事石油钻采设备生产厂家的数量、产品产量和出口数量来看，我国已成为世界石油钻采设备制造大国。但从技术水平看，我国还不能称为石油钻采设备制造强国。主要差距是：

1. 我国制造企业数量多，规模小，集中度低，资源分散

我国石油钻采专用设备行业规模以上企业接近600家，80%未达到合理的经济规模。企业数量多导致资源、资金和技术力量的分散，至今没有形成可与国际大鳄抗衡的国家级超大型企业。

2. 市场有限，导致无序竞争

几百家制造企业分享有限的国内市场，难免出现各种不规范的竞争行为，市场秩序遭到破坏。同时，国际市场上的低价竞销，使企业和国家利益受损。

3. 高端产品少人问津，低端产品各家雷同

我国生产钻机的企业已有20多家，生产泥浆泵的企业有30多家，生产三抽设备的有200多家，生产油套管的有60～70家，生产钻铤、加重钻杆的有20多家，生产石油天然气输送钢管的企业也有十几家，井口设备和钻采专用工具生产企业更是遍地开花。我国生产的石油机械产品，常规产品多，名牌产品少，具有自主知识产权的关键产品更少。

4. 产能扩张加剧，新产品研发滞后

在石油装备热销的浪潮中，原有的石油装备制造厂急速扩展石油钻机、泥浆泵、抽油机等常规产品的产能、产量，规划指标订得越来越高，无技术、无人才、无装备的“三无”企业跟风涌现。产品的热销导致科技研发被冷落，基础研究与应用研究脱节。部分企业尚无自己的技术体系和技术研发中心，拿不出具有自主知识产权的核心技术和拳头产品。

5. 海洋石油钻采设备国产化力度不足

长期以来，我国海洋钻采设备始终处于起步阶段，远远落后于国际先进水平。与陆上石油钻采设备的迅猛发展态势形成极大反差。目前，我国基本不具备海洋石油钻井平台和钻机船的设计、制造能

力。在用的海洋石油钻井平台，所配备的钻井装备全部是美国公司产品。由于海上钻井设备要求苛刻，国内敢于涉足海洋石油钻采设备的研究、设计和制造单位不多。

三、石油钻采设备制造行业今后三年的工作重点和措施

2009年乃至今后三年，石油钻采设备制造业的主要任务是：深入学习实践科学发展观，积极应对金融危机带来的冲击，确保石油钻采设备制造业持续、平稳、健康发展。为此，要加快转变行业发展模式，推进产业优化升级；增强自主创新能力，提高行业整体核心竞争力；积极推进重大技术装备国产化，提高行业的技术水平、产品质量；加快发展现代制造服务业，推动产业转型升级；推进信息化与工业化融合，依靠科技创新促进行业持续、健康发展；积极推进节能降耗和绿色制造，节约资源；改变过去企业偏小、集中度偏低、部分企业只能做低水平产品的发展模式，鼓励企业兼并重组，鼓励大型企业不断深化改革，实现跨地区、跨体制的资产重组；向国际同类先进企业学习，走一条科技含量高、经济效益好、资源消耗低、环境污染少、人力资源优势得到充分发挥的新型工业化道路。

今后三年的工作重点和措施：

(1)认真贯彻国家装备制造业、石化产业调整和振兴规划，用足用好国家刺激经济发展的各项政策措施。帮助企业，特别是中小型企业建立信心，积极反映企业诉求，努力探寻化解国际金融危机的措施和办法。

(2)制订好每年的生产经营计划，继续实行“出口战略”，出口产品要稳住现有客户、现有市场和现有市场占有率，积极拓展出口途径，开辟新市场，发展新客户，在稳定中求发展，在发展中促优化。

(3)推进产业结构优化升级，调整产品结构，提高行业门槛和整体技术水平，更新产品技术，打造高科技产品和高端产品，改变中低端产品过剩、高新产品匮乏的现状。

(4)推进企业兼并重组，改变企业数量多、规模小的现状，打造具有较大经济规模实力和技术实力的大型企业，打造“专、精、特、新”的中小型企业。

(5)加快“以企业为主体，市场为导向，产学研相结合”的行业科技创新体系的建设，提高企业和行业的“软”实力，整合行业技术资源，瞄准国际前沿技术，研发新的高端钻采设备。

(6)加快发展石油钻采设备现代服务制造业，从单纯的加工销售，转变为研发、设计、制造、销售、安装调试、跟踪服务乃至项目总承包全链式增值服务，提高服务收入在整个收入中的比重。

(7)应对国外新贸易保护主义，努力维护国家形象，保护企业利益，帮助企业防范出口贸易风险，提高企业应对国外反倾销能力。

(8)做好信息统计工作，建立健全信息统计工作制度和方法。提高信息统计工作服务水平，定期综合国内外相关信息，对石油钻采设备制造业面临的形势作出分析、判断，供行业企业和上级主管部门参考。

(9)建立行业专家库，充分发挥行业专家作用，帮助企业解决生产经营中出现的技术性问题和国内外市场开拓遇到的问题，指导行业发展。

(10)参与和推动海陆石油钻采重大技术装备的国产化攻关研制工作，提高我国陆地、沙漠、特别是海上石油钻采重大装备的技术水平和生产能力。

(11)编制好“十二五”石油钻采设备制造业发展规划。

四、关于推进石油钻采设备行业发展的几点建议

(一)充分调动和发挥行业协会的积极性和作用

协会作为国内的民间社团组织，不能采取政府行政部门的管理办法。全国性的工业行业协会应由国家民政部统一管理，业务上直接接受工业和信息化部指导，取消中间管理环节。

为充分发挥行业协会在国内外的影响和作用，应当赋予协会一定的管理职能。政府部门在转移工作的同时，要随同转移相应的职能。

主管部门可多将一些工作委托行业协会办理，行业协会不仅是政府与企业之间的纽带和桥梁，还应当成为政府机关的助手和参谋。

协会是非经营性的组织，经费来源有限，政府部门可通过购买服务的办法，给协会一定的经

济支持。

（二）抓住时机，制订产业政策，促进产业升级，延长产品价值链

宏观上，国家要制订一系列鼓励和促进企业（特别是中小型企业）发展的具体政策和措施，如降低税赋、贷款、鼓励提升产品档次和结构的技术改造、扩大出口、技术创新等。行业上，特别是各产业集群内部、大集团内部在做好产业定位的基础上，要促进产业的重组和优化，鼓励企业跨区域的兼并重组，淘汰落后产能，培育和扶持大型骨干企业和“专、精、特、新”专业企业，提高产业集中度，突出产业特色；要在全国形成具有国际竞争力、具有经济规模和经济批量的石油钻机、抽油设备、石油天然气管道大型生产企业各3～5家，并在5年内力争有1家企业进入中国500强；要继续推进名牌战略和研发中心的创建，加强新技术、新产品的推广和应用；要加强信息化和工业化的融合，提升行业信息化管理水平，提高产品的信息化档次。企业内部，要苦练内功，充分利用国家和地方的发展政策，加大科技投入占销售额的比重，提高产品档次和水平，延长产品价值链，在尽量稳定传统市场的前提下拓展国内外新兴市场。

（三）积极做好海陆石油钻采装备重大技术装备国产化的攻关研制

要以海陆石油钻采装备，特别是海洋石油钻采装备、物探装备重大技术装备国产化的攻关研制为抓手，总结国产化成功经验，加强国产化工作的统一组织和协调，争取国家的经费支持，调动和发挥用户、设计、制造及专业协会各方面的积极性和作用，制订和完善国产化装备首台套使用（特别是对国际招投标的国内项目）、关键零部件进口、科技创新等鼓励政策，加强共性技术和基础工作的攻关研制，加强国产化风险的消化和控制，加强先进技术的推广和应用，增强企业的技术创新和管理创新能力。通过掌握关键核心技术来推动整个行业的技术水平和产品档次的提升，进而提高我国石油钻采设备的国产化水平和比例。

（四）积极推进产品节能降耗

通过一系列鼓励政策和措施，积极引导和支持行业企业认真开展节能降耗工作，鼓励用户积极采用节能产品。以采油采气设备、特别是“三抽”设备为重点，对不同生产厂商的不同型号产品的整体节能效果进行现场测试和比较，并结合产品的价格、使用寿命、质量等综合性费用支出情况，制订出《“三抽”设备推荐使用和淘汰目录》。对节能又节费的产品，要出台鼓励政策和措施，打破部门保护和地区保护，加强推广使用的力度；对节费不节能或节能不节费的产品，要鼓励进行产品的技术升级和改造，可在一定时期内使用；对既不节能又不节费的产品，要加大淘汰的力度，鼓励和促进产品技术和可靠性的有效提升和行业的产业升级。

五、典型成功案例

（一）宝石机械连续九年高速发展

1. 企业发展概况

宝石机械是中石油集团所属的国内规模最大、制造能力最强的石油钻采设备研发制造企业。现主要设计制造1 000～12 000m九大级别、四种驱动形式的陆地和海洋成套钻机以及500～2 200马力（1马力＝735.5W）的F系列泥浆泵、井控井口设备、特种车辆、钻采工具等50多个类别、1 000多个品种规格的石油钻采设备及配件，其中10大类68种产品获得美国石油学会API会标使用权，是国际上获得API会标使用权最多的企业。宝鸡石油机械有限责任公司主要经济指标见表6。

表6　宝鸡石油机械有限责任公司主要经济指标

年份	工业总产值（万元）	销售收入（万元）	工业增加值（万元）	出口交货值（万元）	从业人数（人）
2006	208 663	218 451	55 087	38 352	3 357
2007	453 480	409 841	76 947	186 392	4 799
2008	562 323	605 596	103 079	128 962	6 288
合计	1 224 466	1 233 888	235 113	353 706	

宝石机械主要经济指标连续9年以高于25%的速度快速递增。原因在于坚定不移地推进“两翼齐飞、三足鼎立”的发展战略，主导产品产量持续保持全球领先，高端产品继续引领我国石油钻井装备发展方向，产品内在质量与外观质量有机结合，实现了品质升级，品牌价值大幅提升。

2. 2006～2008年技术自主创新情况

近三年来，宝石机械始终围绕公司的产品发展战略，不断提升自主创新能力，大力研发高端石油钻井设备，为公司持续高速发展提供了强大的技术支撑。

首先，确立了研发指导思想和理念。宝石机械的研发指导思想为：以自主创新为主，技术引进、国际合作和产学研联合为辅，大力开发具有自主知识产权的高端产品，不断提高公司竞争实力，全力打造民族品牌，为客户提供创造卓越价值的石油钻采设备，为保障国家石油安全提供装备支撑。研发理念为：持续改进，勇争第一，不断完善现金流产品，积极开发新兴业务，锐意探索种子业务技术，在科研开发工作中坚持“先于对手信息跟踪、立项；先于对手开发设计；先于对手生产试制；先于对手评价验收、推向市场”的“四先”原则，确保公司新产品的研发始终领先对手。

其次，建立了科学严谨、简洁高效的研发流程。宝石机械产品研发分为4个阶段：

信息跟踪立项阶段。采取信息跟踪措施，建立信息跟踪渠道和交流平台，为科学决策提供客观依据，使公司在有力、有据的基础上确保先于对手立项。

产品开发设计阶段。建立了内部和外部超前研究机制，对新产品的概念和方案进行全新设计，并借鉴国外先进技术，确保新开发产品的快捷性和领先性。重大项目聘请同行专家进行方案评审，保证设计的可靠性。

生产试制样机阶段。利用PDM平台缩短准备周期，不断加强产能建设，完善试验手段，保证产品快速产出，确保产品得到迅速可靠的设计验证。对重大项目制订专项计划和质量计划，有效进行过程控制，保证生产试制的总体进度和质量。

评价、推向市场阶段。与顾客建立战略合作伙伴关系，及早落实项目的依托单位，不断满足顾客要求，为赢得市场先机创造了条件。

第三，健全人才培养基地，构筑人才成长通道。宝石机械始终把人力资源视为自主创新的核心资源，不断创新、完善人力资源开发和管理机制，构筑人才发展平台，制定人才激励制度，拓宽人才成长渠道，培育人才队伍的创新能力。公司为技术人员设计了职称与职务双轨并行的成才通道，形成了一支以集团公司、物资装备分公司和企业三级技术专家为核心的高素质研发队伍。与此同时，公司还不定期地举行学术报告会、聘请国外专家来公司作报告或培训，鼓励和倡导技术人员攻读硕士研究生，内部开展“拜师学艺”活动，创造条件让年轻技术人员承担更多的项目，使他们在创新实践中得到锻炼，提高素质，促进成长。

宝石机械与西南石油大学共建了人才培养基地，承担了大学生、研究生实习和毕业设计教育，并向优秀学生提供奖学金。这些学生已成为公司后备人才的重要来源，是创新团队的核心力量。

第四，立足知识产权保护工作，着力促进公司自主创新。宝石机械为了加强知识产权保护，采取“跑马圈地，精耕细作”的专利战略，实施“先圈地，后开荒”的专利策略，制订了年度专利申请计划，采取专利申请与科研计划项目挂钩、与发明人晋升职称挂钩的管理方法。公司一方面鼓励创新，努力形成自主知识产权；另一方面，对于已形成产权的技术及时采取措施予以保护。截至2008年底，公司拥有专利131项。

近三年来，宝石机械为了加大新产品开发力度、加快自主创新步伐，累计R&D经费投入46 000余万元，为承担的40多项列入国家重大装备科技攻关计划、创新研制计划，国家重点新产品计划及国家级火炬计划等重大项目的研发工作提供了资金保障，公司的科研基础条件得到进一步加强。

第五，宝石机械钻采设备的科研实力及科研成果在国内处于领先地位，部分技术与国外同步发展或国际领先，在石油钻采设备研究上具有很强的实力。宝石机械研制的ZJ70D钻机进入国家科技部重点项目——“科钻一井”工程，被誉为伸入地球内部的“望远镜”；ZJ90DB钻机打破了少数发达国家的长期垄断，被评为2005年集团公司十大科技进展项目之一，被誉为我国石油工业的“神六”；12 000m交流变频钻机的研发已列入国家“863”项目，填补了国内12 000m钻机的空白，大大提升了我国特深井石油钻井设备的技术水平；春晓海洋钻井模块的研制成功，使我国在东海油气田的开发中抢占了先机，增强了民族自豪感；冀东人工岛模块钻机是为冀东油田开发的重点项目，攻克了钻机主模块及循环模块下部移动装置这一关键技术，使得全球首创技术——模拟环形导轨滑移试验取得成功；F—1600HL/2200HL泵填补了国内空白，提升了公司市场竞争力。宝鸡石油机械有限责任公司研发成功的重大产品见表7。

表7　宝鸡石油机械有限责任公司研发成功的重大产品

序号	重大产品名称	主要技术指标及水平	产业化情况
1	ZJ70/4500D钻机	采用AC-SCR-DC传动及国际先进的“一对一”全数字控制方式和“一对二”模拟控制，技术先进，钻机调速范围宽。钻机采用模块化设计、绞车首次采用液压盘式刹车、双升式整体起升钻台，井架及台面设备均低位安装。达到国际先进水平	系列化生产
2	ZJ90/6750DB钻机	适应-35℃环境温度要求，绞车和转盘采用交流变频电驱动，采用直流电驱动钻井泵、整体开槽滚筒2 942kW(4 000马力)单轴绞车，独立电动机和主电动机组合实现钻井全程无级自动送钻，钻机电控系统智能化司钻操作、一体化仪表网络通信、绞车四电机同步控制技术，实现了钻机的各种控制和保护功能。达到国际先进水平	系列化生产
3	ZJ120/9000DB钻机	全球首台陆地用12 000m特深井交流变频电驱动钻机。首次研制成功了4 474.2kW(6 000hp)单滚筒齿轮传动绞车及盘刹、承载能力9 000kN旋升式井架、底座、天车、游车、ZP495转盘及驱动装置、F—2200HL钻井泵、大功率电传动控制系统等。钻机适应环境能力强，能在-40℃下进行正常钻井作业；钻机的电控系统解决了绞车四台电动机驱动时电动机负荷的均衡分配、电动机无冲击切入切出及气、电、液、钻井仪表一体化等控制技术，具有双冗余控制和完善的保护功能，提高了钻机的先进性、可靠性及智能化水平，达到了国际领先水平	首台样机被中石化使用，正在四川德阳钻探12 000m川科一井
4	人工岛7 000m移动式模块钻机	主模块及循环模块利用液缸作动力，使模块在轨道上滑行移动来实现井间的移位，其转弯滑行移动技术在国内外钻机上属首创。在国内首次研制成功承载5 850kN直立安装套装型井架。双向移动的双层平台型底座可实现构件现场快速拼装，是海洋钻机模块陆用化的创新设计。单滚筒齿轮传动绞车采用了两档变速箱，在不增加驱动功率的情况下提高了钻机钩速和钻井作业时效，产品达到了国内领先水平	系列化生产
5	Liftboat海洋钻修井机	具有大跨距底座，采用液缸起升双节井架、电控系统采用12脉整流技术的适宜快速搬迁、快速安装、可对多井口群进行修井的海洋修井设备	完成了首台样机的生产

第六，建成了CAD/CAPP/PDM技术信息管理平台，可实现信息共享，缩短了产品研发周期。拥有同行业最完善的材料和检测研究室，可以满足材料研究、检验、热工工艺验证、检测技术研究等要求。拥有完善的钻机总装试验场和传动部件试验台，可以模拟油田工况、满足钻机绞车等传动部件及总装试验要求。拥有可靠的井口、井控高压试验室，设计能力105MPa，可以进行井口、井控设备的高压密封试验和强度试验。拥有国内最大的20 000kN提升系统拉力试验装置，可以满足顶部驱动钻井装置、大钩、水龙头、吊卡等产品的18 000kN负荷试验要求。

3. 经验和启示

近年来，宝石机械所取得的辉煌成就和连续9年保持年均25%以上的递增速度，是紧紧围绕“百亿企业、百年宝石、实现国际著名”的战略目标，在“自主创新为主，对外合作为辅，领先与紧随并举”的产品研发战略框架下，加强技术进步，强化科技队伍建设，加快基础设施更新步伐，完善科技管理制度和技术创新体系，逐年加大科技费用投入力度，提升创新能力取得的。

4. 企业发展目标

(1)企业发展思路。①明确方向。业务重点由钻机主机制造商向技术集成和成套供应服务商转变，市场重点由主要面向国内市场向面向全球市场转变，持续做强"陆上"石油钻采设备业务，强势拓展海洋平台设备等"水上"业务，锐意开发深海油气生产系统等"水下"业务。②整体发展。强化技术研发体系和市场营销体系建设，做好关键加工制造，构建现代企业模式；按照"统一技术、统一标准、统一质量、统一品牌、统一服务"的要求，积极推进业内强强联手、分工协作，带动石油钻井设备制造业整体协调发展。③做强核心。建设世界一流的钻井装备制造园区，突出钻机、泥浆泵集成，新产品和核心部件制造及试验。按照技术先进、流程合理、管理科学的原则，把宝石机械产业园打造成国内领先的石油钻井装备产品集成、技术开发、关键制造、试验评价及培训服务基地。

(2)市场发展战略。立足陆上、水上和水下三大业务集群，研发制造相关高端石油钻井设备及其核心技术产品。

陆上业务：发展全井深、全地域、全天候以及特种、高新技术钻井设备。

水上业务：重点发展海洋钻井设备系统、海洋平台及各类模块建造和集成。

水下业务：重点开发钻井隔水管、水下防喷器及其水下控制系统等海底装备。

(3)经营发展目标。到2010年，巩固国内领先地位，拥有国际知名品牌，主导产品产量世界领先，实现销售收入70亿元。

到2012年，技术质量水平进入国际先进行列，初步实现国际著名石油装备制造企业的发展愿景，实现销售收入150亿元以上；2015年达到200亿元以上。

到2020年，企业整体实力位居世界前列，成为全球主要石油钻井设备集成商、供应商、服务商和研发制造中心，实现销售收入270亿元以上。

5. 宝石机械搬迁改造项目简介

宝石机械搬迁改造建设项目分宝鸡本部(搬迁改造)和海洋石油装备制造基地(新建)建设两部分，分别在宝鸡市渭滨区和青岛经济技术开发区海西湾内同时进行设计建设。

(1)宝鸡本部搬迁改造项目概况。该项目建设地点为宝石机械的现北厂区、渭滨新厂区和石油特车区三处。建设规模为年产各种成套钻机、泵类产品以及水下隔水管、水下井控系统、生产系统、海洋钻机模块等产品总重约117 061t。

(2)海洋石油装备制造基地项目概况。该项目建设地点为青岛经济技术开发区，毗邻青岛前湾港、中海油海洋石油工程青岛制造基地和中国船舶重工集团公司海西湾造修船基地。建设规模为年产海洋钻机模块、成套隔水管系统、海洋作业设备、水下井控系统、水下生产系统、海洋起重机等产品总重约60 628t。

(二)宏华公司创造"宏华速度"

1. 企业基本情况

宏华公司是专业从事石油钻采设备研究、设计、制造、成套和服务的企业，公司本部位于四川省广汉市经济开发区。

1997年12月31日，宏华公司由四川石油管理局下属的一个集体所有制企业改制为有限责任公司，注册资金80万元，员工11人。经过十余年的艰苦创业和跨越式发展，目前已成为国内出口量最大的陆地石油钻机制造企业。除公司本部外，还有5个控股子公司和1个中外合资公司。

2008年3月7日，以宏华公司为主体的宏华集团在香港联交所主板正式挂牌上市，成为国内首家上市的石油钻机制造企业。

2. 企业发展情况

宏华公司是一个迅速崛起的新兴企业。在快速发展过程中，企业经营管理体系不断完善，现代企业制度的架构基本形成。近三年来，持续进行技术改造，扩大产能，累计投入资金3亿元。2009年，总投资1.5亿元的石油钻机成套设备出口基地建设项目竣工投产，年生产钻机能力可达到150台(套)。2006～2008年四川宏华石油设备有限公司主要经济指标(钻机)见表8。

表8　2006~2008年四川宏华石油设备有限公司主要经济指标(钻机)

年份	年产量（台）	工业总产值（万元）	销售收入（万元）	工业增加值（万元）	出口额（万美元）	从业人数（人）
2006	86	217 385	234 056	24 116	20 717	1 754
2007	101	303 115	283 954	74 523	31 114	1 987
2008	106	455 383	399 846	89 479	38 109	1 952
合计	293	975 883	917 856	188 118	89 940	

凭借在国内首创、达到国际先进水平的数控变频控制技术，达到国际先进水平的快速移运技术、低温技术、液压控制技术，良好的整机性能及配套能力，优异的性价比，完善的培训和全球布局的售后服务体系，近三年来，宏华公司产品已出口美国、俄罗斯、中东、南美、东南亚和非洲等20多个国家和地区，出口创汇居国内同行首位，填补了国产石油钻机出口的多项空白。

3.企业技术自主创新情况

企业致力于全面提升自主创新能力，提高企业研究开发管理水平，科研成果以市场为导向，迅速实现产业化。

公司技术中心是被四川省认定的企业技术中心，有各类专业技术人员近200人，2008年在全省省级技术中心的综合评价中名列第一。技术中心作为企业知识产权和科技成果转化的重要平台，近两年累计申请专利25项，科技成果转化39项，实现成果的全部转化。

宏华公司在新型钻机的研发中，对技术和结构进行了创新，产生了一批专利技术：

(1)大功率交流变频数控技术始终处于行业领先水平——经过几年的发展，掌握了变频器改进技术、控制系统调试技术、可靠性技术、故障诊断及排除技术。

(2)掌握了钻机快速移运多样化、系列化技术系统——掌握了钻机整体单向及多向平移技术、钻机大模块结构设计及移运技术、钻机整体移运技术、轨道式钻机平移技术以及钻机大模块直升机吊装技术等。

(3)液压技术处于国际先进水平——掌握了大型液压站集成技术，多液缸垂直起升和旋升式起升同步控制技术及控制器装置，液压系统可靠性技术，低温条件下液压系统保温、起动和运行技术等。

(4)低温技术达到国际先进水平——经过大量的试验研究，掌握了适应-45℃环境工作的低温材料技术、低温材料焊接技术、低温环境的钻机涂装技术、低温材料热处理技术和钻机各系统的防冻保温技术等，完成了低温技术的研究与应用。

近三年，公司先后开发了逾10个钻机新产品，这些新产品均具有自主知识产权，主要包括：

(1)4 000m和5 000m“超越”钻机——为适应平原、沙漠、戈壁和浅丘地区研发的高移运性钻机，整机性能达到国际先进水平，井架、底座液压起升同步控制技术达到国际领先水平，创造经济效益近2亿元。

(2)ZJ1500hp快速移运钻机——为满足美国市场需求而研发的该型钻机，性能达到国际先进水平，批量出口美国，创汇1.3亿美元，是国产钻机批量进入国际高端市场的里程碑。该产品被列为“2008年国家重点新产品”。

(3)ZJ50DBS高寒钻机——为满足高纬度地区即便在极地也能正常钻井的需要研发，主要针对俄罗斯市场，2007年出口俄罗斯7台，创汇5 940万美元，2008年出口27台，创汇2.58亿美元。

(4)ZJ90DBS超深井钻机——一种钻深达9 000m的交流变频电动钻机，性能达到国际先进水平。首台样机出口印度尼西亚，成为国内首台出口的9 000m钻机。

(5)其他新型钻机——包括30L、50L列车式高寒钻机，30DBS直升机吊装钻机、20t、30t拖挂钻机等。

公司始终把技术创新作为企业发展的基石，新产品、新技术研发的经费始终是保证的重点，而且不设上限。研发经费主要由企业投入，同时积极争取承担国家、省市项目，获得政府项目资金。近三年来，企业科技活动经费支出累计达4.14亿元，占销售额的5%以上。

为打造一支高水平的科技创新队伍，公司制订和实施了一系列激励政策。主要包括薪酬机制、科技奖励机制、期权激励机制、职称评聘机制、专家培养机制和技术骨干深造机制等。

企业技术创新工作的推进，除了拥有良好的体制和机制外，还必须在企业上下形成一种追求技术进步、追求自我价值实现的良好氛围。公司按照"用事业留人，用待遇留人，用感情留人"的指导思想，提出了智慧创富，造就一批学科和专业的技术带头人，造就一批百万、千万富翁的理念，鼓励科技人员追求卓越，珍惜发展机会。

4. 经验和启示

短短十年，宏华公司一跃成为我国石油钻机制造业的骨干企业。它的成功，可以概括为体制、机遇、创新、策略、支持和队伍等关键词。

体制：公司成立之初，注册资本80万元，员工11名，没有自己的经营场地，没有固定的产品和市场，起步非常艰难。但宏华公司打破常规，通过新的体制和机制，做到了市场反应快、经营决策快、推进实施快、产业化速度快，后来被称为"宏华速度"。

随着宏华公司的发展，原有体制的缺陷逐渐显现，逐渐成为进一步发展的障碍。宏华公司克服重重困难再次求变，通过持续改制，最终完成蜕变，成功登陆国际资本市场，成为国内钻机制造业首家海外上市公司，为宏华公司第二个十年的发展奠定了坚实的基础。实践证明，体制是宏华公司得以快速发展的根本保证。

机遇：宏华公司的发展，抓住了三次重大机遇。公司成立初期，抓住了我国钻机将进行大规模更新改造的潜在需求和历史机遇，在四川石油管理局的大力支持下，依托四川气田，承担了将罗马尼亚制造的F320钻机升级改造为钻深7 000m的ZJ70LC钻机的任务并获得成功。钻机升级改造的成功，使宏华公司找到了发展方向，坚定了公司发展钻机制造的信心，从此进入石油钻机制造领域。

宏华公司在自行研发、制造和钻机成套的过程中，对石油钻采设备的发展方向进行了研究，认定交流变频电动钻机将是世界钻机发展的主流，是宏华公司加快发展的第二个机遇。公司果断在国内率先研发并获得成功，迅速抢占了技术的制高点。实践证明，正是由于全数字控制的交流变频电动钻机（DBS钻机）的率先推出，使宏华公司赢得了更广阔的市场空间和发展机会。

宏华公司的第三个机遇是走向世界的机遇。进入21世纪以来，世界范围内两大趋势引起业内人士关注。一是石油需求持续升温，刺激了石油勘探开发工作量持续增长，带动了钻探设备的更新需求，拉动了对新设备的需求。二是经济全球化的不断深化加快了国家间的技术转移，我国正逐步成为世界的制造中心。在承接世界制造业转移的过程中，我国石油钻采设备制造业已经具备了相当实力，有可能成为石油装备产业的接替者。宏华公司再一次抓住了这个机遇。在长期积累的基础上，加速产能建设，加快外向型的发展步伐，布局全球市场，迅速打开了国际市场，近两年出口创汇一直高居国内同行业榜首，竞争实力显著提高，取得了跨越式的发展。

创新：创新是发展的灵魂。只有依靠创新才能抓住机遇，只有依靠创新才能发展和壮大。宏华公司提出并实践了以技术创新为核心的五大创新（体制创新、机制创新、技术创新、产品创新和市场创新），初步形成了公司的创新体系。以DBS为代表的创新技术，以走外向型发展道路为核心的市场创新战略，以及"哑铃型"的生产经营模式，成为宏华公司发展的基石和依托，使宏华公司在实力弱小的情况下得以快速发展。

策略：宏华公司在发展的过程中目标明确、定位准确，审时度势、适时进入，持续扩展、勇于超越，显示了决策者的智慧和胆识，这是其发展不可或缺的重要因素。宏华公司在弱小时实施的"哑铃型"经营模式，突出研发和市场，带动了公司的发展。宏华公司在具备一定实力时，适时提出了"出海、下海、上市"的战略目标，并为此付出了巨大的努力。目前宏华公司钻机批量出口，已实现出口额占销售收入60%～70%的目标；从陆地向海洋的跨越已取得阶段性成果，海洋基地即将动工；上市目标已经实现。

宏华公司提出的"技术同步，品质相当，服务周全，性价优越，推动全球陆地钻机升级换代"的国际市场战略,取得显著成效。公司先后在美国、俄罗斯、阿拉伯联合酋长国、埃及布点,为产品进入国际市场、提高宏华公司钻机在世界的影响力发挥了至关重要的作用。没有国际市场的布局和发展,就没有宏华公司今天的发展速度和发展质量。

支持:在改革开放的大背景下,宏华公司从创业开始始终得到各方面的支持和帮助。中石油、四川石油管理局及其钻采设备厂对宏华公司的发展给予了巨大的扶持和帮助,对宏华公司改制给予了充分的理解和尊重。广汉、德阳和四川省各级政府始终关注宏华公司的发展,给予了巨大的关心、爱护和强有力的政策支持。

队伍:宏华公司在创业的过程中,打造出一支能打硬仗,善于攻坚的技术队伍、管理队伍和制造队伍。宏华公司提出了“创新、创造、和谐、进取”的企业精神,并将这种精神融入技术团队、管理团队和公司的全体员工。队伍在持续壮大,人员在不断增加,但“宏华精神”始终是宏华公司的精神支柱。公司十分清楚,人才决定企业成败。

为了吸引并尊重人才,公司提出了“智慧创富”理念,实施按劳分配和按资分配并举的多种机制,包括薪酬机制、科技奖励机制、期权激励机制、职称评聘机制、专家培养机制和技术骨干深造机制等,对人才的引进、培养和发展具有很大吸引力。十年来,共有740名各类专业技术人才和管理人才进入公司,各方面人才的数量、质量与十年前相比,已不可同日而语。

宏华公司有今天,其带头人张弭董事长居功至伟。他是企业创始人,企业技术带头人和具有战略眼光的企业家。一个好的带头人、一支好的员工队伍,是宏华公司发展最基本最重要的条件。

5. 未来三年企业发展规划

目前,公司已逐步进入海洋石油工程领域,包括海洋钻井模块、各型井架、固控系统和钻井泵组等已有产品并形成近2亿元的年销售额。在未来的3~5年内,在继续巩固和扩大陆地钻机优势的同时,公司将把研发重点投入海洋钻井平台的研发,上市后融资的60%投入海洋项目,力争成为国内外海洋钻井平台的供应商和行业领先者。

经济危机越演越烈,全球进入经济寒冬期,面对已经到来的危机和严峻的挑战,公司采取稳中求进的策略,以求化解金融危机造成的影响。

(1)稳定现有产业规模,梳理现有产品结构、技术规范,提升产品品质。

(2)稳住现有订单,加大攻势,争取新订单;加大零部件销售力度。寻求新的经济亮点,开拓新市场,开展新的营销模式、开辟新的产业,增加子公司的集团外收入比重。

(三)南阳二机集团

1. 企业发展概况

南阳二机集团是我国最大的石油钻采设备制造厂家之一,是原国家经贸委确定的重大技术装备国产化基地、中国石油化工集团公司石油轻便钻机国产化基地、河南省百户重点企业、河南省首批高新技术企业、中国机械500强、国际石油钻井承包商协会(IADC)会员单位。

目前,公司主要创新产品车装钻机、橇装钻机、拖挂钻机、低温钻机和海洋钻修井设备等分别占国内同类产品市场70%、35%、70%、95%和60%的份额。产品在畅销全国各大油田的同时,还出口美国、加拿大、俄罗斯等30多个国家和地区。

2006年以来,南阳二机集团经营规模及经营效益连续创历史最好水平,营运能力、盈利能力有了大幅度的提升。2008年,公司完成工业总产值21.35亿元,比上年增长27.9%;完成主营业务收入17亿元,比上年增长20.1%;实现利润总额1.6亿元,比上年增长23%。南阳二机石油装备(集团)有限公司主要经济指标见表9。

表 9　南阳二机石油装备(集团)有限公司主要经济指标

年份	工业总产值(万元)	销售收入(万元)	工业增加值(万元)	出口交货值(万元)	从业人数(人)
2006	92 925	102 775	16 005	38 779	1 765
2007	142 281	140 838	24 892	39 872	2 017
2008	213 518	180 212	32 815	49 598	2 103
合计	448 724	423 825	73 712	128 249	

2. 技术自主创新情况

公司大力实施以“关键技术与关键产品拥有自主知识产权”为核心内容的“科技兴企”战略，以市场为导向，积极开发适应国内、国际市场需要的新产品，加大“三新”技术的推广应用力度，积极完善改进老产品的设计和制造工艺，不断提高产品性能和质量。先后开发出一批具有自主知识产权和世界一流技术水平的产品，世界最大吨位的 4 000m 车装钻机、适应 -45℃ 环境的系列低温钻机、井架高度达 47m 的世界首台新型拖挂钻机、改变传统作业方式的超级单根钻机等一大批新产品相继问世。

(1) 大型成套深井钻机开发实现质的飞跃。在深井钻机的开发过程中追踪国际先进水平，以 7 000m以上数字化超深井石油钻井装备研制项目为依托进行大型石油成套钻井设备的数字化研究，并将这些研究成果推广到公司的其他钻机产品上，已申请 10 项专利。数字化、网络化、智能化控制技术已在出口匈牙利的两台超深井钻机上得到应用，这是我国首次打入欧盟市场的全配套大型数字化石油钻井设备。

(2) 低温钻机技术保持国内领先水平。公司在国内率先研制出低温钻机，适应 -45℃ 高寒环境的低温钻机产品已形成系列化，并实现批量出口。先后开发出低温车装钻机、低温拖挂钻机、低温橇装钻机及低温石油修井设备，产品形成系列化，拥有了一批具有自主知识产权的专利技术。

(3) 以拖挂钻机和车装钻机系列为代表的快速移动钻机继续保持国际先进水平。公司在 1 000 ~ 4 000m 拖挂钻机、1 000 ~ 4 000m 车装钻机等快速移动钻机的研制上一直处于国内领先水平，达到国际先进水平。近两年，公司针对国内外市场需求研制开发的山地钻机、超级单根钻机、无地锚拖挂钻机填补了国内外空白。公司生产的车载装备和拖挂钻机无论产品数量还是技术水平在国内都具有绝对优势。

(4) 海洋钻修井设备在国内的领先地位进一步巩固。公司作为第一个研发出海洋修井设备的国内厂家，陆续开发出填补国内空白的 600 ~ 2 250kN 海洋钻修井设备系列产品，通过了中国船级社 (CCS)、挪威船级社 (DNV) 认证，各项技术经济性能指标达到国际同等先进水平，并进入国际市场。HXJ80、HXJ125、HXJ225 海洋修井机被评定为国家级重点新产品。南阳二机石油装备(集团)有限公司技术创新成果见表 10。南阳二机石油装备(集团)有限公司研发成功的重大产品见表 11。

表 10　南阳二机石油装备(集团)有限公司技术创新成果

序号	技术成果名称	专利情况及水平	产业化情况
1	大型成套深井钻机	获得 10 项专利，国内领先	批量生产
2	低温钻机	获得 12 项专利，国际领先	批量生产
3	快速移动钻机	获得 9 项专利，国际领先	批量生产
4	海洋钻修井装备	获得 7 项专利，国内领先	批量生产

表 11　南阳二机石油装备(集团)有限公司研发成功的重大产品

序号	产品名称	主要技术指标及水平	产业化情况
1	低温钻机	服役温度 -45℃,钻井深度 1 000 ~ 7 000m,最大钩载 675 ~ 4 500kN,井架高度 29 ~ 45m,动力机功率 230 ~ 5 320 kW,绞车功率 200 ~ 1 600kW。达到国际先进水平	批量生产
2	4 000m 车装钻机	名义钻深范围:3 200m,最大钩载:2 250kN。达到国际先进水平	批量生产
3	4 000m 拖挂钻机	装机功率:580kW(电动机),最大钩载:2 250 kN。达到国际先进水平	批量生产
4	山地钻机	最大钩载: 2 250kN,直立井架。达到国际先进水平	批量生产
5	7 000m 钻机	名义钻深范围 7 000m,最大钩载:4 500kN,最大钻柱重量:220t。达到国内先进水平	批量生产

(5)标准、专利工作实现新的突破。知识产权工作紧密结合产品研发和技术创新,在重视专利申请数量的同时,加大了发明专利的申请量,年专利申请量达到 50 项(其中,发明专利 13 项)。公司成为河南省知识产权优势培育企业、河南省知识产权优势培育企业,河南省创新型试点企业。公司起草国家标准和行业标准共计 15 项,车载装备标准化工作部被中国石油钻采标委会评为惟一的“优秀工作部”。

南阳二机集团紧紧依靠科技创新,不断提高企业的核心竞争力。主要做法有:

(1)完善科研开发机构,搭建科技创新平台,进一步完善了企业研发中心组织机构。完成了河南省石油钻采装备工程技术研究中心的组建工作,满足了行业内石油装备企业科研开发和规模生产的实际需要,加速了该领域科技成果向现实生产力的转化。博士后科研工作站挂牌成立,进站博士开展了多项技术研究工作,取得的研究成果在产品开发中得到应用。依托设在集团公司的全国石油钻采设备和工具标准化委员会车载装备标准化工作部,积极引领和开展石油行业车载装备的标准制定、修订工作,规范和引导我国石油车载装备的设计、制造技术水平的提高,公司通过了河南省“标准化良好行为企业”4A 级确认。创建了国家认定企业技术中心,2008 年公司技术中心成为国家级企业技术中心。

(2)营造良好环境,加强创新人才队伍梯队建设。大力加强科技人才队伍建设,每年引进 40 ~ 50 名技术人才。将人才引进与不同方式的引智有机结合,建立完善公司人才激励和评价机制,加大高层次人才梯队的培养,培养和造就了一批与公司发展相适应的高素质、富有创新活力的技术创新人才队伍。

(3)加大科技投入,科研平台设施不断改善。坚持把科技开发投入放在优先和重要的位置,保持科研经费投入与公司生产经营规模同步增长的良好态势,持续增强公司的技术创新能力。公司每年的科研投入占销售收入的比例保持在 5% 以上,新产品产值率保持在 40% 以上。

(4)构建产、学、研有机结合的科研开发体系。以项目为纽带,加强与国内科研院所、大专院校和国际科研机构的横向合作,分别与清华大学、中国石油大学、西安石油学院和西南石油学院等院校建立了广泛的合作关系,并与中国石油大学(北京)成立了石油装备联合研发中心,在材料、产品开发、控制技术等方面进行校企联合研究,及时捕捉到前沿技术信息,缩短了研发周期,提高了研发能力。聘请了包括中国工程院院士在内的一大批专家作为企业的技术顾问。内引外联,借助外脑,提升了企业科研开发能力。

(5)员工经济技术创新活动成效显著。加强职工技能培训,不断总结推广新技术、新工艺、新操作方法,有效提升了员工整体技能水平。鼓励员工开展技术革新、技术攻关、技术发明等创新活动,营造良好的员工经济技术创新激励机制和氛围,组织开展了争当“首席员工”活动。

3. 取得成功的经验和启示

南阳二机集团紧紧依靠科技创新,走出了一条科技兴企之路,取得了一定的成效。在激烈的市场竞争中,技术创新是企业发展的核心力量,对公司的发展起到至关重要的作用。产品的竞争实质是科技的竞争,只有不断增强自主创新能力,才能在国内外的市场竞争中占领制高点,形成持久的竞争力。

4. 未来三年企业发展规划

(1)实施“四大战略”。发展战略合作关系以巩固国内、扩大海外的市场发展战略;专注主业、延展产品链的产品发展战略;优化成熟产品和前瞻性研发并重的科技开发战略;实行创新管理、内涵发展、稳健务实的经营战略。

(2)发展目标。2009~2011年,要从经营理念到具体运作、从设计制造到售后服务全方位地真正实现“两个转变”:一是产品和服务由主要面对国内市场向全球市场转变,二是由钻采设备主机制造商向钻采设备技术集成商和成套供应服务商转变。南阳二机石油装备(集团)有限公司三年发展规划见表12。

表12 南阳二机石油装备(集团)有限公司三年发展规划 (单位:万元)

指标名称	2009年	2010年	2011年
工业总产值	200 000	220 000	250 000
利润总额	14 000	17 000	20 000
出口创汇	100 000	130 000	150 000

(3)发展重点及主要措施。首先,继续加大研发投入,大力开发具有自主知识产权的中高端产品。以满足和适应世界石油工业的装备需求为目标,按照“三个一代”的研发思路,实施“关键技术与关键产品拥有自主知识产权”的技术创新战略,大力开展新产品研究和开发,保持同行业领先地位。做好成熟产品的优化设计,积极推广“三新”应用,做精做细现有产品,提高产品质量和技术含量,降低成本,提高产品的性价比和竞争力。

其次,抓住世界制造业向发展中国家转移的机遇,建设专用车生产基地。利用公司已有的专用车资质,积极整合河南省专用车零部件配套资源,在已开发的石油专用车辆基础上,延展产品链条,高起点研制生产非石油类专用车,重点研制开发具备一定批量的中高档专用车辆,注重将高新技术、高附加值装置应用在专用汽车上,提高专用车辆的自动化和智能化程度,拓展改装汽车品种,建设国内一流的专用车生产基地,提高区域竞争力,拉动区域经济的发展。

第三,实施新的经营战略,注重经济回报和社会效益。在快速扩张生产规模的同时,关注盈利能力,关注经济回报和企业整体价值最优化,关注社会效益,以合资合作、并购联合的方式带动相关企业和产业共同发展。从主要依靠自身生产能力转向以公司为价值链的核心、围绕公司产品形成社会化的协作链条,谋求在全球范围内形成国际性的战略联盟。

第四,在巩固国内市场的基础上,大力拓展国际市场。继续坚持“两个市场并重”的方针,在巩固和扩大国内市场的基础上,统筹规划国际市场,加快企业国际化步伐;通过合资合作等战略联盟方式在合理控制风险的前提下,利用国外企业的销售渠道,获取更大的销售市场,影响并逐步控制国际市场资源,加速公司的国际化进程。

第五,人力资源保证措施。在认真做好现实人力资源需求预测、未来人力资源需求预测、未来可能流失人力资源预测的基础上,制定实施公司整体人力资源配置计划,确保人力资源供需平衡,努力创造留住人才的宏观环境。

第六,企业文化建设措施。大力推进企业文化建设,培养企业精神,塑造企业形象,实现公司各方面的协调发展。

(4)积极应对金融危机的挑战,把握发展机遇,确保公司稳步发展。金融危机引发的全球性经济衰退将加剧国际原油价格的震荡,并直接减缓国际石油装备市场的投资幅度,给石油设备产品出口带来巨大压力。

公司上下要强化五种意识:一是要强化危机意识,做好“过冬”的充分准备。要时刻关注全球性经济衰退可能带来的负面影响,以更加积极有为的心态和科学主动的应对措施,变压力为动力,从容应对各种风险和挑战。二是要强化机遇意识,在全球金融危机中捕捉发展机遇。要深入研究当前形势下的新情况、新问题,积极捕捉商机,努力在产品、市场、业务上形成新的接替。三是要强化质量意识,不断提高公司品牌影响力。要加强管理,打造精品,把技术优势转化为质量强势,把产品优势转化为市场强势。四是要强化管理意识,扎实练好“内功”,向精细化管理要效益。要以效率和效益为关注点,持续加强生产组织和成本管理,盘活各类资产,提高企业运营水平。五是要强化创新意识,持续改进、持续提高。要不断追求技术创新和管理创新,努力培育企业核心竞争力，不断增强公司可持续发展能力。

5. 对行业发展建议

充分发挥协会信息交流、咨询服务的重要作用，不断追踪和研究当前石油装备技术发展趋势，引导石油装备制造企业加强关键技术研究，开展广泛的技术交流与合作，在快速开发技术装备的同时，降低成本，提高作业效率，走技术发展和质量、效益并重之路。

(四)江汉石油管理局第四机械厂

1. 发展概况

进入"十一五"以来，四机厂紧扣"科学发展、构建和谐"两大主题，瞄准建设"具备参与国际竞争实力品牌老店"的发展目标，以改革创新为动力，加快科技进步与新产品开发步伐，加快技术改造与精细管理进程，深入推行新型生产方式，企业经营质量明显提升，发展后劲显著增强，各项工作实现协调发展。

工厂生产经营继续保持快速增长，提前两年实现了"十一五"的经营目标，截至2008年底，企业总资产规模近20亿元。2006～2008年江汉石油管理局第四机械厂主要经济指标见表13。

表13　2006～2008年江汉石油管理局第四机械厂主要经济指标

年份	工业总产值(万元)	销售收入(万元)	工业增加值(万元)	出口交货值(万美元)	从业人数(人)
2006	157 863	154 952	16 121	6 007	2 335
2007	244 411	244 517	25 000	11 163	2 452
2008	291 564	285 086	36 800	10 940	2 632
合计	693 838	684 555	77 921	28 110	7 419

工厂已形成了钻机、修井机、固井设备、压裂设备和高压管汇5大类13个系列共200多个品种的产品系列，覆盖钻井、采油两大作业领域，钻机、修井机生产能力达到250台/a，固压设备产能达到200台(套)/a，柱塞泵、高压管汇产能分别达到700台/a和10万件/a。2008年江汉石油管理局第四机械厂主要产品生产销售情况见表14。

表14　2008年江汉石油管理局第四机械厂主要产品生产销售情况

主要产品名称	钻机、修井机	固压设备	高压管汇	备注
产量(台/套)	212	190	60 764(件)	全部形成销售
产值(万元)	12 960	13 570	9 291	
出口量(台/套)	96	35	少量	
出口交货值(万元)	5 920	3 650		

(1)市场版图快速拓展。江汉、胜利、新疆、江苏和辽河等油田订货过亿元，大庆、海洋和民营企业市场新增订单大幅增长。主导产品继续保持较高的国内市场占有率，钻修产品达40%，固压设备达70%，高压管汇达30%。

(2)国际市场开发迈出坚实步伐。低温钻机在俄罗斯市场取得新突破，出口美国的快移快装钻机、出口伊朗的固井水泥车分别获得20台订单，"石油四机"产品已出口到美国、俄罗斯、加拿大、墨西哥、乌克兰、哈萨克斯坦、土库曼斯坦、乌兹别克斯坦、印度、阿曼、印度尼西亚、泰国、伊朗和阿尔及利亚等20多个国家和地区。

(3)科技创新为工厂发展提供了强有力的技术支撑。通过把握市场变化规律，跟踪国内外重点油气储量增长较快和重点开发区块，全面研究新产品、新技术，陆续完成了18项重大新产品研制工作，并取得良好市场业绩，新产品订货成为推动市场的主动力，新产品产值贡献率达40%以上。

企业被中国机械工业联合会授予"中国机械工业现代化管理企业"、"全国实施卓越绩效模式先进企业"等多项殊荣；入选中国石油钻采设备制造行业"五十强企业"、"中国机械500强"、"中国制造业500强”。2007年,“四机”牌石油钻机荣获“中国名牌产品”称号,钻(修)井机、固井水泥车和高压管汇件持续保持“湖北名牌产品”称号,车装钻机和修井机、固井压裂设备、高压管汇系列产品获中国石油和石油化工设备工业协会“行业名牌(驰名)品牌”称号。2008年,工厂继续获得“湖北省五一劳动奖章”、“中国石化先进集体”称号。

2. 科技自主创新情况

(1)采取的配套措施和办法。首先,建立较为完善的科技创新研发体系。成立企业技术中心,在企业技术中心下设有中心办公室、5个专业研究所,在各个分厂设置了基层技术组。工厂以合资企业为技术前沿窗口,还建立了荆州—北京—美国休斯敦互动合作研发的技术平台,跟踪国际先进水平,取得了很好的效果。

其次,针对参与国际竞争的实际情况,采取多种方式培养技术人员,通过高素质人才的培养为工厂的科技发展提供了根本保证。

第三,加大试验检测力度。为了保证生产的石油钻采设备的可靠性,建成了钻机、修井机综合性能试验场,柱塞泵性能试验中心和固井压裂设备试验场等,配备了先进的高、精、尖检测设备,重点关键零部件都配备相应的试验检测手段,保证产品在研制过程中的设计验证和产品出厂试验。

第四,广泛开展对外技术合作和交流。企业坚持走“产、学、研、用”相结合的合作创新之路,通过加大与国外著名设计公司和国内科研院所的技术交流和合作,进一步更新设计理念和思维方式。在项目合作研发的基础上,工厂与油田井下作业公司建立了战略合作伙伴关系,加大新产品研发和试验进度,全面提高了石油钻采设备的适应性。

(2)近三年R&D经费投入。随着油田作业工艺的发展和进步,设备研发的难度和技术要求也在提高,工厂用于产品研发的科技投入总量逐年增加,为新产品研发提供了强力保证。2006~2008年江汉石油管理局第四机械厂科技研发投入见表15。

R&D经费保障措施:①将新技术、新产品开发列入全厂工作重点,把技术开发费用预算列入全厂资金预算专项费用,单独列支,优先考虑资金筹措。②加大货款回收力度,保证工厂的自筹研发资金投入。③向上级部门提出申请,争取最优惠的贷款政策。④加大项目申报力度,争取获得更多的政策和拨款支持。

表15　2006~2008年江汉石油管理局第四机械厂科技研发投入

年度	销售收入（万元）	研发投入（万元）	研发投入占比（%）
合计	684 555	20 058	
2006	154 952	4 658	3.01
2007	244 517	6 697	2.74
2008	285 086	8 703	3.05

3. 三年来所取得的技术成果

企业经过多年的技术创新和积累,已拥有多项在行业领先的核心技术,如:大型压裂机组技术、高压管汇技术、自动混浆控制技术等。2006~2008年,工厂加大钻机、特种修井作业设备、高压柱塞泵产品的自主研发力度,取得了全新的技术成果。2006~2008年江汉石油管理局第四机械厂自主创新成果见表16。

表16　2006~2008年江汉石油管理局第四机械厂自主创新成果

序号	技术成果名称	专利申请情况及水平	产业化情况
1	钻机快移快装技术	授权1项发明专利,4项实用新型专利。产品达到国际先进水平,钻机主机设计达到国际领先水平	4 000m、5 000m快移快装钻机出口美国62台套
2	不压井作业技术	获得2项实用新型专利,正在申请2项实用新型专利。产品达到国内领先水平	研制出液压不压井修井机
3	连续管技术	正申请1项实用新型专利。产品达到国内领先水平	研制出LGC230连续油管作业机、LGC130连续油管测试车
4	高压柱塞泵技术	已申请11项实用新型和外观专利。产品达到国际先进水平	生产的三缸、五缸系列柱塞泵已批量应用于固井水泥车、压裂泵车

4. 研制成功的重大技术装备

四机厂是石油装备制造业中承担重点项目较多的企业，取得了多项创新成果，持续保持了工厂的技术领先优势和市场优势。2006～2008年江汉石油管理局第四机械厂研发成功的重大技术装备见表17。

表17　2006～2008年江汉石油管理局第四机械厂研发成功的重大技术装备

序号	产品名称	主要技术指标和水平	产业化情况
1	快移快装钻机	名义钻深范围(m)：3 500～5 000m；最大钩载：350t，产品达到国际先进水平，钻机主机设计达到国际领先水平	出口62台(套)
2	2500型压裂机组	最高工作压力：140MPa，最大输出排量：3 117L/min(41/2in柱塞)，压裂泵额定输入功率：2 087.96kW(2 800hp)，产品达到国际先进水平	已供中原、西南2套机组
3	液压不压井修井机	最大工作压力：21MPa，修井深度：4 000m，带压最大上提能力：1 000kN，最大提升速度：1m/s，产品达到国内领先水平	研制出液压不压井修井机
4	LGC230连续油管作业机	最大额定拉力：230t，油管容量：4 200m，工作压力70 MPa，产品达到国内领先水平	LGC230连续油管作业机、LGC130连续油管测试车
5	5 000m低温钻机	钻深范围(114mm 4 1/2in钻杆)：3 500～5 000m，最大钩载：3 200kN，产品达到国际先进水平	出口8台(套)
6	7 000m钻机	钻井深度：7 000m，最大钩载：450t，产品达到国内领先水平	生产4台(套)

5. 经验和启示

近三年是四机厂经济增幅最大、增速最快、效益最好的时期，是新产品研发成果最多、产品质量提升最显著的时期，是适应市场结构形成、市场占有率稳步提高的时期，是管理水平显著提高、综合实力明显增强的时期。总的看来，主要有以下特点：

(1)持续实施"引智借脑"工程，技术创新成果丰硕。积极开展对外合作，推行产学研用创新发展模式，大幅提升自主创新能力。借鉴国际国内跨行业开发的经验和成果，通过开展联合设计、联合制造掌握国际先进技术，破解技术瓶颈。

(2)依托技术创新，完善服务体系，市场空间进一步拓展。全力推进品牌经营，以"以敬畏之心对待市场，以感恩情怀服务用户"为服务理念，主动将服务关口前移，坚持开展用户回访和技术巡回服务。在国外建立常驻办事处及"4S"服务体系，在国内油田建立常驻技术服务部，按照"先修保运转、后理分责任"的服务原则，与用户实现零距离、无缝隙对接。国内市场地位得到进一步巩固，国际市场形象进一步提升。

(3)全面开展体系化建设，努力推进精细化管理。①实施ERP系统。全面实施企业资源计划管理系统，改进优化业务流程，资金流、信息流、物资流同步受控。②建立内控制度体系。与集团公司、管理局的内控体系对接，实现企业管理模式从职能式向流程式转变，效益增长方式从粗放到集约、受控转变。③完善质量管理体系。全力推进产品质量与国际接轨，建设国家级试验中心，申请国家实验室认可认证，企业的资质水平不断提高。④推行新型生产方式。调整生产组织机构，调整设备布局和资源配置，形成了具备一定配套生产能力的协作网络，核心产品生产能力明显增强。

6. 未来三年企业发展规划

(1)企业发展规划。以提高质量和效益为中心，以产品升级和结构调整为主线，强化四机(SJPETRO)品牌，围绕管理局的总体部署，继续抓好两个建设(产能建设、创新体系建设)，努力实现两个转变(新型生产方式转变和准精益管理转变)和两个突破(海洋和炼化装备新技术、新市场突破)，积极推进观念创新、科技创新、管理创新和体制创新，巩固国内陆上油田市场，大力拓展和稳步占领海洋油田市场和国际主流市场，把工厂建成产品多元、技术领先、管理精细、具有核心竞争力的现代企业。

(2)主要措施。近几年工厂的快速发展得益于采取的积极措施以及周密的部署规划。面对全球金融危机,四机厂要实现平稳发展,必须全力开拓国内外市场,提高技术创新实力,细化管理打基础。

努力建设科技创新体系,加快产品开发进程。完善新产品研发和工艺管理创新机制,推进"引智借脑"工程,加大集成创新和自主创新力度,围绕井筒技术,着力延伸新产品研制领域;实施精品战略,研发具有行业领先优势的拳头产品,研究适应国内市场的经济型产品,保持"生产一代、试制一代、超前研究一代"的良性循环模式,新产品的产值贡献率达到50%以上。

稳步开拓国内外市场,继续做大做强市场规模。在国内市场上,一是密切关注中石油、中石化、中海油三大油气勘探、开采公司的战略部署,开展高层互访、沟通活动,缔结战略合作同盟,取得稳定的市场、项目合作关系;按照超前的思路把握市场脉搏,加大潜在市场投入,关注重大勘探区块的开发动态,及时调整市场开发策略,保证国内重要油田市场的稳定接替;加快新产品产业化进程,形成接替市场,争取更大的市场份额。在国际市场上,按照走出去发展的战略部署,加强国际市场各区域的产品需求研究,积极开展对外合作,快速建立国际市场技术服务体系,通过优势互补谋求国际市场的稳定发展,提升独立面对国际市场的直销能力,支撑国外市场的快速扩张。

深入推进工厂技术改造和新型生产方式,进一步提升生产能力。把新厂区建设成大型结构件焊接、钻修井机与海洋设备装配、试验、后处理以及设备发运的生产区,把老厂区建设成精密机械加工、部件生产、固压设备组装和新产品试制的核心生产区。继续强力推行新型生产方式,持续改进内部管理,继续推进信息化建设,优化物资采购和外协资源市场,实现准时、均衡、配套生产。

完善质量体系建设,努力提高产品质量。建立从研发到售后服务全员、全方位的质量保证体系,培育质量文化,不断开展质量问题研究,从技术协议的源头控制设计的先天不足和制造过程的频繁整改,重视用户与第三方监造意见,积极改进产品质量。

7. 对行业发展的建议和希望

加大国内外行业信息和技术交流,加强对外技术合作,为企业引进先进技术构架桥梁。中国石油和石油化工设备工业协会应借助深入研究行业发展的优势,帮助工厂实现技术、市场新突破,引导工厂向多元化发展。

中国石油和石油化工设备工业协会还应利用与中石油、中石化、中海油以及其他国内外合作伙伴的良好关系,在市场、技术方面建立以协会为平台的长期合作关系,帮助和指导工厂制订高起点、高层次的整体发展战略规划,引导工厂避免无序竞争,谋求更大市场突破,推动企业发展。

〔撰稿人:中国石油和石油化工设备工业协会 李树清〕

井口装置和采油树行业发展概况

一、市场需求

随着经济的快速发展,我国对石油的需求逐年增加。在可预见的未来,石油供应短缺现象将一直存在。

2008年,我国钻井数量约20 000口,2009年钻井数量19 700口左右。国内油田现有采油井约20万口,注水井10万口。井口装置需求如下:

(1)每口新井必须安装井口装置,维修率按10%计算,每年国内需要井口装置约2.5万~3万台(套),采油树4万套左右。

(2)井口装置出口随国际市场波动不稳定，2008年我国出口井口装置约3 000台(套)。

二、行业企业情况

1. 企业数量逐年递增

根据国家统计局的数据，2003～2008年我国石油钻采设备行业企业数量逐年递增，已从2003年的185家增至2008年的588家。此外，中石油、中石化内部的制造企业还另有约20家，约有50%的企业从事井口装置和采油树产品制造。

2. 获得美国石油学会(API)产品认证的情况

目前全世界获得API 6A产品认证的企业一共621家，其中中国115家，美国114家。我国API认证企业地区分布见表1。

表1 我国API认证企业地区分布

省市	数量(家)
江苏	45
其中：盐城	19
浙江	12
其中：温州	8
上海	10
山东	10
四川	7
其他	31

三、井口装置和采油(气)树产品型号规格

井口装置和采油(气)树已是我国的成熟产品，但主要是压力级别(14～105MPa)、性能级别(PR1)、产品规范级别(PSL1～PSL3)、材料适用工况(AA～EE)等级别较低的产品，高端产品(PR2、PSL3G、PSL4、FF～HH、压力大于105MPa)的研发投入不大。目前我国单油管采油井口装置最高压力可达105MPa，双油管采油井口装置最高压力可达70MPa，已有企业具备生产140MPa井口装置和采油树的能力。

但是，这些产品主要用于陆上石油开采，海洋钻采设备基本还处于起步阶段。我国还不能设计建造海底完井和近水面完井所需要的采油设备，如海底湿式采油树、干箱式采油树等，海洋平台用井口装置和水下采油树还依赖进口，发展远远落后于国际先进水平。

我国石油井口设备的特点是：产品技术含量低，低端产品多；常规产品多，大路货多；名牌产品少，具有自主知识产权的关键产品更少。

我国石油井口设备的行业特点是：低端产品市场已经饱和，产能过剩，市场竞争激烈，产业集中度不高。我国的井口装置和采油树产品执行GB/T 22513—2008(IDT ISO 10423)、API 6A(19th 标准)。其主要参数为：

(1)压力级别：13.8 MPa，20.7 MPa，34.5 MPa，69 MPa，103.5 MPa，138MPa；

(2)规范级别：PSL1，PSL2，PSL3，PSL3G，PSL4；

(3)常用材料：AA、BB、CC、DD、EE、FF、HH；

(4)温度：(低温) －60℃、－46℃、－29℃、－18℃，(高温)66℃，82℃，121℃，180℃，345℃；

(5)性能要求：PR1，PR2；其中PR2级与PR1级相比，具有更高的安全性、可靠性。

我国还没有企业生产的产品通过PR2性能鉴定，压力级别和标称通径根据用户需求而定。常用井口装置型号规格及市场分布见表2。

表2 常用井口装置型号规格及市场分布

产品名称	型号规格	市场分布
井口装置和采油树	压力：21～105MPa 通径：65～80mm L1—PSL3G PR1	69MPa(含69MPa)以上产品在新疆、吐哈、辽河、四川、胜利、内蒙古、大港油田等使用较多；69MPa以下产品在国内各油田均有；21MPa产品在大庆、长庆、吉林等油田用量较大
热采井口装置	压力：14～21 MPa 通径：65mm 温度：354℃，370℃	辽河、胜利、河南、新疆等油田

四、重点企业介绍

1. 江苏金石机械集团

江苏金石机械集团(以下简称金石集团)是我国最大的石油井口设备研发制造企业,是中国石油天然气集团公司、中国石油化工集团公司和中国海洋石油总公司供应网络单位,中国石油技术开发公司战略联盟合作伙伴,中国石油和石油化工设备工业协会十强企业。旗下有8家企业,总资产10亿元。

金石集团产品覆盖全国各大油田,市场占有率在全国同行业中保持领先地位。其中,在国内的高端市场占有率达50%以上,并出口欧洲、美洲、亚洲、非洲、大洋洲5大洲30多个国家,出口额占销售总额70%以上。

金石集团集科研、生产、销售于一体,建立了油气井口装备技术研发中心,主要生产井口采气树、节流压井管汇、泥浆气体分离器、系列平板阀、大口径球阀、防喷器,产品均执行API标准,获得5项国家级新产品和20多项国家专利,荣获国家高新技术企业称号。

金石集团始终坚持质量是企业的生命,建立健全质量管理和质量保证体系,荣获中国石油石化名牌产品称号,获美国石油学会API Spec 6A、API Spec 16C、API Spec 6D、API Spec 5CT产品认证证书和ISO 9001质量体系认证证书。

金石集团2006年产值为2.5亿元,2008年产值达到13.5亿元。

2. 重庆新泰机械有限责任公司

重庆新泰机械有限责任公司专业生产石油机械产品,注册资本1 335万元,资产总额9 000万元,现有职工320余人。该公司是重庆市高新技术企业,全国守合同、重信用企业,中国优秀民营科技企业、中国石油天然气装备和工具标准化委员会委员单位。

主要生产KQ系列井口装置、套管头、旋转防喷器、节流压井管汇、泥浆气水分离器、井下工具及各种配件。其中,采油(气)井口装置被确认为重庆市高新技术产品,卡瓦式套管头、自动膨胀式平板阀被评为重庆市重点新产品,新型节流阀、单流阀、套压释放管汇获国家专利。年生产能力达5 000t,是西南地区最大的石油井控设备生产企业。

公司严格执行美国石油学会API标准,取得了进出口企业资格证书,通过了ISO 9001质量认证。公司是中国石油、中海石油、中国石油进出口办公室一级网络成员单位,产品销往塔里木、四川、胜利、海洋等油气田,并出口到中东、北美、俄罗斯等国家和地区。

公司决定实施二期技术改造,拟投资3 000万元,修建6 000m^2加工车间、购置加工中心等关键设备,大力提升技术研发和生产能力,力争在3年内实现年产值2.5亿元以上,成为国内石油井控设备龙头企业。重庆新泰机械有限责任公司2006年产值为2.1亿元。

3. 江苏咸中石油机械有限公司

江苏咸中石油机械有限公司现有员工318人,其中工程技术人员132名,中高级技术人员63名,中高级技工15名,85%的员工通过了岗位中级技能等级考核。厂区占地面积43 355 m^2,建筑面积29 000m^2,是中国石油物资装备(集团)总公司、中国石化物资装备公司和中国石油物资装备出口公司网络成员单位。企业通过了二级标准化和计量保证体系确认合格验收,通过了美国石油学会API SPEC 6A、API SPEC 6D、API SPEC 16C产品技术规范认证。

公司拥有数控、立式机床等各类机械加工设备186台(套);产品热处理设备配套齐全;配有理化室、计量室和先进的化验、检测设备,拥有智能化压力测试系统,气密封试验室,检测手段齐全;设计、开发、生产力量雄厚。

该公司是生产系列井口装置的专业厂家,产品主要有14~105MPa系列采油、采气井口装置;热采井口装置和注水井口装置,套管头、节流压井管汇;防喷器及钻采配件等。井口系列产品通过了国家油气井口检测中心的检测,产品覆盖大庆、胜利、辽河、大港、新疆、中原、玉门、吐哈等各大油田,并远销北美洲、印度尼西亚、印度、哈萨克斯坦、土库曼斯坦、阿塞拜疆、科威特、老挝、缅甸等国家。江苏咸中石油机械有限公司2006年产值为1.2亿元。

4. 江苏建湖县鸿达阀门管件有限公司

建湖县鸿达阀门管件有限公司创建于1998年，是专业的石油机械制造厂家，是中石油、中石化物资装备总公司一级网络成员。

该公司设计制造的井口设备已经取得了API6A、6D、16C会标使用权，105MPa/140MPa的平板阀、节流阀、采油树井口装置、节流压井管汇以及防喷器等都通过了国家油气田井口设备装置质量监督检验中心的压力管道元件型式实验等制造许可的评审，取得了国家特种设备制造许可证书。

公司现有员工380名，中高级技术人员41人，占地面积9.5万m^2，厂房面积4.8万m^2。拥有数控车床、加工中心等冷、热加工设备和质量检测设施232台套，设施齐全，技术先进，实力雄厚。

产品畅销大庆、胜利、辽河、新疆、长庆、四川等各大油田，出口美国、加拿大等国家，为中油长城公司配套服务中东、中亚、东南亚、南美等海外市场。建湖县鸿达阀门管件有限公司2006年产值为1.1亿元。

5. 美钻石油钻采系统有限公司（美资）

美钻石油钻采系统有限公司（美资）拥有雄厚的技术研发能力，采用世界先进的技术工艺和高精度数控设备成套生产井口、采油树、地面安全阀、单井多井自动化控制系统、高压节流管汇、防喷器、钻机等产品设备，拥有覆盖全球的、成熟的市场销售网络，主要客户包括英国石油公司（BP），壳牌石油公司（SHELL）、康菲石油公司（ConocoPhilips）、道达尔（TOTAL）石油公司、中国石油天然气股份有限公司、中国石油化工股份有限公司、中国海洋石油有限公司等。美钻石油钻采系统有限公司2006年产值为5 800万元。

五、当前市场存在的主要问题

（1）招标中的低价中标原则可能导致产品的低质量。

（2）用户对产品质量的要求不具体，可能导致产品不能满足使用要求。

（3）生产企业对质量管理和控制能力不强，导致低质产品进入市场。

（4）产品包装、使用说明不明确引起产品误用、混用，出现质量问题。

（5）低端产品的重复建设导致不良竞争，产品质量下滑。

（6）高端产品没有通过权威机构鉴定，夸大说明，埋下事故隐患。

（7）行业引导力度不够，国家产业政策执行不严，要求淘汰的产品仍在大量生产和使用。

（8）用户对产品的生命周期缺乏监督，在产品使用前不能验证，使用后不能按周期检修，对产品质量状况不能判断，导致产品回笼情况发生。

六、国内技术现状及发展趋势

1. 井口装置结构设计的发展方向

井口装置的结构设计主要根据其本身的用途而产生变化。如海洋、滩海等油田用井口装置，主要趋于整体式井口装置和多管井口装置；陆上井口装置根据油气井内压力和油气组份的不同，有常规采油（气）井口、抗硫耐腐蚀采气井口装置。从连接形式而言，有法兰式、螺纹式等。

井口装置和采油树在结构设计上主要向性能安全、结构紧凑、重量轻、连接可靠、操作轻便、抗硫、抗腐蚀方向发展。随着海洋石油、滩海石油的不断开发，整体式井口装置、多管井口装置需求越来越大。

单油管电潜泵井口装置、双油管井口装置、双通径的整体式采油树以及满足油（气）田的工况和井内滞留流体特点的陆上（包括海洋平台）用的井口设备及水下井口装置是井口装置发展的主要趋势。井口装置中的重要部件——阀门，主要趋向特殊防腐材料应用，结构上向多样化方向发展。

海洋采油平台上的采油装备与陆上有较大差别。海洋一般采用三种完井方式，即水上完井（平台完井）、海底完井和近水面完井三种方式。水上完井主要用于固定平台，在平台上装备采油树。海底完井主要用于浮式采油平台，采油树安装在海底，系统设备比较复杂。近水面完井是将采油树安装在水面下20～30m的大型浮箱上，用挠性管与油井和平台相连结。这些对系统设计和装备的要求都非常高。

我国海上石油开发设备的国产化率在20%～30%徘徊了多年，关键设备几乎全是国外产品。与陆上石油开发设备相比，我国海洋钻采设备的发展缓慢的原因除了海洋环境的特殊性和设备高可靠性、高自动化程度的要求外，还有一个原因，就是海上石油装备从一开始就采用国际招标采办方式。加强海洋石油钻采设备设计、制造和加工能力应是我国有竞争实力的石油机械制造行业下一步的重要战略目标和主要方向。

国际上许多大公司已着手于国内企业合资、合作、收购等，向外输出该类产品的数量在快速增长。很多企业进行大规模投入，从事基本建设、技术改造、产品升级换代，如研制适合国内高压井（140MPa）、高含H_2S井、高含CO_2井、海洋井及国外需求大的性能级别为PR2的高附加值产品。因此，未来的3～5年将是有实力的企业进入井口装置和采油树行业的较好时期。若能率先生产出通过性能鉴定的PR2级井口装置和采油树，必将得到良好的发展机会。

2. 目前的技术热点

①阀门密封面采用陶瓷改性材料，提高耐磨性；②HH级产品采用低合金钢壳体内焊镍基合金工艺，或者新型渗铝钢壳体；③适应严酷环境的非金属密封材料；④大型铸锻件及其热加工；⑤综合性能达到PR2的产品。

七、新产品、新工艺

国外阀门新产品见表3。

表3　国外阀门新产品

单位	型号	压力级别（PSI）	材料级别	温度级别	性能级别	性能鉴定	密封方式
Vetco Gray	WG—300FR闸阀	5 000～15 000	AA～HH	K～X（－60～204℃）	PR2	按温度K～X	金属密封（VG－密封）
	SR—CT2闸阀	15 000～30 000	DD～HH	P～（－29～232℃）	PR2	按温度－29～232℃	金属密封（VG－密封，CT2上密封）
	VG—230SE（蒸汽闸阀）	1 430～3 575		S～Y（－18～343℃）		成功进行343℃、24h的蒸汽试验	
FMC	100系列金属密封闸阀	2 000～15 000	AA～HH	K～X（－60～204℃）			金属－金属密封、UV阀杆专利密封
CAMER	H2系列节流阀	2 000～105 000	AA～HH	K～X（－60～177℃）	PR2		

注：1PSI＝6.89kPa。

国外先进的抗腐蚀工艺如下：

Vetco Gray公司的焊接覆盖。Vetco Gray早在1978年就成功解决了抗腐蚀的问题。Grayclad抗腐蚀装置是采用Grayclad（焊接覆盖）工艺：用高精细焊接技术在需要抗腐蚀保护的低合金零件表面，施加一薄层抗蚀合金（CRA）实现在海水、H_2S、CO_2、高氯化物、高天然硫的环境中抗腐蚀。焊接覆盖工艺严格按照ASME Ⅸ进行了鉴定，焊接覆盖装置满足NACE MR 0175、API 6A（PSL1－4）、API 17D的要求。

CAMERON公司闸阀采用内覆衬里材料。该公司的CAMCLAD闸阀使用抗H_2S、CO_2和氯化物的材料作为包覆衬里的材料，并采用高温等静压（HIP）工艺进行处理。首先将低合金钢阀体进行锻造、常规机械加工后，将具有防腐蚀性能的超耐热合金粉末压入衬里和基体的空隙，填满后封住，再将整个装置放入高压热容器内，在规定的温度下将压力施加在整个装置上，自然冷却后进行热处理。

八、PR2 级井口装置和采油树性能鉴定试验系统

性能要求是对产品在发运条件下特定和惟一的要求，所有产品在额定压力、温度和与材料级别相适应的试验流体条件下，性能符合 API 6A 要求，包括承载能力、周期、操作力或操作扭矩。性能要求分为 PR1 和 PR2 两个级别，安全阀应属于 PR2 级。API 认证不包括 PR 级别的认证，提供满足 PR2 要求的证据是制造企业的责任。PR2 级主要鉴定项目见表 4。

表 4　PR2 级主要鉴定项目

序号	组件	鉴定项目	要求的循环次数
1	阀门	室温下的开启/关闭循环动态压力试验	160 次
2		高温/低温下的开启/关闭循环动态气压力试验	各 20 次
3		高温/低温/室温下的阀座低压试验	各 1 次
4		阀体压力/温度循环	高低温 3 次
5	悬挂器	载荷循环	3 次
6		上部、下部（或垫环区）压力循环	各 1 次
7		带载荷的压力/温度循环（从上、下或垫环区加压）	各 3 次
8		固位性能试验	各 3 次
9	驱动器	密封试验	3 次
10		室温下的开启/关闭循环动态压力试验	160 次
11		高温/低温下的开启/关闭循环动态气压力试验	各 20 次
12		室温下驱动器的密封试验	高低温 3 次
13	非金属密封件	浸渍试验：试样在标准试验流体、温度、压力环境中，暴露 160h，进行浸渍前后试样的物理和力学性能比较	

〔撰稿人：中国石油和石油化工设备工业协会石油井口和工具专业委员会文志雄〕

我国油气管道建设 50 年

我国是最早用木竹管输送天然气的国家。公元 1600 年前后，四川省自流井气田不但在平地敷设管道，而且“高者登山，低者入地”，“于河底掘沟置笕，凿石为槽覆其上”。中国现代油气运输管道建设主要集中在我国东西部地区。

一、油气集输的基本概念

管道运输是以管道为运输工具进行长距离输送液体和气体物资的运输方式，是统一运输网中干线运输的特殊组成部分。管道运输投资少、占地少、费用低，具有运输量大、连续、迅速、经济、安全、可靠和平稳的特点，可实现自动控制。除广泛用于石油、天然气的长距离运输外，还可运输矿石、煤炭、建材、化学品和粮食等。管道运输可省去水运或陆运的中转环节，缩短运输周期，降低运输成本，提高运输效率。当前管道运输的发展趋势是：管道的口径不断增大，运输能力大幅提高；管道的运距

迅速增加;运输物资由石油、天然气、化工产品等流体逐渐扩展到煤炭、矿石等非流体。

在油气运输上,管道运输有其独特的优势。首先,它的平稳、不间断输送,可以满足油田及炼油化工工业的需要;第二,实现了安全运输,管道在地下密闭输送,具有极高的安全性;第三,管道在密闭状态下运输,油品不挥发,质量不受影响;第四,管道运输损耗少、运费低、占地少、污染低。但管道运输不灵活,钢材耗量大,辅助设备多,适于定点、量大的单向输送。

我国管道建设大致可分为三个阶段:

1958~1969年是我国管道建设的初始阶段。这时期由于产油量少,对建设长距离、大口径管道缺乏技术能力及建设经验,所以不论管道建设的数量还是输油技术,都还处于落后阶段。

1970~1980年是我国管道建设的高峰阶段,也是大量采用国内先进设备的阶段。在管道建设高速发展的同时,管道的钢材质量、输油工艺、输油设备及输油通信手段等也在高速发展。

1981年以后,是我国管道建设大力引进国外先进技术和提高效益的发展阶段。这时期管道建设大量引进国外先进设备和先进技术,注重提高管道输送的经济效益,并进行大规模科研和现场实验,取得较多的科技成果,管道输油效率大幅提高。

二、我国油气管道发展历史与现状

我国现代石油工业的油气管道建设始于20世纪50年代,先后出现过三次建设高潮,2007年8月,伴随着兰郑长成品油管线和川气东送天然气管线的正式开工,我国迎来了以西气东输二线和中俄管线为标志的第四个管道建设高峰期。经过近10年的快速发展,到2007年,我国已建油气管道的总长度约6万km,其中原油管道1.7万km,成品油管道1.2万km,天然气管道3.1万km,基本形成了横贯东西、纵贯南北的管道运输网络,我国管道工业的发展速度和技术水平已跨入世界先进行列。随着我国石油企业“走出去”战略的实施,其在海外的合作区块和油气产量不断增加,海外份额油田或合作区块的外输原油管道也得到了发展。

我国油气管道建设,是在没有资料、没有专用输油设备、没有专业施工队伍的情况下开始的。我国建设的第一条长距离原油管道,是1958年建设的克拉玛依至独山子炼油厂的输油管道,承担设计任务的是北京石油勘察设计院和北京石油学院。

我国建设的第一条长距离天然气管道,是1961年建设的巴县石油沟至重庆化工厂的供气管道。承担设计任务的四川石油设计院,摸索出了脱硫、清管、分离、计量和超限报警等比较安全、可靠、准确的输气方法。

我国建设的第一条长距离成品油管道,是1976年建设的格尔木至拉萨的成品油管道。为了攻克汽油、柴油、航空煤油和灯用煤油顺序输送中的混油难题,青藏高原管道防腐、保温难题和输油设备在永久冻土层沉降难题,中国人民解放军总后勤部组织洛阳炼油设计院、总后营房设计院、中国科学院兰州冰川冻土沙漠研究所、同济大学、上海超声波仪器厂及青岛化工厂等上百个设计科研单位、高等院校和相关工厂,进行联合技术攻关,获得了10多万个数据,保证了该线建成投产,至今管道已安全运行了28年。

我国建设的第一条海底石油管道,是1985年与日本石油公司合作设计建设的渤海埕北油田海底油气登陆管道。我国技术人员通过对外合作,掌握了海底石油管道设计与施工技术,于1992年引进了“滨海109号”铺管船,开始自主设计、自主施工海底石油管道。

1. 三次建设高潮

1970年,大庆油田原油产量突破2 000万t,依靠火车运油远远满足不了大庆油田快速发展的需要。为了解决大庆油田被迫限产、关井的难题,国务院于1970年8月3日决定展开东北“八三工程”会战,掀起了第一次油气管道建设高潮。1975年建成了庆抚线、庆铁线、铁大线、铁秦线、抚辽线、抚鞍线、盘锦线和中朝线8条管线,总长2 471km,率先在东北地区建成了输油管网。

1976年,胜利油田、辽河油田、华北油田和中原油田相继进入快速开发期,我国掀起了第二次油气管道建设高潮。由原石油工业部牵头，到1986年先后建成了秦京线、鲁宁线、东临线、东黄线、东黄复线、任沧线、任京线、沧临线、濮临线、中开线、中沧线和马惠线12条油气管道，总长度3 400km，形成了中国东部油气管网。

1987年，塔里木盆地、陕甘宁盆地、四川盆地、柴达木盆地和沿海石油勘探获得重大突破，中国石油工业按照“稳定东部，发展西部”的方针，掀起了第三次油气管道建设高潮。至2004年，在西南地区先后建成56条管道，长度达到39 905km，形成了西部和南部油气管网。其中由中石油牵头，先后建成了西气东输、陕京线、陕京二线、涩宁兰线、兰成渝线、忠武线、鄯乌线、轮库线和安延线等油气管道24条33 908km。由中石化牵头，在我国南方先后建成了甬沪宁线、茂贵昆线、常杭线、青安线、镇莫线、镇杭线和上漕线等油气管道18条4 069km。由中海油牵头，先后建成了海底油田登陆油气管道14条1 928km。

随着西部大开发的推进，油气管道建设重心西移。1990年，建设新疆塔里木第一条轮南到库尔勒输油管道；1995年，建设我国第一条长距离、大口径沙漠管道；1996年3月，陕京天然气管道开工；2004年10月1日，西气东输一线工程全线建成投产，这是我国自行设计、建设的第一条世界级天然气管道工程；2007年8月31日，国家“十一五”规划重大项目——以普光大气田为龙头的川气东送工程正式开工；2008年2月22日，西气东输二线工程正式开工，管道主干线和八条支干线全长9 102km，工程设计输气能力300亿m^3/a，实际投资近2 500亿元，计划于2011年底全线贯通；2008年6月30日和7月9日，中亚天然气管道项目中乌段和中哈段分别开工建设，管道总长度超过1万km，采用大口径、高钢级管材，按双线并行方式铺设；2009年5月18日，中俄原油管线国内段正式开工，管道全长约1 030km（其中中国境内段全长约965km），设计年输量1 500万t。

为了开拓国际市场，我国油气管道企业从1980年起，用劳务承包，工程项目设计、施工、采办总承包和项目管理承包等3种形式开拓国际市场，并已站稳了脚跟，跨入了国际管道承包商的行列。1980～1985年，我国油气管道企业先后向伊拉克、科威特等国家派出2 000名职工进行劳务承包，为进一步开拓国际市场积累了经验。1993～2004年，中国油气管道企业先后在印度尼西亚、突尼斯、苏丹、利比亚和哈萨克斯坦等国家承包了6条总长度为2 881km的油气管道工程，全部达到优良工程标准。总承包的中国海洋石油总公司和中国石油天然气管道局，被世界银行列为信誉好的国际工程建设公司和免检工程承包商。

2. 整体水平提高

改革开放前，我国油气管道的设计、施工、管理技术，沿用的是20世纪50年代的技术设备和开式输油工艺，设备效率低，能源消耗高，并且全是人工操作，与国外油气管道的设计、施工、管理技术相差了50多年。改革开放后，我国油气管道企业奋起直追，积极主动地学习国外先进技术和先进管理经验。到2004年，以建成的西气东输管线为标志，我国油气管道在设计、施工、管理等主要方面，已经从整体上达到了20世纪末的世界先进水平。

（1）施工方面。1979年，我国油气管道首先在施工方面赶上了世界先进水平。通过自主研制和引进技术，陆续为管道施工企业装备了扫线大推土机、布管下沟大吊管机和内外对口器、管口整形坡口机、单斗挖沟机等，并在克乌复线施工中，第一次实现了扫线、布管、对口、组装、挖沟和下沟一条龙机械化施工，提高工效5倍左右。此后，又通过引进、消化和创新，组建了先进的穿越施工队，使管道穿越江河的速度提高了3倍以上；组建了半自动化、全自动化焊管机组，焊管速度提高7倍左右。到2004年，管道施工队伍年施工能力，由机械化施工前的2 000km，提高到机械化施工后的7 000km。

（2）输油工艺。1985年，通过与国外公司合作，用密闭输送、计算机自动控制输油工艺，改造铁大线开式输送、人工控制的输油工艺，使我国的输油工艺从20世纪50年代的技术水平，一举跃升到20世纪末的世界先进水平。加热炉和输油泵的效率由改造前的70%左右，提高到改造后的95%以上；燃料油和电力消耗比改造前下降15%以上，输油损耗由改造前的0.4%下降到改造后的0.17%。

（3）油气储存罐库。我国油气储存罐库建造技术水平提高很快。1985年以前，只能建造2万～5万m^3金属储存油罐，1985年以后，通过引进、消化、创新，开始向大型油罐、低温液化石油罐和地下岩层岩穴储库技术发展。在秦皇岛、大庆、铁岭、仪征和黄岛等管道首末站，建造了50多座10万m^3金属储油罐，在太仓油库建造了1座15万m^3金属储油罐和2座3.2万m^3液化石油气低温储柜，在黄岛建造了1座16万m^3地下水封石洞油库。1993年，在三亚建造了2座1万m^3凝析油储罐；1999年，在大港油田采空凝析油地层建造了1座6.2亿m^3地层储气库；2003年，在金坛采空盐穴建造了1座6.6亿m^3地下储气库。

（4）材料与设备。我国油气管道专用材料设备制造技术，也达到了世界先进水平。1995年以前建设的油气管道，使用的是压力较低的碳钢和锰钢；1995年，武汉钢铁公司和宝山钢铁公司研制成功高强度的针状铁素体钢（型号有X60、X65、X70、X80），达到世界先进水平。

我国研制的油气管道防腐材料有改性沥青、环氧煤沥青、煤焦油瓷漆、聚乙烯夹克、环氧粉末、聚乙烯黏胶带和环氧树脂等，可以适应于各种腐蚀环境的要求，防腐寿命都在60年以上。

我国研制的油气管道设备的技术水平也很高。研制的输油泵效率达到86%，热媒炉热效率达到90%以上，天然气过滤分离设备和多管除尘器设备不逊色世界同类设备，无损探伤设备可以自动记录探伤波形并打印数据，火花检测设备可以自动检测防腐质量并打印数据。

改革开放以来，我国油气管道建设取得很大进展，相继建成了西气东输、陕京二线等天然气管道，中哈原油管道以及兰成渝等成品油管道，初步形成覆盖全国大部分地区的天然气、原油和成品油骨干网架。进一步加快油气干线管网和配套设施的规划和建设，对于优化我国油气资源勘探、开发、运输和储存结构，改善油气资源输配方式和加工利用布局，实现油气资源合理配置，保障国家能源安全和经济安全具有重要意义。同时，管网建设也极大地带动了相应技术设备的国产化进程，带动了国内冶金、建材、机械、电子和化工等相关产业的发展。

2008年1月7日，国务院召开会议审议《天然气、原油、成品油管网布局及“十一五”发展规划》，到2010年，我国拥有的油气管道总里程将超过10万km。建设的中俄输气管线、内蒙古苏格里气田开发后将兴建的苏格里气田外输管线、吐库曼和西西伯利亚至中国的输气管线等，不仅为我国，也为世界管道业提供了发展机遇。

我国已经为未来三年的石油天然气生产制定了详尽的规划，2009～2011年原油的目标产量分别是1.92亿t、1.96亿t和1.98亿t，天然气的目标产量分别是860亿m^3、1 050亿m^3和1 200亿m^3，管道建设正处在前所未有的大发展之中。2011～2015年可能开工建设的有伊朗—巴基斯坦—中国（油）管道，泰国克拉地峡（Isthmus of Kra）油管道，苏丹、尼日利亚、秘鲁、哥伦比亚等海外管道，共计约20 000km，平均每年新建成4 000km。

成品油输送管道2011～2015年可能开工建设的有各个炼油厂外输成品油管道，总计长度约7 500km，平均每年1 500km。

未来，在资源储采比值较高的前提下，天然气勘探开发将获得更大规模发展，管道建设将更能得到国家的支持。尤其是由资源丰富地区如四川、鄂尔多斯等输往环渤海、长三角等经济发达地区，由柴达木等临近气田输往“少、边”地区如西藏等管道建设将特别受到重视。天然气管道的口径将明显加大，以适应超大输送量的需求。

2011～2015年可能开工建设的有：忠（县）武（汉）2线；陕京3线；新疆上海（西气东输）3线；东部沿海港口液化天然气卸船二次接驳管道网；伊朗—巴基斯坦—中国（气）；阿联酋、伊朗—巴基斯坦—印度—中国（气）；泰国克拉地峡（Isthmus of Kra）气管道；南美洲（近南北向）原油天然气管道（部分）；苏丹、尼日利亚、秘鲁、哥伦比亚等管道；

国内、外海底输气管道等。共计约55 000km,平均每年新建成11 000km,形成与市场相匹配的全国性网络,确保中心城市能联及2~3个天然气供应源。

三、油气管道用钢

油气管道建设极大地带动了钢管制造业。全世界石油、天然气管线的总长约270万km,随着石油工业的发展,油气长输送管线向大口径、高压力输送、海底管道厚壁化方向发展。例如,敷设于陆地上的长输管线直径为762~1 422mm,中距离管线直径为406~812mm,海底管线直径为508~762mm。

油气管道特别是天然气管道将向大口径高压输送、选用高钢级管材方向发展。采用高压输送可减小管径,高钢级管材的开发和应用可减小钢管的壁厚,进而减轻管子的重量,并减少焊接时间,从而大大降低钢材使用量和建设成本。随着输气管道输送压力的不断提高,输送钢管用钢也相应地迅速向高钢级发展。近几年,国外新建的管道基本都是X70钢级, X80钢级也已开始被大量采用,全世界敷设的X80管道已达到1 000km以上。

高压输送对管线管的主要性能要求是高强度、高韧性、可焊性和耐蚀性,其中的难点和重点是高韧性。韧性要求的提高,促进了管线钢在低合金高强度钢的基础上向前发展,管线钢已成为低合金高强度钢和微合金钢领域内最富有活力、研究成果最多的一个重要分支。

油气输送钢管是板(带)经过深加工(压力加工、焊接、热处理、机加工、表面处理、无损检测等)形成的较特殊的产品。为了适应服役条件,钢管除在化学成分、冶金质量、力学性能、残余应力和可焊性等方面有严格的要求外,对成品的几何形状和尺寸例如外径、内径、壁厚、圆度和直度等也有严格的要求。

国际上含酸性介质天然气输送用钢管(抗HIC钢管)已自成体系。德国、日本和加拿大抗HIC的X70钢管已形成生产能力,但实际使用较少;抗HIC的X80钢管正在研制中。日本的NKK、新日铁、住友、川崎,以及欧洲钢管公司已开发出X100管线钢管。ECSC、CSM和欧洲钢管联合开展了管径1 420mm、输送压力15MPa的X100钢管断裂行为的研究,采用实验室试验和全尺寸爆破试验,对其可行性进行了论证。与此同时,EXXON、住友金属、新日铁共同进行了X120和X125的研究。当管线材料钢级超过X120~X125时,单纯依靠提高钢级来降低成本已十分困难,必须采用复合材料增强管线钢管,即在高钢级管材外部包敷一层玻璃钢和合成树脂,可进一步提高输送压力,降低建设成本,同时可增加管输量,提高钢管抵抗各种破坏的能力和安全性。

X80钢是目前世界管道中真正进入工程建设用的最高钢级。X80 ϕ1 219mm×18.4mm螺旋缝焊管的研制成功,使我国在X80钢材的冶炼轧制、制管和焊接技术等方面取得了跨越式进展,并达到了西气东输二线工程建设技术要求。X80 ϕ1 016mm×15.3mm焊管的焊接速度为1.25~1.3m/min,而X80 ϕ1 219mm×18.4mm焊管在批量试制中焊接速度达到1.65m/min,焊速提高27%~32%。

2008年12月,中油管道机械制造有限责任公司试制成功X80钢级三通。大口径管件是管线建设不可缺少的部分,历来是管道工程的瓶颈项目。X80钢级三通管件是西气东输二线西段工程先期用到的最大三通管件规格,也是管件产品系列中最难制造的品种,X80高钢级管件的研制在国外也属于空白。

2009年3月20日,渤海装备钢管制造公司扬州分公司不但成功研制出西气东输二线站场用ϕ406.4mm、壁厚12.5mm和ϕ457mm、壁厚14.2mm,材质为L415MB(X60)的耐低温ERW钢管,而且已批量生产两种规格钢管4 000多t,拓宽了ERW钢管的应用领域。

在油气钢管生产方面,我国与其他技术先进的国家相比还存在一定差距:

(1)西气东输工程中82万t LSAW管有2/3是从国外引进的UOE管。这有两个方面的原因,一是XT0级管线板的品种质量尚待进一步开发,二是JCOE制管方式与UOE制管方式相比,仍有差距。

(2)国内大多数管线用管的直径多为 ϕ300～600mm，国外在这个领域用ERW直缝焊管较多，国内ERWϕ610mm机组的建设虽在起步阶段，但已有几家同时在做。世界上大部分UOE机组于20世纪80～90年代建成投产的，而ERW机组是近10年来迅速发展起来的。日本的ERW比欧洲发展更迅猛，RW焊管的产量已占日本钢管总产量的70%～75%，而螺旋焊管已经很少（主要用于低压输送及钢管桩）。新日铁光制铁所、住友金属和歌山制铁所各有一条 ϕ508mm ERW生产线，川崎知多制铁所、日本钢管京滨制铁所各有一条ϕ620mm ERW焊管生产线。日本ERW ϕ610mm机组技术水平略高于欧美，尤其是在无损检测方面，在线焊缝（包括热影响区）无损检测等技术也较完备，这是确保ERW管质量的重要因素。ERW钢管已成功地用于极地管线、海底管线和含酸介质管线，我国在这方面还刚刚起步。

近几年，国内的石油天然气输送焊管发展很快，大口径直缝埋弧焊管机组已建、在建和筹建的共有8～9套，总生产能力约300万t/a以上；大口径螺旋焊管水平较高的也有8～9套，总生产能力达到100万t/a以上；大中型ERW机组（ϕ355mm、ϕ426mm、ϕ508mm及筹建的ϕ610mm机组）将有十余套，生产能力也将可达到200万t/a以上，共有500万～600万t的生产能力。石油天然气输送管在数量上已经超过我国的市场需求，但在制管质量（包括板带质量）上还有待于进一步提高。例如LSAW管要发展UOE管型；有条件的情况下，对SSAW要进行技术改造（设置预精焊，冷扩径等）；ERW管向大口径（ϕ610mm）或高质量方向发展（如生产机械管、高档建筑管、中低压锅炉管、石油套管等）。在装备水平上，要提高和完善无损检测（超声波和X射线探伤）水平，严格质量管理，确保在输送油气的过程中钢管能安全服役，达到世界先进水平。

全国现有大型钢管生产企业70多家，年生产能力近1 000万t，主要集中在10家。可生产管径2 200mm以下，壁厚6～20mm，符合API要求，材质为X42～X80的钢管，并有钢管内涂层、钢管外防腐等成熟技术和装备。钢管实物质量达到国际先进水平，已能基本满足国内需要并出口。

华油钢管有限公司为西气东输工程生产X70钢管32万t，其中螺旋钢管17.8万t，直缝钢管14.2万t，占西气东输国产化钢管的42%，还承担了苏丹输油管线钢管订货。淄博制管有限公司在西气东输工程中，提供了约2.5万t X70钢管。辽阳钢管厂先后参与10多条国家重点管道建设。宝鸡钢管有限公司仅在2006年、2007年就出口油气输送用钢管70余万t。江汉油田沙市钢管厂、番禺珠江钢管有限公司也有很强的钢管生产能力和影响力。

四、油气管道设备

长输油气管道工程关键设备主要包括：管道非开挖敷管钻机、天然气长输管道增压机组、高效大流量输油管线泵、大口径高压油气管道阀门和管道检控设备等。包括敷管钻机、天然气长输管道增压机组、大口径高压油气集输管道阀门和油气管道钢管等设备和器材。预计"十一五"期间，2万kW及以上的大型天然气长输管线离心增压机组的需要量约100台（套），大口径高压油气集输管道阀门（口径>1m）在消化、吸收引进技术的基础上将有所突破。

（1）敷管钻机。"非开挖"敷设地下管道是国际上最先进的方法。国内小型管道非开挖敷设管道定向钻机研发已有一定基础，而大型钻机一直依赖进口。

（2）天然气长输管道增压机组。天然气长输管线压缩机是实现天然气长距离输送的核心设备。长输管线压缩机大多安装在野外缺水少电的地方，因此对压缩机要求很高。国内天然气长输管线增压用大型燃气轮机加离心压缩机和变频电机加离心压缩机的制造还是空白。

（3）大口径高压油气集输管道阀门。我国大口径阀门（口径≥1m）生产还是空白。在西气东输一期工程660mm（26in）以下球阀的招标中，仅有上海耐莱斯·詹姆斯伯雷阀门有限公司一家合资公司中标；在二期工程大口径全焊式管线锻钢球阀招标中，自贡高压阀门公司一举中标，打破了国外公司的垄断。

(4)管道检控设备。目前，管道检控设备主要还是依赖进口。

随着管道建设迅猛发展，管道设备国产化虽然也有一定进展，但与钢管国产化相比，进展相对缓慢。

根据我国石油管道建设规划，到2015年，我国石油天然气管道新增里程约3.8万km，对压缩机组、大口径阀门等关键设备的需求量巨大。在西气东输一期工程建设中，国内用户和制造企业合作，成功实现X70、X80钢板以及螺旋管和直缝管的国产化，有效抑制了国外的钢材、钢管价格；同时，积极促成GE公司与沈鼓集团达成合作制造技术协议，为其定远压气站提供了1台PCL803型备选压缩机，实现了部分干线截断阀国产化能力；并逐步实现了防腐材料、调压计量撬设备全面国产化，通信设备全部国内采购。

为进一步加快我国长输管线关键设备国产化，国家发展改革委、国家能源局确定以西气东输二期工程建设为依托，积极组织协调和加大长输管线关键设备研发的推进力度，以30MW级燃压机组和18MW级电压机组研制等7个重点课题，支持沈鼓集团、中航集团、哈尔滨电机、上海电机、成都成高、上海耐莱斯等公司依托用户成立联合攻关研制项目组，制定相关设备国产化实施计划，扎实推进西气东输二期工程关键设备国产化进程。

西气东输二期工程长输管线设备国产化的重点是场站设备，其中最关键的主要设备是大型压缩机组和干线球阀两类设备。对目前国内还不具备设计或集成技术的关键装备，要坚持以国内市场资源为筹码，将商务谈判与技术谈判同时进行；对已经有条件为主成套的产品，如电驱动场站的压缩机组和大型球阀，要依托项目建设，推进制造企业、业主、科研单位的联合攻关；制造企业要加大自主研发力度，是对尚无业绩的首台(套)产品，要严格按照技术规范认真完成各项试验验证；国家能源局也要积极协调，尽快促成双方签订研发和攻关协议，进一步落实研发资金问题，落实西二期工程首台(套)设备的应用。

国家对管道设备的国产化非常重视，相关规划、政策和措施相继出台。相信在国家各项优惠政策和措施的推动下，依托西气东输二线等工程建设，油气管道设备国产化必定会取得更大成果。

〔撰稿人：中国石油和石油化工设备工业协会 李树清〕

海洋石油设备专栏

关于海洋油气装备自主化及做强做大的思考与建议

我国是一个油气资源相对短缺的国家，人均拥有探明石油储量1.98m^3，仅为世界人均拥有探明石油储量27.37 m^3(按65亿人计)的7.2%；我国人均拥有探明天然气储量0.12万m^3，仅为世界人均拥有探明天然气储量2.71万m^3的4.5%。世界主要国家石油、天然气探明储量人均占有量见表1。

表1　世界主要国家石油、天然气探明储量人均占有量

国　别	石油探明储量人均占有量（m^3）	天然气探明储量人均占有量（万 m^3）
中国	1.98	0.12
美国	11.24	1.82
俄罗斯	75.94	32.87
沙特阿拉伯	2 044.85	30.42
科威特	6 899.12	66.11
卡塔尔	5 391.67	4 275.84
阿拉伯联合酋长国	3 957.61	206.73
伊拉克	816.25	11.01
印度尼西亚	3.84	1.25
世界人均	27.37	2.71

从石油的生产来看，我国东部油田在减产，西部发展比预期缓慢，海洋油田产量仍较低，因此，我国石油产量不可能大幅增长，2009 年产能达到 48 万 t/d，预计 2010 年和 2015 年，我国原油产量将分别达到 1.77 亿 ~ 1.98 亿 t 和 1.82 亿 ~ 2 亿 t，呈缓慢上升趋势；2020 年，我国原油产量预计为 1.81 亿 ~ 2.01 亿 t，然后将呈逐年下降的趋势。而我国石油需求正处在快速增长期，2015 年石油年需求量将达到 4.9 亿 ~ 5.2 亿 t，2011 ~ 2015 年石油需求增速将达到 4.2% ~ 5%，到 2020 年石油年需求量将达到 5.6 亿 ~ 6 亿 t。

对比我国石油消费需求和石油生产情况可以看出，我国油气供应前景堪忧，不仅表现为油气资源总量少，人均占有量低，同时，还表现为保证程度低、对外依存度高。

我国多个海域有丰富的油气蕴藏，物探普查发现我国近海海域的一系列沉积盆地，总面积近百万平方公里，具有丰富的油气资源。我国近海已发现 200 多个含油气构造，180 个油气田，主要集中于渤海、南黄海、东海、珠江口、莺歌海和北部湾 6 个大型含油气的地质盆地。渤海、黄海、东海及南海北部大陆架，预测石油资源量为 275.3 亿 t，天然气资源量为 10.6Tm^3。而目前海上原油发现率仅为 12.3%，天然气发现率仅为 10.9%，至今对南海深水区域的勘探和开发仍处于空白状态。我国海洋油气勘探开发具有巨大的潜力和良好前景，但由于缺少必要的海洋油气开发技术与装备，目前钻采主要集中在大陆架区域，水深不超过 300m。2008 年，我国原油产量 1.9 亿 t，其中 84.8% 的产量来自陆上油田。

开发海洋石油天然气，已成为我国石油工业发展的新战略之一。海洋油气资源开发既迫在眉睫，又任重道远。根据我国海域 2008 ~ 2020 年油气勘探规划，中期规划目标（2015 年）是：石油产量达到 5 000万 m^3；天然气产量 300 亿 m^3，油当量合计 8 000万 m^3；长期规划目标（2020 年）是：石油产量 6 000万 m^3，天然气产量 400 亿 m^3，油当量合计 1 亿 m^3。未来 5 年，我国将投资超过 1 200 亿元用于海洋油气开发，兴建 30 多个油田，建造 70 多座平台，新建和改造 10 多艘浮式生产储油装置（FPSO），其中中海油需建造 55 座海洋平台，6 艘 FPSO，4 个陆地终端、铺设海底管线 1 000 多 km，投资总量每年将以百亿元以上的速度递增。

一、海洋石油天然气开发所需的主要装备

（一）海洋油气资源开发主要过程

海洋油气资源开发主要包括物探、钻探、开发三个过程。

海洋油气物探过程，是用地球物理勘探船，采用地震勘探法对海底地层进行（二维、三维和四维）地球物理勘探，了解海底地质构造，以寻找储油构造，为钻探提供依据。

海洋油气钻探过程，是在地球物理勘探确认的区块打勘探井，多采用自升式钻井平台或半潜式钻井平台。利用勘探资料，对可能有油气的地质进行钻井、取芯，以决定是否钻评价井，以及评价井的数量和井位。

海洋油气开发过程，主要是计算油藏储量，制订开发方案，包括资源、工程与经济评价，然后确定采用固定式平台或浮式生产系统进行生产、储存、运输等。

开发过程主要包括开发钻井、完井采油、油气分离和油气集输四个主要过程。开发钻井，是继勘探钻井之后的钻井，包括油气田开采初期钻生产井

和开采中后期钻调整井；钻生产井的方式有浮式钻井和平台钻井两大类；海洋完井，开发井的井孔钻成后，通过一系列的井下作业，安装好井下生产管柱和井口采油树等，射穿油气层，有控制地将海底油气采出。

（二）海洋油气开发主要装备概述

海洋油气开发装备存在两种划分方法。一种是将其划分为钻井装备、采油装备和配套装备。

1. 钻井装备

包括各类海洋钻井平台（船）及其钻井完井装备。

海洋钻井平台（船）分为钻井驳船、钻井船、内陆驳、自升式钻井平台、平台钻机、半潜式钻井平台、坐底式钻井平台和钻井模块8种。

钻井完井装备包括石油钻机、钻井泵、井控设备、固控设备、井口钻具排放系统、井下动力钻具及仪表、海上平台完井系统、海底完井系统、近水面完井系统等。

2. 采油装备

包括浮式生产储油装置（FPSO）、半潜式平台生产系统（含张力腿平台生产系统TLP）、自升式平台生产系统和驳船式生产系统等移动式海上采油（生产）装备（MOPU）、油气水分离处理系统等。

3. 配套装备

如修井设备、试油设备、测井设备、录井设备、供应和维修系统等。海洋油气开发解析见图1。

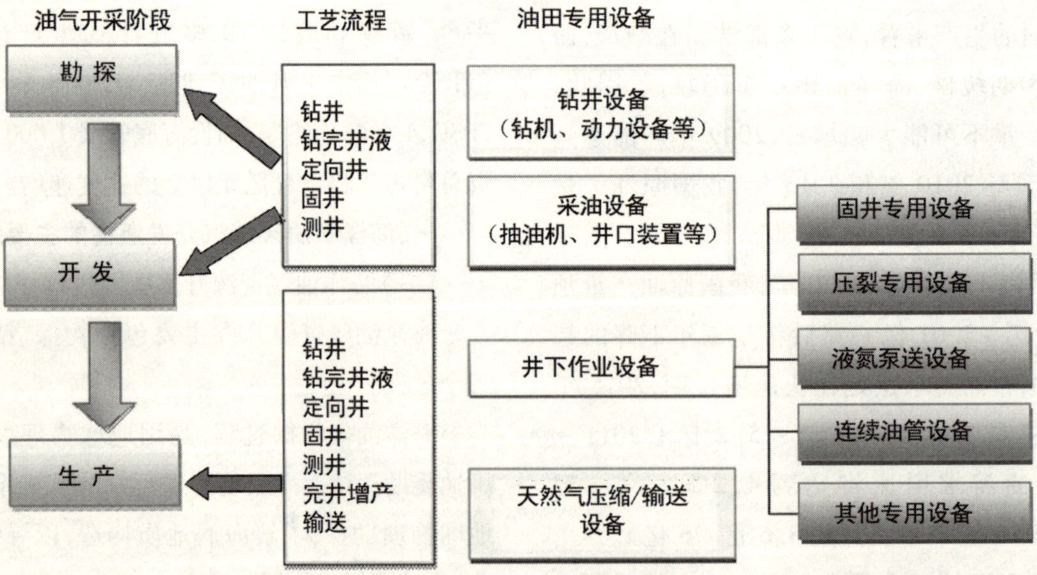

图1　海洋油气开发解析

另一种划分方法是将其划分为海洋工程装备或称承载承运装备（钻采平台、辅助船舶）和钻采专用装备两大类。

承载承运装备，即通常所说的海洋工程装备，包括海洋油气钻采平台（船）和服务于海洋油气钻采需要的工程船舶，如海洋地质勘探船、供应船、拖船、起重船、打捞救助船、海底电缆铺设船和铺管船等。钻采专用装备，包括平台（船）上和水下两大部分，如石油钻机八大系统、钻井泵、井控设备、固控设备、井口钻具排放系统、钻井隔水管系统、井下动力钻具及仪表、海上平台完井系统、海底完井系统、近水面完井系统、修井机、水下井口井控设备、采油树、水下管汇系统、水下基盘、控制系统、增压系统、采油的机泵阀，以及油气水分离系统和油气集输系统等设备。

从造价构成测算，单纯建造平台、船体结构及舾装方面的海洋工程装备费用仅占整个平台（船）总造价的15%～30%，其余70%～85%的费用则是与平台（船）配套的钻采专用装备（通用设备，专用设备，相关仪表、管、缆等）。

1. 海洋工程装备（钻采平台、辅助船舶）

海洋油气钻采平台是用于海底石油勘探、开采的海上钢质建筑物，除钻井外，这些平台还可用于采油、贮油、生活设施、供应、辅助和海上码头等。包括固定式平台和移动式平台两大类。

固定式平台主要用于水深400m以内浅海钻井、完井和采油作业。如导管架平台、混凝土重力平台、箱式钢混结构平台和其他固定式平台等。

移动式钻井采油平台（船）可至深水（≥1 500m或5 000ft）钻井、完井和采油。包括自升式钻井平台、半潜式钻井平台、张力腿采油平台、单圆柱采油平台、FPSO和钻井船等浮式生产设备。

海洋油气钻采作业所用的平台（船）先后经历了固定式、坐底式和自升式的发展阶段。我国近海油田的开发，大多使用自升式平台，但最大工作水深仅122m，远远不能满足深海采油的需要；深海钻井装置主要是半潜式钻井平台，它由坐底式平台发展而来，现已发展到第六代，最大工作水深可达3 658m；钻井船具有移动灵活，停泊简单，适用水深范围广等特点，特别适用于在3 500m以上深水钻井作业。

海洋浮式生产设备目前主要包括：浮式生产储油装置（FPSO）、浮式储油卸油船（FSO）、半潜式钻井平台、竖筒式生产平台（Spar，亦称浮式独柱平台）、导管架平台（Fixed Platform）、顺应式平台（Compliant Tower）和张力腿平台（TLP）等，其中FPSO应是未来的发展重点。

浮式生产储油装置（FPSO）。FPSO具有强抗风浪能力、初期投资小、见效快、能长期系泊在海上、可以转移和重复使用等优点，此外，它的储油能力大，并可以将采集的油气进行油水气分离，处理含油污水、发电、供热和原油产品的储存和外输，被誉为“海上加工厂”，已成为当今海上石油开发的主流方式。整船技术复杂，价格远远高出同吨位油船。

导管架平台（FP）。导管架上端安有甲板，配有钻探设备、采油设备等，工作水深小于500m，该平台主要适用于浅水，经济效益明显。

顺应式平台（CT）。包括一座狭窄的弹性金属塔和桩基，可以支撑用于钻孔和生产操作的甲板，该类型平台通过支持一定的侧向变位从而承受较大的侧向力。其工作水深为457～915m。与导管架平台相比，可用于更深的海域。

张力腿平台（TLP）。工作水深为457～1 829m，具有波浪中运动性能好、抗恶劣环境作用能力强的优点，较之固定式平台造价低、抗震能力强、便于迁徙、可重复利用。

竖筒式生产平台（Spar）。主要由顶部模块、体壳、系泊系统和立管（生产、钻探、输油）四个系统组成。与TLP平台相似，具有很好的稳定性及运动性能；平台工作水深588～1 710m；已从第一代传统筒柱形Spar、第二代桁架型Spar，发展到第三代分筒集束型（Cell）和湿树（Wet Tree）型Spar。

半潜式采油平台（FPS）。除具有钻井、修井能力外，还有适应多海底井和卫星井的采油和储油能力；具有移动性好、抗风浪能力强、工作水深范围广、甲板空间大、储存能力大和可变载荷高等优点；集生产、储油及外输于一身，其应用程度只次于FPSO；一般通过单点系泊长期固定在海上油田，与水下采油装置和穿梭油船组成一套完整的生产系统，是海上油田开发的重要工程设备，特别适用于早期生产和边际油田的开发。

其他辅助平台和船舶。包括各类工程勘探测量船，海上拖运、起吊、装配、布放、铺设、维修工程船，控制、生活、保障平台，资源储存、运输船，集矿船等。

目前全球已有和在建的海洋钻采平台（船）875座，其中，钻井船88座（在役42座）、半潜式227座（在役150座）、自升式505座（在役312座）、固定式7座、钻井驳船48艘。按作业水深分，常规水深（400m以下）占69%，深水（400～1 500m）占20%，超深水（大于1 500m）占11%，其中自升式平台约占60%，市场需求巨大。

2. 钻采专用装备

海洋石油钻机主系统。包括钻机本体、顶部驱动系统、泥浆泵系统、固体含量控制系统、非浮式钻井的井控系统和钻具的拧卸排放系统。

浮式钻井水面与水下设备系统。包括水下生产系统（基盘系统、水下井口和采油树、水下管汇、水下生产控制系统、海底处理系统、水下生产系统安装和维护服务系统等）、封井系统和水面上钻柱升沉运动补偿及张紧系统等。

完井采油设备系统。包括水面、近水面与水下完井采油系统，如井内生产管柱、水面或水下采油井口装置、电潜泵等机械提升系统和管、缆、控制系统。

钻采固井系统。包括固井泵、水泥储存输送与混合系统及仪表控制系统。

钻井、完井采油动力系统。包括柴油或燃气轮机发电机组、空气压缩机组、变频与控制系统。

（三）海洋油气钻井和完井采油所需的主要配套工程装备

1. 钻井采油辅助装备系统

海洋修井设备系统，即有专门的钻修井平台（船），或为进行修井作业临时将修井设备装在钻井平台上。海洋油井试油设备系统、海洋测井、录井设备系统，通常安装在钻井平台上。海洋供应和维修系统，为生产、生活提供物资供应、设备维修后勤服务。

2. 海洋钻采船舶通用工程系统

船舶动力与电力设备系统，安装于钻采平台（船）上。锚泊定位系统，也安装于钻采平台（船）上，包括锚泊系统、单点系泊、动力定位等。安全与消防系统，安装于钻采平台（船）上。水下作业与潜水设备系统，包括海底遥控作业船（ROV）、饱和/非饱和潜水设备系统。海水和淡水供给系统，安装于钻采平台（船）上。水处理与环保系统，安装于钻采平台（船）上。空调和冷藏设备系统，安装于钻采平台（船）上，用于加热、通风和空调的设备。救生设备系统，包括导航、指挥、呼救系统、密闭救生艇和救生筏等，均置于钻采平台（船）上。通信联络系统，包括卫星通信、船上固定或移动电话通信以及高频通信设备等，均置于钻采平台（船）上。监测仪表和自动化系统，安装于钻采平台（船）上。空中运输系统，包括直升机平台及服务于直升机的通信、燃油加注系统及应急系统，安装于钻采平台（船）上。气象和配套的电子记录监测系统，安装于钻采平台（船）上。

3. 海洋油气钻采主要海上施工装备系统

海上大型浮吊，用于钻采平台安装或大型构件的吊装；铺管船，用于海底油气管线的铺设；潜水作业船；三用工作船，用于平台、施工船舶的拖航、油气水及器材物资供应或守护；管道开沟埋设船、管道维修船；海上作业守护船、半潜式运输船，用以运输自升式和半潜式平台等；其他专用施工装备等。

（四）国内外海洋油气开发主要企业

传统的海洋强国（美国、欧洲、日本）基于根深蒂固的海洋文化和海洋意识，在长期的海洋权益斗争和海洋开发实践中积累了丰富的海洋知识，形成了海洋产业先行发展的优势，具有了通过先进海洋科技和高端海洋产业引领世界海洋经济发展的能力，特别在海洋油气装备研发制造领域保持了领先优势，并造就了一批海洋勘探开发企业及其制造企业，引领海洋油气勘探开发的发展方向。世界领先的海洋勘探、开发及设计、制造企业见表2。国际主要海洋工程装备前期设计公司见表3。国际主要海洋钻采专用装备供应商见表4。

表2　世界领先的海洋勘探、开发及设计、制造企业

类别	世界知名企业
海洋石油公司	美国：Exxon Mobil；英国：BP；荷兰：Shell；法国：Total
海洋钻探装备承包商/钻井公司	美国：Transocean Inc.、Global SanTaFe、Noble Drilling、Frontier Drilling As、Diamond Offshore、Pride International、ENSCO；挪威：Seadrill Ltd.、Dolphin A/S、Odfjell；意大利：Saipem；巴西：Petrobras
海洋钻井设备制造商	美国：National Oilwell Varco、Ideco Dresser、Continental Emsco、Gardner Denver；挪威：Matime Hydraulics
海洋生产装备设计商	美国：Friede & Goldman、Gusto、Diamond Offshore、Noble Drilling、Structure Consultance；挪威：Aker Kvaerner MH；瑞典：GVA Consultants AB；荷兰：Gusto MSC
海洋工程装备建造商	美国：J Ray McDermott；法国：Technip；荷兰：Heerema；韩国：现代、三星、大宇；新加坡：吉宝岸外与海事、胜科海事

表3　国际主要海洋工程装备前期设计公司

主要设计公司	业务领域	主要产品
F&G 公司(美国)	在移动钻井平台技术领域处于世界前沿	自升式钻井平台、半潜式钻井平台
Aker Kvaerner MH(挪威)	深水、超深水钻井平台设计、制造	深水、超深水半潜式钻井平台
GVA Consultants AB(瑞典)	深水半潜式钻井平台的设计	自升式钻井平台、半潜式钻井平台
Gusto MSC(荷兰)	海洋钻采平台、辅助船舶、钻采模块的设计、制造	自升式钻井平台、半潜式钻井平台、钻井船;铺管船、铺缆船

表4　国际主要海洋钻采专用装备供应商

供应领域	企业名称	业务范围	主要石油钻采配套产品
动力设备供应商	ABB	全球领先的电力和自动化技术集团	高压直流(HVDC)变压器、轻型多用途机器人,以及国际上节能等级最高的新型电动机、传动装置等自动化产品
	卡特彼勒	全球建筑机械、矿用设备、柴油和天然气发动机以及工业用燃气轮机领域的技术领先者和领先制造商	卡特彼勒 3400、3500 和 3600 系列发动机与发电机组、卡特彼勒发动机 D399、卡特彼勒天然气发动机等
钻采设备供应商	国民油井(NOV)	全球最大、实力最强的石油钻采机械制造商	MISSION 离心泵及配件、JWS 大泵及配件、OMEGA 大泵及配件、各种泥浆泵及配件、流体传输产品、油田钻采工具
电气设备供应商	通用电气	全球最大的多元化经营的跨国集团,产品涉及飞机引擎、网络电视及灯泡等领域	电力的供应与输送设备、照明设备、工业自动化设备、燃气轮机和压缩机设备以及安装调试等技术服务
	西门子	全球著名电气供应商	集成仪表和控制技术、安全系统、发电与配电设备、通信设备和压缩设备等

与上述国际知名的海洋油气开发企业相比,我国的相关企业在设计、研发、制造、可靠性和工程服务等方面存在较大的差距,但随着我国进行技术引进、消化吸收、科技攻关和自我创新,这些差距正在逐步缩小。我国海洋工程设备(钻采平台、辅助船舶)主要制造企业见表5。我国海洋油气开发钻采专用装备主要制造企业见表6。

表5　我国海洋工程设备(钻采平台、辅助船舶)主要制造企业

序号	企业名称		主要产品	主要客户
1	中国船舶重工集团公司	大连船舶重工集团	自升式、半潜式钻井平台,FPSO	中海油服股份公司、海洋工程、Noble 钻井公司、挪威海洋钻井公司
		青岛北海船舶重工有限责任公司	浅海自升式钻井平台、FPSO、导管架、半潜驳船	中石油、渤海石油
		山海关船舶重工有限责任公司	坐底式平台、FPSO 改装	胜利油田、中油海
		天津新港船舶重工有限责任公司	海洋工程模块	中石油
		武昌造船厂	海洋工程辅助船舶	中石油、希腊 TOISA、挪威
2	中海油	海洋石油工程股份公司(4个基地)	导管架平台、上部模块、海底管线/电缆	中海油

（续）

序号	企业名称		主要产品	主要客户
3	中国远洋	南通中远船务	FPSO、FSO、半潜式钻井平台、圆筒形钻井平台	新加坡
		连云港中远船务有限公司	FPSO 改装	
4	中国船舶工业集团公司	上海外高桥	半潜式钻井平台	美国
		上海船厂船舶有限公司	自升式钻井平台、钻井船	渤海石油公司
5	地方	烟台莱佛士船业有限公司	半潜式钻井平台、FPSO、铺管起重船	中海油、新加坡、美国
		蓬莱巨涛海洋重工有限公司	导管架、钢桩、生活模块	中海油
		江苏熔盛重工集团有限公司	起重铺管船、FPSO	中海油
		上海振华重工(集团)股份有限公司	自升式钻井平台、起重船、铺管船	中海油、西班牙 ADHK
		江苏韩通船舶重工有限公司	FPSO	挪威 Sevan

表6　我国海洋油气开发钻采专用装备主要制造企业

序号	企业名称	主要海洋钻采产品或服务
1	宝鸡石油机械有限责任公司	海洋钻机模块、自升式钻井平台、坐底式钻井平台和修井平台等成套海上设备，并为海上平台改造提供设备支持
2	四川宏华石油设备有限公司	海洋钻井模块(4 000 ~ 9 000m)、海洋修井机、配件
3	江汉石油管理局第四石油机械厂	海洋修井机(钻修两用成套设施)、海洋橇装循环设备、海洋压裂防砂设备、海洋橇装固井设备及海洋高压组合管汇
4	南阳二机石油装备(集团)有限公司	海洋钻修设备及配件
5	渤海石油装备制造有限公司	滩海油气开发人工岛、人工井场提供丛式井组钻修井装备(模块化钻机、钻机轨道、移动平台、钻井液循环系统、修井和辅助装备)
6	江苏金石机械集团	海洋立体管汇
7	上海神开石油化工装备股份有限公司	综合录井仪、防喷器、井口装置及采油树
8	北京宝石 MH 海洋石油工程技术有限责任公司	海洋钻井平台、钻井模块和钻井设备的系统设计，提供钻井设备的零部件、备件及技术服务和技术咨询
9	烟台杰瑞石油服务集团股份有限公司	海洋平台固井撬、海上混砂撬、高压柱塞泵、天然气发动机 - 压缩机组、液氮设备和液氮泵车
10	TSC 海洋集团	钻井装备(含绞车、泥浆泵、转盘、电控系统)、水下防喷器吊装运移系统、隔水导管吊装系统、水下采油树吊装系统和自升式平台升降系统等，提供海上钻井平台总包解决方案

二、我国海洋油气装备制造业取得的主要成就

我国近海石油勘探始于20世纪50年代末，1970年才进入实际开发阶段。我国海洋油气装备制造业起步滞后于海洋油气开发，但经过近30年的发展，在海洋油气装备自主化方面取得了不少成绩。目前，新建油田的设备、材料80%以上实现了自主化，海洋工程国产设备采购项数占75.9%，国内设备采购金额占总采购额的70%，但高端配套产品完全由国外巨头控制，打包供应。

(一)海洋油气平台(船)及结构物已基本能自行设计建造

2008年，我国造船完工量、承接新船订单和手持船舶订单数量分别为2 881万载重吨、5 818万载重吨和20 460万载重吨，已全面超越日本位居世界第二；船用配套设备自主化率60%左右。

我国在海洋油气生产平台结构用钢和海底管道钢材、海洋油气各类电缆、海洋工程船舶建造等方面已基本实现自主化；海上平台、生产设施所用起重设备基本从国内采购。我国主要石油钻采平台(船)建设情况见表7。

表7 我国主要石油钻采平台(船)建设情况

年代	项目名称	研究设计单位	建造单位	用户	备注
1972年	海五平台	渤海石油公司		中海油	我国首座坐底式钻井平台
1972年	渤海一号	七〇八所	大连造船厂	中海油	我国首座自升式钻井平台
1984年	勘探三号	七〇八所	上海造船厂	地矿部	我国首座半潜式钻井平台
20世纪80年代	生产、生活模块研制	七〇八所		中海油	渤海埕北油田、南海HZ211、W－11－4油田、渤海湾JZ20－2油田
1996年	辽海二号改装	七〇八所		辽河油田	自升式修井作业平台
1998年	港海一号	七〇八所	大连造船新厂	大港油田	超浅吃水、自升式钻井平台
2002年	钻井模块设计	七〇八所		大港油田	
2003～2004年	海洋石油111、113		外高桥船厂	中海油	15万t、17万t FPSO
2007年	海洋石油117	七〇八所	外高桥船厂	中海油	世界领先、国内第一的30万t FPSO(323m×63m)
2007年	中油海3号	七〇八所	山海关造船厂	中石油	全球最大坐底式钻井平台
2007～2008年	海洋石油941、942	大连船舶重工		中海油	亚洲最先进400ft自升式钻井平台
2008年	蓝鲸号起重船	中海油/思迪安	上海振华港机	中海油	世界最大单臂起重船
2008年	中油海262、282		中船黄埔造船	中石油	6 500hp、8 000hp三用工作船
2008年	3万t导管架下水驳船	青岛北船重工		中海油	亚洲最大、世界第三
2009年	塞旺钻井号	南通中远船务		巴西石油公司	世界首座圆筒型超深水钻探储油平台
2009年	斯达帝德·桑托斯MV20	大连中远船务		巴西石油公司	全球日处理燃气能力最强的FPSO(334m×51m)
2010年	海洋石油981	七〇八所	外高桥船厂	中海油	世界第6代,我国首台3 000m深水半潜式钻井平台

注:1hp＝745.7W。

中海油先后建造和租用了17艘FPSO,已成为世界最大的FPSO产业公司。我国自行建造了15万～30万t FPSO,世界先进、亚洲第一的“海洋石油941/942”120m自升式钻井平台,号称亚洲第一吊的3 800t起重铺管船等;自升式钻井平台实现了批量生产,多型海洋工程作业船和辅助船实现了批量建造,并占据了一半以上的国际市场份额。投资60亿元的世界最先进的第六代3 050m超深水半潜式钻井平台、投资30亿元的“海洋石油201”深水起重铺管船(作业水深15～3 000 m,起重能力4 000t、3 500t)以及5艘14.7万m^3的LNG运输船正在建造之中,并取得阶段性成果。

我国FPSO的设计建造已处于世界先进水平。我国不仅有旧船改装FPSO的历史,而且比国外早4～5年研制了新的FPSO。1989年7月,我国自行研制的第一艘5万吨级FPSO“渤海友谊”正式投产作业,实现了“零”的突破。此后,FPSO经历了从小吨位到大吨位(30万吨级)、单一到多种单点系泊系统(软钢臂式、转塔式)、横向输油向纵向输油、水深24～117m、从海况良好(渤海湾)到海况恶劣(南海强台风海区)的发展历程。

按照中海油的发展规划,在今后5年内将用世界最前沿的装备全面打造中海油和中国海洋装备制造业的竞争实力。其中,除上述3 000m超深水半潜式钻井平台和“海洋石油201”深水起重铺管船外,还包括投资11.5亿元的深水物探船和投资7.45亿元的3 000m深水工程勘察船,以及表6所述的近300亿元的海工装备。中海油第二批自主创新研发深水开发重大装备见表8。

表8　中海油第二批自主创新研发深水开发重大装备

装备名称	投资（亿元）	备注
30 000t 半潜式动力定位起重铺管船（双船起重系统）	90.0	国内首制船
16 000t 半潜式动力定位起重铺管船（铺管管径4～32in）	60.0	国内首制船
多功能动力定位船	22.0	国内首制船
50 000t 半潜式自航工程船（亚洲第一、世界第二）	14.5	国内首制船
深水工程勘察船（“海洋石油708/720”共2艘）	17.0	
深水供应船（2艘）	11.6	
15 000 马力多功能动力定位支持船（ROV 作业水深2 000m）	8.0	
深水工作船（10 000hp）	6.2	
30 000t 半潜式自航工程船（12 000hp）	6.0	
深水 ROV	1.8	

注：1hp＝745.7W，1马力＝735.5W。

（二）陆地石油钻采装备已开始用于浅海油气开发

通过引进吸收国外先进技术并进行自主开发，以兰州兰石集团有限公司、宝鸡石油机械有限责任公司、四川宏华石油设备有限公司、南阳二机石油装备（集团）有限公司、江汉石油管理局第四石油机械厂、上海神开石油化工装备股份有限公司等为代表的国内主要石油装备生产厂家制造成套的1 500～7 000m系列钻机及其配套仪表已先后用于海洋油气开发，如6 000m石油钻机（含配套的1 600hp泥浆泵等）、4 500m修井机、平台采油树、349mm×69MPa防喷器等；国内压裂设备已逐步成熟，压裂泵、混砂和仪表控制系统等核心技术已接近国际水平，并逐步出口国外；固井设备中的自动混浆系统和固井泵等核心部件已达到国际水平，占据了国内90%以上的市场份额，并已大量出口。

2009年，宝鸡石油机械有限责任公司为全球最大的坐底式海洋钻井平台提供的7 000m钻井系统装备，在大港油田港东地区港深3号井场正式开钻投用，至此已为中油海累计提供了10套海洋钻井系统装备；四川宏华石油设备有限公司提供的9 000m钻井包（涵盖了井架、顶驱、电传系统、绞车、转盘、游车、泥浆固控和泥浆高压系统，以及打捞设备、钻井工具、钻具和钻井仪表等多种设备）已首次应用于上海振华港机建造的106.68m自升式钻井平台。北京宝石MH海洋石油工程技术有限责任公司为3 000m深水工程勘察船提供了5 000m钻机。烟台杰瑞石油服务集团股份有限公司掌握了直燃式和热回收式液氮设备制造的关键性技术，成功研发生产了国内第一台液氮设备和第一台液氮泵车，摆脱了全部依赖进口的局面。

此外，TSC海洋集团已为全球11条钻井船、53条半潜式钻井平台、37条自升式钻井平台提供了钻井装备，其中包括3 000～6 000hp（1hp＝745.7W）绞车、2 000～2 200hp（1hp＝745.7W）泥浆泵、直径1.26～1.79m转盘、电控系统、水下防喷器吊装运移系统、隔水导管吊装系统、水下采油树吊装系统和自升式平台升降系统等具有自主知识产权的几十种海上钻机装备，成为世界三家能够提供海上钻井平台总包解决方案的厂家之一。

（三）石油专用管材、板材及型材初步实现自主化

上海宝山钢铁公司、武汉钢铁公司、鞍山钢铁公司先后研制的海洋平台结构用钢和石油专用钻杆、油管、套管、板材与型钢；华北石油钢管厂、番禺珠江钢管有限公司、宝鸡石油钢管有限责任公司、湖北沙市钢管厂等均可分别生产符合API 5L的X70、X80级ERW（高频电阻直缝焊管）或LSAW

（直缝埋弧焊管），其最大口径可达1.22m，螺旋焊接钢管已被西气东输 I、II 期工程采用。上述产品及大尺寸的无缝管、焊缝管、高强度钢等除在国内海洋工程广泛使用之外，还部分出口美国、加拿大、俄罗斯、澳大利亚、新加坡、印度尼西亚和泰国等国家。

宝鸡石油钢管有限责任公司已成功生产出连续油管，烟台杰瑞已成功研发出大直径连续油管作业机，摆脱了全部依赖进口的局面，为中国石油装备自主化开创了新的领域。

（四）油气开发通用配套机械、电力、电子设备开始自行配套

我国已能成套生产综合录井仪、部分配套生产电子司钻仪和相关电机、电子设备、船用电缆等，相当一部分的海上通用机泵阀也开始采用国产设备。此外，海底电缆、潜油电泵、分离器、大型加热器、钢丝绳、海上吊机、锚链、大型装备的整合、阀门、控制柜、变频器、各种高压设备和管件等产品的技术含量快速提升，陆续被海洋石油用户采用，电潜泵自主化率已达 80%，小部分采油树产品全部可自行生产。

我国正在积极推动深水海洋油气装备的自主研发工作，深水隔水管系统、水下井口系统、水下防喷器等关键装备已经列入国家“863”计划。

我国部分海洋工程设备，如浅水钻采平台、海底管线、FPSO 等，从设计、制造到海上安装一条龙服务已可独立完成；全海式、半海半陆式、单腿平台、多腿平台、无人作业平台、海底基盘及水下井口、早期试生产系统和单点系泊浮式生产系统等亦可自行建造，并形成了自己的特色。我国 FPSO 的数量、研制技术和水平已位居世界前列；工作水深不超过 150m 的导管架平台及其他固定平台，完全可以由我国自行设计与建造，与世界水平相近。海洋油气的开发还带动了国内机电、化工、造船等相关产业的大步发展。

三、我国海洋油气装备制造业的差距

由于我国海洋油气装备制造业起步较晚，技术和制造水平还处于初级阶段，至今尚未形成完整的产业体系；尚缺乏海上油气勘探、开发设备，绝大部分海上钻采设备仍依赖进口，严重制约着我国海洋油气工业的发展。自主创新和自主化将是海洋油气装备制造业的主旋律，也是我国石油装备制造业发展新的经济增长点。

（一）世界深水海洋油气装备发展主要趋势

近年来，世界深水海洋油气装备发展的主要趋势为：①深水化。②大型化。甲板可变载荷、平台主尺度、载重量和物资储存能力等都向大型化发展，以增大作业的安全可靠性、全天候的工作能力（抗风暴能力）和长时间的自持能力。③设计更优化。第五代、第六代深水半潜式钻井平台、新一代自升式平台、新一代钻井船、新型 FPSO 和半潜式生产系统等装备的设计进一步优化。④配套更先进。决定深海油气钻采装备功能和先进程度的关键配套设备，不断与超深井、大功率、高压力、自动化、电脑化和高效率钻采设备在技术上保持同步发展。⑤高强度钢被广泛采用。⑥加大对现有可移动钻井装置的升级改造，以更好、更合理、更有效地利用现有资源。⑦天然气勘探、钻采装备成为发展重点。⑧“可燃冰”开发技术正成为研发热点。

1. 世界 UDW（超深水）钻井平台（船）发展趋势

第六代钻井平台（船）。钻井工作水深大都在 3 048 ~3 810m 乃至更深；钻井深度 10 668 ~12 200m 乃至更深；钻机为双套，单套钻机主绞车功率 3.73 ~ 5.37MW（5 000 ~7 200hp）乃至更大；钻机、顶驱和泥浆泵的驱动方式多为交流变频驱动或静液驱动；立管多为竖直排列或竖、平相结合排列并有专供立管吊运的吊机；动力定位系统多为 DP3 或更高级。

半潜式钻井平台。采用较高等级强度钢和优良设计，可变载荷与总排水量的比值将超过 0.18，总排水量与自重的比值将超过 4；具有大的甲板可变载荷（≥9 000t）和大的甲板空间；平台大多为正方形或矩形，立柱多为 4 ~6 立柱、矩形截面、无斜撑、少节点的简单外形结构，以降低建造费用，减少意外事故；良好的船体安全性和抗风暴能力，全天候的工作能力和较长的自持能力；更大的工作水深

4 000 ~ 5 000m；装备最先进、大功率、高精度的动力定位系统（DPS—3 乃至 DPS—4）；装备交流变频驱动或静液驱动的大功率 UDD 钻机；钻井深度能力 10 668 ~ 12 200m 乃至更深。

钻井船。采用较高强度等级钢、优良的船型及结构设计，总排水量与总用钢量比值进一步提高，主尺度（长 × 宽 × 深）大于 250m × 38m × 18m；具有良好的安全性（双船壳）、抗风暴能力和全天候工作能力、较长的自持能力；甲板可变载荷大于20 000t，船主机功率大于 37.29MW（50 000hp）；工作水深 3 048 ~ 3 658m，甚至达 4 000 ~ 5 000m；装备最先进、大功率、高精度的动力定位系统（DPS—3 乃至 DPS—4）；装备交流变频驱动或静液驱动的大功率超深井钻机；钻井深度能力 10 668 ~ 12 200m，已突破 15 000m；具有当代最先进的浮式钻井专用设备和双井架、双套钻机系统。

2. 世界 UDD（超深井）钻井设备发展

第五代、第六代钻井平台（船）配备的海洋石油钻机具有以下技术特点：①性能优越、造价低廉的无绞车、液缸升降型钻机已在第五代半潜式钻井平台和大型钻井船上安装使用，成为浮式钻井平台钻机发展的重要方向。②动力源采用长寿命、少维修、低排放的大功率柴油发电机机组。③钻机（含绞车、转盘、顶驱和泥浆泵等）采用大功率〔绞车驱动3.73 ~ 5.37MW（5 000 ~ 7 200hp），单台泥浆泵驱动大于 1 640.5kW（2 200hp），顶驱大于745.7kW（1 000hp）〕、数控变频驱动技术。⑤静液驱动由于驱动马达尺寸小、重量轻、旋转惯性力小、恒功率调速范围大和便于安全控制负荷等一系列优点，也是采用和发展的重点。⑥钻机采用双套装备，便于采用梯度钻井工艺技术以节约钻井施工时间。⑦浮动式钻井的水下钻井设备配备了高抗弯能力的联结器和套管头、高强度和耐压浮力块的隔水管、高张紧力的隔水管张紧器、高可靠度的防喷器，以及第四代数字编码控制系统、高可靠度 ROV。⑧浮动式钻井的水面钻柱运动补偿系统采用游车型或天车型，具有大补偿能力（2 670 ~ 4 450 kN）和长补偿行程（6.1 ~ 7.6m）。⑨浮动式钻井的立管采用专用立式（或卧式）储存的起重、运送和排放系统等。

目前还有许多先进的陆地钻机值得海上钻井设备借鉴。

无绞车、液缸升降型钻机（Ram Rig）。已分别装于 2 艘半潜式钻井平台和 2 艘钻井船上的 Ram 型钻机，钻深能力 10 660m，用升降液缸替代了庞大笨重的绞车，也替代了浮式钻井庞大的钻柱运动补偿器，显著减少了井场占用面积与空间，可降低成本约 30%。

新型无绞车液压升降型钻机。目前，除挪威海事液压公司 Ram 钻机和意大利 Drillmec 钻机这两种新式无绞车型液力提升钻机外，Schramm 公司推出了伸缩桅杆的 TXD 系列静液传动无绞车型动力头钻机。该钻机首台于 2006 年 8 月推出，共有 T90XD、T130XD 和 T180XD 型三种规格，提升能力分别为 400kN、580kN、801kN；钻机动力头起下钻行程为 15.24m，适用钻杆长度可达 14.6m。

无绞车、机械升降型钻机。美国洛杉矶 Beverly Hills 油田装备无绞车、机械升降行程 19.8m 的钻机。以顶部驱动旋转钻井，置于由液压缸推拉的可南北移动的滑橇上；北部为双排井、移动长41.45m；南部为单井、移动长 31.09m；井距 45.72mm，共可钻 69 口井。

小井眼钻机。造价可降低 40%，运载费用减少 50%，占井场面积减少 40%，钻井成本可降低 50%；操作自动化程度高并可实现自动送钻等。

套管钻井石油钻机。由加拿大 TESCO 钻井技术公司开发的套管钻井石油钻机用于套管钻井（也可用于常规技术钻井），可提高钻井效率 30% 以上，作业费因而相应降低。其钻机绞车、转盘均用静液驱动。

钻机顶部驱动装置。重点发展交流变频驱动或静液驱动。Varco 公司的 TDS78SA 型，功率 857.56kW（1 150hp），1000t；National Oilwell 公司的 PS2650/750 型、Canrig 公司的 1275E 型均为559.3 kW（750hp）、750t，交流变频驱动；挪威海事液压公司则发展静液驱动。

钻井泥浆泵。三缸单作用泥浆泵向大功率交

流变频方向发展，如 National Oilwell 公司的 14—P220 型，功率 1 640.54kW(2 200hp)，Wirth 公司的压力 51.7～69MPa、功率 1 640.54～2 237.10kW(2 200～3 000hp)，Lewco 公司的功率 2 237.10kW(3 000hp)等泥浆泵，均为交流变频驱动。机械驱动长行程泥浆泵值得重视，如美国洛杉矶 Beverly Hills 油田，钻机所配泥浆泵是机械驱动长行程泥浆泵，共有 4 个液力端，每缸行程长达 2 718mm。静液驱动的泥浆泵，配备于自动化钻机、小井眼钻机和套管钻井石油钻机。轻重量长寿命泥浆泵，美国埃里斯—威廉姆斯工程公司生产的 E—2200 型 1 640.54kW(2 200hp)泥浆泵，活塞行程 381mm，活塞杆负荷达 704.8kN、110 冲/min；轴承的平均使用寿命达 12.5 万 h。

海洋防喷器(BOP)。①向大通径、高封井压力和高剪切力发展。如美国 Cameron 和 Shaffer 公司的 BOP 通径 13.75in 和 18.75in，封井压力 103.5MPa，其全封剪切闸板可切断 133/8in 以下的套管和 6 5/8in、S－135 钻杆；美国 Hydril 公司的 BOP 通径 13.75in 和 18.75in，封井压力最高达 138MPa。②深水和超深水钻井发展了水面 BOP 组。即将通径 13.75in(1in＝0.0254m)BOP 组置于立管(隔水管)与伸缩立管之间，从而避免将 BOP 组置于深水和超深水海底时必需的大通径 BOP 组和控制系统，不但节约费用而且更加安全可靠，但它主要用于半潜式 FPS、TLP 或 Spar 平台。③高压旋转防喷器将得到推广使用，并且其控制系统将实现智能化。

钻柱运动补偿器。天车型和游车型被动型钻柱升沉运动补偿器发展趋势是：补偿器补偿行程大于 7.62m、补偿能力大于 4 450kN、系统工作压力大于 20.7MPa，补偿器的可靠性、操作灵敏度、使用寿命等将提高。主动型钻柱升沉运动补偿器发展趋势是：可使 AHD 型数控变频驱动钻机绞车实现恒压自动送钻并主动补偿升沉运动，今后可能有更多此类装置投入海洋浮式石油钻井。

张紧器。主要向适应于超深水域钻井、采油的液缸被动型发展。立管张紧器的补偿行程大于 19.8m；钻井用立管张紧器将普遍发展双液缸型，最大张紧力大于 1 113kN；采油用立管张紧器将发展和推广采用无绳索直接作用型、多缸组合结构；张紧器的可靠性、操作灵敏度、使用寿命等将更加提高。

水下装备。国外智能完井技术发展迅速，逐渐成为一项常规技术；深水作业的多功能技术服务船、连续油管新型过油管修井装置、深水水下测试与修井装置等成为发展方向。

修井设备。为适应海洋环境及丛式井组的修井要求，各种作业措施向着机械化、自动化、智能化操作方向发展；基于连续油管技术的修井作业设备逐渐成为主流，新型过油管修井装置将有力地支撑海上修井作业及增产作业。

连续油管。连续油管正朝着管径更大、长度更长、压力更高的方向发展，其材质向钛合金和复合材料发展；正在陆续研发变径连续油管，进行连续油管腐蚀状态(抗 H_2S、CO_2 功能)的研究。为了降低海洋作业成本，将重点发展连续油管作业技术(主要包括连续油管冲砂洗井、钻桥塞、气举、清蜡、排液挤酸和配合测试等技术)，过油管技术(TTS)将成为海上修井装备的主流，在过油管压裂和过油管侧钻等方面有新突破。

压裂设备。压力更高，排量更大，满足超深井的要求；混砂、混酸设备上恒压稳流控制理念的应用；集群远程控制系统和数据采集系统的网络化；控制系统与专用设备发动机、变速器等操作设备实现实时无缝连接。

固井设备。具备远程数据传输及网络控制功能，实现更加准确可靠的密度自动控制和液位自动控制；满足海洋油田 ZONE2 区域的有爆炸性气体存在的作业现场要求。

此外，在海洋环保方面，无论深海或浅海海域，油气生产作业、注水、各类增产措施及修井作业等对海洋环境保护及安全的要求都比陆上油田更为严格。

(二)我国海洋油气装备与世界先进水平的主要差距

1. 海洋工程装备的总装、设计、制造能力不强

(1)设计开发能力与国外差距较大。目前仅能自主设计部分浅海海洋平台(坐底式平台、自升

式平台、导管架平台），而深水海洋平台（船）的前端设计还是空白；专业设计机构和人员较少，目前仅有中船重工船舶设计研究中心有限公司、天津修船技术研究所、中船工业集团下属七〇八所、海油工程设计公司、上海船舶研究设计院和胜利油田钻井工艺研究院等6~7家设计单位参与平台（船）设计。

（2）技术水平较低。在三维、四维地震勘探技术，深海超深钻井与定向钻井、水平钻井装备制造技术，深海动力定位装备与技术，大型、高寿命双燃料燃气轮机，天然气压缩机等制造技术，高强度、高性能（耐蚀性可焊性等）的钢管、宽厚钢板和大型型钢生产技术，大型结构、大吨位（超过5 000t）上浮装备与深海大吨位铺管装备生产技术，深海钻采平台设计与建造技术，海底钻采集输系统设计计算技术等方面，也有较大差距。

（3）高端海洋平台（船）设计建造基本空白。国内产品主要集中在浅水和低端深水平台领域，拥有的海洋平台数量相对较少，且结构简单，功能单一。目前，基本未涉足无限制工作水深采油平台、CT、TLP、SPAR、LNG－FSRU（浮式液化天然气存储和再气化船）、LNG－FPSO等高端、新型平台（船）设计建造领域，更不具备核心技术研发能力。

（4）现有平台（船）的整体水平存在一定差距。我国现有钻井平台（船）和海上生产（采油）装置（含进口装备）的工作水深在500m以内，其中自行设计建造的设备工作水深在200m以内，船体总体尺寸、可变载荷、工作水深、钻机功率和钻进深度等主要技术参数都与世界先进水平存在一定差距。

（5）大多数企业不具备工程总承包能力。海洋平台建造通常采用项目管理制，总承包商需要对平台的整体性能和可靠性等多个方面负责，对项目管理能力要求非常高。因此，具备总承包能力对提高项目附加值至关重要。我国除个别项目外，绝大多数是分包项目，主要从事平台主体结构建造，多数造船企业目前还不具备总承包能力。

2. 海洋钻采专用装备设计、制造能力薄弱

（1）高端海洋钻采专用装备差距巨大。尽管我国已建立起比较完整的石油装备制造体系，但仅在海洋领域的低端产品上占有一定份额，高端产品完全由国外巨头公司控制，打包供应；无绞车机械（或液缸）升降型钻机、机械驱动长冲程泥浆泵、水下机器人等高端产品，以及自行设计建造用于平台、船上的主机，特别是浮式钻井专用设备，在我国尚属空白；大功率燃油发电机、应急发电机和燃气轮机，中央控制系统，特殊仪表等国内没有生产能力，基本被国外知名厂商垄断。每年约有70%以上的钻采专用装备需要从国外进口，关键设备配套率不足5%，出口到国外的更少。

（2）产业集中度、专业化水平、市场占有率低。海洋油气钻采专用装备制造企业研发、制造、服务一体化水平较低，数量少，更缺乏具有国际竞争力、带动能力强的龙头企业。

（3）核心技术与关键零部件尚依赖进口。技术含量高、质量要求严、产品附加值高的机械、电器、仪表产品及关键零部件不具备明显的竞争优势。

尽管我国海洋油气工程采购项目的76%（采购资金的64%）实现了自给，船用配套设备自主化率接近60%，但这些不能自给的部分却是最关键、利润最高的技术和设备。关键技术和设备不实现自主化，核心技术不掌握，我国海洋油气开发将永远受制于人。

海洋钻采专用装备国内外技术水平对比见表9。海洋工程装备国内外技术水平对比见表10。

表9　海洋钻采专用装备国内外技术水平对比

序号	钻采专用设备名称	国内研制情况	国际先进水平
1	海洋石油钻机	最大绞车功率3 000hp，转盘通径37.5in；钻井工作水深小于500m；钻井井深小于5 500m	最大绞车功率7 200hp，转盘通径60.5in；钻井工作水深5 113.5m；钻井井深9 210m

（续）

序号	钻采专用设备名称	国内研制情况	国际先进水平
2	无绞车机械升降型钻机	空白	升降行程 0.5m，移动行程 41.45 m × 31.09m，可钻 1.8m 井距的 69 口井
3	无绞车液压升降型钻机	空白	钻井深度 10 660m，可降低成本 30%
4	海底采油设备	工作水深小于 500m，油井井深小于 5 000m	工作水深超过 2 700m，油井井深超过 7 000m
5	顶部驱动装置	最大功率 1 000hp	最大功率 1 150hp，1 000t
6	三缸单作用泥浆泵	AC－SCR－DC 驱动，2 200hp	交流变频驱动，3 000hp，69MPa
7	机械驱动长行程泥浆泵	空白	行程 2.718m
8	防喷器(BOP)	最大通径 13.75in，封井压力 103.4MPa	最大通径 18.75in，封井压力 138MPa
9	水平钻井位移	8 062m	超过 10 000m
10	水平井完井	空白	工作水深大于 2 768m
11	石油钻井下套管	空白	超过 652t
12	石油钻井随钻测井	入井深度小于 5 000m	入井深度超过 9 375m

注：1hp＝745.7W，1in＝0.0254m。

表 10　海洋工程装备国内外技术水平对比

序号	平台、船舶名称	国内研制情况	国际先进水平
1	自升式钻井平台	用国外图样建造的“海洋石油 941”工作水深 122m，最大钻深 9 144m	工作水深 167m 以上，双臂梁结构；钻探能力 1 万 m，有效载荷 1 万 t
2	半潜式钻井平台	设计建造过工作水深 200m，井深 5 000m，可变载荷 1 600t，耐近海最大波高 15 m；建造过工作水深 2 500m、井深 9 144m 的 Bingo9000 平台主体结构；正在设计建造“海洋石油 981”3 050 m 最先进水平的第六代平台（2010 年交货）	最新的第六代半潜式平台，“Frigstad Engineering D90”工作水深 3 658m，井深 15 240 m，甲板可变载荷 1 万 t，智能化作业；耐最大波高 35m
3	半潜式采油平台	工作水深 300m	工作水深 1 920m，可变载荷 4 万 t
4	导管架平台	设计建造过 93 座导管架采油平台，番禺 30－1 工作水深 200m	最大工作水深 413m
5	张力腿平台	空白	工作水深 1 430 m，可变载荷 1 万 t
6	立柱式平台	空白	工作水深 2 383 m，可变载荷 1 万 t
7	无限制工作水深采油平台	空白	英国 BP 和美国 Shell 公司已合作开发，工作平台离水面 200～300m
8	顺应式采油平台	空白	已完成顺应式平台的详细结构设计，工作水深 823m
9	FPSO	设计建造过 11 艘，最大 30 万载重 t，工作水深 <330m，引进系泊系统，联合设计建造流程系统	最先进的“BW Pioneer”FPSO，载重 34 万 t，工作水深 2 600 m

（续）

序号	平台、船舶名称	国内研制情况	国际先进水平
10	钻井船	设计建造过双体式钻井船，工作水深<200m，钻井深度4 500m	第六代半潜式，工作水深3 048 m，钻井深度11 278 m，甲板可变载荷25 000t，钻机主绞车功率6 600hp
11	单点系泊系统	建造过厄架等钢结构（外国设计图纸、用于国内开发的FPSO系统）	工作水深1 350 m，多种系泊系统，多通道、多介质、高压力传输
12	物探船	设计过小吨位单缆物探船，物探设备主要为引进	16缆的中型物探船，物探设备先进
13	大型海洋工程用起重船	设计建造过装2 600t臂杠起重机和装900t旋转起重机的起重船，建成装3 800t旋转起重机的起重船	装4 100t悬杠起重机，装2×7 000t旋转起重机
14	铺管船	建造过比较低级的浅水铺管船，最大铺管直径1.22m，最大铺管深度330m	深水、大型铺管船，最大铺管直径1.52m，最大水深2 500 m，深水铺管长度1 200km

注：1hp = 745.7W。

四、关于促进海洋油气装备自主化及做强做大的建议

海洋工程装备是钻采专用装备的载体，多数属于海上金属构筑物；钻采专用装备是完成石油钻采作业的直接手段，多属于机械设备，种类多，要求高。目前，对海洋油气装备的理解存在误区，即重海洋工程装备而轻海洋钻采专用装备，但实际上二者密不可分，同等重要，且后者自主化的任务更为繁重。所以，海洋油气装备自主化，切不可重平台（船），而轻台上台下的钻采专用设备的研制。

（一）我国所面临的机遇和优势

1. 油气开发装备需求仍然强劲

尽管受到国际金融危机的影响，全球对油气勘探开发的投资力度依然强劲；石油公司需要加大石油天然气新增产能的投资和改造力度，尽可能延缓存量产能自然衰减的速度，从而带动石油装备需求的持续增长；随着装备制造、船舶、石化等十个产业振兴规划的出台，我国从政策和投资层面保证了油气装备制造业的快速发展；随着我国“加强海洋勘探开发，早日实现海上石油快速发展”发展战略的进一步实施，除平台、船舶等海工装备和钻机等海洋钻采专用装备的需求增加外，与钻井配套的固井、完井、增产作业设备的需求量也在持续增长。全球石油消费情况见图4。全球油气勘探开发投资情况见图5。

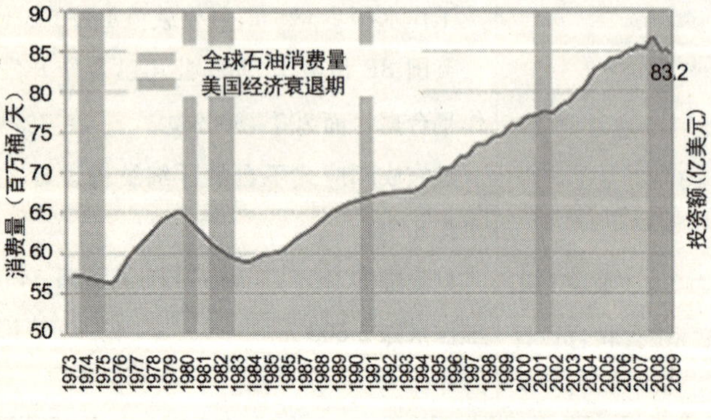

图4　全球石油消费情况

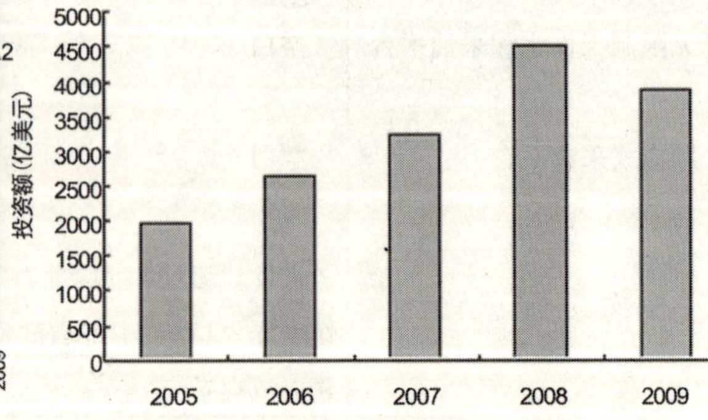

图5　全球油气勘探开发投资情况

我国的深海油气勘探开发已陆续起步，南海油气资源的勘探开发已提到议事日程。中石油已获批准在南海12万km^2的海域勘探和开发油气资源，为此，中石油以辽河油田和大港油田为基地成立了海洋石油公司；中海油也已获准在南海7万多km^2的海域勘探开发油气资源，并且已有8个区块开始向全球招商，其子公司中海油服股份公司也投入巨资建造121.9m（400ft）深水钻井平台，准备建造1 500m作业水深的半潜式平台；中石化加快东海油气资源开发利用步伐，累计将在东海西湖凹陷油气富集带部署90多口探井，拿到天然气探明储量4 000亿～4 200亿m^3，达到年产天然气80亿～100亿m^3的目标，以满足上海、浙江等中国东部沿海地区能源结构优化和经济发展的需要。

海洋油气装备的特点是需求旺、门槛高、利率厚，海洋油气开发的前景和投资热潮吸引了越来越多的入门企业，刺激了海洋工程装备市场的繁荣，以钻井平台为代表的全球海工装备利用率高达90.5%，包括油气钻采平台、存储设施、工程船舶在内的全球海洋工程装备市场规模已超过3 000亿美元。

2. 我国海洋工程装备制造水平大幅提升

2008年，我国造船完工量、承接新船订单和手持船舶订单分别占世界市场份额的29.5%、37.7%和35.5%，位居世界第二；我国船舶工业规模以上企业1 242家，完成工业总产值4 143亿元，出口交货值2 122亿元（其中船舶及浮动结构体出口195.7亿美元）。

我国在海洋工程装备的设计制造上，通过技术引进、消化吸收和自主创新，取得了巨大的进步，为国内外海洋油气开发用户提供了从浅海到深海的大型钻井采油平台和辅助船舶。我国海洋工程装备建造成本优势明显，若以日本企业每工时劳动力成本为1进行比较，欧美企业约为1.5，韩国、新加坡约为1/2，我国仅为1/10。我国已拥有一大批先进的海洋工程装备制造企业，它们主要来自于中船工业、中船重工、中远洋、中海油及地方等系统，已建、在建和准备开建的海工基地超过17个，基地建设总投资超过400亿元，大多计划在2010～2011年间建成投产，将形成40座以上的生产能力。

环渤海海洋工程装备制造基地：CSIC大连船舶重工棉花岛基地、CSIC山海关造船重工基地、中海油天津塘沽海工建造基地、CSIC天津新港临港基地、CSIC青岛海西湾基地、中石油青岛海工建造基地、中海油青岛海工基地、烟台莱佛士船业公司、蓬莱巨涛海洋工程重工公司。

长三角海洋工程装备制造基地：中船工业集团长兴造船基地、南通中远船坞工程公司、江苏熔盛重工造船基地、宏华启东海洋油气装备基地。

珠三角海洋工程装备制造基地：中船工业集团龙穴造船基地 、中海油珠海海工装备制造基地。

海南海洋工程装备制造基地：中远船务海南修船及海洋工程基地。

中部地区海洋工程装备制造基地：CSIC武昌造船厂。

3. 我国正成为世界油气钻采装备的制造中心

经过几十年的努力，我国已建立起比较完整的石油天然气装备制造体系。2008年我国规模以上石油钻采设备制造企业588家，完成工业总产值968.54亿元，出口156.19亿元，取得API（美国石油学会）认证的中国企业已超过700家，堪称世界第一。

国内企业在发展自制设备的过程中，积极开展同外国公司的合作与先进技术的引进，保证了自制设备的先进性、国际通用性和对我国各种油藏的适应性。常规油气装备（主要是陆地）的制造能力，更易满足国内不同油田特种作业环境的个性化需要，具有较高的性价比和明显的价格竞争优势，已开始大量出口国外，并被国外客户认可。我国的低端、中端石油装备已实现系列化、标准化和大规模生产，并成为世界石油装备的制造中心；在陆地石油装备的高端产品市场上，部分产品也占有一席之地，技术和质量已接近或达到国际先进水平。

（二）对海洋油气装备制造业做强做大的建议

1. 对海洋油气装备制造业做强做大的理解

我国海洋油气装备制造业没有做强，但有做大之势。但这种“大”，也只是企业数量的增加，企业规模都不大。“大”应当体现在企业的资本实力上，体现在产品的种类数量上，体现在优势产品的生产规模上，体现在市场占有量上，体现在稳定客户群数量上，体现在国内外知名度上。“大”应当以“强”为前提，现有的产品要更新换代，提高技术档次，成为世界名牌；掌握关键技术和产品，抓紧自主创新，逐步由“中国制造”向“中国创造”升华。

2. 海洋油气装备制造业应进行产业重组

我国石油装备制造业企业数量多、规模小、布局过于分散，使得石油装备制造业在科研立项、成果转化、系统成套、现场试验和信息反馈等方面仍存在脱节现象，严重阻碍了石油装备业在高端产品方面的研发。资源重组既是海洋油气装备自主化的客观需要，也是当务之急。

与大陆架和陆上勘探钻井作业相比，海洋油气勘探投资一般是陆地的3～5倍，而这些投入主要体现在石油装备上。海洋油气装备制造行业是一个高技术、高投入、高利润和高风险的行业。海洋平台结构复杂、体积庞大、造价昂贵，项目造价都在几亿美元以上。目前，我国具备50m以下平台的自主研发设计能力，但多以制造船体为主；90m以下钻井平台，我国不具备自主知识产权，全部由国外引进；而90m以下的钻井平台造价约1.9亿美元，120m以下钻井平台造价2.3亿～2.5亿美元，200m钻井平台造价为50亿～60亿元。

海洋油气装备制造企业须具备强大的资金调配能力和市场融资能力，门槛较高。由于技术难度大，系统集成度高，产品制造、安装、调试工序复杂，风险很大，如果运作不当，企业将蒙受巨大的经济损失。

3. 海洋油气装备制造业应加强统一组织、协调和管理

我国海洋油气装备制造企业来自于中国船舶工业集团公司、中国船舶重工集团公司、中国远洋以及中石油、中石化、中海油三大石油公司、各地方的海洋工程和石油装备制造业的国有、民营和外资企业、军工和民用企业，以及相关设计、研究院所和大专院校，涉及海洋工程装备和海洋钻采专用装备两大制造领域，有一系列亟待解决的问题。

(1)建立军民融合的海洋科技和装备开发体系，尽快突破海洋开发所需重大关键技术和装备，在海洋油气装备的总体研发设计、核心装备研制、配套设备自主化方面有较大的突破。

(2)将海洋油气装备制造业的发展紧密依托于创新型造船集团和钻采装备制造企业，推动其真正成为具有产业创新能力和国际竞争力的跨国企业集团。

(3)形成统一的协调管理部门，促进多行业协同解决产业瓶颈技术问题，由相关行业产业链上的各大企业、国家科研机构和相关高等院校建立技术创新产业联盟，共同解决共性、关键性的产业瓶颈技术。

(4)研究制订国家海洋油气装备产业发展规划，依据“远近结合、内外联合、军民融合”的原则，把海洋工程产业、海洋钻采装备产业以及海洋仪器仪表、电子信息、新材料等产业纳入规划并进行整体海洋产业布局。

(5)加强对海洋油气装备制造产业的关注和支持，鼓励国内优势企业更多地参与国内外海洋油气资源的开发，促进产业的做强做大。

(6)在高度专业化分工的基础上，产、学、研、用相结合，协调内部各参与单位的利益。

(7)全方位利用国际资源，建立完备的科技体系，逐步完成从跟踪到自主创新的过程。

(三)海洋油气装备技术创新和自主化

深海油气勘探开发，目前急需的是移动式钻采平台；深海石油钻机、海底基盘、水下井口及水下采油维修设备；大功率发电用内燃机、燃气轮机和应急机；LNG储运、气化和配送设备；水深大于500m的浮式生产系统，海底管线安全检测及维修装备(水下机器人)；天然气水合物勘探及采收技术装备；以及相应的定位、通信、运输保障、安全求生、环保设备；提高海上平台配套设备的集成化程度。

海洋油气装备自主创新研发可设立以下课题：海洋高精度地震勘探成套技术装备的研制；海洋复

杂油气藏三维测井成套技术与装备的研制；边际油田开发技术装备的研制；大吨位结构物同步液压顶升及自驱动低摩擦阻力滑移装船或移运系统研发；大吨位深水浮式海洋平台上部模块同步提升系统开发研究；大吨位深水浮式海洋平台上部模块称重系统开发研究；深水半潜式生产平台关键设计技术研究；深水 Spar 平台设计关键技术研究；边际油田型 FPSO 关键设计技术研究；适用于中国海域的深水 FPSO 研究；浮式 LNG 生产储卸装置（LNG—FPSO）关键技术研究；超大型岸吊系统开发研究；海洋工程装备总装建造技术研究；海底管道应急维修系统（EPRS）研究；水下生产设施成橇化研究。

海洋油气装备自主化可设立以下项目：海洋工程装备：30 000t 半潜式动力定位起重铺管船（由 2 艘起重船和 1 艘驳船组成）；16 000t 半潜式动力定位起重铺管船（铺管管径 4 ~32in，动力定位 3 级）；3 000m 及以上工作水深的半潜式钻井采油平台；5 000t海上浮吊及其相应配套设备；多功能动力定位船；2 万 t 自航运管船（最大航速 14 节，动力定位 1 级）；5 万 t 半潜式自航工程船（半潜能力23.30m，最大航速 14 节）；11.03MW（15 000 马力）饱和潜水支持船（DSV）（ROV 作业水深 2 000m）；30 000t 半潜式自航工程船〔8.95MW（12 000hp）〕；深水工程勘察船。

海洋钻采专用装备：大功率发电用内燃机、大功率（5 000kW 及以上）、高寿命双燃料燃气轮机、天然气压缩机及变频与控制系统；交流变频大功率（2 200kW 及以上）海洋石油钻机；大功率电动钻机柴油发动机（功率 1 310kW、首次大修时间 35 000h）；交流变频大功率顶部驱动装置；大功率（单缸功率 500kW 以上）船用发动机；水下分离器（基座适应水深 1 500m，水下基座承载能力 200t）；海底管道应急维修系统；海底管线激光复合焊接设备研制；深水（3 000m 以上）铺管船托管架控制系统研发；1 000m/111.86kW（150hp）工作级 ROV 的集成技术应用；井内动力钻井装备；随钻测量（MWD）技术装备及地质导向（LWD）钻井技术装备；平台用大排量潜海水泵、海洋用各型通用机、泵、阀等；深水（2 000m 以上）水下防喷器、采油井口装置及控制系统；大型油气水分离处理设施。

关键原材料：为确保海洋油气工程的安全、可靠，避免恶性事故发生，海洋石油工程用钢必须具有较高的强度、塑性、韧性、耐疲劳性能、耐腐蚀性能、可焊性和可加工性能。我国现在大量使用的是碳锰钢、碳锰细晶粒钢及低合金高强度钢。今后应重点研发高强度、可焊性好、耐腐蚀的宽（≥2 500mm）、厚钢板和型材；各型高强度海洋套管、油管及耐油气腐蚀（如耐 H_2S、CO_2 等）的不锈钢油管。

〔撰稿人：中国石油和石油化工设备工业协会 李树清〕

海洋石油钻井工程装备现状及发展趋势

一、海洋油气田开发概况及我国的石油战略

据测算，陆地约有 32% 的面积是可蕴藏石油、天然气的沉积盆地，而海洋大陆架（水深 300m 以内）则有 57% 的面积是可蕴藏油、气的沉积盆地。

截至 2006 年 1 月 1 日，全球累计探明石油可采储量已增加至 3 880.5 亿 t，剩余石油探明可采储量为 2 000 亿 t；天然气储量为 265.6Tm^3，天然气剩余储量为 175.8Tm^3；待发现石油（含凝析油）资源量为 1 456.7 亿 t，待发现天然气资源量为147.2Tm^3。

辽阔的海洋蕴藏着丰富的油、气资源，全世界有油气远景的沉积盆地面积 7 746.3 万 km^2，其中位于海底区域的约 2 639.5 万 km^2。世界海洋石油蕴藏量约 1 000 多亿 t，探明储量约 200 亿 t；天然气资源量约 140Tm^3，探明储量约 40Tm^3。海洋石油勘探开发已被纳入世界各大石油公司的重要发展战略。

全球已有 100 多个国家在北海、墨西哥湾、南美洲、北美洲、西非、里海及太平洋沿岸，进行海上油、气勘探，其中对深海海底勘探的有 50 多个国家。随着工程技术的不断创新，海底石油和天然气勘探将向深水区发展，储量将继续增加。

我国海上油气勘探主要集中于渤海、黄海、东海及南海北部大陆架，预测石油资源量为 275.3 亿 t，天然气资源量为 10.6Tm^3。

目前我国海洋原油的发现率仅为 12.3%，世界平均探明率为 73%；海洋天然气发现率仅为 10.9%，世界平均探明率为 60.5%。我国海洋油气资源极具勘探开发潜力。

1. 我国海洋石油开发历程

20 世纪 50 年代末，中国的海洋石油工业开始起步。

20 世纪 70 年代末期，中国海洋石油首先对外开放。

1982 年 2 月 15 日，成立了中国海洋石油总公司（简称中海油，CNOOC），它是目前中国第三大国家石油公司，负责中国海域对外合作开采海洋石油及天然气资源，是中国最大的海上油气生产商。

2004 年 11 月初，中国石油天然气集团公司海洋工程有限公司（简称 CNODC）成立。2005 年 7 月 15 日，CNODC 与苏丹政府签订了苏丹 15 区块勘探项目，标志着中国石油天然气集团公司正式涉足世界海洋石油领域。

2. 海洋石油开发的特点

海洋石油开发具备以下特点：海洋石油平台上的工作空间有限；自然条件恶劣；油气田建设装备工具复杂，科技含量高；对交通运输的要求与陆地完全不同；对陆上基地的支持保障及海上应急救助有特殊需要；工程项目投资大，牵涉面广，管理难度大，未知领域多；人员素质要求高；油气田寿命周期短；海上平台安全管理和环境保护比陆上要求高。

3. 我国石油消费现状

1993 年我国生产原油 1.44 亿 t，消费原油1.55 亿 t，原油供应量满足不了市场需求；因而从石油输出国变为石油进口国。2005 年我国的原油进口量已达到 9 000 万 t，石油成为我国的稀缺能源。

2007 年我国原油表观消费量约为 3.46 亿 t，同比增长 7.3%；净进口原油 15 928 万 t，同比增长 14.7%，原油对外依存度达到 46.05%。2008 年我国原油表观消费量为 3.65 亿 t，同比增长 5.8%，增幅比 2007 年放缓 1.5 个百分点；进口原油 1.79 亿 t，比上年增长 9.6%，原油对外依存度上升 1.79 个百分点，达到 47.8%。2009 年，我国原油消费量约为 3.79 亿 t，汽油、柴油和煤油消费量分别为6 440万 t、1.44 亿 t 和1 310万 t，增幅与 2008 年相比均有所放缓。到 2020 年，我国对进口石油的依赖将达到 60%，而到 2030 年，我国对进口石油的依赖度将达到 80%。

4. 我国进口石油来源

10 年前，我国 70% 的石油进口来自也门、阿曼和印度尼西亚。此后，我国的石油进口来源地明显分散，从苏丹、伊朗、俄罗斯、安哥拉和沙特阿拉伯进口大量石油。目前，我国进口总量的近 1/3 来自非洲。

5. 我国的海洋石油战略

我国正准备加快南中国海油气资源的勘探开发，但是这一海域水深均在 500 ~ 2 000m，我国目前还不具备在这一深度海域进行油气勘探和油气生产的装备、技术条件，因此，迫切需要开发和发展我国深海油气勘探技术和装备。

另外，新能源——“可燃冰”，在我国南海北部的储量达到我国陆上石油储量总量的一半左右。据测定，1m^3“可燃冰”可释放出 200 m^3 甲烷气体，其能量密度是煤的 10 倍，常规天然气的 2 ~ 5 倍。因此，我国对“可燃冰”的开发研究工作应及早进行。

二、海洋石油钻井工程

海洋钻井与陆地钻井最显著的差别是：一切生产活动皆发生在空间有限的钻井平台上，而单个井筒内的钻井工艺与陆地没有很大差别。

1. 海洋钻井作业程序

（1）海洋环境调查。在钻井作业开始前做完井场调查（或委托专业服务方如海洋勘察测绘中心进行井场调查），井场自然地理环境调查（主要包括水深、气温、降水、风、雾、海浪、潮汐、海流、风暴潮、海冰、地震等），为钻井平台能否于该井位钻井施工提供依据，便于钻井部门平台选型及进行钻井平台的适应性评价。

(2) 工程地质调查。包括海底地形地貌调查、浅地层结构(海底电火花浅层地震、海底底质冲击抓样、浅层气)调查、海底地基调查等。

(3) 平台拖航就位。移动式钻井装置多半为非自航式,需要另外的拖轮牵行拖航及就位。

(4)钻井工程施工。海洋钻井方式分为固定式钻井平台和浮式钻井两类。

固定式钻井平台与坐底式、自升式钻井平台都是固定于海底的,其钻井方法除有隔水管外,与陆上钻井方法大体相同。钻井工程施工流程见图1。

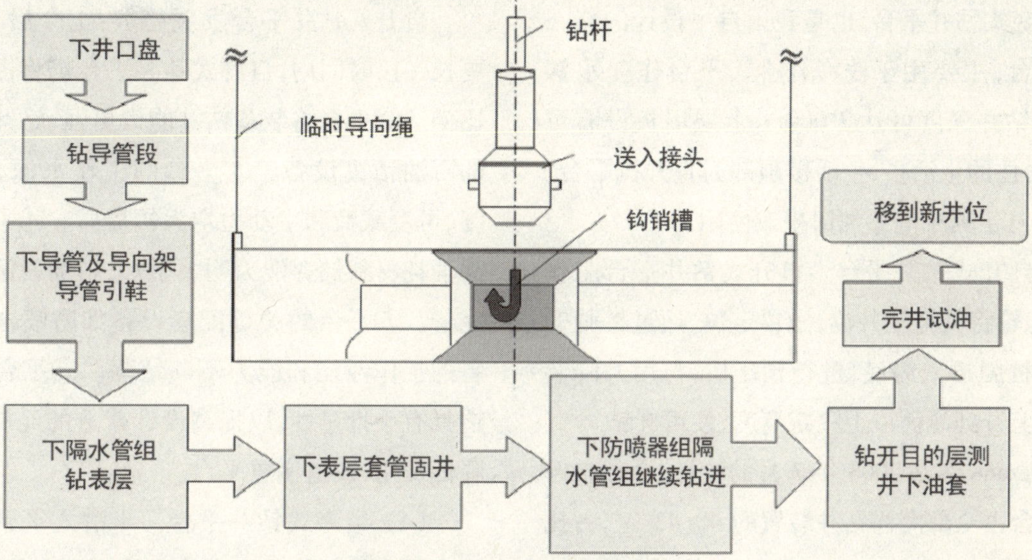

图1　钻井工程施工流程

(5)完井。海洋石油生产井完钻后,为开采井中油气,进行完井。将井中物替换为完井液,射孔、下入生产管柱、安装井口采油树、开启采油树阀门即可进行油气生产,此过程为完井 。

(6)弃井。海洋石油钻井弃井分为临时性弃井与永久性弃井。由于作业的需要(如预钻开发井)或某种原因(如因作业区天气、海况等影响钻井平台安全,平台撤离井位),井眼会被临时弃井,当作业条件成熟时,平台被拖回井位复位,回接井眼,恢复钻井作业。如钻井因工程或地质原因等报废则需要永久性弃井。弃井作业涉及到注水泥塞、导管套管切割回收,井口盘的回收,井口防喷器与隔水管的拆除,水下井口保护等。

2. 海洋石油钻井装置

海洋石油钻井装置是指各类海洋钻井平台和各类钻井用船。海洋钻井装备 Rigzone 网站将海洋钻井装置分为 8 种:钻井驳船(Drill Barge)、钻井船(Drillship)、内陆驳(Inland Barge)、自升式钻井平台(Jackup)、平台钻机(Platform Rig)、半潜式钻井平台(Semisub)、坐底式钻井平台(Submersible)、钻井模块(Tender)。

(1) 海洋石油钻机的特殊要求。①平台空间要求紧凑。②海上用钻机都采用电传动系统。③设备配备齐全,对井控 BOP 系统和泥浆固控系统要求高。④设备载荷余量大——如 3 台泥浆泵。⑤独有的液压升沉补偿系统——保证钻压。⑥特殊的井架结构及安装——整体焊接塔架、无绷绳和游系滑轨。⑦应急发电系统。⑧半潜式钻井平台的钻台侧配备 ROV 升降装置。⑨配备能控制整个钻台面的旋转吊车两台,一般 30 ~ 50t /台。⑩引导钻具进出井眼的导向臂装置。⑪钻井平台特有的锚机系统。

(2) 坐底式钻井平台。坐底式钻井平台是一种有沉垫(浮箱)的移动平台,利用其浮体(沉垫或稳定立柱)灌水下沉,用几个立柱支承固定高度的上层平台进行作业,当作业完成后,排除浮体(潜体)中的水而起浮,转移到另一个作业点。坐底式钻井平台在我国于20世纪60年代初起步,现已有7座,主要应用在渤海沿岸的胜利油田、大港油田和辽河油田等,在浅海石油开发中发挥了重要作用,并培养和锻炼了一支设计、建造、操作和管理的队伍。

“中油海3号”坐底式钻井平台是目前世界上最大的坐底式钻井平台,也是我国自主设计的新一代钻井平台,主要用于浅海作业。平台作业水深10m,最大钻井深度可达7 000m,上层甲板设有可供90人居住的生活楼,生活楼顶部为直升机平台。2007年6月于冀东南堡油田投入使用。

(3) 自升式钻井平台。自升式钻井平台工作时,先由拖轮将其拖至井位,抛锚定位,通过桩腿升降装置将桩腿插入海底,进行预压后,再用升降装置把船体上升到海面以上一定高度,便可开钻。

据Rigzone网站2008年7月的统计,全球自升式钻井平台占全部海洋钻井装置的40.43 %,占比远远超过其他类型。近20年是自升式钻井平台建造的黄金时期,建造的自升式钻井平台的数量占该型总数的90%以上。

目前,我国自升式钻井平台共有20座,主要应用在渤海以及黄海、东海和南海90~120 m水深的海域。其中,中海油(CNOOC)有12座,分别是渤海4号、渤海5号、渤海7号、渤海8号、渤海9号、渤海10号、渤海12号、南海1号、南海4号、海洋石油931、海洋石油935和海洋石油941(我国自升式钻井平台之最),作业水深范围40~122 m,最大钻井深度范围6 000~9 144m。

中石化(SINOPEC)有6座:分别是胜利5号、胜利6号、胜利7号、胜利8号、胜利9号和勘探2号,作业水深范围20~90 m,最大钻井深度范围5 000~6 096 m。

中国石油集团海洋工程有限公司有2座:港海1号和中油海1号。其中港海1号作业水深范围0~2.5 m,最大作业水深8 m。中油海1号的最大作业水深8 m,最大钻井深度4 500 m。二者主要用于滩浅海钻井。

1954年,世界第一个自升式钻井平台“迪龙一号”问世。目前,全球自升式平台钻机包括在建的共有519座,作业水深范围一般为12~168 m。其中,58座自升式钻井平台作业水深达到100 m以上,ROWAN公司的Gorilla Ⅷ号自升式钻井平台作业水深达168 m,是自升式钻井平台世界之最。

自升式钻井平台发展趋势:①今后20年甚至更长一段时间内,自升式钻井平台仍将占有较高的比例。②平台将装备钻井能力更强、钻井深度更深的石油钻机设备。③平台的工作水深、平台主尺度、可变载荷和主动力均大幅提高。④平台钻井所需消耗材料储存能力明显增加,辅助设施不断优化完善。⑤平台的关键配套设备如防喷器系统等设备的工作性能和能力不断增强。⑥平台的设计建造具有小批量性,以提高设计建造的经济性。⑦为降低费用,改造闲置平台。

(4) 半潜式钻井平台。半潜式平台是用数个具有浮力的立柱将上壳体连接到下壳体或柱靴上,并由其浮力支持的平台。在深水半潜作业时,下壳体或柱靴潜入水中,立柱局部潜入水中,为半潜状态;当半潜式钻井平台自航或拖航到井位时,平台定位,然后向浮箱内灌水,待平台下沉到一定设计深度呈半潜状态后,即可进行钻井作业。

我国20世纪70年代就开始研究和设计半潜式钻井平台,1984年成功地建造了勘探3号半潜式钻井平台,在东海石油和天然气勘探中发挥了重要作用。

目前,我国国内半潜式钻井平台共有5座,作业水深200~457 m,最大钻井深度6 000~7 620m。其中中海油3座:南海2号、南海5号、南海6号;中石化2座:勘探3号、勘探4号。国内半潜式钻井平台主要在南海、东海作业。

1961年,国外在坐底式钻井平台“碧水1号”上加装立柱,建成了世界上第一座半潜式钻井平台。1963年,建成第一座三角形半潜式钻井平台“海洋钻井者号”。1964年建造的“碧水2号”是第一座长方形半潜式钻井平台。20世纪70年代,半潜式钻井平台开始装上推进器，便于拖航和定位。1973年以后建造的大多数半潜式钻井平台具有某种自航功能。1977年建成第一座动力定位半潜式钻井平台Sedco709号。

目前，全球有107座半潜式钻井平台钻井深度达7 620m，有22座半潜式钻井平台钻井深度达9 144m，有5座半潜式钻井平台钻井深度在9 144m以上。全球有17座半潜式钻井平台作业水深达2 000m以上，有2座半潜式钻井平台作业水深超3 000m，分别是Eirik Raude号和Deepwater Horizon号，作业水深乃世界之最，达3 048m。全球有69座半潜式钻井平台可变载荷超3 000t，其中达4 000t的有5座，达5 000t的有9座，超过6 000t的有4座；Transocean Inc.公司的Deepwater Horizon号半潜式钻井平台达到7 350t。主要应用在北海、墨西哥湾、拉丁美洲、西非、地中海等海域作业。

半潜式钻井平台发展趋势：①适用更深的工作水深，工作水深可达3 048m。②采用最先进的动力定位（DPS—3）锚泊方式，采用4台推进器，每台功率可达7MW。③采用较为简洁的结构。④大的甲板可变载荷，增大甲板空间。⑤配备更先进的自动控制系统，装备更先进的钻采设备。⑥良好的船体安全性和抗风暴能力，具备全天候工作能力和更长的自持能力。⑦平台的关键配套设备，如防喷器系统等设备的工作性能和能力不断增强。

（5）钻井船。钻井船是利用普通船型的单体船、双体船、三体船或驳船的船体作为钻井工作平台的一种海上移动式钻井装置。

钻井船到达井位以后，先要抛锚定位或动力定位。钻井时和半潜式钻井平台一样，整个装置处于漂浮状态，在风浪的作用下，船体也会上升或下沉、前后左右摇摆及在海面上飘移。因此，需要采用水下器具、升沉补偿装置、减摇设备和动力定位等多种措施来保证船体定位在需要的范围内，才能进行钻井作业。

钻井船特别是动力定位钻井船造价高，我国还没有自己的钻井船，目前深海钻井需要花费高昂租金租用外国石油公司的深海钻井船。

国外钻井船钻井深度能力主要有4个系列，分别是6 096m（20 000ft）、7 620m（25 000ft）、9 144m（30 000ft）、10 668m（35 000ft）。

由于多数钻井船作业深度大于1 500m，故动力定位的约占79%，锚泊定位占21%。

现用的钻井船有20艘可变载荷超过7 000t，其中8艘达10 000t，2艘达20 000t，Glomar CRLuigs号钻井船可变载荷达37 500t，是目前可变载荷最大的钻井装置。

作业水深超过3 048m（10 000ft）的钻井船还没有投入使用，其中有4艘正在韩国建造。

钻井船主要应用在南美、南亚、墨西哥湾、西非、东南亚、北海和远东等海域作业。

钻井船发展趋势：①钻井水深不断增加（最深达11 000ft）。②钻井深度不断增加（20世纪90年代末达10 700m）。③钻井船更加先进，主尺度更庞大，配备动力更大。④钻井船采用系列化的小批量设计、制造，减少设计建造成本。⑤旧船升级换代改造。

（6）海上钻井装置的选择。根据水深、海洋环境条件、钻井类型和后勤条件初步选定所用的钻井平台。

滩海地区海床较平坦、淤泥不厚且水浅的地方，宜选用坐底式钻井平台。如果该处的油气资源较丰富，又位于滩浅海水域，可采用建人工岛的方法，即在海中人工建造一个岛，使它与陆地一样，再在其上面钻井和采油。

已探明或已进入开发阶段的浅水区域，宜采用固定式钻井平台。钻完井后，可将它作为采油平台继续使用。

水深20～30m、风浪不大、海底平坦而柔软、海流无冲刷和海底土壤不液化的区域，宜用坐底式钻井平台。

水深100m以内、风浪较大时，钻勘探井可选用自升式钻井平台；钻生产井时需根据开发思路和经济评价进行选择。

水深100m以上时，可选用半潜式钻井平台、钻井船、固定式平台。

水深300m以上时，可选用半潜式钻井平台或钻井船。

对于具体项目的钻井设备选择，须依据技术可行的方案，结合地质油藏的情况，考虑工程投资，进行经济评价后决定。

三、深海油气钻井工程装备现状与发展趋势

1. 我国油气工程装备现状

2000 年以前，我国依靠自行设计建造力量，先后建成渤海 1 号、渤海 3 号、渤海 5 号、渤海 7 号和渤海 9 号共 5 艘自升式钻井平台，建成胜利 1 号、胜利 2 号、胜利 3 号共 3 艘坐底式钻井平台，以及勘探 1 号双体式钻井浮船、勘探 3 号半潜式钻井平台各 1 艘，渤海明珠号和渤海友谊号 2 艘海洋浮式采油（生产）储油和卸油装置（FPSO）。

2000 年以后，又先后完成了渤海长青号、渤海世纪号、渤海奋进号、海洋石油 117 号等 FPSO 的自行设计，完成了宾果 9000 系列共 4 艘超深海水半潜式钻井平台的船体建造和 15 万 t、17 万 t、21 万 t、30 万 t FPSO 的建造，具备 30 万吨级 FPSO 船的船体设计和建造能力。

我国现有的钻井平台（船）和海上生产（采油）装置（含进口装备）的作业水深基本在 500m 以内，其中自行设计建造的设备作业水深在 200m 以内。海洋钻采装备的配套设备制造业严重落后，国产设备的配套率很低，关键的、主要的设备、部件全都依赖进口。目前，冶金系统已研制出一批海洋平台结构专用和石油专用钢管、钢板与型钢。

2. 国外油气工程装备现状

美国是石油装备最先进的生产国，不仅自给率居世界各国之首，石油工业的关键设备，如石油钻井设备（含顶部驱动系统）、燃气透平发电设备、柴油发电机组、大型高压天然气压缩机组、油气分离处理设备、海洋工程结构和海底遥控作业船（ROV）等在技术上也领先于世界各国。世界石油工业主要的钻采设备约 70% 以上由美国制造输出。

英国和挪威的钻采平台自给率达 80%，但其平台装备的钻井、井控、固控、测井和固井等设备及海底完井设备约 90% 来自美国。另外，这两个国家分别在动力定位技术、钻机顶部驱动技术方面具有领先优势。

法国石油装备工业技术水平仅次于美国，与英国齐肩，其高压石油软管制造技术，半潜式、自升式钻井平台建造技术，测井技术，LPG 储运设备制造技术等全球著名。

意大利的海上铺管技术、管线涂敷技术，瑞典的动力定位铺管技术，荷兰的大吨位海上浮吊技术装备及海底工程地质调查技术，德国的石油钻井设备制造技术、海上液压工业装备技术、大功率变频电力拖动技术及仪器仪表技术等处于世界领先地位。

日本由于造船、冶金、电子技术领先于世界，在平台建造、海洋工程结构和石油管材（含油气输送管线、钻杆、套管、油管），以及平台上配套的机械、电子、仪表等技术方面具有较强的国际竞争力。

韩国、新加坡的海洋石油钻采平台建造技术也在世界市场崭露头角。

四、结论

油气工程装备将向深水化、大型化、设计更优化、采用高强度钢和配套更先进方向发展，天然气勘探、钻采装备将成为发展重点。

工作水深不超过 150m 的导管架平台及其他固定平台，完全可以由我国自行设计与建造，并与世界水平相近。

我国应组织专门的科研、设计队伍，跟踪国外的先进技术，并力争参与国外深水平台设计、建造的投标竞标活动，逐步打入国际市场，逐步赶上当代世界深水采油平台的设计、建造水平。

〔撰稿人：中国石油勘探开发研究院刘猛〕
〔撰稿单位：中国石油和石油化工设备工业协会〕

2008年我国各地区石油和石油化工设备行业发展概述

东营石油装备产业

一、发展现状

东营是我国为数不多的石油城市之一，是我国第二大油田胜利油田和石油系统最高学府石油大学的所在地。石油装备产业是东营的主要支柱产业，全市从事石油设备、石油配件、石油助剂制造及技术服务的企业达到230多家，形成了集装备研发、制造、服务及内外贸于一体的完整产业体系，产品涵盖石油天然气勘探、钻采、管输、石化等各个领域，钻机、抽油机、油田专用管、抽油泵（电潜泵）等主导产品产能分别占全国的25%、60%、30%和50%。营销和售后服务网络遍布全球，实现了对南美、北美、中东、非洲、东亚、东欧等50余个石油产出国家和地区石油装备及技术的成套出口，斯伦贝榭、哈利伯顿、美国BJ、日本丸红、阿曼MB等多家世界500强企业和美国、加拿大、俄罗斯、日本等10余个国家石油巨头前来合作发展。

山东省石油装备行业销售收入连续3年列全国首位，其主要生产基地在东营，东营已成为全国重要的石油装备制造业基地和油田专用工具、配件集散地。2008年，东营市东营区被中国设备管理协会命名为中国石油装备产业基地，成为全国惟一获此殊荣的石油装备产业聚集地。

二、东营建设石油装备产业基地的有利条件

1. 政府支持，为石油装备产业发展提供保障

石油装备产业作为东营的主导产业之一，备受各级党委、政府的关注和支持。2007年，东营市政府制定了《东营市石油装备产业发展规划》，把石油装备产业作为全市的骨干产业，从产业规划、土地、资金等多方面予以支持和发展。2008年，为组织筹备好2008中国（东营）国际石油装备与技术展览会，东营市政府主要领导率团赴美国休斯敦参加OTC石油装备展并召开了中国石油装备产业基地及2008中国（东营）国际石油装备与技术展览会新闻发布会。东营市政府、区政府先后列支1 600余万元专项资金用于展会筹办工作，为展会成功举办提供了雄厚的资金保障。东营市政府与休斯敦市政府签订了双边能源合作协议，为扩大石油装备企业的对外交流与合作搭建起有力平台。

2. 整合油地校资源优势，为石油装备产业发展提供支撑

胜利油田庞大的市场体系和石油产业体系，为石油装备产业的崛起和发展提供了强有力的保障，其勘探、测井、水平钻采、三次采油等技术已居世界领先地位。中国石油大学拥有石油勘探开发、油气工程新技术研究室25个，两院院士4人，先后向国内外输送了石油工程技术专业人才逾10万人。中国石油大学科技园是国家大学科技园、国家高新技术创业服务中心和国家级专利示范园区，主要围绕石油石化装备产业进行研发和科技转化，已建成山东胜利石油石化研发中心等7个实验室，为石油装备产业基地建设提供了有力的智力支撑。胜利油田庞大的市场体系和完备的产业体系，胜利油田、中国石油大学雄厚的科研实力，与东营市良好的政策优势有效整合，有力地促进了东营石油装备产业的快速发展。

3. 加大载体建设，为石油装备产业发展提供空间

东营现有7家集科研开发、装备制造、物流配送、服务外包为一体的省级经济开发区。其中，山东东营胜利工业园区是全国惟一一家以石油装备制造业为主导产业的开发区，总规划面积20km^2，已建成面积7 km^2，入园石油装备制造企业100余家，实现销售额20亿美元。东营经济开发区以高端石油设备及研发为主要特色产业，积极打造石油装备制造高新集聚区，形成了完备的石油装备产业集群，为建设中国石油装备产业基地奠定了良好的基础。

4. 组建山东石油装备商会，为石油装备产业发展和对外交流搭建桥梁

2007年，组建成立了中国国际商会山东石油装备商会，是全国惟一隶属中国国际商会的地方石油装备行业商会。目前，商会已发展会员120家，其中企业会员93家，2008年会员企业实现销售收入210亿元，利税25亿元，同比分别增长101%和66.7%。商会成立以来，积极开展对外交流与合作，先后邀请、接待考察及采购团组41个，赴美国、俄罗斯、西班牙等地举办大型交流活动22次，签订战略合作备忘录26份。与世界石油工程协会、美国石油协会等50多个国内外行业组织建立了广泛联系和战略合作关系，在美国、哥伦比亚等全球20余个国家和地区设立代表处。筹建成立了东营市—休斯顿市高层能源企业家联盟，在休斯敦市成立了山东石油装备商会美国办事处，搭建起与世界石油之都休斯敦交流与合作的桥梁和平台。建成面积达1万m^2的中国石油装备产业基地产品与技术展示厅，成为集中展示会员企业产品、科研成果和扩大对外宣传推介的窗口，为国内外采购商搭建起“一站式”采购的便捷平台。

5. 举办中国（东营）国际石油石化装备与技术展览会

举办中国（东营）国际石油石化装备与技术展览会是东营市打造国际一流石油装备产业基地又一重大举措。2008年11月12～14日，首届中国（东营）国际石油装备与技术展览会成功举办。参展企业300余家，共有8大类、3 000多个品种的石油机械产品参展，来自43个国家和地区的客商及国内16个省市、5大油田的国内客商组团到会参观采购，总参观人数突破15 000人次。展会实现了企业、产品、买家与生产实景的有机结合，填补了国内这一市场的空白。

三、东营石油装备产业发展面临的形势

经过近几年的发展，东营石油装备产业规模有了较大提升，企业迅速成长壮大，抗风险能力明显增强。但从产业结构看，当前东营石油装备产业概括来讲就是“小而全”。所谓小，就是规模大、带动能力强的企业还比较少，目前比较大的企业仅有胜利油田高原石油装备有限责任公司、胜利油田孚瑞特石油钢管有限公司、山东科瑞控股集团、胜利油田胜机石油装备有限公司等几家，绝大部分石油装备企业年销售收入在10亿元以下。所谓全，就是产品门类全，仅在山东石油装备商会编制的《中国山东石油装备产品名录》中，就收录石油装备产业7大项，37个系列，约1 500余个品种，但常规产品多，具有自主知识产权的关键产品相对较少。目前东营石油装备产业主要还是依靠量的积累，在质的提高上仍需下大力气。

山东省已将装备制造作为山东省工业振兴九大产业规划之一，为石油装备产业发展提供了机遇。黄河三角洲高效生态经济区建设上升为国家战略，山东省出台了《关于支持黄河三角洲高效生态经济区又好又快发展的意见》，将东营作为发展高效生态经济改革试点市，确定在资金和政策等方面给予重点倾斜，为布局大项目，做强石油装备产业创造了良好条件。

四、应对金融危机、加快石油装备产业发展的主要措施

受金融危机和国际原油价格持续低位运行的影响，欧佩克、俄罗斯等主要产油区纷纷采取限产措施，对石油装备的需求大大降低，企业订单减少，效益下滑，资金紧张。为有效应对金融危机带来的不利影响，山东石油装备商会主要采取了以下措施：

一是全力以赴保企业、保运行。加强政银企合作，全力帮助企业解决资金难题，先后通过组织召开银企洽谈会等多种形式为石油装备企业融资32亿元；用好财政接续资金，市区两级政府累计为石油装备企业提供暂借资金3.1亿元；鼓励企业进一步加大市场开拓力度，巩固石油装备产品在欧美市场的份额，开拓中东、拉美、俄罗斯、东南亚等新兴市场；充分发挥山东石油装备商会的平台作用，全力推进与美国、西欧、中东等地区的经济技术合作与交流，全力为企业解决订单难题。

二是千方百计抓投入、调结构。建立石油装备产业项目库，并利用各种网站进行发布，为企业谋求合资合作提供平台。引导企业加大技术改造力度，加快技术改造和产品更新换代步伐，推动石油装备产业转型升级。鼓励骨干企业在提高生产技术和产品质量的同时，努力向深海钻井、特种设备等高端环节拓展，增强核心竞争力。

三是加强对经济形势的研究判断。采取聘请专家讲座、参加行业论坛等形式，为企业全面分析产业发展现状和形势，正确认识石油装备产业发展前景。密切关注宏观环境变化给东营工业经济带来的影响，及时掌握企业生产经营现状和重点产业、重点企业所需煤、电、油、运、资金、土地等生产要素的变化，超前把握工业经济发展趋势，及时制定对策和措施。2009年1～2月，东营石油装备产业共完成销售收入56.8亿元，同比增长61%，继续保持良好的发展势头。

四是继续办好2009第二届中国（东营）国际石油石化装备与技术展览会。展会于2009年10月18～20日举办，同期举办第二届中国国际石油天然气大会。力争在3～5年，将中国（东营）国际石油石化装备与技术展览会培育成为最具专业性、权威性、国际性的石油装备品牌展会。

〔本文摘自中国国际商会山东石油装备商会解爱国会长在中国石油石化装备制造业应对金融危机与可持续发展论坛上的讲话〕

德州地区石油化工设备行业

2008年，受世界金融危机的影响，德州地区石油化工设备行业发展速度受到一定冲击，但整体发展稳定。

一、生产及销售情况

2008年，德州地区石油化工设备行业完成工业销售产值约54.1亿元，同比下降15%；实现产品销售收入51.1亿元，同比增长14.6%；完成出口交货值3.5亿元，同比下降36.8%；实现利润总额4.35亿元，同比下降41.2%。

德州新大陆石油装备有限公司主要生产各类石油钻采设备、工具及配件，主要种类包括LZ系列螺杆钻具、TDB调剖堵水泵、打捞工具、钻井泥浆泵、各种钻具接头、高压循环接头等。产品出口俄罗斯、美国、苏丹及中东石油生产大国，年销售收入达5 000万美元。中国石化集团资产经营管理有限公司德州大陆架油气高科技分公司是中国石油化工股份有限公司所属国有独资高新技术企业，主要从事尾管悬挂器及附件、分级注水泥器等油田钻井设备的开发、研制与生产销售，产品广泛用于全国陆上、海上油田以及国外20多个国家和地区，主要出口欧洲、美洲及中东主要石油生产国。该公司产品科技含量高，技术达到国际一流水平，每年的设备订单都可达到5 000万美元。德州利安石油机械有限公司主要生产经营国内外石油钻采所需的各种型号的泥浆泵及与之相配套的泥浆泵零件。产品远销俄罗斯、巴基斯坦、印度、塔吉克斯坦、伊朗等石油输出大国，销售收入逾1 500万美元，年利润达8 000万元，利税2 000万元。德州地平线石油科技有限公司主要从事石油钻井、固井等井下工具的研制与开发，产品设计水平国内领先，与国际同类产品水平相当，具有自主研发、生产各种钻井和固井工具的能力。产品远销俄罗斯、美国、伊朗、巴基斯坦等国，销售收入可达1 300万美元，实现利税1 000万元。德州法斯特石油机械有限公司，主要生产销售石油钻采设备及其配件，主要产品有PMT1.67.0G型高压井口耐磨密封装置。该产品是由北京法斯特科技有限公司与中国石油大学共同自主开发研制的新型节能环保设备，专门解决油田开采设备——抽油机漏油造成的环境污染、高能耗等问题，该技术已获得国家发明专利。公司可年产30 000套高压井口耐磨密封装置，实现年产值2亿元，利税5 000万元。

二、产品状况

德州石油化工设备企业主要产品包括：螺杆钻具、钻井采油油管、套管头、泥浆泵及配件、井口装置、石油钻杆接头、扶正器、采油采气树、打捞工具、波纹管补偿器、流量调节控制器、尾管悬挂器、双级注水泥器、浮箍、浮鞋、油井水泥缓凝剂DZH、高效堵漏剂DL—93等。产品特色鲜明，品种齐全，覆盖了中国大陆及海洋所有的油田，同时远销中东、俄罗斯、美国等20多个国家和地区。其中，德州大陆架油气高科技分公司具有30多年研制、生产钻井、固井工具的历史，具有较强的生产与技术服务能力，开发了适应市场需求的、具有高技术含量的18个系列、80余个品种的钻井、固井工具和油田化学助剂产品并形成规模生产能力。产品包括系列尾管悬挂器、系列双级注水泥器、系列套管扶正器、系列套管卡箍、系列水泥头、浮箍、浮鞋、液力冲击器、水力加压器、钻杆/套管保护器等，6项产品荣获国家专利，2项产品先后获得国家级重点新产品称号，6项产品获部级科技成果二等奖和三等奖。产品中的尾管悬挂器、双级注水泥器、系列水泥头、液力冲击器、水力加压器等产品居国内领先水平，部分产品填补了国内空白。2007年6月，全国石油钻采设备和工具标准化技术委员会钻修井井下工具标准化工作部在德州经济开发区成立，该工作部设在德州大陆架油气高科技分公司。工作部成立后，每年将制定、修订10～15项行业标准，将钻修井井下工具的优势技术转化为国家标准和国际标准。

三、质量及标准

德州市有10家石油化工设备企业通过了ISO 9001认证，15家企业通过了API（美国石油协会）认证。30余家企业获得省级优秀企业和省著名商标称号。

德州新大陆石油装备制造有限公司、德州隆科石油装备有限公司、德州景美石油机械有限公司、德州嘉诚石油装备有限公司等，均已通过ISO 9001、ISO 14001、OHSAS 18001认证及API（美国石油协会）产品规范认证。其中，德州大陆架油气高科技分公司先后通过ISO 9001:2000国际质量管理体系、HSE健康安全环境体系、API 10D（弹性扶正器）、API 5CT（套管和油管扣加工）、API 7（钻杆扣加工）认证，获得VAM扣套管附件加工、VAM扣油管修复许可证以及天津钢管集团（大无缝）气密扣加工授权等。公司还被评为山东省高新技术企业和山东省守合同重信用企业。

四、新产品开发及科研成果

随着全球对石油、天然气能源需求的日趋增加，提高石油化工设备科技技术含量的要求也愈加强烈。以德州石油钻井研究所为主的石油化工设备科研机构主要从事石油开采设备新技术的研究，德州石油化工设备行业企业也不断研发科技含量高、生产成本低、环境污染少的新型石油化工设备。

德州石油钻井研究所隶属于中国石化集团勘探开发研究院，成立于1965年，从事钻井技术研究、科技产品开发、技术服务、钻井工程设计和监理。现有职工156人，其中专业技术人员127人；教授级高工7人，高级职称42人；获政府特殊津贴者3人。研制开发了18个系列、80余种钻井、固井工具和油田助剂产品，以高技术含量、高质量、高可靠性深得用户好评，填补了多项国内空白。产品在中石化、中石油、中海油系统的20多个油田形成了稳定的市场，并且出口美国、加拿大、中东、中亚、非洲等国家。近年来，成功完成了15口深井水平井和开窗侧钻水平井，共计40井次的欠平衡钻井服务、11井次的钻井液技术服务和50余井次的固井服务。完成了国家“九五”重大工程项目——中国大陆科学钻探工程的工程设计等一批具有重大影响和意义的项目，赢得了较高的知名度，树立了良好的形象。

1. 地层压力预测检测技术

地层压力预测检测技术可为井身结构合理设计、钻井液密度、套管程序设计提供依据，关系到安全快速钻井、完井及钻探的成功率。德州石油钻井研究所通过多年的攻关研究，形成了一套利用岩石力学参数求取地层压力的方法技术。在“七五”及“八五”重点针对低压地层压力预测检测技术研究与应用的基础上，“九五”期间，通过承担国家“863”计划项目——利用岩石力学参数求取地层压力新方法研究，拓展了地层压力预测检测技术研究与应用的广度和深度。在南海地区的实际应用结果显示，预测深度误差小于3%，监测地层压力精度达90%以上，可提前5m预报高压层，实现了对高温高压井的钻井地层压力的有效预测、检测，应用效果及经济效益显著。

2. 旋转冲击钻井技术

旋转冲击钻井技术高效、优质，在探矿工程界得到较好的发展和应用。近年来，德州石油钻井研究所在探矿工程旋冲钻井的基础上，开展了以石油钻井旋转冲击器研制为核心、以旋冲钻井破岩特点研究为基础、以提高硬地层机械钻速为目标的旋转冲击综合钻井工艺技术的攻关研究并取得成功，形成了钻头选型与应用、旋转冲击器的设计与制造技术、现场应用工艺技术等综合技术成果。在国内率先将射流式冲击器投入实际应用，结合钻头优选等综合配套技术，效果明显，在国内属创新技术并具有领先水平。应用于川西地区、松南地区、青海等6口井后，机械钻速提高40% ~134%，为硬地层钻进提供了一种高效的方法技术。

五、企业结构调整

德州市石油化工设备行业产业结构调整加速，重点在节能降耗、产品新技术研发与人才队伍建设上。德州经济开发区内石油设备制造企业实施了整体性的企业结构调整，主要表现在：

全面落实科学发展观，努力打造节能环保型企业。坚持抓“大”不放“小”，从细节入手抠效益。发现问题后通过加大技术投入、优化运行方式等措施，能立竿见影地产生效果。

加大科研投入，缩短在技术上与世界先进水平的差距。在复杂技术领域和大型石油装备方面，如物探、测井设备，钻杆、高压采油气井口设备及采油树，深水海洋石油开发大型装备等，许多关键设备还依赖进口。通过与国内知名科研院所联合，依托其技术优势，跟踪国内外先进技术，尽早缩短与国际先进水平之间的差距。

积极引进国内具有实力的专业企业。2008年，德州经济开发区企业主动出击寻找出路。2008年7月，深圳百勤石油技术有限公司与德州嘉城石油有限公司达成收购协议。百勤石油是从事油气田勘探评估、开发方案编制、油气井工程技术服务和油气田设备、工具材料的进出口以及油气田整体项目管理的综合性油田技术服务公司。2008年9月，德州经济开发区引进德州兴隆商贸有限公司，提升了区内石油设备贸易水平。

调整产品结构，培育优势品牌产品。德州经济开发区石油化工设备企业生产的产品，基本以陆上原油开发设备为主，勘探设备、天然气设备、海上开发设备不多；高端产品少，低端产品多；国际、国内知名品牌少，能够与国际大公司抗衡的产品比较少。德州将进一步强化企业品牌意识，不断调整产品结构，促使企业开发一批在国际市场上叫得响的产品。

转换经营方向，扩充销售渠道。2008年世界金融危机、国际油价下调对石油行业造成严重冲击，对开发区内石油设备出口造成很大影响。开发区内企业积极转变经营方向，经营重心由国际市场转向国内市场。

重视人才队伍建设。一方面加强企业内部人才培训，提高企业整体技术素质，选派骨干技术人员到知名科研院所及国外著名企业学习深造；另一方面，高薪聘请高技术人才为企业开发新产品，开拓新市场，提升企业管理水平，增强企业市场竞争能力。

〔撰稿人：山东省德州经济开发区管委会赵磊〕

江汉油田石油机械制造业

石油机械制造业是江汉油田的支柱产业之一。江汉石油机械制造业强力推进技术创新和工厂改造，大力实施内部改革调整，在全行业深入实施ERP和精益生产管理模式，实现了持续有效地快速发展。

江汉石油机械制造业由三机厂、四机厂、钢管厂和江汉石油管理局控股67.5%的上市公司江钻股份以及控股65%的中美合资公司四机赛瓦组成。全行业现有全民职工4 663人，用工总量8 404人；拥有资产总额逾50亿元。2008年实现销售收入62.5亿元。

一、主要产品特点

牙轮钻头结构新颖、品种齐全，能够满足从软地层到极硬地层的钻探需要。新建成的高端金刚石钻头生产线，配备具有国际先进水平的数控烧结炉、五轴加工中心、先进的焊接检测等装备，能为国内外顾客提供3 1/2～17 1/2in(1in＝0.0254m)的钢体和胎体金刚石钻头产品。

大中型RDS天然气压缩机采用德莱赛兰公司技术设计制造，技术性能、可靠性、运转率、易损件和使用寿命等技术指标都达到进口机组水平。

修井机批量出口国际高端市场；大易钻机、直升飞机吊装钻机、拖挂钻机等快移快装特色钻机属全球首创；双快绳、自紧绷绳新型修井机，低温钻机和各种型号的柱塞泵以及世界首套2500型压裂车组等产品受到国际市场的青睐；1 491.4kW(2 000hp)成套压裂机组及自动控制技术处于国际先进水平；大功率、大排量固井设备在国内市场占主导地位；水泥浆密度实现自动控制。

直缝钢管生产线可生产钢级X70、X80的直缝钢管，具有壁厚大、规格全的优势。

江汉石油机械制造业主要产品已销往国内陆上、海上所有油气田，并远销美国、加拿大、俄罗斯和中东、中亚等30多个国家和地区，并在全国各大陆上、海上油田和美国、俄罗斯、印度尼西亚等国外重点市场都建有常驻技术服务站，为用户提供强有力的售后技术服务保障。

二、主要企业

江汉三机——三机厂作为中石化天然气压缩机国产化基地，是全国惟一的大中型天然气压缩机生产企业，主要生产RDS压缩机、CNG压缩机、石油特车和水处理设备。

石油四机——四机厂是国家重大技术装备国产化基地和国家火炬计划重点新产品高新技术企业、中国石油钻采设备制造业十强企业，主要生产钻井工程设备、采油及井下作业设备、海洋石油钻采设备和高压管汇件等产品，其中大型成套固压设备在国内市场占有率已达到80%左右，制造能力已向中大型装备和高端产品发展。

江钻股份——江钻股份是亚洲最大、世界第三的石油钻头制造销售商，主要生产牙轮钻头、金刚石钻头。其中，牙轮钻头的国内市场占有率长期稳定在60%以上，国际市场的份额已达到10%以上，钻头研发和制造实力进入世界先进行列。

沙市钢管——钢管厂是国内规模最大、设备最先进、检验试验设备最齐全的现代化钢管专业制造企业之一，主要产品为直缝钢管和螺缝钢管。生产的X70、X80高钢级直缝和埋弧焊管的焊接质量达到国际先进水平。

四机赛瓦——四机赛瓦是中美合资公司，主要生产固井压裂设备自动控制系统、压裂仪表车、动力传递离合器、井下工具及柱塞泵，50%的产品出口国际市场。

三、江汉油田石油机械制造业的优势

为增强企业抵御市场风险的能力，江汉石油机械制造业将通过建立产、学、研三位一体的新型研发体系，不断增强自主创新能力，加快培养全球性经营人才。同时，加大研发成果市场转化效率，重点发展海洋石油装备、钻井及作业工具、PDC钻头以及固压设备的升级等，努力打造具有国际竞争力的中国石油机械制造基地，力争全行业在“十二五”期间实现销售收入超100亿元的奋斗目标，其中国外市场占1/3以上。

国际金融危机使江汉石油机械制造业面临诸多不利因素：

(1)受金融危机的影响，今后几年甚至更长时间国外市场将持续低迷，江汉石油机械的国外市场收入由占总销售收入的1/3降至1/5，同时，国内钻机市场日趋饱和，需求量急剧下滑，发展形势不容乐观。

(2)近年来，各石油装备制造企业的产能规模在国内外旺盛的市场需求带动下迅速提高，而随着需求的急剧萎缩，无序竞争的现象将不可避免。

(3)江汉石油机械制造企业的资产负债率过高，存货资金占用较大，发展资金投入严重不足，资本运营存在较大障碍。

但是，江汉石油机械制造业也具有自己的独特优势：

(1)产品门类齐全，抗风险能力较强。20世纪80年代起，江汉石油机械通过技贸结合、技术引进的方式，先后从国外引进了三牙轮钻头、固井压裂设备和修井机等一大批当时世界最先进的技术，经过多年的引进、消化、吸收和独立自主创新，已经具备了强大的产品研发、生产和服务能力，可为国内外用户提供覆盖钻井工程、采油作业工程和油气集输工程三大领域的各项成套设备。产品全部具有自主知识产权，产品质量、技术和性能总体处于国内领先水平，部分产品达到国际先进水平。

(2)新的增长板块将不断涌现。随着国家加大深海石油设施等方面的投入，我国陆上、海上石油装备国产化步伐进一步加快，而江汉石油机械在海洋石油装备、大型压缩机、井下工具、金刚石钻头等产品领域，已经取得了关键产品和核心技术的突破，完全有能力自主研发制造。从1993年开始，江汉石油机械制造业加快了海洋石油钻采设备的研发步伐，专门设立了海洋钻采设备研究开发部门，拥有完备的生产工艺设施和总装试验场地，成功研制了系列海洋修井机、海洋撬装循环设备、海洋压裂防砂设备、海洋撬装固井设备及海洋高压组合管汇等一批接近或达到国际先进水平的海洋石油装备，其中四机赛瓦产品在中海油市场获得了“免检通行证”。

(3)具有长期与国外知名公司和专家合作的经验，研发制造水平与世界同步。江汉石油机械与国内外知名院校、科研机构和专家建立了长期的技术合作关系，大力建设工程技术中心和实验室，大大缩短了研发周期，研发水平迅速提升，产品在国内外市场的竞争力持续增强。特别是近年来，在国内石油装备市场竞争异常激烈的情况下，江汉石油机械制造业始终坚持以开发新技术、特色产品为重点，不断加快新产品的自主研发步伐，先后成功研制出世界首台套2500型压裂车组、ZJ70LDB钻机等一批具有国内领先水平的新产品，新产品产值贡献率达到40%。

(4)坚持工厂技术改造，重视基础管理工作，制造实力处于国内同行业前列。江汉石油机械制造业依靠技术改造促进企业产能大幅提升，不断对核心零部件生产线、总装生产线和大型产品专业试验场进行的技术改造，陆续建成了钻修井机、固压设备、钻头、钢管、大型压缩机等具有世界先进水平的生产线，具备了年产固井压裂设备100台、钻机修井机120台、泵类总成300台、高压管汇1.6万套、5.3万只钻头和50台RDS压缩机等重要产品的生产能力。

(5)江汉石油机械制造业始终把创建精品名牌放在首位，重点培育主导产品的品牌优势和市场竞争力，“四机”牌钻机、牙轮钻头、钻修井机、固井水泥车、高压管汇先后荣获中国名牌产品、湖北省名牌产品和全国用户满意产品称号。石油四机、江钻、四机赛瓦等企业品牌的国际知名度快速上升，影响力持续扩大，产品质量、产品性能和售后服务快速提升。

为保证发展目标的实现，还应采取以下措施：

进一步加快新产品的研发速度，逐步淘汰低端产品，在天然气运用领域、海洋石油设备、钻井动力工具等方面取得突破。加大延伸服务力度，根据客户需要进行专项产业升级；进一步加大整机的配套服务力度，提高现有配件服务的产业比例。进一步增强企业的核心竞争力，未来要以高端产品的核心部分为中心，不断扩充产业链。加强与中石油、中海油在技术和市场上的广泛合作，通过强强联合实现优势互补、互利双赢的目标。

四、建议

(1)避免重复建设。我国石油机械制造企业近年来迅猛增加，国内石油装备市场日趋饱和，资源分散、产能过剩。石油机械制造企业下一步应从体制和机制入手更好地整合和利用现有资源，避免重复建设。

(2)培养特色产品。国内石油机械制造基地应结合自身的特点，发挥自身技术、市场、管理等优势，找准定位，逐步培育自己的特色产品和产业。

〔本文摘自江汉石油管理局谢永金副局长在中国石油石化装备制造业应对金融危机与可持续发展论坛上的讲话〕

中国石油石化设备工业年鉴2009

企业概况

多角度地展示特约顾问单位的风采

2008年特约顾问单位发展概况

2008年特约顾问单位发展概况

坚定信心、迎难而上，全面推进企业持续健康发展

——中国石化集团江汉石油管理局第四机床厂

中国石化集团江汉石油管理局第四机械厂（以下简称四机厂），位于湖北省荆州市荆州区四机路1号，占地面积130万m^2。该厂是石油钻采设备的专业制造商、国家重大技术装备国产化制造基地，主导产品有钻机、修井机、固井压裂设备、海洋石油设备和高压管汇元件5大类16个系列200多个品种，在快移快装钻机、大功率压裂机组研制领域达到国际领先水平。2008年，企业抢抓发展机遇，正确应对国际经济危机的影响，坚定发展信心，迎难而上，各项工作都取得新进步、新成绩，提前两年实现“十一五”经营收入超20亿元的经营目标。

一、技术创新实力快速增强，品牌形象持续提升

该厂被认定为湖北省认定企业技术中心，科研开发体系进一步完善，创新研发能力不断提升。全年承担了4个集团公司项目，成功研制了世界首台2500型压裂机组、国内首台低温轮轨式5 000m钻机和中石化首台7 000m钻机等多项新产品。获得8项授权专利，取得局级以上科技成果6项。开展了30多项工艺攻关活动，破解了低温材料选型、柱塞泵制造质量、高压管汇防腐等多项技术难题，脉冲自动焊等一批新技术得到推广应用。全年吸纳合理化建议66条，“大齿轮锻造工艺技术改造”被评为全国节能减排优秀合理化建议。该厂与川庆井下共建新产品培训试验基地，推动企企合作进一步深入。高级技术顾问比尔·耐得获湖北省政府优秀外国专家“编钟奖”殊荣。

2008年，四机厂参加美国OTC、北京CIPPE等6个石油展览会，贴近重点油气区块调整服务站设置，培训多批油田用户，成立客户代表部，充实售后服务力量，“石油四机”品牌形象持续提升，国内多个油田订货过亿元。国际市场开发迈出新步伐，在俄罗斯、中东等市场先后取得新突破，BE钻机、自动混浆固井水泥车实现批量出口。

二、基础管理不断改进，企业运行质量显著提高

深化专业分工，完善生产计划管理体系，大力培育战略合作伙伴，专业化制造、配套加工服务体系进一步完善，外协加工能力快速提高，以工厂为主体的荆州石油机械产业集群被列入湖北省52个重点成长型产业集群之一。“强力推行新型生产方式，有效释放企业经营潜能”荣获中石化现代化管理创新成果一等奖。

加强经营管理，完善企业规章制度，建立法律事务信息管理LA系统，经营分析实现常态化、规范化。扎实开展“班组建设年”活动，组织特色班组争创赛，班组建设取得预期效果。工厂荣膺“行业信用评价AAA级信用企业”称号。

三、产能建设稳步推进，体系运作日趋完善

实施新老厂区建设规划，基本上完成了部件生产线改造和扩建工程，有效缓解了产能高峰时期的场地制约，核心主导产品、关键部件生产制造能力、试验检测能力与整机装配能力明显提升。

顺利通过API/ISO 9000体系认证复审，新增的

40 多项产品通过“3C”认证。推行在线检验服务，产品质量责任废品率逐月下降。扎实开展 QC 小组活动，管件分厂管汇组装 QC 小组再获“国优 QC 小组”称号，这是工厂连续 6 年获此荣誉。

启动 ERP 系统优化工作，持续推进制造业信息化建设工程，信息化建设成果获得肯定。工厂 ERP 项目被授予“湖北省制造业信息化科技工程优秀示范项目”称号，荣获“中国制造业信息化最佳实践奖”和“湖北省企业管理创新成果一等奖”。

该厂连续 4 年实现安全生产无重大上报事故，各项安全环保指标控制在规定范围内，HSE 体系通过年度审核，工厂荣获“湖北省安全生产先进单位”称号。

四、人力资源开发水平提高，精神文明建设取得新成果

推广多渠道用工形式，缓解用工矛盾。认真宣传贯彻中国石化《员工守则》，全年开办各种技术培训班 56 期，培训职工 1 300 多人次；举办技术练赛 46 场，参赛职工 1 593 人次。组织全厂职工学习“5S 管理”和“如何彻底排除现场七大浪费”，精益管理思想得到快速普及；选送管理人员、工程技术人员参加 MBA、工程硕士班学习和国际化人才培训，对基层班组长进行轮训，职工技能素质极大提高。积极组织开展重点工程立功竞赛和群众性创新创效活动，完成“五小”成果 110 项，其中 77 项成果在江汉石油管理局获奖。管件分厂青工权海峰在第三届全国数控技能大赛中夺得数控车工第二名，被授予“全国技术能手”称号。

扎实开展“双促”、“抓促”主题活动，将党员群体打造成企业的核心团队，凝聚了队伍士气，促进了干部作风建设和反腐倡廉工作。厂党委被湖北省国资委党委评为“先进基层党组织”。心系灾区、奉献爱心，共为南方冰雪灾区、四川地震灾区捐款 50 余万元，交纳特殊党费逾 19 万元。

2008 年，该厂全面完成江汉石油管理局的考核指标，连续 8 次被评为江汉石油管理局“模范单位”，并被授予“中国石化先进集体”称号。

中国石化集团江汉石油管理局第四机械厂 2008 年大事记

〔成功研制中石化首台 ZJ70LDB 钻机〕3 月 31 日，由四机厂研制的中石化首台 ZJ70LDB 钻机通过集团公司验收，标志着江汉油田在陆上深井钻机制造领域实现突破，增强了中石化钻采设备制造实力。

〔四机厂一项合理化建议被评为全国职工节能减排优秀合理化建议〕在 3 月举行的“全国职工节能减排活动月”中，四机厂提出的“大齿轮锻造工艺技术改进”项目被评为全国职工节能减排优秀合理化建议，同时被评为石油工业 QC 小组活动成果一等奖。

〔四机厂外聘专家罗杰·麦克成为荆州奥运火炬手〕作为荆州惟一的一名外籍专家火炬手，四机厂聘请的美国高级技术顾问罗杰·麦克先生参加了 5 月 31 日在荆州市举行的 2008 年北京奥运会火炬传递活动。此前，麦克先生曾获得湖北省政府授予外国专家的最高奖项——“编钟奖”。

〔成功研制国内首台 ZJ50DB—TC 低温轮轨式电驱钻机〕7 月 8 日，四机厂承担的集团公司重大装备国产化项目——5 000m 低温轮轨式钻机顺利通过了由中石化集团公司、俄罗斯欧亚钻井公司的联合验收，随后正式发往俄罗斯作业。

〔企业技术中心被认定为湖北省认定企业技术中心〕经湖北省发展与改革委员会、省科学技术厅、省财政厅等单位联合评审，四机厂技术中心被认定为湖北省认定企业技术中心，成为江汉油田首家被湖北省认定为企业技术中心的厂家。

〔供稿单位：中国石化集团江汉石油管理局第四机械厂〕

打造自主品牌　谋求基业长青

——河北华北石油荣盛机械制造有限公司

河北华北石油荣盛机械制造有限公司(以下简称荣盛公司)是中国石油钻采设备制造行业的骨干企业,国家认定高新技术企业。公司始建于1976年,前身是华北石油管理局第二机械厂。改制以来,荣盛公司实现了持续较快发展,经济总量和经济效益迅速攀升,2007年工业总产值突破10亿元大关,销售利润突破亿元大关,出口订货首次过半;2008年,虽然国际金融危机对石油行业上游投资的不利影响已经显现,但公司凭借良好的品牌和信誉仍然实现了正增长,完成工业总产值10.5亿元。主导产品防喷器的品牌知名度进一步提高,连续3年被中国石油和石油化工设备工业协会评选为行业名牌产品、驰名品牌产品。公司连续入选中国石油石化设备制造业50强企业,在河北省出口名牌企业50强中排名第14位,盈利能力、积累能力、抗风险能力和市场竞争能力进一步提升,品牌地位不断提高。

荣盛公司的持续发展主要得益于以下几点:

一、制定经营战略,明确发展方向

没有战略,企业就没有方向。战略思维能力,已被更多的人界定为企业家应具有的最重要的特质。“千万元的企业讲市场,亿元的企业讲战略,十亿元的企业讲文化”,荣盛公司自然也不例外。2003年巴以冲突发生以后,世界石油价格的持续走高对石油机械制造业是一个难得的机遇,是公司发展的重要战略机遇期。如何发挥优势,用好手中的资源,抓住发展机遇,是摆在荣盛公司决策者面前的难题。荣盛的决策层认识到“方向比距离更重要”,必须在发展战略上做文章。

为此,荣盛公司对自身所处的内外部环境进行了充分的调研和分析,对主导产品的市场和技术进行了认真评估,给出了每一个产品的战略定位,明确了每一个产品的发展方向,制定了以品牌经营为核心的经营发展战略,确立了“跻身世界石油机械制造行业知名公司”的企业愿景和“面向全球石油勘探开发领域,为用户提供满意的产品及服务,塑造具有持久竞争力的石油机械民族品牌”的企业目标。在科学进行品牌定位、全面分析产品特征、审视内部资源的基础上,将防喷器、泥浆泵两项产品确定为核心主导产品和品牌主打产品,进行重点发展。

近年来,荣盛公司按照这一发展战略,把有限的资源最大限度地用在了防喷器和泥浆泵的发展上,保证两项核心主导产品上规模、上水平。同时,不断强化经营市场的理念,扎扎实实地进行品牌培育,有声有色地进行品牌传播,品牌知名度、美誉度和客户忠诚度不断提升,防喷器产品被评为行业知名品牌和驰名品牌。现在,只要是国外用户来中国采购防喷器,不管通过什么途径,基本都会找到荣盛公司。产品在大浪淘沙中脱颖而出,用户在多方比较中慕名而来,抱怨在质量改进中逐步减少,市场在需求波动中稳步发展,荣盛已经开始尝到了做品牌的甜头,也进一步体会到了方向对于企业的重要性。

二、转变经营思路,寻找发展出路

没有思路,企业就没有出路。创造性地落实好公司的品牌经营战略,需要有好的战略措施,更需要思想的解放和观念的转变。荣盛的每一次进步都离不开观念的转变。荣盛公司的发展史就是一部广大干部员工开拓创新、与时俱进的观念转变史和思想更新史。有新的观念,就有新的行动;有新的行动,就有新的成果,这在荣盛公司的发展过程中得到了充分证明,是荣盛公司改制以来在不断探索中取得的最为宝贵的经验。

一是在扩大产能方式上的思路创新。规模化是品牌经营战略的内容之一,在市场空间迅速扩大的机遇面前，市场开拓的成本是最低的。拥有足够的生产能力，既是满足用户需求、巩固和扩大市场地位的需要，也是有效防止竞争对手趁机做大、抢夺市场份额的要求。但是经过2005年的发展以后，单纯依靠高投入、高产出的简单扩大再生产风险太大，在财力、人力、时间等各个方面也都是极不现实的。出路何在？只有创新思路。为此，荣盛公司提出运用帕累托“二八”法则，用有限的投资控制20%的关键环节和关键工序，通过外协和产品外包最大限度地利用社会力量扩大产能，解开了困局。通过思路的创新，荣盛公司主导产品防喷器的生产能力在有限投入的前提下，3年内整整提高了4倍多，达到了年产2 000台以上；泥浆泵的生产能力达到了300台以上。增加的人员和装备虽然有限，但具有通用性，生产能力弹性很大，大大降低了投资风险。这种优势在市场形势发生较大变化的2008年得到了较好的体现。

二是在产品开发和人力使用上的思路创新。自主创新是每个企业都必须追求的，但是在科技发展日新月异、人才流动异常频繁的今天，过分强调自主是不现实的。特别是在技术水平相对落后的情况下，过分强调自主，就可能意味着重复和浪费，要付出巨大的经济和技术代价。为此，荣盛公司在充分发挥自已科研力量的同时，大力创新研发方式，运用市场整合一切优秀科技成果和科技资源为其所用，在技术上采用自主研发、合作开发、来图加工、来样加工、技术贸易等多种方式，在人才上不求所有、但求所用，利用成熟的技术和市场化的人才以最快的速度占领市场，进一步缩小与国际知名品牌的差距。荣盛公司泥浆泵产品的开发成功就是多种开发方式综合运用的结果。从2004年开始谋划，到2007年短短的四年内，荣盛公司就形成了三大系列产品，在竞争激烈的市场上谋得了一席之地。

三是在质量管理上的思路创新。熟悉竞争理论的人都知道，竞争的变数会随着竞争要素的丰富而加大。“现代营销学之父”菲利普·科特勒说：公司一定要成为有远见的企业，有预见未来能力的企业。荣盛公司决策层在充分预见到机遇时，也没有忘记风险。按照市场竞争的规律，高速增长的结束之日必定是行业重新洗牌之时，只有坚持不懈地在提高制造水平和产品品质上下功夫，不断缩小与国际知名品牌的差距，打造持久竞争力，才能始终在市场上立于不败之地。荣盛公司提出了“产品质量是制造出来的”理念，将提高制造水平确立为公司的工作主线。在别人还忙于单纯扩大产能的时候，荣盛公司已经开始更新观念、购买先进装备、完善检测手段、加强员工培训、持续开展质量改进活动、提高质量管理体系运行的有效性等工作，加工中心、铸钢精炼炉等一大批重要装备投入生产，大大提高了制造水平和产品品质。

三、开发拳头产品，巩固市场地位

没有拳头产品，就没有市场地位。多年的市场打拼使荣盛公司认识到，没有过硬的拳头产品，机遇就是别人的，抓住机遇也就成了一句空话。荣盛公司的产品主要有防喷器、泥浆泵、钻杆接头、抽油机和油管五大系列，但并非每个产品都能成为拳头产品，只有做专才能做强，这不仅是资源决定的，更是产品性质决定的。防喷器和泥浆泵两项产品就具备成为拳头产品和知名品牌的条件。

作为全球生产量最大的陆地防喷器生产企业，防喷器产品已经成为荣盛公司名副其实的拳头产品，钻井防喷器在国内市场上一直处于垄断地位。为了让这只拳头更硬，荣盛公司累计开发防喷器产品68项，F43—35、F48—35、F28—105、F28—70、F28—140锻件防喷器，电缆剪切闸板防喷器，套铣承重闸板防喷器，热采作业抽油杆防喷器，连续油管防喷器，带压作业装置，旋转防喷器等典型产品陆续问世，填补了国内4项空白，3项产品通过部级鉴定，规格型号增加到180多个，已经取得国家专利34项，其中防喷器领域26项。产品适用范围扩大到低温、高温及高含硫等各种作业环境，可以充分满足用户钻井、欠平衡钻井、修井、试油和不压井作业等不同井控要求。目前，防喷器产品除满足华北油田勘探开发需要外，在国内已遍布大庆、吐哈、塔里木、新疆、胜利、大港、中原、辽河、江苏、玉门、四川等陆地及海上所有油气田。随着国际知名度不断提高，产品已经打入包括美国、加拿大、俄罗斯在内的北美、海湾、非洲、中东、亚太、独联体等全球六大主要产油区域的40个重要产油国家，HBRS品牌已经在全球15个国家注册，初步实现了产品全球辐射。

钻井泵是荣盛公司新的经济增长点，是荣盛公司倾力打造的又一个拳头产品。目前，已有F系列、P系列、3NB系列钻井泵，W系列修井泵及各种机泵组共计20多个型号的产品。产品开发之初，公司就确定了“要做就做精品”的理念，提出比国内其他厂家更高的标准，努力打造自己的产品亮点。钻井泵是一个竞争激烈的产品，荣盛公司在泵的开发期充分准备，产品一亮相就以较高的品质赢得用户，2006年产品全部出口北美。2007年下半年以来，国际市场大幅下滑，国内很多企业的产品积压在美国港口，但荣盛公司的产品仍在不断地运往北美，真正实现了其“经营市场”的目标，即通过提高制造水平和产品品质，尽力做到在市场需求下降时，不减或少减订单。

四、强化执行力，打造竞争力

没有执行力，就没有竞争力。机遇是企业最宝贵的资源，是影响企业发展的重要因素。机遇的偶然性、普遍性与时效性决定了它只能属于善抓机遇的人。荣盛公司之所以能够快速发展，其根本不仅在于洞察形势、善抓机遇，抢在对手前头采取了有力的措施，更在于能抓机遇，具有一支快速反应、执行有力的员工队伍。

荣盛公司的竞争力与其整合管理体系、完善规章制度、导入企业文化、创新内部管理以及坚持不懈的执行力建设密切相关。一是加强管理体系建设。目前，荣盛公司已经通过了ISO 9001、ISO 14001、OHSAS 18001和石油行业HSE四大管理体系的认证，产品通过了9项API认证，公司还取得了俄罗斯GOST和RTN认证。荣盛的管理体系绝不是给人看的，而是要通过认证确实提高执行力和管理水平。荣盛公司最早的认证是通过一家外国公司取得的，但当发现体系还不够完善时，毅然重新确定了一家审核更加严格、规范的认证公司。二是加强规章制度建设。三年来，荣盛公司大力规范内部管理，根据生产经营实际，制定规章制度29项，修订规章制度16项，不断完善了自身的制度体系，强化制度执行，企业管理不断规范。三是加强企业文化建设。多年来，荣盛公司着力于企业文化的研究，确定了企业文化建设方案，制定了企业文化建设规划，大力倡导新的企业精神、企业作风、企业品格和核心价值观，队伍的凝聚力显著增强。四是加强干部队伍执行力建设。通过执行力培训、绩效考核、述职测评、任职交流、岗位调整，以及严格执行程序文件、规章制度、企业文化等一系列措施和活动，进一步提升了干部队伍的执行力，建立了良好的执行文化。

五、依靠和谐发展，实现基业长青

没有和谐发展，就没有基业长青。正如荣盛公司的企业使命“为用户奉献精品，为股东提升价值，为员工搭建舞台，为合作者拓展机会，为社会创造财富，打造长青基业” 所述，荣盛公司在文化上矢志追求的就是“五个满意”，和谐共赢。近年来，荣盛公司的经营环境发生了巨大变化，政企关系更加和谐，行业地位日益巩固，国际影响与日俱增，公司内部政通人和，各种荣誉接踵而至，依靠和谐发展的理念形成持续发展的良好氛围。

荣盛公司的和谐发展理念具体体现在追求“五个满意”的实践中。一是追求用户满意。近年来，荣盛公司累计向用户提供优质防喷器产品9 000多台，各种泥浆泵700台，为用户的正常生产、安全生产作出了巨大的贡献，部分替代进口的产品为用户节约了大量采购资金。特别是作为集团公司的井控装备制造配套中心，荣盛公司为提高中国井控装备水平作出了重要贡献。如，在中石化清溪1井发生的控制性溢流事件中，荣盛公司F28—105防喷器连续封井13天，为用户进行多次压井作业创造了条件，从而避免了重大安全事故的发生。二是追求股东满意。近年来，公司以良好的经营业绩回报股东，股东收益率累计达到205.2%，公司净资产是改制时的2.96倍。三是追求员工满意。荣盛把

“员工为本”放在了公司核心价值观的第一位，为广大员工提供了充分展示才华的舞台，不断提高员工的福利水平，改善单身员工的生活条件，积极做好扶贫帮困工作，让广大员工共享企业发展的成果，员工的生活质量显著提升。四是追求合作者满意。近年来为荣盛公司配套生产的企业已经达到了200多家，有很多企业是荣盛公司逐步培育起来的，这些企业大都在与荣盛公司的合作中实现了自身的发展。五是追求社会满意。近三年，荣盛公司累计上缴税金19 758万元，上缴税金平均增长率达到了109.9%，为地方经济的发展和油田矿区的稳定作出了积极贡献。

荣盛的发展，得益于我国石油工业发展创造的石油机械发展机遇，广大用户的现实需求以及业内各位领导、专家和朋友们的支持、帮助和真情呵护成就了荣盛品牌。在新的征程上，荣盛公司正以“跻身世界石油机械制造行业知名公司”的愿景为导向，为打造石油机械自主品牌而一步一个脚印地不懈努力。

〔撰稿人：河北华北石油荣盛机械制造有限公司赵永军〕

兰州通用机器制造有限公司

一、企业概况

兰州通用机器制造有限公司（原兰州通用机器厂）创建于1872年，属于国家重要的历史工业遗产之一。企业的主导产品有：钻井、压裂、固井、修井、抽油、管道运输、压力容器、炼油化工、专用锅炉、特种车辆、冶金矿山、环保设备和军工等13类100多种机械装备产品。

企业占地面积50万m^2，其中生产经营占用面积23万m^2，厂房建筑面积8.514万m^2。企业下设11个国有控股公司制生产经营单位，现有职工1 964人，其中高级、中级专业技术人员200余人，拥有主要生产设备1 000余台，其中精、大、稀设备200余台，设有检测中心和测试基地。公司年设计生产能力2万t，包括各类车装产品300台，各种规格抽油杆200万m，各类压力容器4 000t，钻机部机200台（套），其他撬装产品200台（套）。

二、企业发展及合作意向

兰州通用机器制造有限公司是一个有着137年发展历史、43年现代国防军品生产历史和56年石油机械生产历史的企业，拥有深厚的企业文化沉淀和机械制造技术积累，无形资产价值不可估量，发展前途同样不可估量。兰州通用机器制造有限公司在20世纪50年代为新中国研制了第一根抽油杆、第一台抽油泵和第一辆水泥车，六七十年代研制了第一台锅炉车、第一台清蜡车、第一台压裂车、第一台混砂车和第一台移动泵站。80年代研发成功具有国际一流技术水平的千型压裂车机组，在国内率先获得美国石油协会API认证证书，是率先实现出口的石油机械产品，曾获得马德里国际企业家俱乐部等国际组织授予的“最佳商号国际奖”、“金像奖”、“美洲进步奖”和“商号声誉奖”。三十余种产品先后被评为国家及部级、省级优质产品，十余种产品获得科技进步奖。企业还通过国家GB/T 19001和GJB 9001—2000质量管理体系认证和GJB/Z 9001A—2001军工质量体系认证。2003年通过国家GB/T 19001—2000和ISO 9001:2000质量体系认证和“CCC”认证。公司已取得的企业资质证件有商标注册证、汽车产品公告、中国石油石化装备制造业五十强证书、中国石油石化装备驰名品牌证书、特种设备制造许可证、国家强制性产品认证证书、进出口报关注册登记证书、军工产品质量管理体系认证证书、质量管理体系认证证书等41项企业资质证书。企业信誉等级“AAA”，被兰州市政府授予“重合同守信誉单位”荣誉称号。多年以来企业始终依照国际和国家机械产品设计标准进行产品设计和制造，产品质量稳定可靠，售后服务体系完善，产品性价比合理。近几年以振兴石油装备制造业为契机，把着眼点重点放在培育市场、市场开拓、占领市场上，逐步培育起一批相对稳定的客户群体，对提高公司销售业绩起到了相当大的作用，生产经营呈恢复性增长态势。为了更快、更好地发展公司事业，提升企业的技术水平以及企业运营能力，保障未来的可持续性发展，经公司董事会研究决定，诚邀社会各界同仁和有识之士加盟合作。合作形式不限，具体合作和筹资方案由投资者与公司另行商谈。合作后可享受省市出台的各种优惠政策。

〔供稿单位：兰州通用机器制造有限公司〕

附：主要产品介绍

1. 压裂车

压裂车产品是为了提高油气层渗透率，从而提高油、气井采收率而向地层压注高压液体的重要设备。设备装载于汽车底盘上，以车台上装置的柴油发动机为动力源，通过变速传动系统驱动三缸（五缸）柱塞压裂泵实现施工作业，可以泵注清水、泥浆液、表面活性剂或非高粘度液体等各类作业介质。用于对地层进行加砂压裂或酸化压裂作业，并可用于钻杆、油管、套管及地面管汇试压，也适用于注水、洗井、喷沙、射孔和解堵等作业，还可以用于煤矿预排煤气、注浆、堵水、水力采煤和船舶除锈等其他需要高压泵注液体的作业，可进行单机或多机联合作业。

兰州通用机器制造有限公司专业设计制造的40（50）MPa、70MPa、105MPa等压力等级的各种不同功率的系列压裂泵，已装置了包括400（500）、700、1200（1400、1600）、1800和2000型在内的压裂车（撬）产品系列，已形成批量化生产。该公司同时也设计制造由压裂车、混砂车、管汇车、仪表车和运砂车组成的成套压裂机组，满足于各种深度、地层油气井的压裂作业。

2. 固井水泥车

用于油气田深井、中深井、浅井的各种固井作业，可完成混配水泥浆、向井内泵注水泥浆、替泥浆、碰压等工作，并可计量泵注液量。还可用于对井口管汇、套管、钻杆或管线试压，完成向油井注水、洗井、冲砂和试封隔器等施工作业，亦可进行一般浅井的压裂作业。还可用于煤矿预排煤气、注浆、堵水、船舶除锈、旋喷桩灌注水泥等各类高压泵注液体的作业施工。

3. 塔器

供格尔木炼油化工之用。

三十年成就行业领先地位

——中国通用机械工程总公司

中国通用机械工程总公司（以下简称中通公司）成立于1979年，隶属于中国机械工业集团有限公司，是通用机械行业中集工程设计、工程承包、成套设备服务及进出口贸易为一体的专业工程公司。2009年，中通公司成立30周年。

30年来，中通公司坚持广泛服务于经济建设各个领域的行业特色，传承和发扬诚实守信、优质服务的经营特色，坚持技术为本、自主创新的专业特色，市场领域不断拓展，技术创新能力不断增强，经营规模不断扩大，经济效益不断提高，已发展成为管理科学，资产优良，行业特色鲜明，国内外知名的专业工程公司。

中通公司具有对外工程承包经营、对外经济合作经营及进出口贸易的资格，拥有甲级机械工程设计、甲级工程承包、甲级设备监理资质和压力容器和环境工程专项设计资质，是中国机电产品进出口商会、中国对外工程承包商会的会员单位。

中通公司承担石油、化工、石油化工、医药、轻纺、城建、建材、冶金、能源、交通、农林、地矿、原材料、冷冻空调、给排水、流体输送、供热、环保、节能和节水等方面的工程承包和成套设备服务，石油、化工、轻工、冷冻空调、给排水、流体输送、供热、环保、节能和节水等方面的设计，招标代理，汽车销售，进出口业务，承包境外机械工程及境内国际招标工程，设备监理，有色金属、钢材的销售以及与以上业务有关的技术咨询、技术服务和展览展销。

30 年来，中通公司取得了辉煌的成就：

一、经营业绩显著

公司始终坚持国内外市场开拓并举和区域项目滚动发展战略，30 年来，共计完成工程承包、技术服务、设备成套、进出口贸易等 3 000 多项。其中，包括宝钢除尘及水处理通用设备成套供货、渤海和南海海上石油平台装备国产化、毛主席纪念堂通用设备更新改造、北京第九水厂（国内最大的自来水厂）泵站工程设备成套服务、上海合流污水治理一期预处理厂（亚洲最大的城市污水处理厂，并获上海市政最高奖“白玉兰”奖）、浙江绍兴工业污水处理厂（国内最大的工业污水处理厂）、廊坊污水处理厂设备国产化示范工程总承包、大亚湾和岭澳核电辅机配套等国内工程项目以及伊朗德黑兰地铁（我国最大的机电设备成套出口项目）通风工程设备及自控系统工程承包、苏丹农业泵站等一批国外工程项目，并形成了相对稳定的业务市场。

2008 年，公司大力推行“五个转变”的经营管理方针，形成了以环保、能源、交通、基础设施四个领域为主的业务格局，承接并完成了重庆轻轨、深圳地铁通风系统深化设计、内蒙古呼和浩特和吉林松源的热力改造、上海青草沙泵站（亚洲最大泵站）设备供货、苏丹 DALI & MAZMOOM 供水工程、印度电除尘设备供货与监造等国内外工程项目，新签项目合同额 14.97 亿元，主营业务收入和利润总额均创公司历史新高。与 2004 年基期相比，公司主营业务收入年均增长 76%，利润总额年均增长 250%，资产保值增值率增长 29.39%，资产总额增长 67%，职工年均收入增长 46%，提前实现了公司五年发展规划目标，保持了持续、较快、健康的发展态势，开创了公司科学发展的新局面。

二、创新能力增强

公司始终坚持以市场为导向、以项目为依托进行技术创新。30 年来，公司先后获得国家级科学技术进步奖 4 项，省部级科技进步奖等各类奖项 68 项。2008 年，公司膜技术在大型钢铁企业工业废水回用中应用项目获得了国机集团科学技术二等奖（公司已连续三年获得国机集团科学技术奖）。

公司坚持走“专、精、特、新”的道路，紧密跟踪国内外先进技术和领先技术，通过自主创新、消化吸收，成功完成了国内湖泊水体治理、钢厂废水处理、垃圾渗滤液处理、地铁系统深化设计、城市轻轨环控系统成套技术、核电站气体贮存与分配系统技术、成套设备监造管理等工程专业技术课题及项目，公司的工艺设计、系统深化、方案优化、设备优选和项目管理能力进一步提升，形成了以工业废水处理、城市污水综合治理、城市供水、垃圾渗滤液处理和城市轨道交通环控系统深化设计等工程专业为主的技术创新能力，核心竞争力进一步增强。

三、管理水平提升

公司重视企业内部机制的建设，全面推进精细化管理，形成了科学决策、有效执行和监督的管理运行机制；注重效益效率，管理规范的激励约束机制；提高员工素质，拓展发展空间的学习创新机制；增强企业凝聚力和团队精神的内部协作机制；以人为本，依法提供社会保障的员工保障机制。

公司建立了 ISO 9001 质量管理体系和职业健康安全管理体系，将客户为先的理念与优质服务贯穿于项目始终，健全和完善项目质量、进度、成本、安全和风险防范体系，开发了项目动态管理系统软件，加强了项目执行过程中的管理、监督和控制。公司坚持实施“2215”人才培养工程，拥有一支经验丰富的工程设计和项目管理人才队伍，从工程咨询设计、设备选型与监造、成套供货、安装调试到售后服务，形成了比较完整的业务链条和可靠的业务组织管理模式，深得客户信赖。

长期以来，公司不断加强与外部的经营合作，创造了互利共赢、形式多样的合作模式，为拓展国内外市场开辟了新的途径。2008 年，通过外部合作承揽执行的国外项目有十多个，充分发挥了公司在项目管理、方案优化和设备集成方面的专业特长和技术优势，得到了合作方的充分肯定。

四、社会责任彰显

公司坚持以服务国家经济建设为宗旨，经营业务方向都与国家发展和人民生活紧密相连。公司承揽的上海青草沙泵站项目是亚洲最大的自来水泵站，将为上海千万人民提供安全的饮用水；深圳地铁、重庆轻轨项目解决了当地民众的交通问题；数量众多的城市污水处理工程为改善生态环境作出了贡献；城市电网改造和热力工程保障了当地人民用电和冬季取暖的需求。截至2008年年底，公司参与建设的污水处理厂的污水处理规模，超过了全国城市污水处理量的15%，占国机集团同类项目的70%以上；公司承接的城市轨道交通项目数已居国机集团成员单位第一位，产生了显著的社会效益，扩大了公司的品牌声誉，实现了社会责任与企业价值的统一。

五、企业文化建设不断加强

公司把加强企业文化建设作为增强核心竞争力的重要组成部分，塑造了具有鲜明特色的企业文化，努力构建和谐企业。坚持“奉献祖国、造福社会、回报员工”的企业宗旨，大力倡导“团结、求实、诚信、创新、奋进、图强”的公司精神；建立了VI、BI和MI系统，制订了《员工行为准则》，加大公司精神、经营理念、核心价值观等企业文化的宣贯力度，大力推行“六抓”（抓开拓、抓执行、抓创新、抓基础、抓细节、抓经常）、“四有”（凡事有章可循、有据可查、有人负责、有人监督）、“四严”（严格制度、严格执行、严格监督、严格奖惩）的工作作风，使之成为公司上下一致遵守的共同行为规范；公司保障企业文化建设的投入，建有图书室、文体活动场所和职工食堂，努力为员工提供良好的生活学习和工作环境，以满足员工不断增长的物质文化生活需求，全方位树立企业良好形象。2008年，公司已连续15年被评为中央国家机关文明单位和首都文明单位。

中通公司在未来将深入贯彻落实科学发展观，始终坚持把发展作为第一要务，继续坚持国内外市场开拓并举、区域合理布局、项目滚动发展的战略，进一步优化业务结构，转变发展方式，突破发展瓶颈，发挥公司专业特色优势，在注重发展质量的基础上，做到好中求快、强中做大，继续保持在国内通用机械行业的领先地位。

〔供稿单位：中国通用机械工程总公司〕

强化质量管理　追求产品卓越

——河北中原钢管制造有限公司

河北中原钢管制造有限公司（以下简称中原公司）创建于1993年，是生产钢管的专业厂家。公司占地面积34万m^2，总资产9.5亿元，拥有4条直缝热轧钢管生产线和9条先进的螺旋钢管生产线及先进完备的检测装置，其中直缝热轧钢管生产线列入国家“九五”重点高新技术推广项目和国家“火炬”计划项目。中原公司现有员工1 200人，其中技术人员160人，钢管年生产能力70万t，2009年产值和收入预计12亿元。产品主要用作石油、天然气、水、蒸气和可燃性流体输送管道和建设结构，产品覆盖全国28个省、直辖市、自治区，建立了1 000多个销售网点，产品质量和服务得到了客户的认可和欢迎。

历经16年的艰苦创业，中原公司在市场中站稳脚跟并高速发展，主要原因是：以质量创造品牌，以诚信赢得满意，走出了一条质量管理先行、产品追求卓越、坚持持续改进、真诚对待客户的新型工业化道路。

一、增强质量意识，志在超越

推行强化质量管理，首先应增强员工的质量意识。总经理张爱明每次会议都把提高产品质量放在首位,他再三强调不重视产品质量的企业是必然倒闭的企业,不重视产品质量的部门和单位是必须取缔的部门和单位,不重视产品质量的岗位和个人必然走向末路。除了会议强调外,中原公司还实施了员工培训考核机制,每月对员工进行质量意识培训考核、标准意识培训考核、质量目标培训考核和操作技能培训考核,实行考核业绩末位淘汰制,对严重违反工艺标准作业造成质量事故或质量严重下降的部门和个人予以严肃处理。此外,公司还实行了3N、4M管理,3N即不接受不合格产品,不制造不合格产品,不移交不合格产品;4M是指人、机械、材料和方法,即最大限度地激发人的质量竞争意识和进取精神,保持机械设备的正常高效运转,合理安排各种资源材料的投入产出,科学运用最佳的管理手段和途径。这些措施的实施,使公司全体员工增强了质量意识,增加了危机感,时刻意识到质量是关系企业和个人的大事,为强化公司的质量管理奠定了基础。

二、强化质量管理,志在创新

公司为了强化质量管理,编制了质量手册、程序文件和作业文件,于2001年实施了ISO 9002:1994质量体系标准,2002年转换ISO 9001:2000质量管理体系标准,并制定了"融中外管理之长、走质量创新之路、取持续改进之法、赢顾客满意之心"的质量方针,制定了"产品一次通过率85%,监督抽查合格率100%;顾客满意率90%,年递增1%;产值和销售收入年递增20%"的质量目标。为实施ISO 9000标准,确保质量方针、目标的实现,公司由一名管理者代表专门负责质量管理工作,建立健全了以公司质量管理办公室为首的质量管理机构,健全完善了公司质量管理体系,对每项质量管理工作都做出了明确的规定和要求,并将公司的质量目标分解到各相关部门、各责任人,通过严格的质量管理与职责分配,促使其履行质量管理的责任和义务。同时,对相关部门的各责任人每月进行一次或随时进行考核,年终进行最终考核。公司每年至少组织一次全面的内部审核,年终进行一次管理评审,对不符合项进行整改;认证中心每年对公司进行一次监督审核,这些措施均使公司质量管理始终处于持续改进状态。为了进一步扩大对外贸易,把公司产品打出国门,2003年中原公司实施了美国石油协会API Spec Q1质量管理体系标准和API Spec 5L、5CT产品标准,并于2004年通过了API认证,使公司产品质量踏上了新台阶,多年来的强化质量管理取得了显著的效果。

三、产品质量创新,志在优化

产品实现过程是质量管理的关键,公司在这一重大环节上给予了高度重视。针对原材料与辅材料的采购,制订了"采购物资管理规定"、"进厂检验和试验的规定",供应人员严格按程序采购合格产品。材料进入加工制造工序后,每个工序都按产品标准和内控标准编制了"工艺标准"、"作业指导书"和"操作规程",严格按规定生产,严格控制不合格品,由技术人员实施技术监控,不允许违反一丝一毫的标准规定。公司拥有一支由质检员、化验员、试验员、无损探伤员共70多人组成的质检队伍,按操作工自检—工序监控—产品检验—无损探伤—终检判定—入库检验—出库检验—售后服务顺序进行检验,不但在各工序上检验产品质量,还要监控工艺的实施。设备制作班和设备维修班、电工班负责设备的正常运行,按"设备管理规定"严格执行。每天由车间主任把本班记录报生产办公室,结合质检部报告单核算出产品合格率,优者奖、劣者惩,使公司产品制造始终处于质量监控中。对质量事故、质量障碍和一切质量不正常的现象与行为,公司随时召开质量分析会查明原因,限期纠正,并由质量办公室验收改进效果。由于在关键环节实施了质量管理,公司的产品质量不断优化,得到了用户的好评。

四、关注顾客需求,志在服务

质量管理体系标准中的第一条是"以顾客为关注焦点",所以销售的最终目标是顾客满意。为此,由销售部牵头与顾客进行沟通。公司规定凡销售给客户的产品三日内以质量信息调查表的形式征求顾客反馈意见,并通过内部沟通的形式反馈到相关部门,即每星期召开由总经理、主管副总参加的销售会议,每天由主管副总召开一次销售部门负责人沟通会议,限期改进。总经理规定,顾客的质量信息反馈要在当天处置,不允许推拖或置之不理,处置意见要在当天反馈给顾客,以达到满意为目的;在签订销售合同时,要以顾客要求为最高标准,以销订产、以产促销;对顾客投诉的质量事故,要以极快的速度,落实解决人员到现场解决处理,处置结果必须报总经理。

五、实施名牌战略,志在市场

由于公司实施、强化了质量管理,产品质量不断优化,在短时期内打开并占领了市场,并有部分产品出口,赢得了顾客好评,公司获得了高速发展。公司在持续改进的同时实施了名牌战略,即以名牌企业为榜样,以名牌产品为标准,向名牌看齐,向名牌推进。在强化质量管理上,不断向深度、广度、高科技方向前进,从而使产品不断处于优化和创新状态。2001年经河北省乡镇企业局审定被评为“河北省乡镇企业名牌产品”,2002年和2008年两次被河北省技术监督局、省质量奖审委评为“河北省名牌产品”,2005年被评为河北省中小企业名牌产品;2004年“世兴”牌商标被河北省工商局评为“河北省著名商标”。中原公司连续两年被沧州市企业局评为“质量管理先进单位”和“科技明星企业”,2001年被国家农业部评为“质量管理达标单位”。2007年和2008年连续两年被评为中国石油石化装备制造企业五十强企业。

〔供稿单位:河北中原钢管制造有限公司〕

为中国和世界石油工业做出更大贡献

——中船重工中南装备有限责任公司(国营第三八八厂)

中船重工中南装备有限责任公司(国营第三八八厂)隶属于中国船舶重工集团公司。总部和光电产品加工、装配车间、外贸实业公司、电控液控公司、光学公司及中一公司等设在宜昌开发区,交通便利,信息畅通;生产基地坐落于长江之滨的湖北省宜都市,与宜昌总部相距40km。公司占地面积50余万m^2,现有员工1 600余人,其中各类专业技术人员370余人,高级专业技术人员30余人,国家级、省部级专家6人,技师50人,高级工210人。公司拥有各类设备1 500余台,其中高、精、尖大型设备和进口设备100余台,各类检测设备450余台。精密光学仪器制造,长轴、深孔加工是工厂的技术优势,现已形成年工业总产值6.5亿元以上的综合生产能力,成为光、机、电门类齐全的大型综合企业。公司现为国家二级企业、国家环保先进企业、湖北省清洁无害工厂和设备管理先进单位。

公司领导班子进一步加大了科技投入和资源配置力度,狠抓四个开发,即:老产品的延伸开发、军品的换代开发、高新技术军民品开发和新工艺、新材料、新设备的应用开发,创新能力、生产能力和质量保证能力不断增强,已形成年产各类抽油泵20 000台、大型液压启闭机500台(套),工程油缸40 000套,各种光学透镜、棱镜500万片的生产能力。

公司是中石油、中石化两大集团公司物资供应商一级网络成员,中国石油石化装备制造业五十强企业,拥有自营进出口经营权,已跻身520家国家重点企业。石油机械——抽油泵系列产品被大庆、吉林、新疆、江汉等18个大油田使用,获得广泛赞誉,国内市场占有率名列前茅;国际市场上,抽油泵远销东南亚、中亚、中东等地区。抽油泵产品的合同份额、生产总量、利税总额在同行业中均名列前列,在同行业中享有很高声誉。

公司在保军转民过程中,凭借自身的设备和技术优势,以“特、优、新”为产品发展基点,除按SY/T 5059标准、GB/T 18607标准和API 11AX规范生产各种常规管式泵和杆式抽油泵以外,采用特殊结构、特殊材料为不同井况的油井设计、研制生产不同类型的抽油泵，开发研制了防腐耐磨抽油泵、抽稠油泵、防砂泵、防气泵、防气抽稠泵、水力喷射泵、斜井泵、超长冲程泵、深抽泵、过桥泵、过桥测试泵、分抽混出泵、双作用泵和高效防卡抽油泵等二十多个系列、一百余个品种的特种抽油泵及配套的井下工具。其中，杆式防气抽油泵、长冲程反馈式抽油泵、新型组合柱塞防卡抽油泵等六项新产品被中国国家知识产权局授予专利权，厚壁整筒抽油泵、抽稠油泵、深采抽油泵、长柱塞中排气防砂抽油泵等多项产品列入“国家重点新产品”项目。抽稠油泵、防腐耐磨抽油泵、整筒抽油泵等产品被评为部优和省优产品，抽油泵产品2006年和2008年连续两次被评为中石油、中石化装备名牌产品。整筒抽油泵被评为1989年度国家级重大新产品，整筒抽油泵1995年在湖北省首届工业精品名牌展销会上夺得精品奖。

公司在发展过程中，始终按军工产品质量管理体系要求对开发制造的军用、民用产品进行严格的监控，把高标准、严要求的“质量第一”的指导思想渗透到产品生产过程的每一个环节，近几年的产品经国家油气田井口设备质量检测中心监督检查均合格，产品一投入市场就显示出强大的竞争力，深受用户的青睐。2006年顾客满意度达80.7%，2007年顾客满意度达80.27%，2008年顾客满意度达80.87%，均超过公司质量目标达到80%以上的规定要求。

中船重工中南装备有限责任公司的军品潜望镜和民品抽油泵、超大型液压启闭机、工程油缸分别取得GJB 9001A—2001和GB/T 19001—2000质量管理体系认证证书。

抽油泵产品1992年取得“三抽”设备协会全国首批颁发抽油泵产品生产许可证，2003年8月通过复评换证。2001年4月公司取得美国石油学会API会标使用权证书，2004年6月通过美国石油学会复评，2004年9月取得新证书。使用中船重工中南装备有限责任公司的优质抽油泵能实现提高泵效、延长检泵周期、提高油层采收率，从而达到提高原油层产量、降低综合采油成本，提高综合效益的目的。

持续改进是中船重工中南装备有限责任公司不懈的追求，顾客满意是其永恒的目标，“产品求精、技术求新、管理求进、服务求信，以人为本、创世界名牌”是她的追求。公司将本着“信誉第一、顾客至上”的宗旨，为顾客提供满意的产品和周到的服务，争取为中国石油工业和世界石油工业作出更大贡献！

〔供稿单位：中船重工中南装备有限责任公司〕

强势打造业内一流专业化企业

——贵州凯星液力传动机械有限公司

贵州凯星液力传动机械有限公司是国家创新型试点企业、贵州省高新技术企业，专业研制大功率液力变速器，是一家集生产、销售于一体的科技型企业，具有很强的技术开发能力和稳定的生产工艺，拥有自主进出口经营权，全面通过ISO 9001质量管理体系及ISO 14000、OHSAS 18000环境与职业健康安全管理体系的认证，具有武器装备科研生产资格。

公司坐落于历史名城——遵义，地处遵义市汇川区大连路贵州航天高新技术产业园，交通方便，占地面积42 600m²，注册资本7 680万元，员工300人，其中专业技术人员占1/3。公司拥有具有世界先进水平的卧式加工中心、立式加工中心、立式数控车床、坐标镗床、线切割机床等加工设备和现代化的检测设备，能加工各种精密的阀体、箱体、盘类和轴类等复杂零件，协作厂家成熟可靠，生产能力达年产大功率液力变速器1 000台。

一、产品情况

公司研制的大功率液力变速器产品是贵州省名牌产品，多次荣获国家及省级、部级奖励，获军转民高技术出口产品展览交易会金奖。该产品是公司在引进、消化、吸收国外先进技术的基础上，创新研制的可以替代进口产品的高新技术产品，技术水平国内领先，达到国际先进水平。公司已经研发出以367.75kW为基点，向上扩展到近2 206.5kW，向下延伸到147.1kW范围内的十多余种系列30多种型号的产品，广泛应用于陆上油田（钻井、固井、修井、压裂和捞油等作业设备）、海洋石油平台（钻井、修井、捞油等设备）、大功率工程机械（高效振动式压路机、40～120t平板运输车等）、重型矿用汽车、煤矿排瓦斯设备、特种运输车辆（如导弹发射车、供弹车、导弹运输车、导弹吊车、应急保障车、通用指挥车、坦克、运兵车）、铁路道轨车等井下作业机械领域，已为国内用户认可和信赖，在国内油田的市场占有率超过30%，并远销美国、墨西哥、俄罗斯、阿拉伯联合酋长国等国家和地区。

大功率液力变速器主要由液力变矩器、行星齿轮变速器和操纵控制系统三个部分组成，并根据对接方式、输出形式、控制方法、档位增减、取力部位设计了多种独立功能件，如取力器、下坡减速器、降矩箱、连接段等，可满足不同用户的需求。产品起动加速快、自动无级调速、动力换档无冲击、隔震、减震、过载保护的特性，具有机动性强、安全可靠、经济舒适等特点，可延长发动机工作寿命47%以上，延长工作机使用寿命400%。

二、产品竞争优势

1. 供货周期优势

公司经过20多年的艰苦努力，常规产品已可10日内交货（大大优于进口订货周期），需按特殊要求改进的产品50日内交货，新产品6个月内交货。

2. 产品适应性研发优势

公司拥有一个液力机械研发技术中心，可对液力变速器的常规改进和用户的特殊意见迅速做出反应，并及时反馈，能够充分、及时满足不同用户的要求。

3. 技术支持及服务优势

经过多年的运作，公司已形成一套（适合液力变速器的）较完善的营销服务系统，能在最短的时间内提供给用户优质的技术支持及服务。尤其是当液力变速器出现故障时及时提供服务，能让用户在最短的时间内恢复生产作业：一般36h内，最多不超过72h。

4. 价格优势

与进口同型产品相比，液力变速器的出厂价格优势明显，仅为进口产品的1/3～1/2的价格。

三、不断创新，提高核心竞争力

公司始终坚持“质量求生存、创新谋发展、顾客为导向，信用赢市场”的经营理念，本着“自主创新，打造品牌，开拓市场，诚信经营”的原则，长期致力于大功率液力变速器的开发和研究，通过大力实施技术创新工程提升企业的核心竞争力。

20世纪80年代中期，经过五年的努力，液力变速器研制成功，并开始批量生产，填补了国内的空白，被国家列为替代进口产品，改变了我国油田作业车辆长期受制于人的局面。截至80年代末期共提供上百台液力变速器，为国家节约了大量外汇，为我国能源工业的发展作出了不可磨灭的贡献。

近几年，公司致力于树立品牌形象，把名牌战略作为企业参与市场竞争的重大战略来实施。在内部建立了科学的管理制度，以制度保证产品质量；通过运行ERP和OA，实现了扁平化管理，做到了事前控制；强化了“质量是企业的生命”、“生产现场就是市场，下道工序就是客户”的意识和“如履薄冰，如临深渊”的忧患意识，充分发挥企业专业及资源优势，从源头上提高产品的质量，进而提升了品牌形象。公司更注重提升机电液一体化技术，通过新工艺、新技术、新材料不断解决工程技术中的瓶颈问题，弥补现有产品的不足，将老产品改造成为更节能、更安全、更舒适、更智能的新产品，以更好地服务于油田、矿山工程机械以及轨道车等领域。

与此同时，公司适时进行市场调查研究，积极了解用户愿望，独立开发的新产品BY920、BY2000深受客户的青睐，在2009年的销售收入中贡献率达40%。公司开展产学研联合，进一步加大了产品和技术创新力度。与高校合作开发的电液控制系统已在昆明铁路上进行跑车试验,该项目的成功,将扭转国产大功率液力变速器的电控系统长期依靠国外的局面。可用于军用领域的液力变速器现已制造出两台样机,正在加紧进行各项参数试验。公司现正加大人力、财力、物力的投入,加紧研制世界最先进的大功率智能液力变速器。

通过近几年的自主创新,公司掌握了很多关键技术,先后申请专利 25 项,授权专利 13 项,其中 3 项授权发明专利。

四、加强人才培养,强势打造专业优势

大功率液力变速器涉及到机械、电子、液压及自动控制等多个技术领域,而人才是企业发展的原动力,创新更需要人才。近几年,公司通过校企合作、送出去、请进来等多种途径培养专业人才,其中硕士 11 人。

多渠道打造专业优势:积极与用户沟通,了解用户需求,与用户学习和交流,充分掌握整机的使用、配套性能,不断改进产品;加强与国内研究所、高校和企业间的合作;聘请相关专业的 5 位博士和 1 位国家级专家作为企业的技术专家,解决产品的关键技术难题。

五、科学发展,做大做强

凯星公司坚定不移地走创新之路,以市场为导向,不断改进产品结构,调整产品市场结构,以大功率液力变速器为主业,兼顾航天产品,积极拓展国际市场,不断实现军民互动,企业进入良性发展轨道。公司将继续加强产学研合作与交流,提升产品技术进步,推进产品向"形体小型化、功率大型化、控制智能化、品种系列化、产量规模化、应用领域多元化"的方向发展,引领国内整个大功率液力变速器行业不断发展、不断创新。

〔供稿单位:贵州凯星液力传动机械有限公司〕

中国石油石化设备工业年鉴2009

标准和认证

详细介绍石油钻采设备和工具在2008年标准化方面取得的成就

标准和认证

中国石油装备标准化概述

我国石油装备制造业是油气产业链中不可或缺的重要环节，历经50多年发展，已经形成了比较完整的产业体系，为我国石油工业的崛起和发展立下汗马功劳。2006年，行业规模以上制造企业已达到1 019家，工业总产值739.64亿元，同比增长42.36%。其中，进出口总额93.16亿美元，进出口顺差42.24亿美元。2006年全行业出口交货值首次突破百亿元，其中钻采设备行业出口占70.3%。目前，我国石油装备门类比较齐全，规格、品种基本能满足陆上石油勘探开发的需求。从生产能力、产量、产值、生产的品种规格和从业人员等方面衡量，我国已成为石油装备制造大国，并在世界石油装备生产中占有一席之地。

我国石油装备标准化工作作为石油装备制造业重要的组成部分，为其发展起到了积极的技术支持与推动作用。

一、我国石油装备标准化发展历程

1948年，史久光先生第一次将美国石油学会(API)标准带回国内，由玉门油矿机械厂参照试行，开创了我国石油装备制造业标准化的新纪元。我国石油装备制造业标准化经过起步探索阶段(1950~1978年)、成长壮大阶段(1979~2000年)，目前已进入国际接轨阶段。

20世纪50年代初期，我国石油装备制造业刚刚起步，主要由石油钻采设备制造厂收集API和苏联相关标准，参考制定零、部件生产用标准和部分工厂标准。1958年，石油工业部组织在石油钻采设备设计和产品加工中开展标准化工作，并着手制定石油钻采设备产品行业标准。到1978年，我国已制定了SYB 10004—1963《螺旋焊缝电焊钢管》、SYB 13101—1963《抽油杆及接箍》等约70项相关石油装备标准，为我国石油装备标准化的发展打下了良好基础。

20世纪70年代末、80年代初，我国石油装备标准制定、修订工作由技术归口单位管理向标准化技术委员会负责转变，并取得了实质性进展。原石油工业部最先组织成立了石油与天然气勘探开发设备和材料标准审查委员会。1984年，原石油工业部组织成立了石油工业标准化技术委员会后，又相继成立了油气田设备与材料、石油仪器仪表、石油管材、石油钻井和采油采气等与石油装备有关的专业标准化技术委员会。1987年我国成立了全国石油钻采设备和工具标准化技术委员会(SAC/TC96)。自此，我国石油装备制造业组成了一支技术专家和标准化专家队伍，分专业、有系统地开展了石油装备设计、制造和使用等方面的国家标准、行业标准制定、修订工作，逐步形成了我国石油装备标准体系。截至1999年，我国石油装备制造业共制定、发布国家标准和行业标准近450项，有力地规范了石油装备市场，促进了石油装备制造业的发展，为我国石油装备“走出去”打下了坚实基础。

进入21世纪后，全球经济一体化进程加快，我国加入WTO。为适应我国石油工业重组改制后的发展，我国石油装备标准化工作向市场导向、协商一致、国际接轨的方向发展。一是石油装备标准化组织进行了重组和机制改革，成为由国内各利益方主导、各界专家参与、协商一致的开放式组织。二是重视并加强了石油装备在系统性、配套性和安全性等方面的标准化工作，标准由单一零部件标准通过整合向模块化、系统性标准发展，使标准更能满足我国石油装备和装备技术的发展要求。三是加快了我国石油装备标准与国际接轨的步伐，“国际标准本国化和本国标准国际化”的国际标准化战略正稳步实施，采标工作重点已由采用 API 标准向采用 ISO 标准转移，中英文双语版标准受到我国勘探开发“走出去”队伍的欢迎并逐步得到国外合作方的认可。

经过 50 多年的努力，我国石油装备标准化从无到有，从国内到国际，已形成较完善的石油装备标准体系，有力地推动了我国石油装备与技术的发展，同时也为我国石油装备走向国际和对外油气勘探开发合作提供了坚实的技术支持。

二、我国石油装备标准化组织及标准体系

1. 我国石油装备标准化组织

我国石油装备标准化组织经过 50 多年的发展与重组，形成了以全国石油钻采设备和工具标准化技术委员会（SAC/TC96）为主体，以石油工业标准化技术委员会（CPSC）下属的石油管材、海洋石油工程、石油仪器仪表和石油工程建设等相关专业标准化委员会（TC）为补充的标准化组织体系，覆盖我国石油天然气勘探开发设备、海上结构等各个专业领域。SAC/TC96 与 CPSC 各专业委员会（TC）之间以及 CPSC 各专业委员会（TC）之间，通过 CPSC 协调，广泛开展标准制修订合作，与 ISO/TC67 分技术委员会（SC）具有一一对应关系。我国石油装备标准化组织见图 1。我国石油标准化组织与 ISO/TC67 对应关系见图 2。

作为我国石油装备制造业最重要的标准化组织——全国石油钻采设备和工具标准化技术委员会（SAC/TC96）是由国家标准化管理委员会管理的技术委员会。自 1987 年成立以来，一直承担着我国石油天然气物探、钻井、采油生产用设备及工具等的标准化技术归口工作，其主要任务是制定我国石油天然气勘探开发装备的产品标准和操作、维护规范。委员会由中国石油、中国石化、中国海油和中国机械工业联合会联合组成，委员主要是来自石油装备制造企业、油田用户和研究院所的技术专家、标准化专家。标委会下设 7 个直属专业标准化工作部，即钻机工作部、车载工作部、井控工作部、动力工作部、井下工具工作部、井口与采油树工作部和采油设备工作部。每个工作部由来自石油装备制造企业和油田用户的约 20 名技术专家组成，具体负责本专业领域的标准制定、修订工作。SAC/TC96 组织结构见图 3。

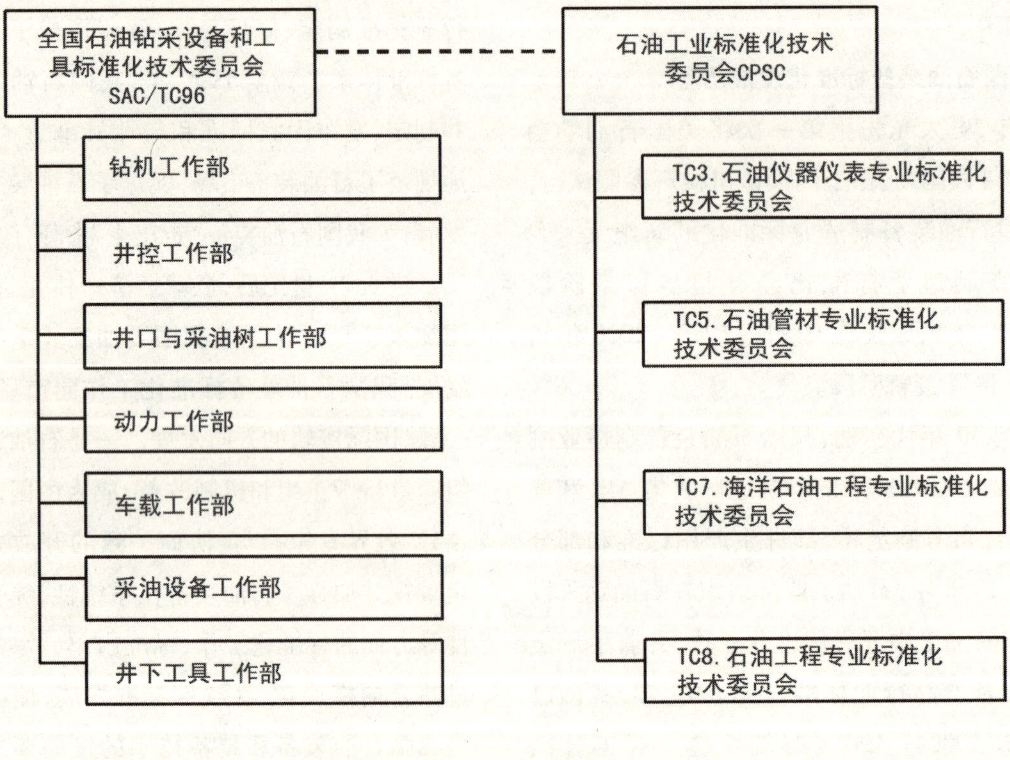

图 1　我国石油装备标准化组织

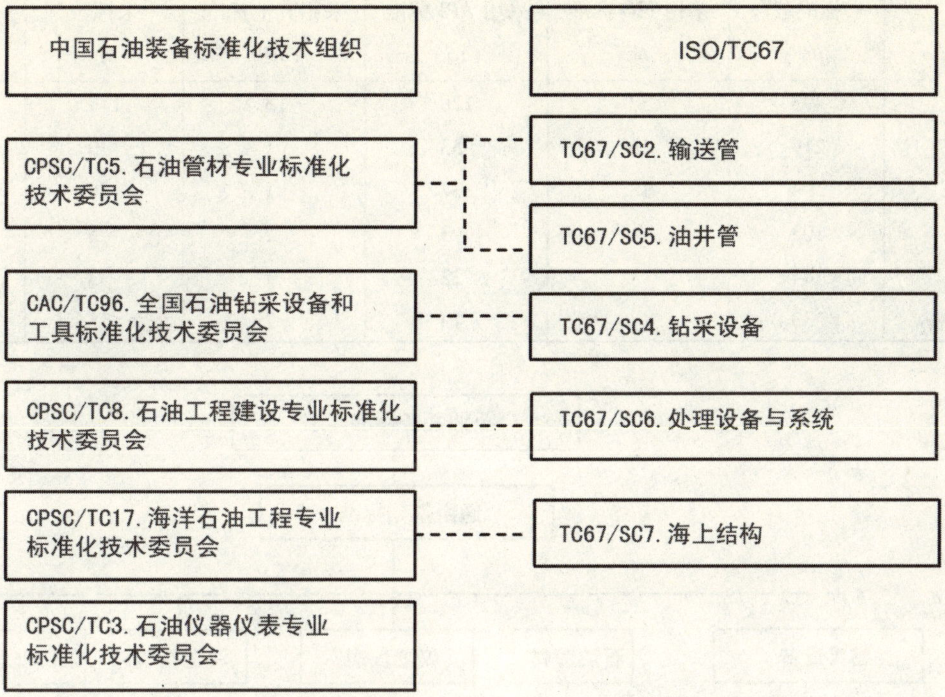

图2　我国石油标准化组织与ISO/TC67对应关系

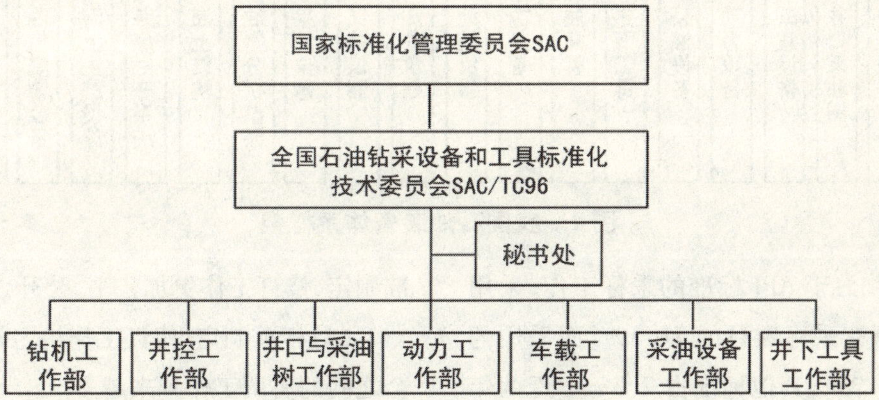

图3　SAC/TC96组织结构

2.我国石油装备标准及标准体系

截至2008年6月,我国共制定发布石油装备标准共493项,其中,钻采设备及工具219项、石油管材标准94项、仪器仪表标准103项、油田处理设备标准33项、海上结构标准44项,基本形成了覆盖我国石油天然气勘探开发、油气储运等各个专业领域的石油装备标准体系,重要石油装备都已采用了国际标准和API标准。按层次结构分类,我国石油装备标准体系可分为四层结构:第一层为石油装备各个专业的通用基础标准,第二层为石油装备各个专业的通用标准,第三层为各专业设备核心标准(门类标准),第四层为围绕核心标准的配套标准(个性标准)。我国石油装备现行标准见表1。我国石油装备体系框架见图4。

表 1　我国石油装备现行标准

专　业	标准数（项）	采用 ISO 标准（项）	采用 API 标准（项）	采用其他标准（项）	采标数（项）	采标所占比例（%）
总　计	493	38	128	13	179	36.3
钻采设备及工具	219	16	53	1	70	32.0
石油管材	94	18	37	1	56	59.6
仪器仪表	103		3	2	5	4.9
海上结构	44	4	22	7	33	75.0
油田处理设备	33		13	2	15	45.5

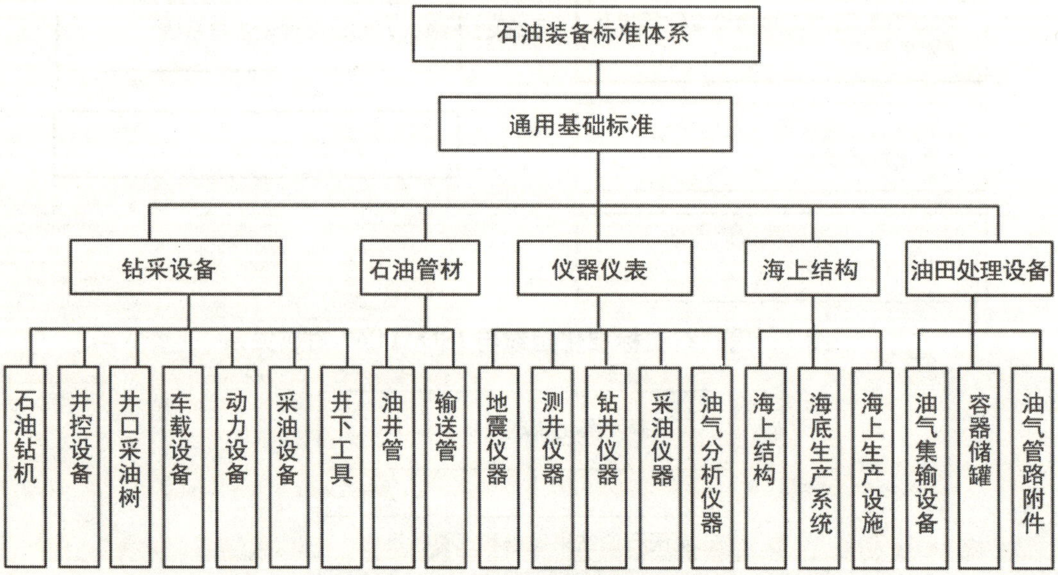

图 4　我国石油装备体系框架

我国一直致力于 API 标准的采标工作，采用的 API 标准占所有采标项目的 71.5%，而采用的 ISO 标准只占 21.2%，其他标准占 7.3%。近两年来，我国石油装备制造业加大了采用 ISO 标准的力度，2008 年计划采用的 ISO 国际标准有 45 项。

三、我国石油装备标准化工作主要成绩

1. 创建以龙头企业为主体的工作机制，促进了装备标准化又好又快发展

进入 21 世纪，装备制造业和油田用户对石油装备标准的需求越来越强烈，参与技术委员会标准化活动和标准制修订工作的积极性越来越高，技术委员会的管理工作和运行机制面临新的挑战：

（1）标准制定、修订项目多、工作量大。

（2）标准的系统性、适用性和质量要求更高。

（3）装备制造业和油田用户的广泛参与要求标准制定、修订工作更加公平、公开、协商一致。

（4）标准制定、修订工作组之间，归口技术委员会之间的协调工作越来越多。

为此，石油工业标准化技术委员会、全国石油钻采设备和工具标准化委员会从 2000 年开始，经过几年的探索、研究，逐步形成了一套较完善的创新工作机制。

（1）建立了标委会秘书长办公会制、主任委员办公会制和委员会年会制等标委会管理工作机制。

（2）建立了立项审查与协调、起草工作组、专家审查和委员表决等标准制定、修订工作机制。

（3）全国石油钻采设备和工具标准化技术委员会按石油钻采设备分类建立了钻机、井控、井口与采油树、动力、车载、井下工具和采油设备等 7 个直属标准化工作部，分别由各专业领域的龙头企业牵

头承担，协助标委会秘书处开展标准前期研究，标准制定、修订和标准宣贯工作。

这些协商机制和技术保障机制，确保了技术委员会各相关方的利益，提高了标准的系统性、适用性和质量，保证了我国石油装备标准化工作实现又好又快发展。

2. 加强石油装备标准和标准体系研究，标准的系统性、配套性显著增强

当今世界装备制造业的发展呈现出国际化、集群化、信息化、品牌化的发展趋势，而石油装备技术也向成套化、模块化、机电一体化和节能环保方向发展。近几年来，随着国际油价高企，石油装备市场需求猛增，我国石油装备制造的技术水平快速发展，新技术、新产品、新工艺推陈出新，对石油装备标准的系统性、配套性和通用性提出了更高要求。为此，全国石油钻采设备和工具标准化技术委员会以及石油工业标准化技术委员会所属各相关专业标准化技术委员会相继开展了石油钻机标准体系、潜油电泵标准体系、井控系统标准体系和石油管材标准体系等石油装备标准体系专题研究和体系制定工作。对我国石油装备各专业领域已有或拟定的技术标准根据内在联系，按照简化优化、先进适用、系统配套、层次分明等原则进行分析研究，有机地排列组合，形成一套科学的体系结构和体系表，以规划和指导技术委员会的标准制定、修订工作。

(1)对现有石油装备标准按其产品功能和组成的系统，整合并重新划分归类。

(2)从石油装备模块化、一体化的角度，提出了主要石油装备标准的项目建议。

(3)将一些新技术、新产品纳入到标准或标准体系之中。

(4)大量采用了ISO和API标准。

例如，全国石油钻采设备和工具标准化技术委员会在石油钻机标准体系研究的基础上，制定了我国石油钻机标准体系。我国石油钻机标准体系共分8个门类，45项标准。其中，主导标准12项，配套标准33项；采用ISO或API标准19项，占标准体系总项数的42.2%。体系研究的作用如下：

(1)将钻机提升系统、井架底座、动力与传动系统、井控系统、钻井液循环系统以及辅助设备作为一个大系统，用系统论方法进行分析、研究，提出并制定了《石油钻机配置规范》、《石油钻机技术规范》和《石油钻机用电气设备规范》等核心标准，对钻机提出了整体技术性能要求，以适应成套石油钻机的模块化设计、制造和检验的需要。

(2)与国际标准接轨，改变了我国按井深设计钻机的传统观念，使用按钩载设计钻机的国际通用做法，并采用了一批系统性和技术水平较高的ISO标准和API标准，如ISO 13535《钻井和采油提升设备规范》、ISO 13533《钻井和采油设备　钻通设备》、API 7K《钻井和修井设备规范》等。

(3)提出并制定了《石油钻井用顶部驱动装置》和《石油钻机用盘式刹车》等一批新技术装备标准。

(4)强化了石油钻机标准的综合性和配套性，标准项数由过去77项减少到45项，增强了个性标准的通用性。

(5)从安全、节能和环保等方面对钻机设计、制造和使用提出了配套的检测和控制技术规范。

比如，2006年开展的潜油电泵标准体系研究，采用了API和IEEE潜油电泵系列方法标准，将23项相关标准整合成13项标准，形成了以《潜油电泵》为核心标准、12项配套标准的潜油电泵标准体系，解决了长期以来我国潜油电泵产品标准与API潜油电泵方法标准不融合问题，从系统的角度规范了我国潜油电泵的设计、制造和检验，方便了油田用户的选用、采购和维护。

3. 积极开展国际标准跟踪、研究和采标，加快我国石油装备国际化进程

我国石油装备国际标准化工作已成为我国石油装备制造业“走出去”战略的桥梁和重要技术支撑。全国石油钻采设备和工具标准化技术委员会以及石油工业标准化技术委员会所属各相关专业标准化技术委员会于2001年提出并实施了“国际标准本土化和本国标准国际化”的国际标准化战略，相继制定了《“十五”期间ISO、IEC国际标准转

化计划》、《2003～2005年石油天然气行业标准采标计划》、《2003～2005年石油天然气行业中英双语版标准计划》和《2005～2007年石油及石化装备制造业标准化发展规划》，加快了我国石油装备标准与国际接轨的步伐。

（1）组织相关技术委员会、国际标准国内技术对口单位和装备制造企业，形成我国石油装备国际标准化工作网络，积极参与国际标准化活动和API标准化活动，及时跟踪、翻译ISO和API标准，并结合我国石油装备制造发展情况进行适用性分析、试验验证和转化工作，引进了许多国外先进技术和先进做法，对我国石油装备技术水平和国际市场竞争力的快速提高起到了重要的技术支持作用。到目前为止，采用ISO和API标准179项，采用标准数占现有标准数的36.3%。其中，对重点ISO标准和API标准实行同步立项、同步起草、同步发布，如ISO 10422《石油天然气工业　套管、油管和管线管螺纹的加工、测量和检验》、ISO 3183（API Spec 5L）《石油天然气工业　管道输送系统用钢管》、ISO 14693《钻井和修井设备规范》等；对所急需的涉及健康、安全、环保的ISO、API标准和操作规范及时进行验证和转化，如ISO 13533《石油天然气工业　钻井和采油设备　钻通设备》、ISO 15156《石油天然气工业　油气开采中用于含硫化氢环境的材料》、API RP 55《含硫化氢的油气生产和天然气处理装置作业推荐作法》等；对于不适应我国法律法规的标准或技术条款有选择地采用或修改采用，确保了采用国际标准和API标准转化后的适用性。

（2）以我国石油装备技术专利和自主知识产权作为技术支撑，制定了一批具有中国特色的石油装备技术标准，如《石油钻井用顶部驱动装置》、《石油钻机用电气设备规范》、《石油钻机用盘式刹车》、《游梁式抽油机》、《潜油电泵》、《石油钻机用柴油机偶合器机组》等十几项标准。在满足国内石油装备制造业发展需求的同时，组织相关企业编写国际标准提案，为实质性地参与国际标准的制定做好了技术准备。

（3）开展了石油装备中英文双语版标准的制定、修订工作，已制定《石油钻机用柴油机偶合器机组》等22项中英文双语版标准，积极支持了我国石油工程技术队伍和石油装备"走出去"战略。

四、我国石油装备标准化下一步发展思路

发展基本思路：以市场为导向，以国际化为目标，以信息化为手段，全面实施国际标准化战略，积极采用国际标准和国外先进标准，以龙头制造企业为主体，大力推进新技术和新装备的标准转化和标准国际化，进一步加快我国石油装备标准与国际标准接轨的步伐；以系统配套、安全互换为标准制定、修订原则，推进我国石油装备模块化发展，大力提高我国石油装备产品的国际竞争力。

下一步工作重点：

1. 加快我国石油装备主导产品的国家标准制定、修订工作

发挥我国石油装备制造业龙头企业和研究院所的作用，将部分重点产品的行业标准提升转换成国家标准，将具有我国自主知识产权的石油装备新技术和新产品制定成我国国家标准。如成套地震数据采集系统和数字检波器等物探装备，自主研发的EILog成套测井装备、成像测井仪和随钻测井等测井装备，超深井钻机、电驱动钻机、顶部驱动装备、近钻头地质导向装置和欠平衡钻井等钻井装备，节能、环保、高效的采油设备，X80、X100大口径高钢级钢管、抗硫化氢油井管、连续油管以及可膨胀套管等。

2. 加快采用国际标准和国外先进标准的步伐

目前与石油装备有关的国际标准104项，正在修订的有27项，正在制定的35项。而我国只采用了38项，采标率36.5%，与我国要求的90%国际标准采标率还有很大差距。要发挥国际标准国内技术归口单位作用，组织相关专家组成国际标准一一对应的跟踪工作组，加强国际标准的跟踪、研究和投票，及时反馈我国石油装备制造业的立场和意见，减少或降低采标的难度，将现有国际标准按计划尽快转化成我国国家标准。

3. 实质性参与国际标准的制定、修订工作

我国石油装备制造业经过50多年的发展，在物探装备、测井装备、钻井装备和采油装备等方面积累了很多先进经验和先进做法，特别是近几年，发展了很多新装备和新技术，已形成了我国的国家标准或行业标准。要将这些标准形成国际标准提案，承担和参与国际标准的制定、修订工作，如游梁式抽油机、顶部驱动钻机和电动潜油泵等。

4. 继续制订中英文双语版标准

我国已成为石油装备制造大国，在世界石油装备生产中占有一席之地，每年出口石油装备40多亿美元，我国在国外的石油工程作业队伍达到700多个，使用的都是我国石油装备。因此，中英文双语版标准的制定、修订刻不容缓，需要有选择地将部分石油装备标准转化为中英文双语版，在为我国石油装备和石油工程作业队伍提供技术支持的同时，向国外推介我国的石油装备标准。

5. 开展国际间的标准化技术交流和合作

特别要开展与ISO、OGP、API以及国际大石油公司的标准化技术交流与合作，充分发挥我国石油装备标准化组织在国际、国内石油装备制造业之间的桥梁和纽带作用，减少或消除国际贸易中的技术壁垒，提高我国石油装备制造业的国际竞争力。

〔本文摘自高圣平秘书长在石油装备标准化国际研讨会的报告〕

石油井控装备标准体系研究

随着国内外石油勘探开发的发展，石油装备市场对井控装置的要求越来越高，市场竞争日趋激烈，井控装备的技术含量已成为占领市场的关键，市场的竞争已在很大程度上演变为标准的竞争。近几年，我国井控装备的设计制造技术取得了长足的发展，其核心设备防喷器及防喷器控制装置、节流压井管汇等已基本具备了全部国产化的条件，并已开始出口创汇。目前，世界上生产井控装备的国家主要有美国、独联体、罗马尼亚和中国，美国生产时间最长，品种最多，技术性能始终领先，其中相关标准起到了非常重要的作用。在我国，由于历史和技术的原因，现行的井控装备标准体系和标准内容仍然存在许多滞后和不合理的地方，与石油井控装备的快速发展和钻井安全对标准的要求不适应。

一、石油井控装备的现状及发展趋势

(一)国外石油井控装备的现状

美国在设备制造、配套、产品性能、材料级别、产品耐腐蚀性、橡胶件及密封可靠性等方面普遍高于国内水平。在主体设备防喷器的结构形式和生产上，仍以Hydrill、Cameron和Shaffer为代表，其品种规格非常齐全，所能实现的功能也多。但国外也有很多的生产厂家，质量同样参差不一。

(二)我国石油井控装备的现状

根据SY/T 5964—2006《钻井井控装备组合配套、安装调试与维护》，井控装备主要由三大类组成：

(1)井控装置：防喷器及防喷器控制装置、钻井四通、套管头；

(2)井控管汇：节流与压井管汇、防喷管汇和放喷管线；

(3)其他井控装置：钻具内防喷工具、钻井液池液面检测仪、钻井液自动灌注系统、钻井液液气分离器、钻井液除气器、点火装置；

(4)井控作业专用设备：自封头、旋转防喷器、强行起下钻装置、灭火装置、带压密封钻孔装置、水

力切割工具、导流器。

按其功能可概括为监控仪器(用于地面监测与井下监测),控制设备(用于环形空间与钻具内防喷)和处理设备(用于常规处理与特殊处理)三大类。

我国的井控装备研制较晚,与国外技术水平相比,仍有一定差距。目前,国内生产主要井控装备及其配件的生产厂在40家以上,其中有35家防喷器或其控制装置生产厂取得了全国工业生产许可证办公室颁发的生产许可证,其中大部分厂家相继通过了ISO 9000和(或)API认证。其他井控装备生产厂也于近两年通过了ISO 9000和(或)API认证。国内井控装备主体设备生产则主要集中在宝鸡石油机械有限公司、华北石油荣盛机械制造有限公司、四川石油管理局装备公司、江苏信得石油机械有限公司和上海神开石油化工装备股份有限公司等制造商。井控装备市场竞争日趋激烈,也极大地促进了国内井控装备相关标准的细化与提高。在此基础上,井控装备在设计、生产上皆取得了长足进步,内在质量、外观质量有了很大提高。

1. 防喷器

防喷器技术没有像其他技术一样发展迅速。在体积减小、质量减轻而材料性能持续提高的同时,防喷器设计仍然遵循着闸板式防喷器的基本原理。其中,环型防喷器结构形式变化不大,闸板防喷器技术发展相对较快,大口径高压防喷器研制生产起步较晚,主要承压件壳体等精炼钢毛坯铸锻造工艺还不够完善,在一定程度上影响了防喷器的安全稳定性。目前国内拥有生产全系列钻井用防喷器的能力,产品分手动、液压控制方式,通径103~540mm,压力等级21~105MPa,类型包括环形、单闸板、双闸板、三闸板和剪切闸板。

2. 防喷器控制装置

国内生产防喷器控制装置的厂家主要有北京石油机械厂、广州石油机械厂和上海神开石油化工装备股份有限公司等厂家。生产的电控液、液控液及混合控制的防喷器控制装置系列产品,包括18个系列30多种型号,可控制1~14个对象,能分别或同时满足控制环形防喷器,单、双闸板防喷器和液动阀的开关动作需要。北京石油机械厂研制的FKQ1440—14型防喷器控制装置,具有双电动泵和4个气动油泵,是国际同类产品中控制对象最多的控制装置。

3. 节流压井管汇

节流压井管汇已实现标准化,常用的有21MPa、35MPa、70MPa、105MPa 4个压力级别。按压力级别分为I、II、III类,其中70 MPa和105 MPa节流压井管汇的结构采用同一种形式,属于I类节流压井管汇(目前用户订购的节流压井管汇形式五花八门,逐步向105MPa与70MPa采用不同结构的方向发展)。

铸造阀体逐步改由锻造代替,材料由普遍采用的35CrMo逐步改为25CrNiMo,部分厂家已具有生产高抗硫节流压井管汇的能力,形式也由原来单一的单级节流压井管汇变为双级、多级等形式。

4. 旋转防喷器

旋转防喷器是用于负压、泡沫或空气等钻井条件下的动密封装置。它与液压防喷器、钻具止回阀和不压井起下钻加压装置配套后,可安全地进行带压钻进与不压井起下钻作业。我国各油田相继成功应用的欠平衡钻井技术,所使用的旋转防喷器绝大多数都是进口产品,如中原油田使用的是Varco公司的shaffer旋转防喷器,新疆塔里木油田使用的是Williams公司的7000型旋转防喷器。四川石油管理局在20世纪60年代就开始设计生产了低压旋转防喷器,并应用于“边喷边钻”现场或气体钻井。后来,为满足现场施工要求,结构和功能不断改进。目前,在用的主要产品有FX23/7B、FX28/7B和FX35/7B三种,通径分别为ϕ228.6 mm、ϕ279.4 mm和ϕ346.1 mm,压力级别有3.5 MPa、5.0 MPa和7MPa。中国石油集团川庆钻探工程有限公司钻采工艺技术研究院研制出型号为FX35—10.5/21—99的旋转防喷器。

(三)我国石油井控装备存在的差距

我国石油井控装备在总体质量、技术水平上与国际水平相比,存在的差距主要表现在安全可靠性、结构设计、材料选择及制造工艺三个方面。

国内总体制造水平仍与国外存在一定差距，因此井控装备安全可靠性方面的隐患还不能消除；结构设计中的技术盲点、可选择材料、制造工艺、热处理工艺、冶炼技术等因素都制约着产品整体性能。

(四)石油井控装备的发展趋势

目前国内外井控装备呈以下态势：

1. 重点提高井控装备及零部件使用可靠性

确保井控装备在一口井使用中不能失效，确保井控装备功能满足井控工艺的要求，确保井控装备在使用中操作方便灵活。

2. 提高井控装备自动控制技术水平

发展智能控制技术(重点在压井控制)，采用计算机数据采集及存储技术，编制井控装备自动控制软件。

3. 提高井控装备安装、维修技术水平

加快井队安装效率，加快井队换装零部件效率，购进先进维修设备提高维修可靠性(增加喷焊等设备)，将现有维修改进为预防性维修，提高检测井控装备技术水平。

4. 加强在役设备检测

采用残余变形测试及声发射检验技术，改进现用设备试压检验方法(检测漏失部位、气密封检测等)，采用石油设备整机高低温试验技术、钻采设备整机抗腐蚀性能评价技术、旋转防喷器及钻头动态性能检测技术、防喷器状态监测技术。

二、石油井控装备标准体系的现状及发展趋势

(一)我国石油井控装备标准体系与 ISO 和 API 标准体系的对比

1. ISO 在井控装备标准方面的现状

按照 ISO 国际标准化组织机构划分，与石油工业直接有关的有 3 个技术委员会，其中设备类标准归口 ISO/TC67 石油、石化和天然气工业用设备材料及海上结构技术委员会，该技术委员会又下设 6 个分技术委员会，而直接负责井控有关标准的是 TC67/SC4 钻采和采油设备标准化分委员会和 TC67/SC7 海上结构分委员会，ISO 石油井控装备标准体系见图 1。

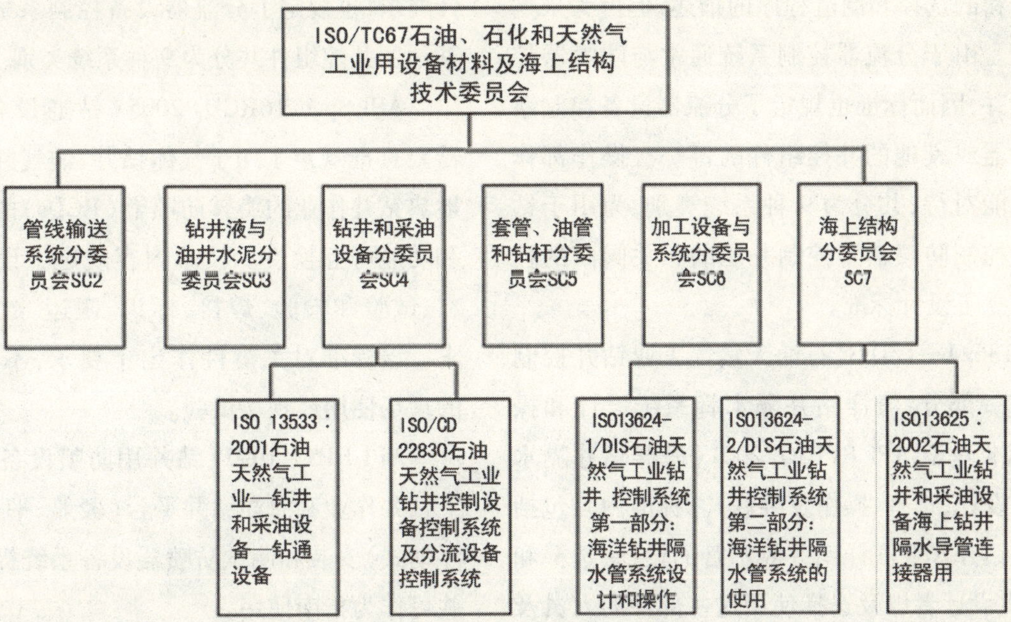

图 1　ISO 石油井控装备标准体系

2. API 在井控装备标准方面的现状

美国石油学会(American Petroleum Institute)简称 API，成立于 1919 年，是美国工业主要的贸易促进组织。API 是美国石油天然气工业领域的行业协会，又是一个集石油勘探、开发、储运和销售为一体的行业协会性质的非营利机构，成员来自石油天然气各方面的业界代表。API 规范具有先进性、通用性和安全性，随着美国石油产业在世界范围内的影

响力不断扩大，已经为世界各国广泛采用。API 制定的标准共有 17 个系列，其中涉及井控装备的标准包括在 16 系列中，共有相关规范和推荐作法 7 项，海上井控装备标准 3 项。

3. 国际和国外井控装备标准内容结构

（1）ISO 井控装备标准。包括 5 项：

ISO 13533：2001《石油天然气工业　钻井和采油设备　钻通设备》：该标准修改采用 API Spec 16A，第二版，钻通设备规范，用来规定石油天然气工业用钻通设备的安全和互换功能的有效性。该标准规定了用于油气井的钻通设备的性能、设计、材料、试验和检验、焊接、标记、搬运、贮存与运输的要求，同时对标准提到的设备的工作条件，如压力、温度和井内液体等也进行了规定，但不适用于钻通设备的现场使用和现场试验。

ISO/CD 22830《石油天然气工业钻井控制设备控制系统及分流设备控制系统》：该标准基于 API SPEC 16D：2004《钻井控制设备控制系统规范》。标准规定了钻井过程中用于控制井压的防喷器、阀门的主控制系统、辅助控制系统及部件的设计要求，不包括材料的选择和制造程序的描述，但可为采购提供参考。由于分流器控制系统通常与防喷器控制系统合并，因而标准也规定了分流器设备控制系统。防喷器或其他的井控组件的每一次操作都作为控制功能对待，共分为 9 种系统类别，为用于钻井作业中控制防喷器及控制井压的相关阀门的控制系统建立了设计标准。

ISO 13624—1/DIS《石油天然气工业钻井控制系统　第一部分：海洋钻井隔水管系统设计和操作》：该标准基于 API RP16Q：2001《海洋钻井隔水管系统的设计、选择、操作及维修》。标准内容包括用于浮动钻井作业海洋钻井隔水管的设计、选择和操作，可供设计者以及选择使用这些部件的人员及使用该类设备的人员参考。

ISO 13624—2/DIS《石油天然气工业钻井控制系统　第二部分：海洋钻井隔水管系统的使用》：该标准基于 API RP16Q：2001《海洋钻井隔水管系统的设计、选择、操作及维修》。标准内容包括用于浮动钻井作业海洋钻井隔水管的使用和操作。

ISO 13625：2002《石油天然气工业钻井和采油设备 海上钻井隔水导管接头》：该标准基于 API Spec 16R：1997《海洋钻井隔水管接头》，规定了海洋钻井隔水管连接器的设计、负载、制造以及测试。

（2）API 井控装备标准。共包括 10 项：

API Spec 16A：2004《钻通设备规范》：标准规定了石油钻井和修井用防喷器设备的性能、设计、材料、试验及检验、焊接、标志、操作、贮存和运输的要求，适用的设备包括闸板和环形防喷器、钻井四通和卡箍等。

API Spec 16C：1993《节流和压井系统规范》：标准提供用于钻井和气井的有关安全及可交换功能的地面及井下节流和压井设备，尚未具体提及的部分应采纳本规格可适用部分内容。标准的技术部分规定了性能、设计、材料、焊接、测试、检验、储存及运输方面的最低要求。

API Spec 16D：2004《钻井控制设备控制系统规范》：标准规定了钻井过程中用于控制井压的防喷器、阀门的主控制系统、辅助控制系统及部件的设计要求，也规定了分流器设备控制系统。防喷器或其他的井控组件共分为 9 种系统类别。

API Spec 16RCD：2005《钻通设备 旋转防喷器》：标准规定了用于气体钻井、油气井钻井作业和地热钻井作业的旋转防喷器（RCDs）的安全有效性和功能可互换性。技术内容规定了设计、性能、材料、试验和检验、焊接、标识、搬运、贮存和运输要求。该标准对关键件作出了要求，不适用于 RCD 的现场使用或现场试验。

API RP53：1997《钻井用防喷设备系统》：为陆上钻井作业和海洋钻井平台（驳船、平台、坐底式和浮动式）安装和测试防喷器设备系统提供有用信息并可作为指南使用。

API RP59：2006《井控操作推荐作法》：为安全井控操作提供了义务的行业指南信息。该标准作为井控方面专业的辅助教材以及指导井控原理的技术资源，制定了在井涌前保持井压的推荐作法以及在井涌过程中应采取的推荐措施。

API RP64: 2001《分流器系统设备及作业》: 地面及水下分流器系统及部件，包括陆地设施、底部支撑海上设施、海上浮动设施及海上浮动的设计、控制、操作程序及维修。

API Spec 16F: 2004《海洋钻井隔水管设备》: 为用于连接海上防喷器(BOP)烟囱的海洋钻井隔水管设备的设计、生产、装配作业和质量建立标准。该规范包括以下海洋钻井隔水管系统中的主要子系统：隔水管张紧器设备，挠性接头、球接头，节流管线、压井管线和辅助管线，用于挠性接头、球接头的披盖软管和转移管线，伸缩接头(滑动接头)和拉紧环，隔水管接头，浮力设备，隔水管设备，特殊隔水管系统组件，隔水管接头。

API RP16Q: 2001《海洋钻井隔水管系统的设计、选择、操作及维修》: 包括用于浮动钻井作业海洋钻井隔水管的设计、选择、操作及维修。

API Spec 16R: 1997《海洋钻井隔水管接头》: 海洋钻井隔水管连接器的设计、负载、制造以及测试。

4. 我国石油井控装备标准

近年来，我国井控装备生产、检测单位和用户借鉴国际标准和国外先进标准，并结合我国实际情况，制定、修订了井控装备的各级标准。各生产企业也结合产品开发和新技术应用等情况，编写了部分企业标准，这些工作有力地推动了我国井控装备技术标准和标准化工作的发展。经过多年的努力，制定、修订的与井控装备有关的标准基本配套。其中，国家标准 1 项，行业和集团公司企业标准 12 项，其中等同或修改采用 ISO 或 API 标准的 5 项，现有的 API 标准采标率为 50%。我国井控装备标准见表 1。

表 1　我国井控装备标准

序号	标 准 代 号	标 准 名 称	与 ISO、API 的对应关系	备注
1	GB/T 20174—2006	石油天然气工业　钻井和采油设备　钻通设备	ISO 13533: 2001, MOD	
2	SY/T 5053.2—2008	井控设备控制系统及分流设备控制系统规范	API Spec 16D: 2004, IDT	
3	SY/T 6160—2008	防喷器的检查与修理		
4	SY/T 5215—2005	钻具止回阀		
5	SY/T 5323—2004	节流与压井系统	API Spec 16C: 1993, IDT	
6	SY/T 5443—2001	地面防喷器控制装置专用液压气动组件		废止
7	SY/T 5525—1992	旋转钻井设备 上部和下部方钻杆旋塞阀		
8	SY/T 5964—2006	钻井井控装置组合配套、安装调试与维护		
9	SY/T 6616—2005	含硫油气井钻井井控装置配套、安装和使用规范		
10	SY/T 6667—2006	分流器系统设备及作业推荐作法	API RP 64: 2001, IDT	
11	SY/T 6730—2008	钻通设备 旋转防喷器	API Spec 16RCD: 2005, IDT	
12	SY/T 6731—2008	不压井作业装备		
13	Q/CNPC 41—2001	防喷器判废技术条件		

GB/T 20174—2006《石油天然气工业　钻井和采油设备　钻通设备》: 该标准修改采用 ISO 13533: 2001《石油天然气工业　钻井和采油设备　钻通设备》。标准规定了石油钻井和修井用防喷器设备的性能、设计、材料、试验及检验、焊接、标志、操作、贮存和运输的要求，并将 API Spec 16A 中修改的部分纳入，适用的设备包括闸板和环形防喷器、钻井四通和卡箍，不适用于钻通设备的现场使用和现场试验。

SY/T 5053—2008《井控设备控制系统及分流设备控制系统规范》: 标准等同采用 API SPEC 16D《钻井控制设备控制系统规范》。

SY/T 6160—2008《防喷器的检查与修理》: 作为《石油天然气工业　钻井和采油设备　防喷器》标准的配套标准，对在役防喷器检查、维修和判废提供了指南和确定的技术要求，标准中规定的性能、设计、材料、焊接、试验、检验、贮存和运输的要求为最低要求。主要包括的设备有驱动阀控制管线、铰接式柔性和刚性节流和压井管汇、节流阀驱动器、节流阀、活接头等。

SY/T 5215—2005《钻具止回阀》：标准规定了钻具止回阀的产品分类与命名、技术要求、试验方法和检验规则、标志、包装、贮存及运输的要求，适用于石油、天然气及其他钻井作业和修井作业钻柱内防喷的钻具止回阀的设计、制造和质量检验。

SY/T 5525—1992《旋转钻井设备 上部和下部方钻杆旋塞阀》：标准规定了方钻杆旋塞阀的型式、规格及主要尺寸、技术要求、试验方法、检验规则、标志、包装和运输，适用于手动的方钻杆旋塞阀。

SY/T 5964—2006《钻井井控装置组合配套、安装调试与维护》：标准规定了钻井井控装置组合配套型式、安装、调试与维护要求，适用于陆上石油天然气钻井井控装置。

SY/T 6616—2005《含硫油气井钻井井控装置配套、安装和使用规范》：标准规定了硫化氢含量不低于 $30mg/m^3$（20×10^{-6}）油气井钻井过程中井控装置的配套、安装和使用要求，适用于陆上硫化氢含量不低于 $30mg/m^3$（20×10^{-6}）油气井钻井井控装置的选择和使用。

SY/T 6667—2006《分流器系统设备及作业推荐作法》：标准等同采用 API RP64：2001《分流器系统设备及作业》。标准提供了指导陆上及海上钻机（坐底式及浮动式等）的分流设备系统（包括在各种井况条件下及在不同平台上作业的分流设备的所有子系统）的选型、安装、测试以及作业的准确信息。分流系统包括在各种钻机和井况条件下操作分流器所用到的子系统。标准还规定了用于平台工作人员培训的系统作业步骤。

SY/T 6730—2008《钻通设备 旋转防喷器》：标准等同采用 API Spec 16RCD《钻通设备 旋转防喷器》。

Q/CNPC 41—2001《防喷器判废技术条件》：标准规定了判断在役防喷器报废的技术条件，适用于石油天然气钻井、修井等用的环形防喷器、闸板防喷器。

5. 国内外井控装备标准体系对比分析

（1）ISO 标准体系结构层次清晰。石油井控装备方面的国际标准主要是以 API 标准为基础进行制定。事实上，API 代表 ANSI 承担着 ISO/TC67 秘书处的工作，ISO 的许多委员也是 API 的成员，因而包括其标准在内的 API 标准体系渗透和影响着 ISO 的标准体系。

（2）ISO 在石油井控装备方面的标准数量还相对较少，且以转化 API 标准为主。

（3）API 标准体系中，标准、规范、推荐作法等层次分明，规范条理，覆盖面广，完整配套，基本涵盖了井控装备产品的各个主要内容，标准具有较好的综合性、配套性和完整性。针对具体某一类产品的标准只出现在相应的系列中，一个系列中标准规范的内容和要求没有重复交叉的现象。标准本身内容科学严谨、数据真实可靠、技术领先、规范合理，具有较高的安全性和互换性，且一直与生产技术的发展同步更新，在世界石油工业影响广泛。

（4）我国石油行业井控装备产品标准中，国家标准、行业标准并存，层次简单，一个专标委所属的标准内容较多。

（二）我国石油井控装备标准体系存在的问题

现行的石油井控装备行业标准体系较多地采用和参考了 API 井控装备标准，同时结合具有我国特色的标准，基本满足了石油井控装备产品设计、制造和使用的需要，在一定程度上缩短了与国外产品的差距，提升了产品的技术水平，对井控装备产品技术的发展和产品较早走向国际市场起到了重要的促进作用。

我国现有的井控装备标准比 API 的标准规范还要多，涉及产品的设计、制造、验收、使用、维护和评价等全寿命过程需要的标准。此外，涉及的产品种类也更齐全。但就标准本身的规范性、适用性、技术含量和指导性而言，还存在许多问题，主要有以下几个方面：

1. 标准体系界限不明

石油井控装备标准中，国家标准、行业标准和企业标准界限不明、定位不清，没有划分标准，造成同一类或者同一配套类标准，有的是国家标准，有的是行业标准。如 GB/T 20174—2006《石油天然气工业　钻井和采油设备　钻通设备》与 SY/T《钻通设备　旋转防喷器》，SY/T《钻通设备　旋转防喷器》与 SY/T 6160—2008《防喷器的检查与维修》。

2. 标准体系缺乏科学规划

目前的井控装备标准体系在一定程度上缺乏科学性规划，不完全能为标准的下一步制定、修订提供指导。缺少按技术标准属性的科学划分，使得标准在制定时难以有统一的规划，不同的产品之间出现了类似的标准内容，这也是造成标准不完善的原因之一。如与 SY/T 5053.2—2008《钻井井口控制设备及分流设备控制系统》配套的 SY/T 5443《地面防喷器控制装置专用液压气动组件》已废止，在对控制系统组件的监督抽查和生产许可证审查时无法可依。

3. 引用标准较多，执行产生困难

相当数量的标准仍直接引用 ISO 标准或国外先进标准。目前，在井控装备国家、行业和集团公司标准中，直接引用 ISO 国际标准十余项，美国（如美国石油学会 API、美国国家标准学会 ANSI、美国机械工程师学会 ASME、美国材料与试验协会 ASTM 等）标准三十余项。这些引用标准原文难找，中译文更难找，在执行时存在困难。

4. 标准协调性不够

个别标准在采标过程中，遵循采标原则，对一些技术参数等同采用了国际标准和国外先进标准中的要求。但与之配套的国内行业标准在制定、修订过程中，受国内技术水平的限制，对应的技术参数不能与采标标准保持一致，导致标准执行难。如 GB/T 20174—2006《石油天然气工业　钻井和采油设备　钻通设备》（修改采用 ISO 13533）与 SY/T 6160—2008《防喷器的检查与维修》标准内容有不一致的情况。

5. 前沿类项目涵盖不全

随着欠平衡和空气钻井技术在国内油、气田勘探开发方面的逐步应用，配合这些技术实施所需的设备，如液气分离器、泥浆液面报警仪、泥浆自动灌注系统、井控参数仪表、防喷管汇和放喷管线等却至今没有行业标准。

（三）石油井控装备标准的发展趋势

国内外石油井控装备标准将主要表现以下几种发展趋势：

1. 标准的国际化将成为必然

直接采用国际标准和国外先进标准，或将自己的标准纳入国际标准中，将是今后一个时期标准化工作的重点。

2. 标准的系统性、综合性和配套性日益增强

标准的制定、修订和技术内容更着重于市场化，着重于为用户服务，更注重设计、制造、验收、使用、维护和评价等的全过程综合要求，以便更好地发挥标准的适用性和协调性。

3. 质量和 HSE 等的要求将成为技术标准关注的重点

标准和规范在满足标准化对象基本要求的同时，更重视标准化对象给人类健康、安全和环境带来的影响，在石油行业更是如此。

4. 针对标准的研究将是今后标准化工作的一个重要内容

一方面，将通过与科研成果和新技术、新工艺的开发应用相结合，提高标准的技术水平；另一方面，通过对国际标准和国外先进标准的研究，避免和减少国际贸易中的技术壁垒。

5. 石油行业国家（区域）性的国际化步伐正在加快

API 标准作为世界石油行业最具影响力的标准正在越来越多地被 ISO 和世界各国广泛采用，而 API 在新标准的制定、修订中也首先采用国际标准。

三、编制标准体系的指导思想和原则

（一）指导思想

编制石油井控装备标准体系的指导思想是：适

应我国加入 WTO 和石油井控装备市场国际化的要求，结合我国石油工业生产技术的实际，积极优先采用国际标准和国外先进标准。通过对现有石油井控装备标准体系的整合、修订和完善，提高标准的系统性、综合性、配套性、先进性和国际化程度，力争建立有自身特点的能为我国石油井控装备产品的发展和技术进步提供技术支持和保证的井控装备标准体系。

（二）基本原则

编制石油井控装备标准体系应坚持的原则是：

1. 系统性原则

在现有的标准体系范围内规划井控装备标准体系，以保证石油行业标准的继承性，在此基础上按井控装备产品标准的属性合理划分系列。体系的结构层次应尽可能简化、明了、合理、协调，不能造成新旧标准过渡期的混乱，有利于标准化管理。标准体系应能满足陆上和海洋石油井控装备的要求，实现陆海统一、资源共享。

2. 综合性原则

通过认真研究论证，对相同属性类的相同或相似标准进行整合修订，提高单个标准的集成度。取消不适用或适用度很小的标准，不再重复制定、修订已有或可满足石油行业要求的相关标准。按照标准化的整体性要求，针对同一标准化对象从产品标准、方法标准和检验维护标准等方面补充、完善和配套，发挥标准的综合作用，满足用户各方面的要求。

3. 先进性原则

井控装备标准体系应具有一定的科学性和先进性，立足于全行业，推动石油井控装备技术发展，提升井控装备制造业的竞争力，满足当前和今后市场对标准发展的需要。

4. 国际化原则

标准体系尽可能与国际或国外先进标准相应的标准体系对应一致，标准项目和内容应积极采用国际标准和国外先进标准，并优先考虑采用国际标准。

5. 市场导向原则

标准体系的编制和标准的制定、修订应符合市场经济发展的要求，要把为用户服务、减少贸易技术壁垒、促进国际贸易的发展作为重要的目标。

（三）基本思路

根据石油标准发展的趋势，石油井控装备标准体系的编制主要按以下基本思路进行：

（1）在现有标准体系的基础上对井控装备产品标准体系按产品功能进行分类，使标准体系层次分明，便于标准的使用和管理。

（2）层次划分时，与 ISO 或 API 有对应关系的部分应尽量向其靠拢。

（3）标准项目和内容与 ISO 或 API 尽可能对应一致。

（4）对现有标准重新定位，科学分类，补充完善，整合修订。

按照这样的基本思路编制的标准体系具有以下几个特点：

（1）有利于在石油井控装备产品技术上与 ISO 或 API 进行跟踪比较。

（2）有利于采标和标准的制定、修订。

（3）加快与国际标准接轨的步伐。

（4）使现有的石油行业井控装备标准中大部分主要产品与 ISO 或 API 都有对应关系。

四、石油井控装备标准体系

体系涵盖的产品范围有：

1. 钻通设备及其控制系统

陆地和海洋钻井井控装备中石油井控装备的各项技术规范，如防喷器、防喷器控制装置、分流器系统设备和钻井液液气分离器等。

2. 井控管汇

石油井控装备中井控管汇的各项技术规范和要求，如节流管汇、压井管汇、防喷管汇、放喷管汇和节流管汇控制箱等。

3. 钻具内防喷工具

石油井控装备中钻具内防喷工具的各项技术规范和要求，如方钻杆旋塞阀、钻具止回阀和钻具旁通阀等。

4. 井控仪器仪表

石油井控装备中井控仪器仪表的各项技术规

范和要求，如钻井液池液面报警仪、钻井液自动灌注系统等。

5. 井控专用设备和工具

石油井控装备中井控专用设备和工具的各项技术规范和要求，如不压井作业装置、自封头、旋转防喷器、灭火装置、带压密封钻孔装置、水力切割工具和导流器等。

6. 海上井控装置

隔水管设备、隔水管接头。

〔撰稿人：全国石油钻采设备和工具标准化技术委员会高圣平〕

〔供稿单位：中国石油和石油化工设备工业协会〕

2008年国家标准制修订进度汇总表

计划编号	标准名称	制定修订	采标情况	代替标准	完成年限	主要起草单位	进度情况
20032471—T—515	石油天然气工业 水下生产系统的设计与操作 第4部分 水下井口装置和采油树设备	制定	ISO 13628—4:1999,IDT		2006	宝鸡石油机械有限责任公司	已发布
20051702—T—515	石油天然气工业 井下设备 人工举升用螺杆泵系统 第1部分:泵	制定	ISO 15136—1:2001,MOD		2006	北京石油机械厂	已发布
20067524—T—515	石油天然气工业 油气开采中用于含硫化氢环境的材料 第2部分 抗开裂碳钢、低合金钢和铸铁	制定	ISO 15156—2:2003,MOD		2007	中国石油集团工程设计有限责任公司西南分公司	已发布
20067520—T—515	石油和天然气工业 油气开采中用于含硫化氢环境的材料 第3部分 抗开裂耐蚀合金(CRAs)和其他合金	制定	ISO 15156—3:2003,MOD		2007	中国石油集团工程设计有限责任公司西南分公司	已发布
20051697—T—515	石油和天然气工业 井下安全阀系统 设计、安装、操作和维护	制定	ISO 10417:2004,IDT		2006	石油工业井控装置质量监督检验中心	已发布
20051699—T—516	石油钻机	制定			2006	宝鸡石油机械有限责任公司	已发布
20051703—T—515	钻井设备规范	修订	ISO 14693:2003 Ed.1,MOD	GB/T 17744—1999	2007	宝鸡石油机械有限责任公司	已报批
20060581—T—515	潜油电泵规格选用	修订		GB/T 17386—1998 GB/T 17388—1998	2008	大庆油田力神泵业有限公司	已报批
20060556—T—515	潜油电泵机组	修订		GB/T 16750.1~GB/T 16750.3—1997	2008	大庆油田力神泵业有限公司	已发布

（续）

计划编号	标准名称	制定修订	采标情况	代替标准	完成年限	主要起草单位	进度情况
20060845—T—515	石油钻杆接头螺纹	修订		GB/T 4749—2003 GB/T 9253.1—1999	2008	中国石油天然气集团公司石油管材研究所	已发布
20063155—T—515	抽油泵及其组件规范	修订	API Spec 11 AX:2006,MOD	GB/T 18607—2001	2008	玉门油田分公司(局)机械厂	已发布
20063720—T—515	石油钻采设备及专用管材词汇	修订		GB/T 8423—1997	2008	中国石油集团科学技术研究院江汉机械研究所	已发布
20071278—T—469	石油天然气工业 人工举升用螺杆泵系统 第2部分 地面驱动系统	制定	ISO 15136—2:2006,IDT		2008	北京石油机械厂	已报批
20071277—T—469	石油天然气工业 固井设备 第2部分:扶正器的放置和止动环测试	制定	ISO 10427—2:2004,IDT		2007	石油工业井下工具质量监督检验中心	已发布
20071276—T—469	井口装置和采油树设备规范	制定	ISO 10243:2003,IDT		2007	国家油气田井口设备质量监督检验中心	已发布
20075883—T—469	石油采油井场燃气动力机组	制定			2007	济南柴油机股份有限公司	已报批
20075884—T—469	石油工业用天然气内燃发电机组	制定			2007	济南柴油机股份有限公司	已发布
20075885—T—469	石油天然气工业 电动钻机用柴油发电机组	制定			2007	济南柴油机股份有限公司	已报批
20080427—T—469	石油天然气工业 井下设备 水下安全阀设备	制定	ISO 10432:1999,IDT		2010	浙江惟其信石油机械有限公司	起草
20080429—T—469	旋转钻柱构件规范	制定	ISO 10424—1:2004,MOD	SY/T 6407—1999	2010	北京石油机械厂	起草
20080428—T—469	石油天然气工业 钻井和采油设备 钻井和修井井架底座规范	制定	ISO 13626:2003,IDT		2010	宝鸡石油机械有限责任公司	征求意见
20080425—T—469	潜油电泵拆卸报告的编写	修订	API RP 11S1:1997,IDI	GB/T 17390—1998	2009	大庆油田力神泵业有限公司	征求意见
20080426—T—469	潜油电泵装置的安装	修订	API RP 11S3:1999,IDT	GB/T 17388—1998	2009	大庆油田力神泵业有限公司	征求意见
20080430—T—469	钻具止回阀规范	制定	API SPEC 7NRV,MOD		2009	石油工业井控装置质量监督检验中心	起草
20080431—T—469	钻通设备 旋转防喷器	制定	API Spec 16RCD,IDT		2010	石油工业井控装置质量监督检验中心	起草

2008年石油天然气行业标准宣贯汇总表

序号	标准编号	标准名称	宣贯单位	宣贯人
1	SY/T 6664—2006	石油钻机用柴油机偶合器机组	济南柴油机股份有限公司	王安忠
2	SY/T 6680—2007	石油钻机和修井机出厂验收规范	宝鸡石油机械有限责任公司	范亚民
3	SY/T 5534—2007	油气田专用车通用技术条件	南阳二机石油装备集团有限责任公司	鲁其青

2008年石油天然气行业标准
复审项目汇总表

序号	标准编号	标准名称	备注
1	SY/T 5070—2002	钻修井用割刀	确认
2	SY/T 5533—2002	石油钻机用DS系列电磁涡流刹车	确认
3	SY/T 6584—2003	车装钻机	确认
4	SY/T 6585—2003	碳纤维复合材料连续抽油杆	确认
5	SY/T 5686—1995	三缸单作用钻井泵可靠性考核评定规范	确认
6	SY/T 5687—1995	石油钻采设备的可靠性通用规则	确认
7	SY/T 5715—1995	石油钻采机械产品用承压铸钢件通用技术条件	确认
8	SY/T 5716.7—1995	石油钻机大修理技术条件　电磁涡流刹车	确认
9	SY/T 6155—1995	石油装备可靠性考核评定规范编制导则	确认
10	SY/T 6198—1996	爆炸松扣井口工具	确认
11	SY/T 5141—2002	石油钻机用离心涡轮液力变矩器	修订
12	SY/T 5200—2002	钻柱转换接头	修订
13	SY/T 5414—2002	特殊取心工具	修订
14	SY/T 5532—2002	石油钻机用绞车	修订
15	SY/T 6534—2002	双螺杆油气混输泵	修订
16	SY/T 5044—2003	游梁式抽油机	修订
17	SY/T 6117—2003	石油修井机使用与维护	修订
18	SY/T 6586—2003	石油钻机现场安装及检验	修订
19	SY/T 5676—1993	石油钻采机械产品用高压锻件通用技术条件	修订

（续）

序号	标准编号	标准名称	备注
20	SY/T 6082—1994	石油地震勘探车装钻机使用和维护	修订
21	SY/T 6115—1994	洗井液处理车	修订
22	SY/T 5716.9—1995	石油钻机大修理技术条件　液力变矩器	修订
23	SY/T 5716.10—1995	石油钻机大修理技术条件　钻井泵	修订
24	SY/T 5643—1995	抽油杆维护与装卸推荐作法	修订
25	SY/T 5127—2002	井口装置和采油树规范	废止
26	SY/T 5549—2002	单螺杆抽油泵	废止
27	SY/T 5439—2003	下灰车	废止
28	SY/T 5986—1994	调剖液配注车	废止
29	SY/T 6083—1994	三缸单作用钻井泵主要易损件连接尺寸	废止
30	SY/T 5002—1996	双作用钻井泵易损件连接尺寸	废止
31	SY/T 5716.1—1995	石油钻机大修理通用技术条件	废止
32	SY/T 5716.2—1995	石油钻机大修理技术条件　天车、游车、大钩	废止
33	SY/T 5716.3—1995	石油钻机大修理技术条件　水龙头	废止
34	SY/T 5716.4—1995	石油钻机大修理技术条件　转盘	废止
35	SY/T 5716.5—1995	石油钻机大修理技术条件　绞车	废止
36	SY/T 5716.6—1995	石油钻机大修理技术条件　水刹车	废止
37	SY/T 5716.8—1995	石油钻机大修理技术条件　传动装置	废止
38	SY/T 5716.11—1995	石油钻机大修理技术条件　钻井液净化系统	废止
39	SY/T 5375—1995	旋转钻井设备选用方法	废止

石油工业国际标准化新进展

——中国代表团参加 ISO/TC67 第 28 届年会报告

国际标准化组织 ISO/TC67 石油石化和天然气工业用材料、设备和海上结构技术委员会第 28 届年会 2008 年 10 月 29 日在北京召开。此次会议由中国国家标准化管理委员会（SAC）承办，中国石油天然气集团公司协办和赞助。来自美国、法国、英国、中国、意大利、德国、荷兰、丹麦、挪威、日本、巴西、俄罗斯、加拿大、沙特阿拉伯、卡塔尔、尼日利亚、印度尼西亚 17 个国家和 CEN/TC12、ISO 中央秘书处技术管理局等国际组织约 50 名代表参加了为期 2 天的会议。

一、项目进度

自 1999 年以来，TC67 每年制订年度标准出版目标和两年工作计划，特别设定年度目标，与 ISO 中央秘书处联系，表达石油行业的呼声，促使 ISO 技术局增加技术编辑能力，快速编审 TC67 报送的标准。在委员会成员国和国际大石油公司的积极努力下，OGP 标委会主动提供经费，派遣专家，加快了标准的立项、起草、审议和投票的进程，5 年来 TC 67 高速制订标准。截至 2008 年，石油设备材料相关国际标准累计完成出版达 150 项。

目前,TC 67 正在制订的项目 71 项,新列新项目建议(NWI)9 项。截至 2008 年底,ISO/TC67 出版标准达到 160 项。

二、会议的主要内容和重要议题

1. 国际石油天然气生产商协会(OGP)与 ISO 关系密切

OGP 下设一个标准化委员会,成员有 API、BP、DONG、ENI/AGIP、EXXONMOBIL、IP、ISO、MAERSK、NORSK、HYDRO、OLF、SHELL、TOTALFINAELF 和 WEG 等,使命是减少技术贸易壁垒,促进全球石油作业更加有效,提高设备、材料和海上结构等的技术整体性,促进石油天然气行业采用统一标准(特别是在一些关键技术标准上),主要负责监督、协调、影响国际标准的制定、修订,必要时提供额外的经费,满足协会成员单位对 ISO 标准的需求。OGP 与 API、ISO/TC 67 关系密切,对欧盟标委会有很大的影响力,近几年在世界各国联合开展技术与标准化研讨会,影响巨大。

2. ISO 与 API 在输送管标准上的融合

在 2005 年 ISO 发布新版套管和油管标准后,API 全面等同采用(新版 5CT),中国、日本和欧洲的大多数国家也相继采用,使这一标准成为目前全球采用统一标准的典范。

API 为了加快国际化进程,学习 11961/5CT 经验,专门安排了"反采"试验计划,原来以 API 标准为基础制订的 ISO 标准,经过 ISO/TC 67 的讨论,在 ISO 制订审议成为最终国际标准草案 FDIS 时,API 立即接受并直接进行审议,确定成为 API 标准,国际标准的融合过程轨迹已形成规定程序。

美国提议将 ISO 3183—1、2、3 组合在一起,形成与 API 5L 相当的标准,改为 ISO 3183《石油天然气工业——管道系统用钢管》,同时在标准中列入更高的钢级,如 X120。2007 年新版正式发布。该标准与 API 5L 协调到一个版本,美国比较接受。中国已经采用了原 ISO 三个部分的标准,目前计划立项采用新的标准。欧洲部分国家以标准中有关无损检测人员资质等问题,提出欧洲有不同的要求,不是十分愿意立即采用。欧盟标准化委员会(CEN/TC 12)已经在计划采用该标准,并且针对这一新建议项目已经开始投票。

3. 各国采标动态

TC 67 在制定的标准数量增加的同时,开始更多地关心标准的贯彻和各国的采用。

欧洲标准化委员会石油行业标委会(CEN/TC 12)有 30 个成员国,目前已采用 103 项 TC 67 制定的标准,另有 68 项在审议。CEN/TC 12 为了加快实现与国际标准同步,采取全面参与 TC 67 工作的方式,几乎在每个分委员会和工作组中都有其成员国参与,甚至主导工作。

我国的采标工作进展顺利,按照国家标准化工作会议制定的 90% 采标率要求,项目数量还需要增加。但依照目前的方式,在 TC 67 标准发布之后再列计划采标,往往落后 2 ~ 3 年,因此有必要设置特别的程序,直接将 ISO/TC 67 的项目作为石油工业标准化技术委员会的项目,这样就可以在 ISO 进入 FDIS 及发布时同时审批石油工业标准化技术委员会的采标项目。

4. 欧盟标准化委员会石油天然气工业用设备、材料和海上结构标委会(CEN/TC 12)

CEN/TC 12 全面负责欧盟各国石油钻采、炼化和管道运输所用设备、材料和海上结构标准化,最主要的目的之一是在可能的任何地方采用国际石油工业标准。委员会现下设 4 个特别工作组:CEN/TC 12 AH4 ISO/IEC 平行投票工作组、CEN/TC 12 AH6 环境问题工作组、CEN/TC 12 AH8、CEN 与 EASC(欧亚标准计量和认证理事会)标准协调组。

近几年,欧盟各国在国际标准化合作、WTO 的冲击、引用标准和等效标准方面取得显著进步,并且,通过参加和同期审议 ISO/TC 67 标准项目,使这些标准直接成为欧洲标准,标注 EN ISO 编号,被欧盟各国采用,欧洲各国也在欧盟统一的政策影响下积极采用 ISO/TC 67 的标准。另外,由于欧盟要求成员国之间进行标准的互认,欧洲各国多半把精力放在了 ISO 标准的采用上,参加标准化活动的积极性非常大。

5. 腐蚀与防护及选材

在TC 67委员会中，涉及腐蚀与防护及选材等标准化工作的有WG7和WG8两个工作组。由于国际上参与的积极性非常高，仅腐蚀与防护小组成员就达到160人，工作组要求TC 67限定各国投票专家人数。

WG7工作组全面协调了与NACE的关系，正在组织制定ISO 15156《石油天然气工业　石油天然气开发中含硫化氢环境用材料》和ISO 23936《石油天然气工业　石油天然气开发用非金属材料》等系列标准。

WG8工作组专门针对石油天然气开发中的腐蚀问题，提出选材与腐蚀评估、腐蚀控制、专用材料选择、特种材料设计极限、材料和制造商认可等基本原则、工程指南、腐蚀与防护、选材要求等。

石油天然气工业中，材料腐蚀问题十分突出，腐蚀机理研究、防护措施适用性评价、合理选材等受到普遍关注，高含H_2S、CO_2、氯离子CL或共存情况对石油天然气设备材料的挑战尤为巨大，是目前各方关注的热点。

6. 输送管

ISO 3183《管道输送系统用钢管》于2007年正式批准发布，是继套管和油管标准全球统一版本后的又一个成就。中国原已分别采用了ISO 3183标准的三个部分，计划能够立即采用新的版本，使中国输送管标准与国际标准等同。

针对中国代表的发言，SC 2主席在发言中，询问中国是否愿意参加该分委员会的工作。中国十分关注输送管标准的制订，提出初步建议，希望会议酝酿讨论建立独立的分委员会。会议同意安排专门的时间进行讨论，由中国代表准备多媒体影片，正式向会议介绍，并对输送管分委员会的专业范围、关注点、特别价值以及独立理由等予以说明。

7. 钻杆标准

钻杆标准一直是API的专有技术领域，但仅仅是对管体的规定。石油工业标准化技术委员会一直考虑能够把钻杆整体作为一个项目产品标准，多年未能成功，世界各国都曾有过提案，希望将钻杆管体和接头放在一个标准内，也就是将API 5D与规范7中的接头要求内容，结合管体与接头摩擦对焊及焊区技术条件放在同一个标准内。

钻杆标准再次在TC 67立项，并进入FDIS稿阶段，ISO标准将很快出版发布。首先是API做了极大的让步，在自己的标准仍分成两个部分时同意ISO标准通过，本身就要考虑彻底修改API 5D和规范7进行。ISO 11961成功通过，将在全球协调钻杆产品技术要求。

8. 关于后续年会

下次会议计划于2009年9月在加拿大维多利亚市举行，卡塔尔国家代表表示愿意承办2010年年会。

三、中国代表团的建议内容

中方代表团向TC 67年会提出了“关于成立输送管分委员会的初步建议”、“抽油机双圆弧齿轮建议草案”两项建议。大会听取了中国代表关于恢复建立输送管分委员会的初步建议，要求管理与执行委员会认真研究中国的建议，在2009年2月的柏林会议上专门讨论，向TC 67委员会提出建议意见。

中国曾是SC1的成员，SC1输送管分委会解散后，原管理的标准ISO 3183转交SC2管道系统分委会。为防止可能出现的归口管理真空，建议立即理顺国内归口单位关系，向ISO/TC 67提出成为SC2分委员会P成员的申请。

2009年5月19~20日，在荷兰代尔夫特召开的ISO/TC 67/SC4全会上，参会全体委员一致认为我国的双圆弧齿轮减速器技术先进、理论成熟，提交的标准草案资料齐全、内容完整、数据可靠以及文本编写规范，决定采用快速程序将我国提案的内容直接纳入到标准的FDIS文件中。该标准提案的通过，为我国抽油机的出口创造了有利条件，也为实质性参与国际标准化工作迈出了关键一步。

四、工作建议

1. 深层次参与

石油工业标准化技术委员会自成立以来，采用了新的架构和运作机制。王宜林主任在全国石油天然气标准化技术委员会暨石油工业标准化技术委员会成立大会上提出："要进一步加大采用国际标准和国外先进标准的力度，对现有ISO、API标准都要在分析研究的基础上，尽可能采用，采标率要达到90%以上。石油管材等专业在采标方面积极开展工作，在国际标准化和标准国际化方面已基本上与国际同步，因此，应积极争取在组织上和程序上与ISO/TC 67对应，深入到具体的工作组中，使国际标准化工作真正与国际接轨。"

国际上普遍的做法是建立对应的标准化委员会，这类似于我国的国际标准技术归口单位。但是，由于我国的技术归口单位在工作人员编制、任务、程序和经费等方面有所限制，在设备材料和海上结构国际标准化组织中，仅有管材、钻采设备和海洋工程是正式的P成员。由于在某些领域尚没有与国际标准化组织建立联系，基本无法掌握发展动态。而更为严重的是，标准化工作仍停留在跟踪信息、掌握动态的最基本层面上。因此，还应选择部分专业领域在更深的层次上参加ISO/TC 67的部分SC和WG，而不仅仅是参加TC的年会。

2. 并行项目机制

套管和油管标准已实现全球统一，ISO 11960、API 5CT和SGB/T 19830完全等同互认。但是，国际标准化组织在项目管理方面与我国有较大差距。国际方面，标准项目计划周期是五年，即在五年的时间周期内完成一项标准的工作组草案（WD）、委员会草案（CD）、国际标准草案（DIS）和最终国际标准草案（FDIS）；国际标准还采取顺序滚动修订的办法，一旦第一版标准出版，就可进行滚动修订，而不一定要等待五年。而我国仍然延续的是年度计划方式。

目前，我国在采标方面有计划、有落实，但仅是初级的采标，即ISO出版标准后再去采标，同期审议和同期出版难以实现。从套管和油管标准采标的工作经验看，我国也只是在时间进度上加快了速度，仍然是跟随采标，无法发表意见，关键是由于没有参加具体标准制定过程。因此，建议石油工业标准化技术委员会选择几个重点项目或某个专业领域中的核心标准，按照并行项目管理，即ISO/TC 67中有一个项目，我国也同期有一个对应项目。作为试点和重点，我国现行的年度计划体制仍可延续，以保证大批量采用国际标准和国外先进标准，促进我国标准基础技术提升，同时也能在某些重点领域进入到更高的层次。

建议在管材专标委建立国际标准并行项目机制，选择套管和油管标准（SY/T 6194、ISO 11960、API 5CT）、输送管标准（SY/T 9711、ISO 3183、API 5L），同期全过程参加国际标准的制定与审查，积极组织我国石油行业的意见向ISO/TC和API提出。

3. 建立输送管分委员会的初步建议

近年来，我国输送管生产和应用技术进步巨大，以1996～1998年轮库管线和陕京管线建设为标志，拉开了我国油气输送管道采用中高钢级输送管的序幕。经过十余年的发展，钢级从X60、X65、X70到X80不断提高，这其中采标发挥了重要作用。

输送管的采标，以企业为主体，以重大工程为依托，以国际标准ISO 3183和API 5L规范为基础，制订了工程用管材技术规范。采标一方面促进了生产企业按要求更新装备，革新工艺，对标生产；另一方面结合管道工程建设编制工程规范，对输送管道断裂与止裂，以及钢管材料成分、性能等进行补充规定；同时要求国际标准和工程规范共同使用，保证了管道工程用管的质量和安全可靠性。

2008年以前，世界各国采用X80高钢级输送管铺设的管道，总长不足2 000km。2008年初，我国西气东输二线管道工程开工建设，有4 000km以上干线要采用X80高钢级输送管。

X80高钢级输送管是国际标准中的高钢级规格管材，我国西气东输二线管道工程决策选用X80钢级输送管，已充分表明我国输送管的生产和应用在国际标准的基础上实现突破，已能够系统性地设计规范关键指标。油气输送管的制造作为中国石油的优势发展领域，应能够创造机会，在国际标准化工作中发挥关键的引领作用。

我国石油工业已提出了建立具有国际竞争力的跨国企业集团的战略目标，作为最重要的基础技术规范工作，标准化也应加快调整，因势利导，求实创新，大胆实践，在更广的领域和更深入的层次参加国际标准化活动，使我国石油工业不仅在标准上与国际接轨，更要实现体制和机制的国际化，实现国际标准化和标准国际化，从而提升我国石油工业标准技术水平，促进我国石油工业整体经济效益和国际竞争力的提高。

我国应在提出初步建议的基础上准备正式建议书，派代表出席会议，参加讨论，争取使管理与执行委员会做出恢复成立 SC1 并由中国承担秘书处工作的决定，并向 TC 67 委员会和 ISO 中央秘书处申请批准。同时，建议全国油气标委会组织输送管技术归口单位（管材研究所）立即开展实际准备工作，严格按照 ISO 和 TC 67 关于分委员会及秘书处的要求，落实工作条件；向国家标准化委员会提出申请，沟通申报工作信息，争取国家主管部门在 ISO 中央秘书处的工作上给予指导、支持和帮助。

〔撰稿人：全国石油钻采设备和工具标准化技术委员会高圣平〕

〔供稿单位：中国石油和石油化工设备工业协会〕

统计资料

客观反映2008年石油和石油化工设备工业各分行业主要企业的经营状况，以及石油钻采、炼油化工设备、压力容器、输油管道四大类产品的进出口情况

2008 年我国石油和石油化工设备各分行业企业经济指标排名

2008 年石油钻采设备行业工业总产值前 10 名企业

序号	企业名称	工业总产值（万元）
1	宝鸡石油机械有限责任公司	562 323
2	四川宏华石油设备有限公司	455 383
3	中国石化集团江汉石油管理局第四机械厂	296 920
4	南阳二机石油装备（集团）有限公司	213 518
5	新疆油田公司机械制造总公司	59 283
6	江苏如东通用机械有限公司	28 694
7	新疆维吾尔自治区第三机床厂	24 908
8	江苏如石机械有限公司	24 200
9	重庆新泰机械有限公司	16 873
10	通化石油化工机械制造有限公司	15 198

2008 年炼油化工设备行业工业总产值前 10 名企业

序号	企业名称	工业总产值（万元）
1	兰州兰石集团有限公司	301 195
2	哈尔滨空调股份有限公司	162 000
3	大连冰山集团金州重型机器有限公司	105 001
4	山西丰喜化工设备有限公司	50 140
5	盘锦兴达实业有限公司	48 169
6	湖南湘东化工机械有限公司	30 174
7	兰州通用机器制造有限公司	29 300
8	福建省三明双轮化工机械有限公司	17 388
9	杭州中亚机械有限公司	11 658
10	青岛青乐化工机械有限责任公司	5 455

2008年石油钻采设备行业工业销售产值前10名企业

序号	企业名称	工业销售产值（万元）
1	宝鸡石油机械有限责任公司	563 512
2	四川宏华石油设备有限公司	396 876
3	中国石化集团江汉石油管理局第四机械厂	285 086
4	南阳二机石油装备(集团)有限公司	180 212
5	河北华北石油荣盛机械制造有限公司	98 578
6	兰州兰石国民油井石油工程有限公司	96 157
7	胜利油田胜机石油装备有限公司	88 074
8	胜利油田孚瑞特石油装备有限责任公司	81 796
9	上海神开石油化工装备股份有限公司	54 301
10	新疆油田公司机械制造总公司	49 441

2008年炼油化工设备行业工业销售产值前10名企业

序号	企业名称	工业销售产值（万元）
1	兰州兰石集团有限公司	304 064
2	哈尔滨空调股份有限公司	160 000
3	大连冰山集团金州重型机器有限公司	88 839
4	锦西化工机械(集团)有限责任公司	77 029
5	盘锦兴达实业有限公司	51 622
6	山西丰喜化工设备有限公司	44 961
7	浙江佳力科技股份有限公司	38 396
8	四川大川压缩机有限责任公司	34 594
9	湖南湘东化工机械有限公司	25 025
10	兰州通用机器制造有限公司	24 320

2008年石油钻采设备行业
新产品产值前5名企业

序号	企业名称	新产品产值（万元）
1	四川宏华石油设备有限公司	336 731
2	中国石化集团江汉石油管理局第四机械厂	120 000
3	宝鸡石油机械有限责任公司	106 595
4	南阳二机石油装备(集团)有限公司	77 359
5	新疆维吾尔自治区第三机床厂	14 409

2008年炼油化工设备行业
新产品产值前5名企业

序号	企业名称	新产品产值（万元）
1	兰州兰石集团有限公司	123 475
2	哈尔滨空调股份有限公司	70 300
3	中国一拖集团许昌通用机械有限公司	30 174
4	兰州通用机器制造有限公司	9 183
5	大连冰山集团金州重型机器有限公司	6 000

2008年石油钻采设备行业
主营业务收入前9名企业

序号	企业名称	主营业务收入（万元）
1	宝鸡石油机械有限责任公司	607 916
2	四川宏华石油设备有限公司	388 354
3	新疆油田公司机械制造总公司	65 749
4	江苏如东通用机械有限公司	30 290
5	新疆维吾尔自治区第三机床厂	21 582
6	江苏如石机械有限公司	20 159
7	重庆新泰机械有限公司	17 288
8	通化石油化工机械制造有限公司	15 224
9	江苏新象股份有限公司	12 400

2008年炼油化工设备行业主营业务收入前10名企业

序号	企业名称	主营业务收入（万元）
1	兰州兰石集团有限公司	312 539
2	哈尔滨空调股份有限公司	150 441
3	大连冰山集团金州重型机器有限公司	100 944
4	盘锦兴达实业有限公司	52 421
5	山西丰喜化工设备有限公司	44 735
6	兰州通用机器制造有限公司	27 319
7	湖南湘东化工机械有限公司	25 879
8	福建省三明双轮化工机械有限公司	17 330
9	杭州中亚机械有限公司	11 635
10	青岛青乐化工机械有限责任公司	9 164

2008年石油钻采设备行业出口交货值前10名企业

序号	企业名称	出口交货值（万元）
1	四川宏华石油设备有限公司	259 146
2	宝鸡石油机械有限责任公司	128 962
3	中国石化集团江汉石油管理局第四机械厂	89 968
4	南阳二机石油装备(集团)有限公司	83 598
5	胜利油田孚瑞特石油装备有限责任公司	68 768
6	兰州兰石国民油井石油工程有限公司	68 144
7	胜利油田胜机石油装备有限公司	24 512
8	河北华北石油荣盛机械制造有限公司	22 888
9	中原总机石油设备有限公司	17 984
10	江苏如东通用机械有限公司	11 002

2008 年炼油化工设备行业出口交货值前 5 名企业

序号	企 业 名 称	出口交货值（万元）
1	锦西化工机械（集团）有限责任公司	61 496
2	兰州兰石集团有限公司	56 878
3	兰州通用机器制造有限公司	6 660
4	杭州中亚机械有限公司	2 659
5	大连冰山集团金州重型机器有限公司	708

2008 年我国石油和石油化工设备进出口量值表

2008 年石油钻采产品出口量值表

税号	产 品 名 称	单位	出口量	比上年增长（%）	出口额（万美元）	比上年增长（%）
84131100	分装燃料或润滑油的计量泵，加油站或车库用	万台	5.85	-22.8	5 264.17	71.6
84131900	其他装有或可装计量装置的液体泵	万台	109.43	12.2	2 887.01	45.0
84135010	气动往复式排液泵	万台	69.91	28.5	3 152.27	45.8
84135020	电动往复式排液泵	万台	545.44	25.8	9 629.90	49.9
84135090	未列名往复式排液泵	万台	224.12	126.7	11 558.55	95.3
84136090	其他回转式排液泵	万台	2 115.18	121.7	38 886.85	154.1
84137010	转速在 10 000r/min 及以上的离心泵	万台	186.62	98.7	6 709.62	169.7
84138100	未列名液体泵	万台	2 645.57	-32.5	36 927.83	-20.7
84138200	液体提升机	万台	29.25	-20.5	920.54	-12.6
84139100	液体泵零件	万 t	18.50	-0.6	77 962.73	16.3
84139200	液体提升机零件	t	2 753.66	-59.3	1 520.90	-36.9
84304111	自推进石油及天然气钻机，钻探深度≥6 000m	台	52	15.6	43 873.25	109.6
84304119	未列名自推进的石油及天然气钻机	台	711	1.9	48 436.04	4.7
84304121	其他自推进的钻机，钻探深度≥6 000m	台	1	-93.3	515.68	476.3
84304122	履带式自推进的钻机，钻探深度＜6 000m	台	116	-17.1	2 864.92	95.6
84304129	其他自推进的钻机，钻探深度＜6 000m	台	783	24.1	6 378.35	-15.8
84304190	自推进的凿井机械	台	197	-43.4	3 579.18	113.5

（续）

税号	产 品 名 称	单位	出口量	比上年增长（%）	出口额（万美元）	比上年增长（%）
84305010	其他自推进采油机械	台	8 166	21.5	24 826.83	86.5
84305031	牙轮直径在380mm及以上的采矿钻机	台	13	-38.1	22.90	-38.4
84305039	其他采矿钻机	台	393	65.8	400.47	60.7
84314310	石油或天然气钻机的零件	万t	19.66	42.3	126 069.37	57.9
84743100	混凝土或砂浆混合机器	万台	43.72	48.2	22 808.30	95.8
86061000	铁道及电车道非机动油罐货车及类似车	辆	60	3.4	525.35	84.1
87052000	机动钻探车	辆	91	-14.2	2 328.08	32.3
87059080	石油测井车、压裂车、混砂车	辆	22	-33.3	815.61	-25.9
87163110	油罐挂车及半挂车	辆	550	-12.4	1 477.25	58.0
89012011	载重量不超过10万t的成品油船	艘	199	135.4	305 874.15	153.6
89012021	载重量不超过15万t的原油船	艘	19	172.7	94 391.55	213.8
89012022	15万t<载重量≤30万t的原油船	艘	1	50.0	10 543.80	72.7
89012023	载重量超过30万t的原油船	艘	5	100.0	45 588.56	111.2
89012031	容积≤20 000m^3的液化石油气船	艘	1	33.3	943.20	62.8
89012090	其他液货船	艘	42	221.1	50 154.63	255.7
89052000	浮动或潜水式钻探或生产平台	座	17	-95.6	29 980.63	73.6
90158000	其他大地及水道测量海洋气象地球物理用仪器	万台	510.20	-0.1	21 399.23	1.8

2008年石油钻采产品进口量值表

税号	产 品 名 称	单位	进口量	比上年增长（%）	进口额（万美元）	比上年增长（%）
84131100	分装燃料或润滑油的计量泵，加油站或车库用	台	4 757	-65.8	585.61	15.2
84131900	其他装有或可装计量装置的液体泵	台	268 870	35.3	11 672.84	23.8
84135010	气动往复式排液泵	台	37 132	3.9	2 442.14	38.8
84135020	电动往复式排液泵	台	6 838 760	44.2	12 834.77	25.0
84135090	未列名往复式排液泵	台	641 072	-39.7	5 220.17	44.8
84136090	其他回转式排液泵	台	1 947 694	-32.8	24 417.43	-6.1
84137010	转速在10 000r/min及以上的离心泵	台	626 377	3 868.9	9 194.66	141.3
84138100	未列名液体泵	台	9 270 533	-17.8	40 150.63	27.2
84138200	液体提升机	台	14 744	3.2	1 013.77	17.8
84139100	液体泵零件	kg	22 638 348	13.4	49 559.02	32.4
84139200	液体提升机零件	kg	186 207	86.5	561.13	49.3
84304111	自推进石油及天然气钻机，钻探深度≥6 000m	台	2		328.64	
84304119	未列名自推进的石油及天然气钻机	台	88	91.3	21 074.42	123.2
84304122	履带式自推进的钻机，钻探深度<6 000m	台	215	-30.4	3 222.32	5.3
84304129	其他自推进的钻机，钻探深度<6 000m	台	65	-1.5	1 329.11	-13.7
84304190	自推进的凿井机械	台	19	5.6	91.84	9.5
84305010	其他自推进采油机械	台	110	214.3	572.29	-22.5
84305039	其他采矿钻机	台	134	-4.3	2 963.98	217.2
84314310	石油或天然气钻机的零件	kg	6 321 112	19.4	28 985.33	75.9

（续）

税号	产品名称	单位	进口量	比上年增长（%）	进口额（万美元）	比上年增长（%）
84743100	混凝土或砂浆混合机器	台	340	67.5	1 393.88	-7.4
87052000	机动钻探车	辆	13	85.7	1 757.13	116.7
87059080	石油测井车、压裂车、混砂车	辆	48	-18.6	5 071.35	-12.6
89012011	载重量不超过10万t的成品油船	艘	35	-7.9	999.76	301.2
89012031	容积≤20 000m^3 的液化石油气船	艘	3	-25.0	1 709.74	-52.9
89012090	其他液货船	艘	1		2 800.00	
90158000	其他大地及水道测量海洋气象地球物理用仪器	台	49 232	-4.9	42 660.28	9.2

2008年炼油化工产品出口量值表

税号	产品名称	单位	出口量	比上年增长（%）	出口额（万美元）	比上年增长（%）
84051000	煤气发生器；乙炔发生器等水解气体发生器	kg	5 455 732	21.3	1 915.73	79.7
84059000	煤气发生器及乙炔发生器等的零件	kg	8 669 959	26.7	1 817.63	39.8
84161000	使用液体燃料的炉用燃烧器	kg	10 146 038	32.6	3 680.82	58.6
84162019	使用其他气体燃料的炉用燃烧器	kg	5 536 551	247.7	1 737.43	209.6
84193990	未列名干燥器	台	919 726	60.4	15 634.31	61.2
84194010	提净塔	台	829	270.1	1 540.87	29.9
84194020	精馏塔	台	94	-3.1	1 186.54	-41.3
84194090	其他蒸馏或精馏设备	台	27 521	32.0	8 563.76	139.0
84195000	热交换装置	台	377 011	28.8	34 074.67	72.8
84196011	制氧量≥15 000m^3/h及以上的制氧机	台	43	-79.8	2 690.10	26.3
84196019	其他制氧机	台	6 884	-68.1	7 289.88	193.9
84196090	未列名液化空气或其他气体的机器	台	2 850	-76.4	9 863.95	100.6
84198910	加氢反应器	台	342	-49.3	2 338.77	496.4
84198990	未列名利用温度变化处理材料的机器、装置等	台	1 180 831	111.0	37 484.68	128.2
84211910	脱水机	台	134 625	-7.1	1 450.80	12.0
84212910	压滤机	个	495	-30.4	1 166.75	76.7
84212990	未列名液体过滤、净化机器及装置	个	9 951 767	90.8	15 062.97	69.3
84213923	工业用旋风式除尘器	个	2 179	-68.9	640.25	189.9
84772010	塑料造粒机	台	3 381	47.3	4 004.73	54.1
84772090	其他挤出机	台	4 563	-6.4	20 915.72	47.6
84796000	蒸发式空气冷却器	台	391 958	21.1	2 707.72	72.6
84798200	搅混、轧碎、研磨、筛选、均化或乳化机器	台	180 084	-5.0	18 659.97	52.5
84798990	未列名具有独立功能的机器及机械器具	台	218 088 536	7.5	55 667.39	20.1
84811000	减压阀	套	34 934 811	7.7	12 322.04	18.5
84812010	油压传动阀	套	1 051 594	90.1	3 106.06	66.0
84812020	气压传动阀	套	7 956 199	99.0	2 607.64	62.0
84813000	止回阀	套	938 951 304	8.1	18 187.14	28.9
84814000	安全阀或溢流阀	套	13 901 457	28.2	5 259.01	44.4
84819010	阀门零件	kg	364 603 329	0.1	166 817.15	16.0

2008 年炼油化工产品进口量值表

税号	产品名称	单位	进口量	比上年增长(%)	进口额(万美元)	比上年增长(%)
84051000	煤气发生器;乙炔发生器等水解气体发生器	t	2 721.94	-26.4	8 558.16	0.5
84059000	煤气发生器及乙炔发生器等的零件	t	998.19	-42.6	3 904.04	24.1
84161000	使用液体燃料的炉用燃烧器	t	1 899.28	-26.3	5 497.06	-13.9
84162019	使用其他气体燃料的炉用燃烧器	t	878.08	-38.6	5 134.30	39.1
84193990	未列名干燥器	万台	4.58	10.9	25 440.63	30.2
84194010	提净塔	台	9	-47.1	133.89	-78.6
84194020	精馏塔	台	38	100.0	1 230.82	54.6
84194090	其他蒸馏或精馏设备	台	1 192	22.3	7 456.85	28.4
84195000	热交换装置	万台	97.07	5.4	93 986.12	55.2
84196011	制氧量≥15 000m^3/h 及以上的制氧机	台	1	-50.0	740.30	67.9
84196019	其他制氧机	台	1539	30.0	346.11	106.9
84196090	未列名液化空气或其他气体的机器	台	414	-32.2	2 188.46	25.5
84198910	加氢反应器	台	67	21.8	4 702.72	140.4
84198990	未列名利用温度变化处理材料的机器、装置等	万台	6.27	97.5	79 410.25	30.2
84211910	脱水机	万台	0.70	-44.0	3 743.57	-8.3
84212910	压滤机	个	242	-34.2	4 438.50	-10.8
84212990	未列名液体过滤、净化机器及装置	万个	2 137.22	35.5	56 914.18	29.9
84213923	工业用旋风式除尘器	个	4 471	-5.5	1 176.42	-6.2
84772010	塑料造粒机	台	174	-13.0	14 546.64	47.0
84772090	其他挤出机	台	756	-18.9	20 900.84	3.6
84796000	蒸发式空气冷却器	台	7 399	49.6	602.78	-21.5
84798200	搅混、轧碎、研磨、筛选、均化或乳化机器	万台	2.08	-18.8	35 825.52	-6.7
84798990	未列名具有独立功能的机器及机械器具	万台	7 900.84	-28.5	412 702.59	8.3
84811000	减压阀	万套	1 030.98	15.1	19 008.22	26.6
84812010	油压传动阀	万套	513.76	14.4	64 545.21	53.5
84812020	气压传动阀	万套	633.35	23.5	39 833.96	92.2
84813000	止回阀	万套	7 161.44	62.1	28 750.92	83.7
84814000	安全阀或溢流阀	万套	993.87	13.6	29 464.43	67.1
84819010	阀门零件	t	18 796.40	4.9	53 613.49	18.8

2008 年压力容器产品出口量值表

税号	产品名称	出口量(t)	比上年增长(%)	出口额(万美元)	比上年增长(%)
73071100	无可锻性铸铁管子附件	182 388.60	-17.92	29 803.15	19.6
73071900	可锻性铸铁及铸钢管子附件	259 565.36	-16.28	46 972.78	16.0
73072100	不锈钢制法兰	52 875.15	-0.96	39 511.52	-3.1
73072200	不锈钢制螺纹肘管、弯管及管套	19 356.89	-9.96	13 693.38	-17.4

（续）

税号	产品名称	出口量（t）	比上年增长（%）	出口额（万美元）	比上年增长（%）
73072300	不锈钢制对焊件	13 778.45	13.89	12 747.47	14.3
73072900	不锈钢制其他管子附件	2 602.67	-1.84	3 525.70	23.7
73079100	其他钢铁制法兰	410 580.42	24.22	67 688.61	75.3
73079200	其他钢铁制螺纹肘管、弯管及管套	71 195.53	1.73	16 662.50	18.2
73079300	其他钢铁制对焊件	111 670.29	19.34	20 305.91	54.9
73079900	未列名钢铁制管子附件	220 378.72	-27.71	49 544.34	11.5
73110010	装压缩气体或液化气体的零售包装钢铁容器	72 372.82	31.97	14 772.50	50.4
73110090	装压缩气体或液化气体的非零售包装钢铁容器	62 987.19	12.99	17 912.27	19.1
84841000	密封垫等，金属片与其他材料或多层金属片制	21 949.53	37.50	15 600.81	71.0

2008年压力容器产品进口量值表

税号	产品名称	进口量（t）	比上年增长（%）	进口额（万美元）	比上年增长（%）
73071100	无可锻性铸铁管子附件	1 796.60	171.28	1 780.75	228.6
73071900	可锻性铸铁及铸钢管子附件	1 276.40	-8.11	1 786.96	-4.0
73072100	不锈钢制法兰	1 937.71	20.21	3 673.59	16.7
73072200	不锈钢制螺纹肘管、弯管及管套	1 573.54	33.71	3 881.43	37.4
73072300	不锈钢制对焊件	247.54	-0.51	803.99	2.3
73072900	不锈钢制其他管子附件	2 204.21	18.35	10 899.93	26.5
73079100	其他钢铁制法兰	38 230.36	100.31	17 146.97	100.7
73079200	其他钢铁制螺纹肘管、弯管及管套	5 197.07	13.05	5 922.71	12.4
73079300	其他钢铁制对焊件	3 144.47	-8.87	7 409.37	122.2
73079900	未列名钢铁制管子附件	13 993.06	11.83	25 124.96	33.9
73110010	装压缩气体或液化气体的零售包装钢铁容器	5 138.87	-2.27	723.38	0.3
73110090	装压缩气体或液化气体的非零售包装钢铁容器	26 685.13	32.11	5 976.95	32.9
84841000	密封垫等，金属片与其他材料或多层金属片制	5 971.69	5.32	23 732.29	24.2

2008年输油管道出口量值表

税号	产品名称	出口量（t）	出口额（万美元）
73041110	不锈钢石油天然气管道管 215.9mm≤外径≤406.4mm	1 812.13	1 677.30
73041120	不锈钢石油天然气管道管 114.3mm＜外径＜215.9mm	598.45	334.85
73041130	不锈钢石油天然气管道管，外径≤114.3mm	6 383.99	4 965.43
73041190	不锈钢石油天然气管道管，外径＞406.4mm	6 013.29	3 813.78
73041910	其他钢石油天然气管道管 215.9mm≤外径≤406.4mm	629 074.01	74 297.79
73041920	其他钢石油天然气管道管 114.3mm＜外径＜215.9mm	329 362.52	36 512.23
73041930	其他钢石油天然气无缝管道管，外径≤114.3mm	577 719.25	62 708.98
73041990	其他钢石油天然气无缝管道管，外径＞406.4mm	247 303.85	29 262.28

（续）

税号	产品名称	出口量（t）	出口额（万美元）
73042210	不锈钢制钻探石油天然气钻管，外径≤168.3mm	224.95	173.14
73042290	不锈钢制钻探石油天然气钻管，外径＞168.3mm	931.72	188.74
73042310	其他钢制钻探石油天然气钻管，外径≤168.3mm	92 889.38	44 370.70
73042390	其他钢制钻探石油天然气钻管，外径＞168.3mm	11 063.16	2 384.43
73042400	不锈钢制钻探石油或天然气用无缝套管、导管	168.00	198.84
73042900	钻探石油及天然气用无缝钢铁套管及导管	3 221 189.58	450 576.75
73061100	不锈钢制石油或天然气焊缝管道管	9 036.24	4 188.86
73061900	其他钢铁制石油或天然气管道管	676 482.98	59 373.65
73062100	不锈钢制钻探石油或天然气用套管及导管	1 757.79	739.56
73062900	其他钢铁制钻探石油或天然气套管及导管	652 348.85	67 897.60

2008年输油管道进口量值表

税号	产品名称	进口量（t）	进口额（万美元）
73041110	不锈钢石油天然气管道管215.9mm≤外径≤406.4mm	507.81	633.71
73041120	不锈钢石油天然气管道管114.3mm＜外径＜215.9mm	218.74	214.86
73041130	不锈钢石油天然气管道管，外径≤114.3mm	733.93	719.17
73041190	不锈钢石油天然气管道管，外径＞406.4mm	950.12	1 463.33
73041910	其他钢石油天然气管道管215.9mm≤外径≤406.4mm	13 167.28	2 525.76
73041920	其他钢石油天然气管道管114.3mm＜外径＜215.9mm	1 228.38	552.40
73041930	其他钢石油天然气无缝管道管，外径≤114.3mm	414.98	478.25
73041990	其他钢石油天然气无缝管道管，外径＞406.4mm	1 272.75	929.16
73042210	不锈钢制钻探石油天然气钻管，外径≤168.3mm	15.07	22.45
73042290	不锈钢制钻探石油天然气钻管，外径＞168.3mm	6.84	7.79
73042310	其他钢制钻探石油天然气钻管，外径≤168.3mm	59 664.41	22 049.49
73042390	其他钢制钻探石油天然气钻管，外径＞168.3mm	7 281.37	1 766.13
73042400	不锈钢制钻探石油或天然气用无缝套管、导管	2 824.69	3 193.99
73042900	钻探石油及天然气用无缝钢铁套管及导管	141 423.29	44 863.26
73061100	不锈钢制石油或天然气焊缝管道管	206.81	257.44
73061900	其他钢铁制石油或天然气管道管	12 942.06	2 134.71
73062100	不锈钢制钻探石油或天然气用套管及导管	9.76	7.77
73062900	其他钢铁制钻探石油或天然气套管及导管	33.03	14.60

2008 年我国石油和石油化工设备主要进出口国家(地区)量值表

2008 年石油钻采设备主要出口国家(地区)量值表

税号	产品名称及国家(地区)	单位	出口量	出口额(万美元)
84131100	分装燃料或润滑油的计量泵,加油站或车库用	万台	5.85	5 264.17
	印度	台	2 309	1 270.66
	尼日利亚	台	6 898	970.57
	菲律宾	台	893	240.43
	英国	台	11 772	238.94
	印度尼西亚	台	3 412	204.55
84131900	其他装有或可装计量装置的液体泵	万台	109.43	2 887.01
	美国	台	216 935	286.08
	德国	台	65 142	205.41
	韩国	台	40 954	203.50
	意大利	台	49 310	150.57
	印度尼西亚	台	6 427	141.69
84135010	气动往复式排液泵	万台	69.91	3 152.27
	美国	台	89 583	697.64
	新加坡	台	11 975	286.04
	阿根廷	台	125 078	208.68
	俄罗斯联邦	台	61 811	129.38
	中国台湾	台	1 663	123.31
84135020	电动往复式排液泵	万台	545.44	9 629.90
	美国	台	753 967	3 408.52
84135090	未列名往复式排液泵	万台	224.12	11 558.55
	美国	台	806 360	6 807.33
84136090	其他回转式排液泵	万台	2 115.18	38 886.85
	德国	台	2 030 758	4 827.51
	美国	台	2 128 781	3 938.97
	阿拉伯联合酋长国	台	829 805	2 186.82
84137010	转速在 10 000r/min 及以上的离心泵	万台	186.62	6 709.62
	俄罗斯联邦	台	784 624	578.06
	苏丹	台	862	565.35
	印度尼西亚	台	54 985	456.90

（续）

税号	产品名称及国家（地区）	单位	出口量	出口额（万美元）
	意大利	台	142 191	454.32
	美国	台	44 090	374.93
84138100	未列名液体泵	万台	2 645.57	36 927.83
	美国	台	6 341 224	5 595.24
	印度	台	713 388	3 625.48
	印度尼西亚	台	828 552	3 457.18
	日本	台	1 794 413	1 844.03
	阿拉伯联合酋长国	台	1 144 409	1 786.97
84138200	液体提升机	万台	29.25	920.54
	阿拉伯联合酋长国	台	4 485	189.15
	美国	台	13 277	69.09
	英国	台	10 444	61.65
	俄罗斯联邦	台	4 796	54.66
	约旦	台	303	42.32
84139100	液体泵零件	万 t	18.50	77 962.73
	美国	kg	65 944 597	28 253.35
	日本	kg	16 555 203	8 617.78
84139200	液体提升机零件	t	2 753.66	1 520.90
	荷兰	kg	530 653	537.76
	美国	kg	570 669	201.47
	英国	kg	291 208	107.44
84304111	自推进石油及天然气钻机，钻探深度≥6 000m	台	52	43 873.25
	委内瑞拉	台	9	11 716.94
	利比亚	台	5	8 493.00
84304119	未列名自推进的石油及天然气钻机	台	711	48 436.04
	美国	台	186	8 861.28
	俄罗斯联邦	台	151	8 424.54
	土库曼斯坦	台	57	4 966.50
	乌兹别克斯坦	台	8	4 595.21
	哈萨克斯坦	台	17	4 103.14
84304121	其他自推进的钻机，钻探深度≥6 000m	台	1	515.68
	埃及	台	1	515.68
84304122	履带式自推进的钻机，钻探深度<6 000m	台	116	2 864.92
	阿拉伯联合酋长国	台	15	711.09
	土耳其	台	6	160.96
	俄罗斯联邦	台	6	153.27
	沙特阿拉伯	台	3	142.64
	越南	台	6	132.66
84304129	其他自推进的钻机，钻探深度<6 000m	台	783	6 378.35
	俄罗斯联邦	台	48	840.91

（续）

税号	产品名称及国家(地区)	单位	出口量	出口额(万美元)
	印度尼西亚	台	28	691.67
	伊朗	台	22	657.11
	巴西	台	36	491.01
	蒙古	台	34	450.34
84304190	自推进的凿井机械	台	197	3 579.18
	苏丹	台	9	1 428.98
	利比亚	台	4	591.46
	土库曼斯坦	台	7	411.90
84305010	其他自推进采油机械	台	8 166	24 826.83
	美国	台	4 663	12 462.57
	加拿大	台	1 330	4 881.65
	叙利亚	台	244	1 500.95
84305031	牙轮直径在380mm及以上的采矿钻机	台	13	22.90
	俄罗斯联邦	台	5	17.50
	中国香港	台	6	2.73
	尼日利亚	台	1	2.06
84305039	其他采矿钻机	台	393	400.47
	美国	台	30	56.91
	蒙古	台	6	47.07
	澳大利亚	台	7	30.79
	津巴布韦	台	3	29.79
	智利	台	1	27.64
84314310	石油或天然气钻机的零件	万t	19.66	126 069.37
	美国	kg	59 402 707	28 128.86
	哈萨克斯坦	kg	11 414 326	11 512.81
	土库曼斯坦	kg	7 987 254	9 748.94
	新加坡	kg	12 700 217	7 083.36
	韩国	kg	6 449 242	5 461.51
84743100	混凝土或砂浆混合机器	万台	43.72	22 808.30
	俄罗斯联邦	台	60 645	3 778.31
	乌克兰	台	76 092	3 179.91
	阿拉伯联合酋长国	台	1 607	1 173.30
	安哥拉	台	1 075	1 018.91
	德国	台	26 752	1 010.17
86061000	铁道及电车道非机动油罐货车及类似车	辆	60	525.35
	澳大利亚	辆	12	217.94
	马达加斯加	辆	20	142.42
	斯威士兰	辆	20	119.40
87052000	机动钻探车	辆	91	2 328.08
	印度	辆	18	774.21

（续）

税号	产品名称及国家(地区)	单位	出口量	出口额（万美元）
	哈萨克斯坦	辆	3	482.05
	俄罗斯联邦	辆	14	451.77
	也门	辆	5	200.00
87059080	石油测井车、压裂车、混砂车	辆	22	815.61
	土库曼斯坦	辆	8	406.22
	新加坡	辆	1	87.87
87163110	油罐挂车及半挂车	辆	550	1 477.25
	尼日利亚	辆	45	244.93
	安哥拉	辆	93	220.74
	哈萨克斯坦	辆	88	205.57
	乍得	辆	44	141.12
89012011	载重量不超过10万t的成品油船	艘	199	305 874.15
	中国香港	艘	51	79 213.36
	新加坡	艘	43	69 408.82
	德国	艘	6	18 470.20
	俄罗斯联邦	艘	4	16 238.42
89012021	载重量不超过15万t的原油船	艘	19	94 391.55
	新加坡	艘	10	55 486.04
	意大利	艘	3	15 171.13
	德国	艘	2	11 688.18
89012022	15万t<载重量≤30万t的原油船	艘	1	10 543.80
	中国香港	艘	1	10 543.80
89012023	载重量超过30万t的原油船	艘	5	45 588.56
	新加坡	艘	5	45 588.56
89012031	容积≤20 000m^3的液化石油气船	艘	1	943.20
	新加坡	艘	1	943.20
89012090	其他液货船	艘	42	50 154.63
	新加坡	艘	8	15 947.20
	中国香港	艘	8	10 053.52
89052000	浮动或潜水式钻探或生产平台	座	17	29 980.63
	荷兰	座	1	13 564.02
	新加坡	座	3	6 169.20
90158000	其他大地及水道测量海洋气象地球物理用仪器	万台	510.20	21 399.23
	美国	台	2 188 889	2 140.28
	沙特阿拉伯	台	59 397	2 003.02
	日本	台	129 555	1 214.72
	德国	台	898 264	1 053.89
	新加坡	台	11 553	1 037.45

2008年石油钻采设备主要进口国家(地区)量值表

税号	产品名称及国家(地区)	单位	进口量	进口额(万美元)
84131100	分装燃料或润滑油的计量泵,加油站或车库用	台	4 757	585.61
	法国	台	5	195.27
	美国	台	2 418	171.61
	日本	台	1 542	125.55
84131900	其他装有或可装计量装置的液体泵	台	268 870	11 672.84
	德国	台	57 448	4 187.59
	美国	台	32 040	1 613.73
	日本	台	12 726	1 187.21
84135010	气动往复式排液泵	台	37 132	2 442.14
	美国	台	22 364	1 317.92
84135020	电动往复式排液泵	台	6 838 760	12 834.77
	意大利	台	5 983 704	2 859.93
	德国	台	20 723	2 694.32
	日本	台	53 222	1 841.84
	美国	台	30 075	1 433.15
84135090	未列名往复式排液泵	台	641 072	5 220.17
	美国	台	6 763	1 375.79
	德国	台	8 263	1 229.15
	瑞典	台	515	971.57
	意大利	台	539 843	588.54
	日本	台	76 462	441.78
84136090	其他回转式排液泵	台	1 947 694	24 417.43
	日本	台	433 643	7 511.53
	德国	台	165 531	6 330.55
	美国	台	84 702	1 674.48
	意大利	台	677 455	1 648.84
	挪威	台	264	1 520.21
84137010	转速在10 000r/min及以上的离心泵	台	626 377	9 194.66
	日本	台	2 043	2 584.83
	德国	台	1 724	1 749.04
	挪威	台	388	1 217.87
	美国	台	3 925	1 024.43
84138100	未列名液体泵	台	9 270 533	40 150.63
	德国	台	322 011	8 797.58
	日本	台	120 414	8 386.01
	美国	台	78 937	4 023.93
	挪威	台	11 424	3 959.54

（续）

税号	产品名称及国家(地区)	单位	进口量	进口额（万美元）
	意大利	台	3 966 528	2 488.53
84138200	液体提升机	台	14 744	1 013.77
	德国	台	1 853	197.71
	美国	台	1 129	130.09
84139100	液体泵零件	kg	22 638 348	49 559.02
	德国	kg	5 209 369	12 514.77
	日本	kg	5 578 736	9 365.94
	美国	kg	2 677 223	6 201.08
84139200	液体提升机零件	kg	186 207	561.13
	德国	kg	148 690	346.61
	美国	kg	10 343	128.58
84304111	自推进石油及天然气钻机,钻探深度≥6 000m	台	2	328.64
	德国	台	1	326.47
84304119	未列名自推进的石油及天然气钻机	台	88	21 074.42
	挪威	台	15	9 937.68
	美国	台	52	9 707.13
84304122	履带式自推进的钻机，钻探深度＜6 000m	台	215	3 222.32
	瑞典	台	135	1 969.32
84304129	其他自推进的钻机，钻探深度＜6 000m	台	65	1 329.11
	美国	台	10	375.89
	芬兰	台	11	269.44
	瑞典	台	12	238.71
	日本	台	18	159.53
	加拿大	台	5	116.99
84304190	自推进的凿井机械	台	19	91.84
	新加坡	台	4	42.39
84305010	其他自推进采油机械	台	110	572.29
	美国	台	86	562.69
84305039	其他采矿钻机	台	134	2 963.98
	美国	台	11	1 952.61
84314310	石油或天然气钻机的零件	kg	6 321 112	28 985.33
	美国	kg	3 576 704	19 618.47
	新加坡	kg	761 288	3 814.71
84743100	混凝土或砂浆混合机器	台	340	1 393.88
	德国	台	165	468.97
	意大利	台	18	272.92
	日本	台	20	196.62
	荷兰	台	2	133.42
	挪威	台	46	119.56
87052000	机动钻探车	辆	13	1 757.13
	美国	辆	11	1 572.92

（续）

税号	产品名称及国家(地区)	单位	进口量	进口额（万美元）
87059080	石油测井车、压裂车、混砂车	辆	48	5 071.35
	美国	辆	38	4 051.88
	加拿大	辆	7	839.46
89012011	载重量不超过 10 万 t 的成品油船	艘	35	999.76
	中国	艘	1	870.00
89012031	容积≤20 000m^3 的液化石油气船	艘	3	1 709.74
	日本	艘	3	1 709.74
89012090	其他液货船	艘	1	2 800.00
	巴拿马		1	2 800.00
90158000	其他大地及水道测量海洋气象地球物理用仪器	台	49 232	42 660.28
	美国	台	12 581	15 720.43
	法国	台	1 992	10 161.56
	瑞士	台	3 271	3 607.95
	日本	台	8 805	2 477.03
	德国	台	11 015	2 301.93

2008 年炼油化工产品主要出口国家(地区)量值表

税号	产品名称及国家(地区)	单位	出口量	出口额（万美元）
84051000	煤气发生器;乙炔发生器等水解气体发生器	kg	5 455 732	1 915.73
	印度	kg	1 506 724	625.55
	印度尼西亚	kg	1 313 988	418.67
	越南	kg	1 302 093	320.34
84059000	煤气发生器及乙炔发生器等的零件	kg	8 669 959	1 817.63
	印度尼西亚	kg	2 820 970	569.84
	越南	kg	2 283 390	432.28
	印度	kg	1 910 120	394.68
	朝鲜	kg	685 899	113.31
84161000	使用液体燃料的炉用燃烧器	kg	10 146 038	3 680.82
	美国	kg	867 618	409.13
	澳大利亚	kg	862 300	320.43
	沙特阿拉伯	kg	1 196 774	250.98
	荷兰	kg	496 686	243.47
	阿拉伯联合酋长国	kg	226 455	212.65
84162019	使用其他气体燃料的炉用燃烧器	kg	5 536 551	1 737.43
	马来西亚	kg	1 523 885	485.73
	日本	kg	1 412 694	319.15
	德国	kg	241 667	144.49

（续）

税号	产品名称及国家(地区)	单位	出口量	出口额（万美元）
	韩国	kg	718 884	132.76
	越南	kg	418 322	123.80
84193990	未列名干燥器	台	919 726	15 634.31
	印度	台	5 293	2 689.88
	美国	台	297 515	1 629.57
	日本	台	43 597	978.29
	阿拉伯联合酋长国	台	93 358	919.97
84194010	提净塔	台	829	1 540.87
	马达加斯加	台	9	485.79
	印度	台	6	196.41
	美国	台	747	152.45
	马来西亚	台	3	136.97
	日本	台	12	132.99
84194020	精馏塔	台	94	1 186.54
	泰国	台	19	500.00
	巴西	台	2	148.60
84194090	其他蒸馏或精馏设备	台	27 521	8 563.76
	泰国	台	166	1 994.49
	印度尼西亚	台	233	1 449.88
	印度	台	194	746.60
	土耳其	台	13	591.51
	日本	台	421	467.35
84195000	热交换装置	台	377 011	34 074.67
	巴基斯坦	台	218	3 160.98
	卡塔尔	台	1 272	3 008.08
	美国	台	180 251	2 988.32
	沙特阿拉伯	台	85	2 232.24
	日本	台	45 009	1 945.56
84196011	制氧量≥15 000m^3/h 及以上的制氧机	台	43	2 690.10
	卡塔尔	台	4	1 686.53
	越南	台	3	451.72
84196019	其他制氧机	台	6 884	7 289.88
	印度	台	35	1 136.33
	越南	台	132	1 042.25
	巴基斯坦	台	163	769.88
	土耳其	台	94	513.38
	马来西亚	台	75	393.82
84196090	未列名液化空气或其他气体的机器	台	2 850	9 863.95
	韩国	台	49	2 135.11
	印度	台	34	1 970.41

（续）

税号	产品名称及国家(地区)	单位	出口量	出口额（万美元）
	巴西	台	2	1 214.48
	新加坡	台	28	872.62
	埃及	台	2	632.53
84198910	加氢反应器	台	342	2 338.77
	印度	台	248	1 880.72
84198990	未列名利用温度变化处理材料的机器、装置等	台	1 180 831	37 484.68
	利比亚	台	86	5 029.02
	泰国	台	9 016	4 686.81
	中国香港	台	18 235	2 723.38
	越南	台	7 966	2 352.66
	印度	台	19 081	2 093.56
84211910	脱水机	台	134 625	1 450.80
	中国香港	台	2 750	287.45
	尼日利亚	台	3	130.40
	菲律宾	台	53 202	119.53
	韩国	台	41 615	106.90
84212910	压滤机	个	495	1 166.75
	印度尼西亚	个	31	139.02
	巴西	个	16	138.21
	越南	个	58	128.86
84212990	未列名液体过滤、净化机器及装置	个	9 951 767	15 062.97
	日本	个	7 384 447	6 200.89
	德国	个	566 451	1 147.58
	印度	个	3 267	968.86
	新加坡	个	7 096	875.25
	美国	个	685 318	667.51
84213923	工业用旋风式除尘器	个	2 179	640.25
	泰国	个	5	317.13
	印度	个	10	105.74
84772010	塑料造粒机	台	3 381	4 004.73
	俄罗斯联邦	台	342	384.28
	印度	台	115	279.14
	印度尼西亚	台	96	199.44
	马来西亚	台	110	180.18
	日本	台	84	175.49
84772090	其他挤出机	台	4 563	20 915.72
	俄罗斯联邦	台	354	2 023.14
	伊朗	台	346	1 613.32
	印度尼西亚	台	212	1 343.52
	印度	台	285	1 277.22

（续）

税号	产品名称及国家(地区)	单位	出口量	出口额（万美元）
84796000	蒸发式空气冷却器	台	391 958	2 707.72
	印度	台	196	372.49
	日本	台	114 739	351.40
	越南	台	31 480	290.44
	菲律宾	台	34 655	167.45
	意大利	台	965	165.52
84798200	搅混、轧碎、研磨、筛选、均化或乳化机器	台	180 084	18 659.97
	美国	台	24 531	1 184.87
	越南	台	2 369	1 164.29
	日本	台	10 159	1 074.55
84798990	未列名具有独立功能的机器及机械器具	台	218 088 536	55 667.39
	中国香港	台	76 808 527	13 906.90
	美国	台	1 054 697	7 073.74
	韩国	台	89 114 396	4 884.49
	德国	台	457 581	3 094.08
	俄罗斯联邦	台	304 808	2 430.19
84811000	减压阀	套	34 934 811	12 322.04
	美国	套	5 976 864	3 772.23
	日本	套	1 976 897	1 979.50
	印度尼西亚	套	5 538 458	874.05
	新加坡	套	1 385 858	569.98
	马来西亚	套	1 783 943	511.51
84812010	油压传动阀	套	1 051 594	3 106.06
	中国香港	套	232 448	1 028.12
	美国	套	398 945	526.90
	日本	套	105 937	366.99
	越南	套	7 810	236.13
	巴西	套	3 353	122.03
84812020	气压传动阀	套	7 956 199	2 607.64
	日本	套	37 997	479.04
	德国	套	149 085	440.77
	印度尼西亚	套	2 655 097	344.93
	马来西亚	套	1 540 466	298.75
	美国	套	240 964	162.72
84813000	止回阀	套	938 951 304	18 187.14
	美国	套	244 855 784	6 422.55
	韩国	套	26 916 931	1 467.11
	印度尼西亚	套	28 258 426	673.97
	德国	套	104 023 877	655.05
	意大利	套	57 522 971	618.30

（续）

税号	产品名称及国家(地区)	单位	出口量	出口额（万美元）
84814000	安全阀或溢流阀	套	13 901 457	5 259.01
	美国	套	935 633	1 291.14
	印度尼西亚	套	7 167 452	960.51
	日本	套	1 071 763	505.00
	德国	套	32 428	267.04
	中国台湾	套	583 512	207.25
84819010	阀门零件	kg	364 603 329	166 817.15
	美国	kg	111 153 575	47 226.77
	日本	kg	24 285 634	17 533.58
	德国	kg	16 992 007	11 110.41
	意大利	kg	19 616 150	10 205.44
	韩国	kg	31 144 933	8 975.94

2008年炼油化工产品主要进口国家(地区)量值表

税号	产品名称及国家(地区)	单位	进口量	进口额（万美元）
84051000	煤气发生器;乙炔发生器等水解气体发生器	t	2 721.94	8 558.16
	德国	kg	2 168 122	5 502.37
	西班牙	kg	305 400	2 068.02
84059000	煤气发生器及乙炔发生器等的零件	t	998.19	3 904.04
	西班牙	kg	984 241	3 843.98
84161000	使用液体燃料的炉用燃烧器	t	1 899.28	5 497.06
	意大利	kg	571 398	1 030.35
	丹麦	kg	276 467	924.98
	德国	kg	183 116	870.73
	美国	kg	357 370	672.52
	荷兰	kg	155 712	647.65
84162019	使用其他气体燃料的炉用燃烧器	t	878.08	5 134.30
	德国	kg	152 834	1 301.81
	荷兰	kg	265 451	992.32
	日本	kg	53 179	843.90
	美国	kg	172 845	630.17
84193990	未列名干燥器	万台	4.58	25 440.63
	日本	台	23 795	6 497.58
	德国	台	2 187	5 718.69
	意大利	台	1 083	2 530.43
	美国	台	11 250	2 015.45
	韩国	台	702	1 975.46

（续）

税号	产品名称及国家（地区）	单位	进口量	进口额（万美元）
84194010	提净塔	台	9	133.89
	美国	台	5	94.56
	法国	台	1	28.82
84194020	精馏塔	台	38	1 230.82
	日本	台	2	599.58
	韩国	台	11	271.45
	波兰	台	9	231.16
84194090	其他蒸馏或精馏设备	台	1 192	7 456.85
	保加利亚	台	10	1 455.62
	德国	台	327	938.68
	丹麦	台	173	836.14
	美国	台	54	816.85
84195000	热交换装置	万台	97.07	93 986.12
	德国	台	85 084	18 295.61
	日本	台	166 561	15 350.64
	美国	台	15 277	11 332.58
	法国	台	2 034	10 227.11
84196011	制氧量≥15 000m^3/h 及以上的制氧机	台	1	740.30
	德国	台	1	740.30
84196019	其他制氧机	台	1 539	346.11
	美国	台	1 280	233.66
84196090	未列名液化空气或其他气体的机器	台	414	2 188.46
	日本	台	63	688.12
	比利时	台	1	428.56
	德国	台	233	257.70
	韩国	台	41	213.55
	俄罗斯联邦	台	3	195.82
84198910	加氢反应器	台	67	4 702.72
	德国	台	8	1 495.42
	意大利	台	10	1 000.00
	丹麦	台	1	796.18
84198990	未列名利用温度变化处理材料的机器、装置等	万台	6.27	79 410.25
	德国	台	7 255	20 737.49
	日本	台	6 621	14 179.28
	美国	台	4 405	9 562.40
	韩国	台	1 330	5 624.72
	中国台湾	台	2 191	4 921.64
84211910	脱水机	万台	0.70	3 743.57
	德国	台	111	1 278.03
	澳大利亚	台	42	620.67

（续）

税号	产品名称及国家(地区)	单位	进口量	进口额（万美元）
	日本	台	6 586	499.06
	法国	台	20	407.32
84212910	压滤机	个	242	4 438.50
	德国	个	65	1 233.08
	芬兰	个	9	549.56
	新加坡	个	11	467.58
	西班牙	个	6	424.00
	美国	个	11	412.75
84212990	未列名液体过滤、净化机器及装置	万个	2 137.22	56 914.18
	德国	个	3 829 272	11 281.35
	日本	个	8 334 067	8 083.47
	美国	个	3 906 324	7 292.82
	法国	个	445 274	4 178.83
	芬兰	个	7 083	3 909.72
84213923	工业用旋风式除尘器	个	4 471	1 176.42
	德国	个	978	322.25
	日本	个	1 237	316.92
	韩国	个	101	124.02
	意大利	个	418	87.53
	中国台湾	个	163	84.64
84772010	塑料造粒机	台	174	14 546.64
	日本	台	55	7 640.36
	德国	台	36	4 670.18
84772090	其他挤出机	台	756	20 900.84
	德国	台	161	10 300.06
	日本	台	121	4 437.39
84796000	蒸发式空气冷却器	台	7 399	602.78
	德国	台	6 713	211.94
	丹麦	台	10	107.86
	日本	台	48	60.03
	比利时	台	210	41.82
	美国	台	31	37.23
84798200	搅混、轧碎、研磨、筛选、均化或乳化机器	万台	2.08	35 825.52
	德国	台	4 481	10 567.89
	美国	台	5 507	4 544.29
	日本	台	2 133	4 453.46
	中国台湾	台	2 464	4 314.09
84798990	未列名具有独立功能的机器及机械器具	万台	7 900.84	412 702.59
	日本	台	4 017 392	103 982.43
	德国	台	191 957	81 586.28

（续）

税号	产品名称及国家(地区)	单位	进口量	进口额（万美元）
	中国台湾	台	156 282	42 295.41
	韩国	台	23 986 573	39 697.84
	美国	台	40 266	36 307.06
84811000	减压阀	万套	1 030.98	19 008.22
	德国	套	909 589	3 868.25
	美国	套	1 115 147	3 173.19
	日本	套	1 383 500	2 461.43
	意大利	套	1 513 038	2 250.81
	韩国	套	903 076	1 235.93
84812010	油压传动阀	万套	513.76	64 545.21
	日本	套	1 067 006	20 722.35
	德国	套	820 504	17 610.59
	韩国	套	396 667	6 971.78
	意大利	套	501 321	5 950.73
	美国	套	635 285	3 540.31
84812020	气压传动阀	万套	633.35	39 833.96
	美国	套	370 674	10 811.15
	日本	套	3 715 486	9 758.53
	德国	套	789 907	9 386.63
84813000	止回阀	万套	7 161.44	28 750.92
	德国	套	6 736 974	7 826.43
	美国	套	12 121 597	6 033.58
	英国	套	2 860 338	2 979.63
	日本	套	20 933 157	2 824.49
	意大利	套	630 251	1 878.74
84814000	安全阀或溢流阀	万套	993.87	29 464.43
	美国	套	1 441 642	9 331.77
	德国	套	1 090 069	7 425.26
	日本	套	2 657 375	2 109.79
	法国	套	338 878	1 928.74
	英国	套	70 606	1 335.11
84819010	阀门零件	t	18 796.40	53 613.49
	德国	kg	3 218 273	13 103.81
	日本	kg	2 995 151	9 934.24
	美国	kg	2 105 986	6 761.01
	韩国	kg	2 367 013	4 117.21
	法国	kg	334 384	2 113.11

2008年压力容器产品主要出口国家(地区)量值表

税号	产品名称及国家(地区)	出口量 (t)	出口额 (万美元)
73071100	无可锻性铸铁管子附件	182 388.60	29 803.15
	美国	79 778.05	12 363.42
	西班牙	11 474.22	1 630.41
	日本	6 924.19	1 218.62
	英国	6 070.71	1 122.78
	德国	4 833.68	996.58
73071900	可锻性铸铁及铸钢管子附件	259 565.36	46 972.78
	美国	71 057.08	12 713.87
	韩国	17 924.87	2 861.01
	伊朗	14 168.11	2 424.18
	英国	9 063.99	1 738.15
	中国台湾	7 932.92	1 365.07
73072100	不锈钢制法兰	52 875.15	39 511.52
	韩国	11 035.28	7 753.23
	日本	8 856.36	5 718.37
	德国	6 125.39	5 664.71
	美国	6 445.34	3 878.67
	意大利	3 255.88	2 418.10
73072200	不锈钢制螺纹肘管、弯管及管套	19 356.89	13 693.38
	日本	3 205.68	3 174.26
	美国	2 960.06	2 344.65
	中国台湾	1 672.32	1 302.29
73072300	不锈钢制对焊件	13 778.45	12 747.47
	美国	1 640.75	1 794.51
	荷兰	934.36	1 191.93
	德国	774.94	979.24
	意大利	617.43	836.26
73072900	不锈钢制其他管子附件	2 602.67	3 525.70
	日本	552.84	843.21
	韩国	428.45	455.44
	美国	291.76	415.13
	荷兰	67.27	218.86
73079100	其他钢铁制法兰	410 580.42	67 688.61
	韩国	74 905.32	11 261.81
	日本	57 464.10	9 699.95
	德国	27 522.59	5 587.86

（续）

税号	产品名称及国家（地区）	出口量 （t）	出口额 （万美元）
	意大利	23 508.14	3 768.62
	美国	18 887.86	3 345.10
73079200	其他钢铁制螺纹肘管、弯管及管套	71 195.53	16 662.50
	美国	14 095.44	5 006.95
	中国香港	4 721.79	1 261.71
73079300	其他钢铁制对焊件	111 670.29	20 305.91
	阿拉伯联合酋长国	9 017.72	1 761.64
	意大利	6 247.56	1 429.90
	韩国	6 085.63	1 313.08
	美国	6 760.15	1 245.17
	巴西	6 677.05	1 092.49
73079900	未列名钢铁制管子附件	220 378.72	49 544.34
	美国	54 425.93	12 602.53
	韩国	27 345.06	3 906.44
	日本	4 797.34	2 340.66
	马来西亚	10 560.84	1 910.44
	俄罗斯联邦	4 919.74	1 755.78
73110010	装压缩气体或液化气体的零售包装钢铁容器	72 372.82	14 772.50
	美国	9 885.05	2 316.92
	印度尼西亚	11 911.15	1 888.99
	伊朗	3 133.96	998.20
	澳大利亚	5 329.50	896.91
	印度	3 963.32	821.13
73110090	装压缩气体或液化气体的非零售包装钢铁容器	62 987.19	17 912.27
	韩国	7 162.51	3 214.28
	泰国	5 282.29	1 586.59
	伊朗	5 914.50	1 554.60
	印度尼西亚	8 145.09	1 487.95
84841000	密封垫等，金属片与其他材料或多层金属片制	21 949.53	15 600.81
	美国	4 936.85	3 266.61
	日本	1 993.45	1 911.49
	韩国	1 493.93	915.27
	新加坡	698.96	864.53
	意大利	767.32	743.93

2008 年压力容器产品主要进口国家(地区)量值表

税号	产品名称及国家(地区)	进口量(t)	进口额(万美元)
73071100	无可锻性铸铁管子附件	1 796.60	1 780.75
	意大利	1 184.70	972.88
	德国	136.62	278.49
	韩国	173.12	171.59
	日本	60.78	127.96
73071900	可锻性铸铁及铸钢管子附件	1 276.40	1 786.96
	德国	242.78	465.26
	日本	193.70	401.54
	美国	230.43	349.89
73072100	不锈钢制法兰	1 937.71	3 673.59
	日本	597.11	858.73
	德国	160.25	501.30
	英国	182.45	487.54
	美国	104.05	262.85
	中国台湾	114.23	247.80
73072200	不锈钢制螺纹肘管、弯管及管套	1 573.54	3 881.43
	日本	741.23	1 430.97
	美国	129.85	605.53
	中国台湾	267.69	504.17
	德国	100.64	462.38
	意大利	48.85	211.46
73072300	不锈钢制对焊件	247.54	803.99
	意大利	41.78	238.35
	德国	48.58	185.38
	中国台湾	62.35	116.20
	英国	22.57	110.45
73072900	不锈钢制其他管子附件	2 204.21	10 899.93
	美国	282.66	2 488.04
	德国	386.46	2 039.09
	中国台湾	531.86	1 323.13
	日本	231.95	1 252.93
73079100	其他钢铁制法兰	38 230.36	17 146.97
	韩国	31 252.50	11 577.39
	德国	2 100.06	2 111.40
73079200	其他钢铁制螺纹肘管、弯管及管套	5 197.07	5 922.71
	日本	1 329.25	1 416.10
	美国	777.84	1 298.89

（续）

税号	产品名称及国家(地区)	进口量(t)	进口额(万美元)
	韩国	1 695.96	753.39
	德国	262.38	648.12
73079300	其他钢铁制对焊件	3 144.47	7 409.37
	意大利	2 506.05	6 226.96
73079900	未列名钢铁制管子附件	13 993.06	25 124.96
	日本	3 525.13	4 898.32
	意大利	1 806.01	3 920.86
	德国	1 220.27	3 415.06
	美国	947.45	3 338.51
	韩国	3 883.10	3 162.14
73110010	装压缩气体或液化气体的零售包装钢铁容器	5 138.87	723.38
	中国	4 842.02	523.33
	美国	208.56	131.33
73110090	装压缩气体或液化气体的非零售包装钢铁容器	26 685.13	5 976.95
	韩国	3 424.83	1 921.50
	日本	1 641.73	1 015.84
	葡萄牙	3 443.74	958.77
	美国	1 531.79	661.44
84841000	密封垫等,金属片与其他材料或多层金属片制	5 971.69	23 732.29
	日本	1 942.09	7 825.22
	美国	648.18	4 104.42
	德国	584.03	3 492.12
	韩国	782.54	1 459.28
	意大利	210.11	1 104.94

2008 年输油管道主要出口国家(地区)量值表

税号	产品名称及国家(地区)	出口量(t)	出口额(万美元)
73041110	不锈钢石油天然气管道管 215.9mm≤外径≤406.4mm	1 812.13	1 677.30
	印度尼西亚	724.54	789.50
	俄罗斯联邦	659.67	589.08
73041120	不锈钢石油天然气管道管 114.3mm<外径<215.9mm	598.45	334.85
	俄罗斯联邦	235.08	167.50
	美国	104.11	60.86
73041130	不锈钢石油天然气管道管,外径≤114.3mm	6 383.99	4 965.43
	印度	1 672.28	1 211.81
	美国	1 267.68	977.88
	俄罗斯联邦	1 230.54	861.34

（续）

税号	产品名称及国家(地区)	出口量 (t)	出口额 (万美元)
	沙特阿拉伯	673.40	808.38
73041190	不锈钢石油天然气管道管,外径＞406.4mm	6 013.29	3 813.78
	印度	3 646.93	2 092.60
73041910	其他钢石油天然气管道管 215.9mm≤外径≤406.4mm	629 074.01	74 297.79
	阿尔及利亚	134 924.46	15 748.54
	美国	74 408.22	8 677.42
	沙特阿拉伯	40 952.76	7 677.93
	韩国	63 904.43	7 147.68
73041920	其他钢石油天然气管道管 114.3mm＜外径＜215.9mm	329 362.52	36 512.23
	美国	57 728.53	6 584.24
	伊朗	30 134.14	4 390.73
	新加坡	27 520.27	3 053.07
	阿尔及利亚	30 687.36	3 051.58
	阿拉伯联合酋长国	20 632.73	2 423.26
73041930	其他钢石油天然气无缝管道管,外径≤114.3mm	577.72	62 708.98
	美国	154 075.43	17 964.91
	韩国	40 829.92	4 395.58
	印度	33 152.52	3 406.93
	新加坡	31 817.12	3 233.83
	阿拉伯联合酋长国	27 548.49	3 087.11
73041990	其他钢石油天然气无缝管道管,外径＞406.4mm	247 303.85	29 262.28
	美国	38 261.63	4 334.10
	西班牙	23 390.93	2 445.60
	韩国	18 548.84	2 377.48
	新加坡	20 774.38	2 259.63
	俄罗斯联邦	8 858.67	1 505.47
73042210	不锈钢制钻探石油天然气钻管,外径≤168.3mm	224.95	173.14
	哈萨克斯坦	48.50	81.36
	美国	144.79	75.86
	土库曼斯坦	15.43	11.71
73042290	不锈钢制钻探石油天然气钻管,外径＞168.3mm	931.72	188.74
	新加坡	729.20	84.62
	美国	65.72	58.12
73042310	其他钢制钻探石油天然气钻管,外径≤168.3mm	92 889.38	44 370.70
	俄罗斯联邦	31 035.53	15 054.17
	美国	18 129.02	7 968.39
	乌克兰	4 953.64	2 324.10
	阿拉伯联合酋长国	4 577.45	2 150.10
	土库曼斯坦	3 435.81	1 921.07
73042390	其他钢制钻探石油天然气钻管,外径＞168.3mm	11 063.16	2 384.43

（续）

税号	产品名称及国家（地区）	出口量（t）	出口额（万美元）
	美国	7 141.14	1 307.91
73042400	不锈钢制钻探石油或天然气用无缝套管、导管	168.00	198.84
	哈萨克斯坦	85.74	101.01
	美国	2.94	53.99
	新加坡	8.77	34.38
73042900	钻探石油及天然气用无缝钢铁套管及导管	3 221 189.58	450 576.75
	美国	1 867 567.88	267 611.28
	加拿大	133 227.61	22 325.68
	阿尔及利亚	113 513.99	14 779.08
	新加坡	110 396.15	13 293.08
	泰国	84 570.13	11 628.51
73061100	不锈钢制石油或天然气焊缝管道管	9 036.24	4 188.86
	美国	2 250.84	1 055.94
	中国香港	1 466.84	738.36
	智利	718.21	367.88
	阿拉伯联合酋长国	445.09	228.89
	加拿大	401.62	198.57
73061900	其他钢铁制石油或天然气管道管	676 482.98	59 373.65
	美国	128 056.79	10 656.66
	加拿大	96 130.39	7 865.97
73062100	不锈钢制钻探石油或天然气用套管及导管	1 757.79	739.56
	土耳其	436.00	220.60
	沙特阿拉伯	329.76	143.80
	美国	195.68	91.68
73062900	其他钢铁制钻探石油或天然气套管及导管	652 348.85	67 897.60
	美国	553 059.46	55 208.41
	加拿大	84 736.42	10 677.34

2008 年输油管道主要进口国家（地区）量值表

税号	产品名称及国家（地区）	进口量（t）	进口额（万美元）
73041110	不锈钢石油天然气管道管 215.9mm≤外径≤406.4mm	507.81	633.71
	西班牙	103.29	214.27
	中国台湾	169.07	200.82
	日本	105.52	124.43
73041120	不锈钢石油天然气管道管 114.3mm＜外径＜215.9mm	218.74	214.86
	瑞典	46.61	92.44
	美国	23.33	23.43

（续）

税号	产品名称及国家(地区)	进口量 (t)	进口额 (万美元)
	丹麦	8.11	16.50
	法国	2.23	15.99
	日本	102.12	15.93
73041130	不锈钢石油天然气管道管,外径≤114.3mm	733.93	719.17
	中国台湾	198.46	200.38
	日本	371.35	141.41
73041190	不锈钢石油天然气管道管,外径>406.4mm	950.12	1 463.33
	韩国	325.29	606.21
	西班牙	185.84	417.59
	中国台湾	301.28	357.64
73041910	其他钢石油天然气管道管215.9mm≤外径≤406.4mm	13 167.28	2 525.76
	日本	5 995.64	1 046.99
	俄罗斯联邦	5 046.53	751.99
	德国	1 509.34	481.11
73041920	其他钢石油天然气管道管114.3mm<外径<215.9mm	1 228.38	552.40
	日本	947.68	470.16
73041930	其他钢石油天然气无缝管道管,外径≤114.3mm	414.98	478.25
	瑞典	24.44	112.81
	荷兰	27.72	68.72
	美国	69.60	64.31
	捷克	12.87	44.20
	挪威	11.39	43.25
73041990	其他钢石油天然气无缝管道管,外径>406.4mm	1 272.75	929.16
	中国台湾	425.66	454.34
	英国	390.57	235.66
73042210	不锈钢制钻探石油天然气钻管,外径≤168.3mm	15.07	22.45
	法国	4.45	17.14
73042290	不锈钢制钻探石油天然气钻管,外径>168.3mm	6.84	7.79
	法国	3.96	6.35
73042310	其他钢制钻探石油天然气钻管,外径≤168.3mm	59 664.41	22 049.49
	日本	28 557.05	9 829.68
	美国	19 157.25	7 604.01
	法国	2 635.89	2 162.33
	德国	4 536.08	1 534.03
73042390	其他钢制钻探石油天然气钻管,外径>168.3mm	7 281.37	1 766.13
	法国	832.95	455.80
	日本	1 176.15	403.93
	美国	1 779.19	234.54
	奥地利	81.50	153.78
	阿拉伯联合酋长国	891.35	130.39

（续）

税号	产品名称及国家(地区)	进口量 (t)	进口额 (万美元)
73042400	不锈钢制钻探石油或天然气用无缝套管、导管	2 824.69	3 193.99
	日本	1 983.08	1 652.63
	瑞典	455.03	724.48
	美国	115.15	607.24
73042900	钻探石油及天然气用无缝钢铁套管及导管	141 423.29	44 863.26
	日本	98 324.92	24 455.30
	美国	4 546.32	9 815.31
73061100	不锈钢制石油或天然气焊缝管道管	206.81	257.44
	德国	82.45	107.79
	瑞典	47.36	76.90
73061900	其他钢铁制石油或天然气管道管	12 942.06	2 134.71
	韩国	10 764.02	1 768.71
73062100	不锈钢制钻探石油或天然气用套管及导管	9.76	7.77
	美国	9.76	7.77
73062900	其他钢铁制钻探石油或天然气套管及导管	33.03	14.60
	美国	32.74	14.11

政策法规

解读国家与石化装备相关的政策、法规，为行业、企业的发展指明方向

政策法规

石化通用机械行业利用外资新政策与需要关注的问题

经国务院批准，国家发展和改革委员会、商务部于2007年10月31日发布新的《外商投资产业指导目录(2007年修订)》(以下简称《目录》)，自2007年12月1日起施行。2004年11月30日国家发展和改革委员会、商务部发布的《外商投资产业指导目录(2004年修订)》同时停止执行。

新《目录》是在贯彻落实科学发展观、构建社会主义和谐社会、进一步深化改革和扩大开放的新形势下修订的，是贯彻落实党的十七大提出的"创新利用外资方式，优化利用外资结构，发挥利用外资在推动自主创新、产业升级、区域协调发展等方面的积极作用"的要求，引导外商投资方向的重要政策措施，对搞好宏观调控，统筹国内发展和对外开放、促进产业结构优化和升级、提高利用外资质量和水平，将发挥积极作用。《目录》分为鼓励类、限制类、禁止类三种。

一、石化通用机械行业外商投资指导目录

在《目录》中，机械工业共有115项，其中鼓励类(可享受优惠政策)109项，限制类5项，禁止类1项。在机械工业中石化通用机械行业有16项，全部是鼓励类。

1. 石油勘探、钻井、集输设备制造

工作水深大于500m的浮式钻井系统和浮式生产系统，工作水深大于600m的海底采油、集输设备，绞车功率大于3 000kW、顶部驱动力大于850kW、钻井泵功率大于1 800kW的深海用石油钻机，钻井深度9 000m以上的陆地石油钻机和沙漠石油钻机，1 000万t/a炼油装置用80t及以上活塞式往复压缩机，数控石油深井测井仪，石油钻井泥浆固孔设备。

2. 80万t/a及以上乙烯成套设备中的关键设备制造

裂解气、乙烯丙烯离心压缩机，年处理能力10万t以上混合造粒机，直径800mm及以上离心机，工作温度250℃以上、工作压力15MPa以上的高温高压耐腐蚀泵和阀门，-55℃以下的低温及超低温泵等(限于合资、合作)。

3. 大型煤化工成套设备制造(限于合资、合作)

4. 大气污染防治设备开发与制造

耐高温及耐腐蚀滤料、燃煤电厂湿式脱硫成套设备、低NO_x燃烧装置、烟气脱氮催化剂及脱氮成套装置、工业有机废气净化设备、柴油车排气净化装置。

5. 水污染防治设备制造

卧式螺旋离心脱水机、膜及膜材料、10kg/h以上的臭氧发生器、10kg/h以上的二氧化氯发生器、紫外消毒装置、农村小型生活污水处理设备。

6. 固体废物处理处置设备制造

垃圾填埋厂防渗土工膜、危险废物处理装置、垃圾填埋场沼气发电装置、规模化畜禽养殖废物的综合利用设备。

7. 专用设备制造

新型重渣油气化雾化喷嘴、漏汽率0.5%及以下高效蒸汽疏水阀、1 000℃及以上高温陶瓷换热器制造。

8. 污染防治设备开发与制造

9. 城市垃圾处理设备及农村有机垃圾综合利用设备制造

10. 废旧塑料、电器、橡胶、电池回收处理再生利用设备制造

11. 水生生态系统的环境保护技术、设备制造

12. 日产10万m^3及以上海水淡化及循环冷却技术和成套设备开发

二、需要关注的几个问题

1. 坚持以我为主，拓宽利用外资的渠道

进一步发挥外资在我国自主创新、产业升级中的积极作用，鼓励外商投资企业设立研发机构，在华开展核心技术研发活动，促进外资企业与本地企业、科研机构、高等院校的合作与交流，促进内外资企业组成产业联盟，共同攻克高端技术难题。

2. 从招商引资向招商选资转变

改变一些地方层层下达招商引资指标，将吸引外资作为政绩指标考核的做法，尤其是高耗能、高污染、大量消耗我国资源的项目（包括加工贸易），不能再盲目选用。要优化利用外资结构，发挥利用外资在推动自主创新、产业升级、区域协调发展等方面的积极作用。从政府招商为主，逐步转变为专业性投资促进机构招商为主。

3. 改变依靠优惠政策吸引外资的做法，实行公平竞争

目前我国政府对列入鼓励类目录的外资企业在投资内进口的设备，实行全免关税和增值税的优惠政策。这项政策对我国经济发展发挥了重要作用。但也产生了众多负面影响：一是导致内外资企业不平等竞争，二是国家税收大量流失，三是加剧地区之间的不平衡发展。应调整或取消这项优惠政策。调整的方向，建议改为对少数需要重点发展的产业给予优惠的政策，无论是外资还是内资，对投资国家急需发展的高新技术产业、重大技术装备和国家鼓励发展的产业，投资落后贫困地区的企业，给予优惠政策，实行内外资企业同等待遇。

我国吸引外资，应主要依靠有吸引力的国内市场需求、我国劳动力的竞争优势、完善的法律法规和良好的市场环境，而不是着重依靠大量的减免税。这样，有利于实行公平竞争，促进我国经济的健康发展。

4. 维护国家经济安全

我国利用外资尤其是在外资并购内资企业的过程中，维护国家经济安全就显得更为重要。外资有双重作用，引导得好，可以促进我国经济的发展；如管理不当，有可能出现外资对国内市场的垄断、对重要行业的控制风险。为此，利用外资一定要引导得当，要进一步完善法规和相应的制度，加强管理。

5. 及时调整外商投资目录

随着石化通用机械行业自主创新能力的提高，要及时调整外商投资目录。新的鼓励类目录中，有些产品国内机械制造企业已经或即将具备自制能力，应逐步调整。如80万t/a及以上乙烯成套设备中的10万t以上混合造粒机、直径800mm及以上离心机等产品，国内企业已能够制造，需要在适当时间加以调整。

〔撰稿人：郑国伟〕

我国发布实行发展大型石化设备的新政策

为贯彻落实国务院关于加快振兴国内装备制造业有关税收政策的精神，财政部于2008年8月26日发布了《调整大型石化设备及其关键零部件、原材料进口税收政策的通知》（以下简称《通知》），对国内企业为开发制造大型石化设备而进口的关键零部件、原材料所缴纳的进口关税和进口环节增值税实行先征后退，所退税款作为国家投资处理，转为国家资本金，主要用于企业新产品的研制生产

以及自主创新能力建设。

《通知》规定,大型石化设备是指:

年产量不小于80万t的乙烯成套设备,包括乙烯裂解气压缩机组及其配套用工业汽轮机、乙烯制冷压缩机组及其配套用工业汽轮机、丙烯制冷压缩机组及其配套用工业汽轮机、离心式急冷油泵、离心式急冷水泵、乙烯冷箱、加氢反应器、加氢装置空冷器,年产量不小于40万t的聚乙烯循环气压缩机和聚乙烯配套用往复式压缩机(迷宫密封式),年产量不小于20万t的混炼挤压造粒机组;年产量不小于80万t的对苯二甲酸(PTA)成套设备,包括PTA氧化反应器、加氢精制装置加氢反应器、蒸汽回转干燥机、PTA工艺空气压缩机组。

提出申请享受进口税收政策的企业应具备以下条件:具有从事大型石化设备及其关键零部件设计试制能力,具备专业比较齐全的技术人员队伍,有较强的消化吸收能力和生产制造能力;已有上述大型石化设备的合同订单。

对符合退税条件的企业,由财政部出具重大装备制造企业退税确认书,有关企业凭退税确认书到其主管地海关申请办理退税。

一、大型石化设备进口享受税收优惠的关键零部件、原材料

享受进口税收优惠的关键零部件、原材料是:

1. 乙烯成套装置

乙烯裂解气压缩机组,年产量≥80万t。包括:膜盘联轴器,干气密封,推力轴承,支撑轴承,蒸汽透平(循环泵用小汽轮机),控制系统(以上退税期限为5年);机组测振系统,轴振动、位移探头、延伸电缆、前置器,调节阀(以上退税期限为3年)。

乙烯制冷压缩机组,年产量≥80万t。包括:膜盘联轴器,干气密封,推力轴承,支撑轴承,蒸汽透平,控制系统(以上退税期限为5年);机组监控系统,轴振动、位移探头、延伸电缆、前置器,调节阀(以上退税期限为3年)。

丙烯制冷压缩机组,年产量≥80万t。包括:膜盘联轴器,干气密封,推力轴承,支撑轴承,蒸汽透平,控制系统(以上退税期限为5年);机组监控系统,轴振动、位移探头、延伸电缆、前置器,调节阀(以上退税期限为3年)。

工业汽轮机(乙烯裂解气压缩机组、乙烯制冷压缩机组、丙烯制冷压缩机组配套用),年产量≥80万t。包括:调节气阀,电液转换器,支撑轴承,推力轴承,可倾瓦轴承(以上退税期限为3年)。

聚乙烯循环气压缩机,年产量≥40万t。其一级部件——干气密封(退税期限为5年)。

聚乙烯配套用往复式压缩机(迷宫密封式),年产量≥40万t。其一级部件——气阀(退税期限为3年)。

离心式急冷油泵,年产量≥80万t。其一级部件——小汽轮机(退税期限为3年)。

离心式急冷水泵,年产量≥80万t。其一级部件——小汽轮机(退税期限为3年)。

乙烯冷箱,年产量≥80万t。包括:钢铝接头,钎焊片(以上退税期限为5年)。

加氢反应器,年产量≥80万t。包括钢材,焊材(以上退税期限为5年)。

加氢装置空冷器,年产量≥80万t。其一级部件——管束,包括镍合金管、镍合金板(退税期限为5年)。

混炼挤压造粒机组,年产量≥20万t。包括:摩擦离合器,在线熔指测量仪,离心干燥装置,振动分筛机,盘车机构,主电动机,齿轮泵用电动机,螺杆尾部密封,振动监测系统,流变仪(以上退税期限为5年);减速器,水下切粒机,粒子冷却水系统、热油系统(以上退税期限为3~5年)。

2. 对苯二甲酸(PTA)成套设备

PTA氧化反应器,年产量≥80万t。承压壳体包括筒节、球形封头(退税期限为5年)。

加氢精制装置加氢反应器,年产量≥80万t。包括承压壳体,焊材、焊剂(以上退税期限为5年)。

蒸汽回转干燥机,年产量≥80万t。包括:机身,换热管,焊条,滚动轴承,进/出料端密封填料,手动离合器(以上退税期限为3年)。

PTA 工艺空气压缩机组，年产≥80 万 t 级精对苯二甲酸。包括：尾气透平及其锻件、合金钢、密封片、齿轮箱（退税期限为 3～5 年）；推力轴承，支撑轴承，膜盘联轴器，膜片联轴器，控制系统，机组监控系统，轴振动、位移探头、延伸电缆、前置器（以上退税期限为 3 年）。

二、20 种内外资投资项目进口的整机大型石化设备不予免税

《通知》规定，从 2008 年 9 月 15 日起，对新批准的内、外资投资项目（以项目的审批、核准或备案日期为准，下同）进口附件 2 中的石化设备和《国内投资项目不予免税的进口商品目录（2006 年修订）》（财政部公告 2007 年第 2 号）专用设备第二十四类中部分设备（见附件 3），一律停止执行进口免税政策。

2008 年 9 月 15 日以前批准的内、外资投资项目，其进口前款所述设备，在 2009 年 9 月 15 日前继续按照《国务院关于调整进口设备税收政策的通知》（国发［1997］37 号）的有关规定执行；在 2009 年 9 月 15 日以后（含 9 月 15 日）对上述项目进口前款所述设备，一律停止执行进口免税政策。

中西部外商投资优势产业项目、外国政府贷款和国际金融组织贷款项目进口前款所述自用设备，比照本规定执行。

从 2008 年 9 月 15 日起，对外商投资企业自有资金项目和加工贸易企业以加工贸易项下外商提供的不作价设备方式进口前款所述自用设备，一律停止执行进口免税政策。

按上述规定，进口大型石化设备不予免税的共 20 种，其中附件 2 中的设备 12 种，附件 3 中的设备 8 种。

附件 2 中的设备是：

1. 乙烯成套装置

乙烯裂解气压缩机及配套工业汽轮机，年产量≤100 万 t；

乙烯制冷压缩机及配套工业汽轮机，年产量≤100 万 t；

聚乙烯配套用循环气压缩机（离心式）及其膨胀机，年产量≤40 万 t；

聚乙烯配套用往复式压缩机（迷宫密封式），年产量≤40 万 t；

离心式急冷油泵，所有规格；

离心式急冷水泵，所有规格；

乙烯冷箱，年产量≤100 万 t；

加氢装置空冷器，所有规格；

硝酸装置四合一机组（包括汽轮机、空气压缩机、尾气透平、氮氧合物压缩机），年产量≤36 万 t。

2. 精对苯二甲酸（PTA）成套设备

PTA 氧化反应器，单机年产≤80 万 t；

PTA 工艺空气压缩机机组（包括蒸汽轮机、离心压缩机），单机年产≤60 万 t；

蒸汽回转干燥机，单机年产≤100 万 t。

附件 3《国内投资项目不予免税的进口商品目录（2006 年修订）》（财政部公告 2007 年第 2 号）专用设备第二十四类中部分设备是：

加氢反应器、精制反应器，所有规格；

高压冷凝器，所有规格；

块孔石墨换热器，所有规格；

阳极保护冷却器，20 万 t/a 及以下硫酸生产线用；

PVC 及烯烃聚合釜，所有规格；

颗粒体物料包装机，≤500 袋/单秤；

造粒机（石化用），产量≤20 万 t/a（2007 年 1 月 22 日财政部发布的目录为 10 万 t/a，现作调整）；

橡胶螺杆挤出机，螺杆直径≤150mm。

三、需要关注的两个问题

1. 退税款转作国家资本金问题

将退税款转作国家资本金是一种新的尝试。国家资本金是作为政府投资注入企业，企业不能将退税款抵消成本支出，也不能作为利润分掉，而只能用于企业发展和研制开发新产品，以提高自主创新能力。因此这不是政府对企业的补贴，符合世贸组织《补贴与反补贴协议》和公平贸易等有关规则，国外有关贸易伙伴也不能以此对我国出口的相关产品进行反倾销或反补贴起诉。

长期以来我国企业习惯向政府申请减免税，目的在于降低生产成本，使产品价格具有竞争力，现在这种做法要改进。世贸组织《补贴与反补贴协议》将补贴分为三种，一是禁止的补贴，指出口补贴和进口替代补贴；二是可以起诉的补贴（注：减免税抵消成本支出也属于补贴），指政府对一部分企业实行专向性补贴，受补贴的产品出口后，如影响其他成员时，该成员可以向世贸组织起诉；三是不可起诉的补贴，即允许的补贴，政府可以对工业性研究资助不超过成本75%，对竞争性产品开发研究的资助可以不超过成本的50%。

按照财政部的规定，企业在收到退税款后，要限期转作国家资本金：国有独资企业直接增加注册资本金；含国有股东的公司制企业，由国有股东持有新增国家资本金所形成的股份（存在多个国有股东的，持股比例由各个国有股东协商确定）；无国有股东的企业，由各级人民政府授权的国有资产运营公司持有国家资本金所形成的股份；上市公司按照证监会有关定向增发新股的规定执行。

2. 外资企业进口上述设备不予免税问题

多年来，我国对外商投资企业在总投资内进口的设备，实行全免进口关税和进口环节增值税的优惠政策，而国内投资项目进口设备都要缴纳两税。2000年国家有关部门发布《当前国家重点鼓励发展的产业、产品和技术目录》，对符合目录的国内投资项目，在总投资内进口的先进设备，免征进口关税和进口环节增值税。从2002年起，国家有关部门先后三次发布了《外商投资产业指导目录》，对其中的鼓励类产业进口设备给予免征两税优惠。这些政策在相关产业的发展中发挥了积极作用，但仍存在两个突出矛盾：一是部分设备进口，外资企业可以免税，内资企业要照缴两税（如部分四轴及以下联动的数控机床、加工中心、绝大部分输变电设备、多数石化通用设备、大部分工程机械等）；二是先进技术设备整机进口免两税，而同类国产设备进口的关键零部件却要征税，形成不同税收待遇，导致国产设备处于不利的竞争地位。

这次，对外资企业进口部分大型石化设备停止执行进口免税政策，在上述两个问题的解决上迈出了重要一步。但还有一大批设备进口仍存在上述问题，建议尽快解决外资企业进口设备的超国民待遇问题，对内外资企业进口设备执行同一政策，实行公平竞争。

〔撰稿人：郑国伟〕

石化产业调整和振兴规划

石化产业是国民经济的支柱产业，资源资金技术密集，产业关联度高，经济总量大，产品广泛应用于国民经济、人民生活、国防科技等各个领域，对促进相关产业升级和拉动经济增长具有举足轻重的作用。为应对国际金融危机的影响，落实党中央、国务院关于保增长、扩内需、调结构的总体要求，确保石化产业稳定发展，加快结构调整，推动产业升级，特编制本规划，作为石化产业综合性应对措施的行动方案。规划期为2009~2011年。

一、石化产业现状及面临的形势

我国是石化产品生产和消费大国。进入21世纪以来，石化产业保持快速增长，产业规模不断扩大，综合实力逐步提高。工业增加值年均增长20%左右，拉动国民经济增长约1个百分点。化肥、农药、成品油、乙烯、合成树脂等产品产量位居世界前列。相继建成了14个千万吨级炼油、3个百万吨级乙烯生产基地，云南、贵州、湖北三大磷肥产区，青海、新疆百万吨钾肥工程。但是，石化产业在快速发展过程中，长期积累的矛盾和问题也日益凸现，主要表现为：集约发展程度偏低，产业布局分散；创新能力不强，高端产品生产技术和大型成套技术装备主要依赖进口；产品结构不尽合理，中低端产品比重较大；资源环境约束加大，产业发展与环境保护的矛盾加剧；农资供给需要加强，低成本产品产能不足，市场调控体系不完善；一些地区不顾资源、环境条件，不注重能源转换效率，盲目发展煤化工。2008 年下半年以来，受国际金融危机影响，石化产业受到较大冲击，国内外市场萎缩，生产持续下降，企业库存增加、价格大幅下跌，行业经济效益下滑、生产经营困难。当前，我国石化产品消费仍处于增长期，油品、化肥、农药刚性需求长期存在，高端石化产品市场潜力巨大，必须抓住机遇，加快石化产业的调整和振兴，促进产业平稳运行和健康发展。

二、指导思想、基本原则和目标

（一）指导思想

全面贯彻落实党的十七大精神，以邓小平理论和“三个代表”重要思想为指导，深入贯彻落实科学发展观，按照保增长、扩内需、调结构的总体要求，稳定石化产品市场，保持产业平稳增长；依托大型企业和产业基地，按照炼化一体化、园区化、集约化模式和发展循环经济、保护生态环境、促进安全生产的要求，优化石化产业布局；统筹国内外资源，保障农资供给；推进自主创新，实施技术改造，发展高端产品，着力提高创新能力和管理水平；加快结构调整和产业升级，不断增强产业竞争能力，进一步增强石化产业的支柱产业地位。

（二）基本原则

坚持稳定生产运行与促进产业振兴相结合。既要着力解决当前石化产业面临的突出问题，保障产业平稳运行，又要着眼长远，加快转变增长方式，促进产业升级，增强发展后劲。

坚持调整产品结构与增加有效供给相结合。抓住有利时机，优化资源配置，降低生产成本，提高中高档产品比重，促进产品升级换代，增加有效供给能力，满足市场需求。

坚持加快技术改造与推进自主创新相结合。加大引进技术的消化吸收力度，推动产业技术进步；强化技术改造，促进石化产业技术的系统化和集成化；加强关键和前沿技术研发，增强自主创新对产业发展的支撑能力。

坚持实施重大项目与调整产业布局相结合。加快重大项目建设，严格控制炼油乙烯新布点，统筹考虑对外合作项目规划布局。推动大型企业兼并重组，优化资源配置，促进产业集中布局、集约发展。

（三）规划目标

2009 ~ 2011 年，石化产业保持平稳较快增长。2009 年力争实现平稳运行，经过三年调整和振兴，到 2011 年，产业结构趋于合理，发展方式明显转变，综合实力显著提高。

1. 产量保持稳步增长

到 2011 年，原油加工量达到 40 500 万 t，成品油、乙烯产量分别达到 24 750 万 t、1 550 万 t。

2. 农资保障能力增强

到 2011 年，化肥产量达到 6 250 万 t（折纯），钾肥产量达到 400 万 t（折纯）；高浓度化肥比重提高到 80%，在原料产地生产的化肥比重提高到 60%，生产成本大幅下降；化肥储备基本满足市场调控需要。高效低毒低残留农药比重显著提高，县乡农用柴油供应网络不断完善。

3. 产业布局趋于合理

成品油“北油南运”的状况得到改善。长三角、珠三角、环渤海地区产业集聚度进一步提高，建成 3 ~ 4 个 2 000 万 t 级炼油、200 万 t 级乙烯生产基地。煤化工盲目发展的势头得到遏制。

4. 产品结构显著改善

2009 年车用汽油全部达到国Ⅲ标准，2010 年车用柴油全部达到国Ⅲ标准，2011 年轻质油品收率达到 75%，高端石化产品自给率明显提高。

5. 技术进步明显加快

丁基橡胶等产业化技术取得突破，千万吨级以上炼油、百万吨级乙烯、大型粉煤制合成氨等成套技术装备实现本地化，煤制油、烯烃、乙二醇等示范工程建成投产。

6. 节能减排取得成效

到2011年，石化产业单位工业增加值能耗下降12%以上，污水、二氧化硫和粉尘等污染物排放量减少6%以上，行业特征污染物排放得到控制。综合能耗普遍降低，大型炼油装置吨原油加工耗标准油低于63kg，大型乙烯装置吨乙烯耗标准油低于640kg，大型煤制合成氨装置吨氨综合能耗低于1.8t标准煤。

三、产业调整和振兴的主要任务

（一）保持产业平稳运行

加快实施国家扩大内需、调整和振兴重点产业、增产千亿斤粮食等各项综合措施，拉动石化产品消费。落实有利于石化产业发展的税收和加工贸易政策，扩大石化产品市场。加强对进口石化产品的监测预警，防止境外产品倾销。打击石化产品走私，维护市场秩序。严格执行油品质量标准，严禁达不到国家规定标准的油品进入市场。扩大油品和化肥储备，减轻企业库存压力。采取积极的信贷措施，缓解企业流动资金困难。

（二）提高农资保障能力

采用洁净煤气化和能源梯级利用技术，对现有氮肥生产企业进行原料和动力结构调整，实现原料煤多元化，降低成本；在能源产地适当建设大型氮肥生产装置，替代落后产能。优化磷肥资源配置，推广硫和中低品位磷矿综合利用等技术，继续建设好云南、贵州、湖北三大磷肥基地。加大国内外钾矿资源勘探开发，科学规划青海、新疆钾肥基地发展，加强钾矿共生、伴生资源开发利用。调整农药产品结构，发展高效低毒低残留品种，推动原药集中生产。完善化肥储备制度，提高市场调控能力。加强农用柴油供应网络建设，满足季节性集中消费需要。

（三）稳步开展煤化工示范

坚持控制产能总量、淘汰落后工艺、保护生态环境、发展循环经济以及能源化工结合、全周期能效评价的方针，坚决遏制煤化工盲目发展势头，积极引导煤化工行业健康发展。今后三年停止审批单纯扩大产能的焦炭、电石等煤化工项目，原则上不再安排新的煤化工试点项目，重点抓好现有煤制油、煤制烯烃、煤制二甲醚、煤制甲烷气、煤制乙二醇等五类示范工程，探索煤炭高效清洁转化和石化原料多元化发展的新途径。

（四）抓紧实施重大项目

抓紧组织实施好“十一五”规划内在建的6套炼油、8套乙烯装置重大项目，力争2011年全部建成投产。在现有基础上，通过实施上述项目，形成20个千万吨级炼油基地、11个百万吨级乙烯基地。炼油和乙烯企业平均规模分别提高到600万t和60万t。

（五）统筹重大项目布局

坚持保护生态环境、发展循环经济、立足现有企业、靠近消费市场、方便资源吞吐、淘汰落后产能的原则，按照一体化、园区化、集约化、产业联合的发展模式，统筹重大项目布局，严格控制炼油乙烯项目新布点。做好新建重大炼油乙烯项目论证和区域环境影响评价等工作。近期重点做好利用境外资源在国内合作加工的炼化项目前期工作，选择2~3个条件好的现有大型炼化企业进行扩建。结合中缅原油管线的进展情况，适时开展西南地区炼化项目的布局研究。

（六）大力推动技术改造

加快前沿技术自主化、关键技术产业化、工程技术本地化，及时研究制定相关技术和产品标准。推广资源综合利用和废弃物资源化技术，推动园区化发展和清洁生产，实现节能减排。炼油乙烯行业重点推广液化气制高辛烷值汽油、渣油加氢处理、资源梯级使用等技术，提高石油资源利用率。氮肥行业重点推广废水闭路循环等技术，磷肥行业重点推广硫酸生产余热回收等技术。推动企业技术改造，开展炼油企业油品质量升级改扩建，乙烯装置节能降耗改扩建，氮肥企业原料路线和动力结构调整，磷肥企业优化资源配置，农药企业高效低毒低残留产品生产和农药废弃物处置能力建设，高端石化产品产能建设等工作。

（七）加快淘汰落后产能

淘汰工艺技术落后、产品质量差、安全隐患大、环境污染严重的落后产能。对炼油行业采取区域等量替代方式，淘汰100万t及以下低效低质落后炼油装置，积极引导100万~200万t炼油装置关停并转，防止以沥青、重油加工等名义新建炼油项目。对化肥行业通过上大压小，产能置换，淘汰技术落后、污染严重、资源利用不合理的产能。对农药行业依据行政法规，淘汰一批高毒高风险农药品种。加快淘汰电石、甲醇等产品的落后产能，提高污染防治和产业发展水平。

(八)加强生态环境保护

石化产业属于资源消耗量大、废弃物排放量高的产业，生态环境保护和安全生产责任重大。要加强产业监管，促进产业发展与国家主体功能区规划相协调。加强环境容量调查和规划，引导石化产业合理布局、清洁发展。行业协会要积极配合职能部门加强产业运行的监测管理。生产企业要严格遵守国家法律法规，切实履行生态环境保护和安全生产责任，进一步增强事故应急处置能力。重点加强江河湖泊和人口密集区等敏感地区产业发展的监督指导。依法关停不符合环保和安全生产要求的企业，现有企业必须达标运行，新建项目原则上应进入合规设立、环保和安全设施齐全的产业园区。

(九)支持企业联合重组

推动大型石化集团开展战略合作，优化产业布局和上下游资源配置，增强国际竞争力。引导大型能源企业与氮肥企业组成战略联盟，实现优势互补。支持骨干磷肥企业通过兼并重组，提高集中度。支持钾肥龙头企业开展产业整合，促进钾矿资源合理利用。鼓励优势农药企业实施跨地区整合，努力实现原药、制剂生产上下游一体化。支持有实力的企业开展兼并重组，扩大产业规模，做强高端石化产业。

(十)增强资源保障能力

加大国内石油资源勘探开发力度，稳定石化产业原料的国内供给；开展油钾兼探，推动青海和新疆等地含钾卤水和海相钾矿资源勘查。加强石油天然气、有色金属、煤炭资源开发利用领域硫回收，增强资源保障能力。积极实施“走出去”战略，支持国内有实力的企业开展境外油气、钾矿、硫资源开发与合作。

(十一)提高企业管理水平

石化企业要从自身实际出发，抓住产业调整和振兴的机遇，加强生产要素全球配置能力，深化企业改革，加快现代企业制度建设，完善公司治理结构，不断提高经营管理和科学决策水平，着力增强企业创新能力、风险防范能力及核心竞争力。强化质量管理和节能管理，加强安全生产监督管理，严格安全生产责任。加强环境保护，做好节能降耗和减排工作。加强职工队伍建设，培养高素质企业人才，全面履行社会责任，建设和谐企业。

四、政策措施

(一)完善化肥储备机制

完善中央、地方两级化肥淡季商业储备制度，加强淡储化肥调运，建立健全科学合理的淡储旺供的调控体系，保障供给，稳定市场价格。支持化肥骨干生产企业储备磷铵和尿素。抓紧研究建立国家化肥储备。

(二)抓紧落实油品储备

加快储备设施建设，抓住当前有利时机增加成品油国家储备。参照原油商业储备做法，尽快研究制订成品油商业储备办法和制度。

(三)加强信贷政策支持

鼓励金融机构对基本面较好、信用记录较好、守法经营、有竞争力、有市场，但暂时出现经营或财务困难的石化企业给予信贷支持。

(四)完善成品油价格形成机制

完善成品油价格政策，结合消费税制度改革，积极创造条件，加快建立有利于石化产业发展的成品油消费税征收体制。

(五)加大技术改造投入

制订《石化产业技术进步与技术改造项目及产品目录》，设立石化产业振兴和技术改造专项，重点支持油品质量升级、化肥农药结构调整、高端石化产品发展。支持异戊橡胶等前沿技术研发和推广应用，丁基橡胶和己内酰胺等关键技术产业化，大型乙烯等工程技术本地化示范工程建设。

（六）支持境外资源开发

加强引导，简化审批手续，完善信贷、外汇、税收等措施，支持符合条件的企业开展境外资源勘探和开发。

（七）实施公平税负政策

统筹兼顾石化产业与下游加工贸易发展，科学制定石化产品进出口税收政策和加工贸易政策，实行国产与加工贸易进口石化产品公平税负。抓紧完善化肥出口管理政策。

（八）推进企业兼并重组

认真落实和完善企业兼并重组的政策措施，妥善解决富余人员安置、企业资产划转、债务核定与处置、财税利益分配等问题。采取资本金注入、融资信贷（银行贷款，发行股票、企业债券、公司债券、中长期票据，吸收私募股权投资）等方式支持中央企业实施兼并重组。支持开展兼并重组的骨干企业实施技术改造，调整产品结构。

（九）完善产业发展政策

抓紧制（修）订相关产业政策、燃油质量标准、行业污染物排放标准、能源使用和污染排放管理办法、产业准入目录、鼓励发展和研发高端石化产品和技术目录。严格控制甲醇、烧碱、纯碱等产能过剩行业项目建设和炼油乙烯项目新布点。对于没有完成小炼油等落后生产装置关停并转任务的地区，禁止建设新增产能的项目。综合运用提高准入门槛、加强清洁生产审核、实施差别电价等手段，加快淘汰落后产能。建立产业退出机制，完善和落实配套政策措施。加快重点项目的环境评价、用地审核及项目核准工作。

（十）依法做好反倾销和反走私等工作

完善石化产业损害预警机制，加强对三大合成材料和高端石化产品进出口异常情况及其对我国产业影响的监测。依法采取反倾销等贸易救济措施，维护公平贸易秩序。加强成品油进出口监管，严厉打击成品油走私活动，防止扰乱国内市场。

五、规划实施

国务院各有关部门要按照《规划》分工，加强沟通协商，密切配合，尽快制定完善各项配套政策措施，并加强指导和监督检查。要建立部门联合发布信息制度，适时向社会发布产业调整和振兴的有关信息。有关部门要适时开展《规划》的后评价工作，及时提出评价意见。

有关地区要按照《规划》确定的目标、任务和政策措施，结合当地实际抓紧制订具体落实方案，确保取得实效。具体工作方案和实施过程中出现的新情况、新问题要及时报送发展改革委、工业和信息化部等有关部门。

装备制造业技术进步和技术改造投资方向（2009～2011）（摘选）

编号	产品及项目名称	规格或等级
三	石化装备	
1	海上油气开发设备	钻深8 000m以上，适应300m以上水深设备，包括海洋钻机系统、海上钻井水下设备系统、动力和电力设备系统、机械采油系统等
2	千万吨级炼油装置用减压塔底泵	最大流量4 100m^3/h，最大扬程450m，使用温度450℃，功率4 000kW
3	百万吨级乙烯裂解气压缩机组	流量≥261 000m^3/h（标准状态），功率≥45 000kW，机组效率≥85%，连续运转3年，机组振动值小于等于国际标准值

（续）

编号	产品及项目名称	规格或等级
4	百万吨级丙烯压缩机组	流量≥164 000m³/h(标准状态)，功率≥31 000kW，机组效率≥85%，连续运转3年，机组振动值小于等于国际标准值
5	百万吨级乙烯压缩机组	流量≥19 350m³/h(标准状态)，功率≥7 400kW，机组效率≥85%，连续运转3年，机组振动值小于等于国际标准值
6	百万吨级乙烯冷箱	设计压力≥8MPa；多股流，有相变
7	容积式工业气体压缩机	推力≥100t的往复式压缩机
8	螺杆压缩机	流量≥40m³/min工艺用螺杆压缩机
9	大型混炼、挤出造粒机	年产量≥20万t，加工介质为聚乙烯、聚丙烯及工程塑料等
10	大型包装码垛机组	全自动化，包装能力≥2 000包/h，码垛能力与之适应
11	天然气长输管道燃压机组	透平天然气压缩机：设计压力8MPa，所需功率：30 000kW；燃气轮机：输出功率≥20 000kW
12	天然气长输管道输送大口径高压球阀	口径≥800mm，设计压力≥6MPa
13	长输管道原油输送泵	扬程≥1 000m，流量≥5 000m³/h
14	低温高压石油阀门	适用温度≤－190℃
15	天然气储存及液化设备	包括低温容器、低温泵、低温阀门、天然气液化设备等
16	煤加压气化炉	包括水煤浆、干粉煤气化炉；千吨级以上气化炉，加压压力≥6.8MPa等
17	加氢反应器	重量千吨级，压力20MPa
18	子午线轮胎加工设备	轮辋直径3m以上的大型工程子午线轮胎成型机；轮辋直径15in以上的乘用车子午线轮胎一次法成型机；轮辋直径20in以上的载重子午线轮胎多鼓成型机；轮辋直径42in以上的液压硫化机
十九	基础零部件	
6	CT机轴承	P2级
7	高压柱塞泵/马达	工作压力≥31.5MPa，排量≥25mL/r
8	高压叶片泵/马达	工作压力≥25MPa，排量≥6mL/r
9	高压齿轮泵/马达	工作压力≥25MPa，排量≥4mL/r
10	全液压转向器	工作压力≥16MPa，排量≥25mL/r
11	摆线马达	工作压力≥20MPa，排量≥16mL/r
12	高压液压缸	工作压力≥20MPa，缸内径≥40mm
13	高频响电液伺服阀	最高压力≥31.5MPa，通径≥10mm，频响＞200Hz
14	高频响电液比例阀	最高压力≥31.5MPa，通径≥10mm，频响＞100Hz
15	水压传动元件	工作压力≥16MPa，流量≥63L/min
16	高压液压阀	工作压力≥31.5MPa，通径≥6mm
17	数字液压缸	工作压力≥25MPa，缸径≥40mm
18	数字液压泵	工作压力≥31.5MPa，排量≥10mL/r
19	数字液压阀	工作压力≥25MPa，通径≥6mm
20	高精度滤油器	过滤精度＜10μm，$\beta \geq 200$，工作压力按设备要求及相关标准确定
21	液压电子控制器	CPU：40MH，漏电保护等级高于：IP65—67，电磁兼容性：100V/m，工作温度：－40～85℃，机械振动：30g/6ms；总线控制
22	液力变速器	输入功率≥400kW，电液换档，$\eta_{max} \geq 0.85$

（续）

编号	产品及项目名称	规格或等级
23	液力偶合器	输入功率≥2 000kW，转速≥1 500r/min
24	磁力偶合器	输入功率≥1 000kW，转速≥1 500r/min
25	阀岛	具有集成诊断、系统优化，环境监测等功能，总线控制；控制压力≥1MPa
26	气动比例阀	控制压力≥1MPa
27	气动伺服阀	控制压力≥1MPa
28	气动定位缸	控制压力≥1MPa，缸径＞25mm
30	关键设备密封系统及密封材料	盾构机主轴承密封；石油钻井、测井设备密封；风力发电关键密封件；高PV值旋转动密封件；核电设备用密封件；超大直径机械密封；航天用密封件；高压液压元件密封件；无压烧结碳化硅材料；碳石墨密封材料；高强度、耐高温、低磨损、长寿命复合密封材料；核电站用静密封用垫片和填料；高性能无石棉密封材料
34	高强度粉末冶金斜齿轮	密度＞7.2g/cm^3；齿轮螺旋角＞33°
35	高速齿形链	高速、高温、高精、抗拉载荷≥14kN，1 200h试验伸长率≤1%
二十一	技术进步和技术改造建设项目	
1	专业化生产及服务中心建设项目	符合合理配置资源、提高相关产业集中度和生产效率的总体原则，整合区域内的基础工艺生产能力，建设铸造、锻造、热处理、表面处理基础工艺和关键零部件的专业化生产中心；加强社会化分工协作，建设区域性物流配送、公用配套动力工程等现代制造服务中心
2	企业兼并重组建设项目	通过装备制造业骨干企业的强强联合，实现规模化、协调发展，完善区域生产布局，组建具有工程总承包、系统集成能力的具有国际影响力的综合性大型企业集团，通过企业的兼并重组，实现优势互补和资源整合，使产品结构得到调整，技术研发中心实现差异化规划发展，产业技术得到优化升级。通过企业的重组建设，打破原有体系和布局，在生产平台、研发平台和采购营销渠道等领域实现资源优化配置和整合，降低成本
3	检测、试验设施和认证机构等重点建设项目	建设用于高速铁路、城市轨道交通等行业急需的研发试验、检测检验及认证机构，完善国家强制性产品认证体系

国家支持发展的重大技术装备和产品目录

序号	名　称	技术规格要求	销售业绩
三	大型石化设备		
（一）	乙烯成套设备		
	乙烯裂解气压缩机组及其配套用工业汽轮机、乙烯制冷压缩机组及其配套用工业汽轮机、丙烯制冷压缩	年产量≥80万t	企业持有合同订单

（续）

序号	名 称	技术规格要求	销售业绩
	机组及其配套用工业汽轮机、离心式急冷油泵、离心式急冷水泵、乙烯冷箱、加氢反应器、加氢装置空冷器	年产量≥80 万 t	企业持有合同订单
（二）	聚乙烯循环气压缩机和聚乙烯配套用往复式压缩机（迷宫密封式）	年产量≥40 万 t	企业持有合同订单
（三）	混炼挤压造粒机组	年产量≥20 万 t	企业持有合同订单
（四）	对苯二甲酸（PTA）成套设备		
	PTA 氧化反应器、加氢精制装置加氢反应器、蒸汽回转干燥机、PTA 工艺空气压缩机组	年产量≥80 万 t	企业持有合同订单
（五）	千万吨级炼油设备（振兴规划）	*	
（六）	天然气管道运输和液化储运装备：燃压机组、大型管线球阀和控制系统、液化天然气接收站等设备（振兴规划）	*	
四	大型煤化工设备		
（一）	往复式水煤浆隔膜泵	流量：25～550m^3/h，压力：1.5～5MPa	企业持有合同订单
（二）	煤液化加氢反应器	设备自重≥500t	企业持有合同订单
（三）	大型空分设备及其压缩机、空压机、增压机		企业持有合同订单
1	大型空分设备	氧产量≥40 000m^3/h（标准状态）	
2	双缸氧气压缩机	流量≥30 000m^3/h（标准状态）；压力：0.8～3MPa；功率：3 000～12 000kW	
3	大型空分装置用空压机或增压机	为氧产量≥40 000m^3/h（标准状态）的空分装置配套用	
（四）	大型合成氨设备		企业持有合同订单
1	合成气压缩机	年产量 30 万 t 以上合成氨项目配套用	
2	二氧化碳压缩机	年产量 30 万 t 以上尿素项目配套用	
（五）	煤化工气化炉	为 30 万 t 及以上合成氨、甲醇配套用；工作压力≥6.5MPa	企业持有合同订单
七	大型船舶、海洋工程设备	*	*
（一）	大型海洋石油工程装备		
（二）	30 万 t 矿石和原油运输船、海上浮动生产储油轮（FPSO）、10 000 箱以上集装箱船、LNG 运输船、大中型工程船舶、大型汽车运输船、客滚船、高档化学品船、科学考察船等大型高技术、高附加值船舶		
（三）	大功率柴油机及其他船用关键配套设备		

注：目录中技术规格或销售业绩要求标有“*”的重大技术装备或产品暂不执行免税政策，待相关重大技术装备或产品的具体规格要求以及确有必要的进口零部件及原材料免税范围由财政部会同有关部门研究制定完成后另行通知实施日期。

装备制造业调整和振兴规划

装备制造业是为国民经济各行业提供技术装备的战略性产业，产业关联度高、吸纳就业能力强、技术资金密集，是各行业产业升级、技术进步的重要保障和国家综合实力的集中体现。为应对国际金融危机的影响，落实党中央、国务院关于保增长、扩内需、调结构的总体要求，确保装备制造业平稳发展，加快结构调整，增强自主创新能力，提高自主化水平，推动产业升级，特编制本规划，作为装备制造业综合性应对措施的行动方案。规划期为2009～2011年。

一、装备制造业现状及面临的形势

经过多年发展，我国装备制造业已经形成门类齐全、规模较大、具有一定技术水平的产业体系，成为国民经济的重要支柱产业。特别是《国务院关于加快振兴装备制造业的若干意见》（国发[2006]8号）实施以来，装备制造业发展明显加快，重大技术装备自主化水平显著提高，国际竞争力进一步提升，部分产品技术水平和市场占有率跃居世界前列。我国已经成为装备制造业大国，但产业大而不强、自主创新能力薄弱、基础制造水平落后、低水平重复建设、自主创新产品推广应用困难等问题依然突出。同时，受国际金融危机影响，2008年下半年以来，国内外市场装备需求急剧萎缩，我国装备制造业持续多年的高速增长势头明显趋缓，企业生产经营困难、经济效益下滑，可持续发展面临挑战。

应该看到，我国目前正处于扩大内需、加快基础设施建设和产业转型升级的关键时期，对先进装备有着巨大的市场需求，金融危机加快了世界产业格局的调整，为我国提供了参与产业再分工的机遇。装备制造业发展的基本面没有改变，必须采取有效措施，抓住机遇，加快产业结构调整，推动产业优化升级，加强技术创新，促进装备制造业持续稳定发展，为经济平稳较快发展作出贡献。

二、指导思想、基本原则和目标

（一）指导思想

全面贯彻落实党的十七大精神，以邓小平理论和“三个代表”重要思想为指导，深入贯彻落实科学发展观，依托国家重点建设工程，大规模开展重大技术装备自主化工作；通过加大技术改造投入，增强企业自主创新能力，大幅度提高基础配套件和基础工艺水平；通过加快企业兼并重组和产品更新换代，促进产业结构优化升级，全面提升产业竞争力，努力推进装备制造业由大到强的转变。

（二）基本原则

坚持装备自主化与重点建设工程相结合。加强政策支持和市场引导，充分利用实施重点建设工程和调整振兴重点产业形成的市场需求，加快推进装备自主化，保障工程需要，带动产业发展。

坚持自主开发与引进消化吸收相结合。支持企业自主开发新产品，鼓励开展引进消化吸收再创新，引导企业逐步由依赖引进技术向自主创新转变，大力推进技术产业化。

坚持发展整机与提高基础配套水平相结合。努力实现重大技术装备自主化，带动基础配套产品发展。提高基础件技术水平，开发特种原材料，扭转基础配套产品主要依赖进口的局面。

坚持发展企业集团与扶持专业化企业相结合。支持装备制造骨干企业通过兼并重组发展大型综合性企业集团，鼓励主机生产企业由单机制造为主向系统集成为主转变，引导专业化零部件生产企业向“专、精、特”方向发展，形成优势互补、协调发展的产业格局。

（三）规划目标

1. 产业实现平稳增长

保持装备制造业生产经营稳定，增加值占全国工业增加值的比重逐步上升，为扩大内需、转变发展方式、确保国民经济稳定增长提供保障。

2. 市场份额逐步扩大

提高国产装备质量水平，扩大国内市场，国产装备国内市场满足率稳定在70%左右，巩固出口产品竞争优势，稳定出口市场。

3. 重大装备研制取得突破

全面提高重大装备技术水平，满足国家重大工程建设和重点产业调整振兴需要，百万千瓦级核电设备、新能源发电设备、高速动车组、高档数控机床与基础制造装备等一批重大装备实现自主化。

4. 基础配套水平提高

基础件制造水平得到提高，通用零部件基本满足国内市场需求，关键自动化测控部件填补国内空白，特种原材料实现重点突破。

5. 组织结构优化升级

形成若干家具有国际竞争力的科工贸一体化大型企业集团，形成一批参与国际分工的“专、精、特”专业化零部件生产企业。

6. 增长方式明显转变

生产组织方式和重要生产工艺得到改进，现代制造服务业得到发展，单位工业增加值能耗、物耗和污染物排放显著降低，劳动生产率显著提高，大型企业集团的现代制造服务收入占销售收入比重达到20%以上。

三、产业调整和振兴的主要任务

（一）依托十大领域重点工程，振兴装备制造业

1. 高效清洁发电

以辽宁红沿河、福建宁德和福清、广东阳江、浙江方家山和三门、山东海阳以及后续核电站建设工程为依托，推进二代改进型、AP1000核电设备自主化，重点实现压力容器、蒸汽发生器、控制棒驱动机构、核级泵阀、应急柴油机等主要设备的国内制造。以东北、西北、华北北部和沿海地区大型风电场工程为依托，推进风电设备自主化，重点实现变频控制系统、风电轴承、碳纤维叶片等产品的国内制造。进一步提高70万kW以上水电设备、大型抽水蓄能机组、百万千瓦级超临界/超超临界火电设备、大型燃气机组、垃圾焚烧发电设备等技术装备的性能质量。开发太阳能发电设备。发展大型火电、核电站辅机。

2. 特高压输变电

以特高压交直流输电示范工程为依托，以交流变压器、直流换流变压器、电抗器、电流互感器、电压互感器、全封闭组合电器等为重点，推进750kV、1 000kV交流和±800kV直流输变电设备自主化。

3. 煤矿与金属矿采掘

以平朔东、胜利东二号、白音华、朝阳等10个千万吨级大型露天煤矿，酸刺沟等10个深井煤矿，以及大型金属矿建设为依托，大力发展新型采掘、提升、洗选设备，重点实现电牵引采煤机、液压支架、大型矿用电动轮自卸车、大型露天矿用挖掘机等设备的国内制造。

4. 天然气管道输送和液化储运

以西气东输二线、陕京三线等天然气管道输送工程为依托，发展长距离输送管道燃压机组、大型管线球阀和控制系统等装备；以浙江、江苏、珠海、青岛等液化天然气接收站工程为依托，发展大型液化天然气运输船及接收站等设备。

5. 高速铁路

以在建的京沪、京广、京沈、沪昆等约1万km高速铁路客运专线，以及西部干线铁路、煤运通道建设项目为依托，组织实施铁路交通设备自主化，实现高速动车组、大功率交流传动电力/内燃机车、重载货车、大型养护机械等装备的国内制造。

6. 城市轨道交通

以北京、上海、广州、深圳等17个城市近70条线路工程项目为依托，重点实施城市轨道交通车辆、信号系统、列车网络控制系统、制动系统、主辅逆变器等机电设备自主化。

7. 农业和农村

以国家新增千亿斤粮食工程为依托，大力发展大功率拖拉机及配套农机具、节能环保中型拖拉机

等耕作机械，通用型谷物联合收割机、新型半喂入式水稻联合收割机、高效玉米联合收割机、自走式采棉机等收获机械，免耕播种机，节水型喷灌设备等。适应新农村建设、农业现代化的需要，重点发展农产品精深加工成套设备、灌溉和排涝设备、沼气除料设备、农村安全饮水净化设备等。

8. 基础设施

适应交通、能源、水利、房地产等行业发展需要，以大型隧道全断面掘进机、大型履带吊和全路面起重机、架桥机、沥青混凝土搅拌和再生成套设备等为重点，发展大型、新型施工机械；以空管设备和空管自动化系统、行李和货物高速分拣系统、安检设备与智能化监测系统、航显综合系统及设备、机场信息集成系统及设备等为重点，发展机场专用装备；以大型斗轮堆取料机、翻车机、装卸船机等为重点，发展港口机械。

9. 生态环境和民生

适应环境保护和社会民生需要，大力发展污水污泥处理设备、脱硝脱硫设备、余热余气循环再利用设备、环境在线监测仪器仪表，食品、药品、煤矿瓦斯等安全检测设备，重大事故应急救援设备，数字化医疗设备等。

10. 科技重大专项

加快实施高档数控机床与基础制造装备科技重大专项，重点研发高速精密复合数控金属切削机床、重型数控金属切削机床、数控特种加工机床、大型数控成形冲压设备、重型锻压设备、清洁高效铸造设备、新型焊接设备与自动化生产设备、大型清洁热处理与表面处理设备等八类主机产品，基本掌握高档数控装置、电机及驱动装置、数控机床功能部件、关键部件等的核心技术。

（二）抓住九大产业重点项目，实施装备自主化

1. 钢铁产业

以钢铁产业调整和振兴规划确定的工程为依托，以冷热连轧宽带钢成套设备、大型板坯连铸机、彩色涂层钢板生产设备、大型制氧机、大型高炉风机、余热回收装置等为重点，推进大型冶金成套设备自主化。

2. 汽车产业

结合实施汽车产业调整和振兴规划，重点提高汽车冲压、装焊、涂装、总装四大工艺装备水平，实现发动机、变速器、新能源汽车动力模块等关键零部件制造所需装备的自主化。

3. 石化产业

以石化产业调整和振兴规划确定的工程为依托，以千万吨级炼油、百万吨级大型乙烯、对苯二甲酸（PTA）、大化肥、大型煤化工和天然气输送液化储运等成套设备，大型离心压缩机组、大型容积式压缩机组、关键泵阀、反应热交换器、挤压造粒机、大型空分设备、低温泵等为重点，推进石化装备自主化。

4. 船舶工业

结合实施船舶工业调整和振兴规划，重点提高焊接、涂装工艺装备水平，实现船用柴油机、曲轴、推进器、舱室设备、甲板机械等关键零部件制造所需装备的自主化。

5. 轻工业

结合实施轻工业调整和振兴规划，以食品机械、制浆造纸机械、塑料成形机械、制革制鞋机械、光机电一体化缝制机械、包装设备以及食品安全检测设备等为重点，推进轻工机械自主化。

6. 纺织工业

结合实施纺织工业调整和振兴规划，以粗细联、细络联、高速织造设备，非织造成套设备、专用织造成套设备，高效、连续、短流程染整设备等为重点，推进纺织机械自主化。

7. 有色金属产业

结合实施有色金属产业调整和振兴规划，以高精度轧机、大断面及复杂截面挤压机等为重点，推进有色冶金设备自主化。

8. 电子信息产业

结合实施电子信息产业调整和振兴规划，以集成电路关键设备、平板显示器件生产设备、新型元器件生产设备、表面贴装及无铅工艺整机装联设备、电子专用设备仪器及工模具等为重点，推进电子信息装备自主化。

9. 国防军工

结合国防军工发展需要，以航空、航天、舰船、兵器、核工业等需要的关键技术装备，以及试验、检测设备为重点，推进国防军工装备自主化。发挥军工技术优势，促进军民结合。

（三）提升四大配套产品制造水平，夯实产业发展基础

1. 大型铸锻件

重点发展大型核电设备铸锻件，百万千瓦级超临界、超超临界火电机组铸锻件，70 万 kW 以上等级大型混流式水轮机组铸锻件，石化、煤化工重型容器锻件，冷热连轧机铸锻件，大型船用曲轴、螺旋桨轴锻件，大型轴承圈锻件等。

2. 基础部件

重点发展大功率电力电子元件、功能模块，大型、精密轴承，高精度齿轮传动装置，高强度紧固件，高压柱塞泵/电动机、液压阀、液压电子控制器、液力变速箱，气动元件，轴承密封系统、橡塑密封件等。加快发展工业自动化控制系统及仪器仪表、中高档传感器等。

3. 加工辅具

重点发展大型精密型腔模具、精密冲压模具、高档模具标准件，高效、高性能、精密复杂刀具，高精度、智能化、数字化量仪，高档精密磨料磨具等。

4. 特种原材料

重点发展耐高温、耐高压、耐腐蚀电站用钢（钢管），大型变压器用高磁感取向硅钢，高压、特高压输变电设备用绝缘材料，高速列车转向架、轮对用特种钢，飞机用高档铝型材，轴承、齿轮、模具、量具、刃具、高强度紧固件用特种钢，机床滚珠丝杠和直线导轨专用钢材，高耐磨钢，高强度、耐高温、低磨损、长寿命复合密封材料等。

（四）推进七项重点工作，转变产业发展方式

1. 加快产业组织结构调整

重点支持装备制造骨干企业跨行业、跨地区、跨所有制重组，逐步形成具有工程总承包、系统集成、国际贸易和融资能力的大型企业集团。加大对重点基础配套企业的投入力度，引导民营资本和外资投向基础零部件、加工辅具等领域，发展一批高起点、大规模、专业化企业，健全产业配套体系。

2. 增强自主创新能力

加大科研投入力度，集中攻克一批长期困扰产业发展的共性技术。加快建设一批带动性强的国家级工程研究中心、工程技术研究中心、工程实验室等，提升企业产品开发、制造、试验、检测能力。推进以企业为主体的产学研结合，鼓励科研院所走进企业，支持企业培养壮大研发队伍。

3. 提高专业化生产水平

改进企业生产组织方式，合理配置资源，整合区域内铸造、锻造、热处理、表面处理四大基础工艺能力，建设专业化生产中心。加大技术改造投入力度，推广先进制造技术和清洁生产方式，提高材料利用率和生产效率，降低能耗，减少污染物排放。

4. 加快完善产品标准体系

加快制（修）订装备产品技术标准，提高标准水平，促进新技术、新工艺、新设备、新材料的推广应用，淘汰落后产品。跟踪国际先进技术发展趋势，注重与国际标准接轨，积极参与国际标准制（修）订工作，促进自主创新产品进入国际市场。

5. 利用境外资源和市场

充分吸收借鉴境外先进管理经验，有选择地引进先进技术，为海外专业技术人才回国工作创造良好条件，提高我国装备制造业技术水平。支持有条件的企业兼并重组境外企业和研发机构。稳定和扩大装备产品出口，提高出口产品技术含量、附加值和成套水平。

6. 发展现代制造服务业

围绕产业转型升级，支持装备制造骨干企业在工程承包、系统集成、设备租赁、提供解决方案、再制造等方面开展增值服务，逐步实现由生产型制造向服务型制造转变。鼓励有条件的企业，延伸扩展研发、设计、信息化服务等业务，为其他企业提供社会化服务。

7. 加强企业管理和人才队伍建设

引导装备制造企业加快改革步伐，优化产权结构，转换经营机制，建立现代企业制度，加强企

业管理，全面提高科学决策和生产、经营水平，增强参与国际竞争和防范市场风险的能力。改进企业生产组织方式，加强产品质量管理，落实各项安全生产措施，提高生产效率和产品质量。加强人才队伍建设，重点引进和培养创新型研发设计人才、开拓型经营管理人才、高级技能人才等专业人才，强化职工培训，提高职工队伍素质，满足企业可持续发展需要。

四、政策措施

（一）发挥增值税转型政策的作用

充分发挥增值税转型政策对企业技术进步的促进作用，鼓励企业加大技术改造力度，加快装备更新，调整产品结构，推动企业技术进步。

（二）加强投资项目的设备采购管理

中央预算内投资项目要支持自主创新的技术装备。项目申报文件中须附有设备采购清单，项目咨询评估阶段需对设备采购方案进行评估，项目实施阶段要加强对设备招投标的监督和指导，确保自主创新设备采购方案的落实。

（三）鼓励使用国产首台（套）装备

建立使用国产首台（套）装备的风险补偿机制。鼓励保险公司开展国产首台（套）重大技术装备保险业务。

（四）加大技术进步和技术改造投资力度

制定《装备制造业技术进步和技术改造项目及产品目录》，支持使用国产首台（套）重大技术装备，支持目录内装备的自主化、节能节材减排改造、企业兼并重组后内部资源整合、区域性四大基础工艺中心建设、发展现代制造服务业等。

（五）支持装备产品出口

完善出口退税政策，适当提高部分高技术、高附加值装备产品的出口退税率。鼓励金融机构增加出口信贷资金投放，支持国内企业承揽国外重大工程，带动成套设备和施工机械出口。

（六）调整税收优惠政策

鼓励开展引进消化吸收再创新，对生产国家支持发展的重大技术装备和产品，确有必要进口的关键部件及原材料，免征关税和进口环节增值税。在对铸件、锻件、模具、数控机床产品增值税实行先征后返的政策到期后，研究制定新的税收扶持政策，调整政策适用范围，引导发展高技术、高附加值产品。

（七）推进企业兼并重组

制定鼓励境内企业跨地区、跨行业、跨所有制重组的政策措施，妥善解决富余人员安置、债务核定与处置、财税利益分配等问题；对重组企业发行股票、企业债券、公司债券、中长期票据、短期融资券以及申请贷款等予以支持；对境内企业并购境外制造企业和研发机构，可给予相关项目贷款贴息支持。鼓励金融机构在风险可控的条件下开展境内外并购贷款业务。

（八）落实节能产品补贴和农机具购置补贴政策

用好节能产品补贴资金，对购买高效节能装备产品的终端用户给予补贴，2009 年先行开展对高效电动机推广应用的补贴。抓紧落实好农机具购置补贴政策，及早兑现到户。

（九）建立产业信息披露制度

适时向社会发布产业政策导向、项目核准、企业重组、产能利用、进出口、生产销售库存等信息，为企业投资决策、银行贷款、土地预审等提供信息指导。

（十）支持产品检验检测和认证机构建设

加强产品质量检验检测能力建设，提高质量检测水平。建设高速铁路、城市轨道交通等新型装备产品检验检测和认证机构，完善国家强制性产品认证体系。

五、规划实施

国务院有关部门要根据《规划》分工，尽快制定完善相关政策措施，密切配合，形成合力，确保《规划》顺利实施。要适时开展《规划》的后评价工作，及时提出评价意见。

各地区要按照《规划》确定的目标、任务和政策措施，结合当地实际抓紧制定具体落实方案，确保取得实效。具体工作方案和实施过程中出现的新情况、新问题要及时报送发展改革委、工业和信息化部等有关部门。

船舶工业调整和振兴规划

船舶工业是为航运业、海洋开发及国防建设提供技术装备的综合性产业，对钢铁、石化、轻工、纺织、装备制造、电子信息等重点产业发展和扩大出口具有较强的带动作用。为应对国际金融危机影响，落实党中央、国务院关于保增长、扩内需、调结构的总体要求，加快船舶工业结构调整，增强自主开发能力，推动产业升级，促进我国船舶工业持续、健康、稳定发展，特制定本规划，作为船舶工业综合性应对措施的行动方案。规划期为2009～2011年。

一、船舶工业现状及面临的形势

2003年以来，我国船舶工业进入了快速发展轨道。产业规模不断扩大，造船产量快速增长，造船完工量、新接订单量、手持订单量已连续多年居世界前列。综合实力稳步提升，已经具备散货船、油船、集装箱船（以下称三大主流船型）自主开发能力，在高技术高附加值船舶、海洋工程装备领域也实现了突破，大型船舶企业造船周期和质量管理达到国际先进水平。我国已经成为世界造船大国。但是，船舶工业在高速发展的同时，自主创新能力不强、增长方式粗放、低水平重复投资、产能严重过剩、船用配套设备发展滞后、海洋工程装备开发进展缓慢等矛盾日益显现。2008年下半年以来，受国际金融危机影响，国际航运市场急剧下滑，造船市场受到很大冲击，新船订单大幅减少、企业融资出现困难、履约交船风险加大，我国船舶工业发展面临严峻形势。

应该看到，经过多年的发展，我国船舶工业已经形成了原材料配套强、劳动力素质高、制造业体系完备等综合竞争优势，世界造船业正逐步向我国转移，我国船舶工业发展前景依然十分广阔。当前，我国船舶工业正处在由大到强转变的关键时期，必须抓住机遇，积极采取综合措施，加快结构调整和产业升级，巩固和提升我国船舶工业的国际地位，为经济平稳较快发展作出积极贡献。

二、指导思想、基本原则和目标

（一）指导思想

全面贯彻落实党的十七大精神，以邓小平理论和“三个代表”重要思想为指导，深入贯彻落实科学发展观，按照保增长、扩内需、调结构的总体要求，通过采取积极的信贷措施，稳定造船订单，化解经营风险，确保船舶工业平稳较快发展；通过控制新增造船能力，推进产业结构调整，提高大型船舶企业综合实力，形成新的竞争优势；通过加快自主创新，开发高技术高附加值船舶，发展海洋工程装备，培育新的经济增长点，为建设造船强国和实施海洋战略奠定坚实基础。

（二）基本原则

稳定造船订单，保持生产增长。积极应对推迟接船和弃船风险，防止出现大量撤单，力争船舶企业按期完成订单任务，保持生产平稳较快增长。

加强政策引导，扩大船舶需求。调整优化运力结构，淘汰落后老旧船舶，扩大船舶市场需求。

推进结构调整，整合造船资源。实施兼并重组，整合造船、修船、海洋工程装备生产资源，发展大型企业集团，促进船舶制造业和配套业协调发展。

加快自主创新，发展海洋工程装备。加大技术改造力度，加强关键技术和新产品研究开发，提高船用配套设备水平，发展海洋工程装备，提高国际竞争力。

（三）规划目标

1. 船舶生产稳定增长

今后三年船舶工业保持平稳较快增长，力争2011年造船产量达到5 000万t，船用低速柴油机产量达到1 200万马力（1马力=735.5W）。

2. 市场份额逐步扩大

2011年造船完工量占世界造船完工量的35%以上，高技术高附加值船舶市场占有率达到20%，海洋工程装备市场占有率达到10%。

3. 配套能力明显增强

三大主流船型本土生产的船用配套设备的平均装船率达到65%以上，船用低速柴油机、中速柴油机、甲板机械等配套设备的国内市场满足率达到80%以上。

4. 结构调整取得进展

大型船舶企业集团在高端船舶市场具备较强国际竞争力，若干个专业化海洋工程装备制造基地初具规模，一批船用配套设备生产企业发展壮大，环渤海湾、长江口和珠江口成为世界级造船基地。

5. 研发水平显著提高

三大主流船型研发设计实现系列化、标准化，形成一批具有国际竞争力的品牌船型，高技术高附加值船舶和海洋工程装备开发取得突破。

6. 发展质量明显改善

骨干船舶企业基本建立现代造船模式，三大主流船型平均建造周期缩短到10个月以内，单位工业增加值能耗三年累计降低15%，钢材利用率显著提高。

三、产业调整和振兴的主要任务

（一）稳定船舶企业生产

采取有效措施，支持大型船舶企业和航运企业按期履行合同，积极应对推迟接船、撤单、弃船等经营风险。指导船舶企业加强生产管理，合理安排生产计划，确保造船质量和进度，保持生产连续性。

（二）扩大船舶市场需求

加快报废更新老旧船舶和淘汰单壳油轮，积极发展远洋渔船、特种船、工程船、工作船等专用船舶。

（三）发展海洋工程装备

支持造船企业研究开发新型自升式钻井平台、深水半潜式钻井平台和生产平台、浮式生产储卸装置、海洋工程作业船及大型模块、综合性一体化组块等海洋工程装备，鼓励研究开发海洋工程动力及传动系统、单点系泊系统、动力定位系统、深潜水装备、甲板机械、油污水处理及海水淡化等海洋工程关键系统和配套设备。

（四）支持企业兼并重组

支持大型船舶企业集团及其他骨干船舶企业实施兼并重组。推动大型船舶企业与上下游企业组成战略联盟，相互支持，共同发展。引导中小船舶企业调整业务结构，发展中间产品制造、船舶修理、特种船舶制造等业务，开拓非船产品市场。支持有条件的企业并购境外知名船用配套设备企业、研发机构和营销网络。

（五）提高自主创新能力

制定《船舶工业科研开发重点项目目录》，支持优化升级三大主流船型，开发适应新规范、新标准和节能环保要求的船舶，提高大型液化天然气船、大型液化石油气船、大型汽车运输船、科学考察船等高技术高附加值船舶的设计开发能力，加快新型船用柴油机及其关键零部件、甲板机械、舱室设备、通信导航自动化设备的自主研发，加快现代造船技术、船舶和海洋工程装备基础共性技术研究。

（六）加强企业技术改造

制定《船舶工业技术改造项目及产品目录》，支持高技术高附加值船舶和海洋工程装备专用生产设施项目建设，支持填补国内空白、节能环保效果显著以及产能不能满足市场需求的船舶和海洋工程装备及配套产品的技术改造。

（七）积极发展修船业务

鼓励造船企业利用现有造船设施开展修船业务。加强修船技术研究，增强大型船舶、特种船舶、海洋工程装备修理和改装能力。规范发展拆船业，实行定点拆解。

（八）努力开拓国际市场

制定并完善相关措施，巩固我国船舶工业在三大主流船型国际市场的竞争优势，扩大高技术高附加值船舶、海洋工程装备的国际市场份额；鼓励船用配套设备企业建立境外营销网络和售后服务体系，带动产品出口。

（九）加强船舶企业管理

引导船舶企业加快建立现代企业制度，深化内部改革，推进管理信息化，全面提高科学决策和管理水平；加快建立现代造船模式，推进数字化造船；加强国际造船新规范、新公约、新标准的研究，积极做好相关准备工作；推广节能节材新技术、新工艺，提高能源使用效率和钢材利用率，降低能耗物耗；增强市场分析和预测能力，加强合同管理，提高资金使用效率，控制财务成本，增强企业参与国际竞争和防范市场风险的能力；加强创新型研发设计人才、开拓型经营管理人才、高级技能人才等专业人才培养，强化职工培训，优化人才队伍结构，满足企业可持续发展需要。

四、政策措施

（一）加大生产经营信贷融资支持

各相关银行对船舶企业在建船舶和有效合同所需的流动资金贷款要确保按期到位；对船东推迟接船的，要适当给予船舶企业贷款展期支持；对信誉良好的船东和船舶企业要及时开具付款和还款保函。加强银企合作，对在建船舶实行抵押融资。支持符合条件的船舶企业上市和发行债券。加快建立船舶产业投资基金。

（二）增加船舶出口买方信贷投放

鼓励金融机构增加船舶出口买方信贷资金投放，帮助大型船舶企业集团和其他骨干造船企业稳定现有出口船舶订单。

（三）鼓励购买弃船

研究制定相关政策措施，鼓励骨干航运企业购买远洋船舶的弃船，鼓励金融租赁公司购买出口船舶的弃船。

（四）努力扩大国内船舶市场需求

对国内企业向国内海上石油天然气开采企业销售海洋工程结构物，继续实行增值税退税政策。加大预算内资金投入，提前实施纳入国家规划的政府公务性、公益性船舶建造。

（五）加快淘汰老旧船舶和单壳油轮

研究鼓励老旧船舶报废更新政策。抓紧出台单壳（包括单壳双底和双壳单底）油轮强制淘汰政策，严禁超龄船舶改造、运营。

（六）严格控制新增产能

除《船舶工业中长期发展规划（2006 – 2015年）》内的造船项目外，各级土地、海洋、环保、金融等相关部门不再受理其他新建船坞、船台项目的申请。新建大型海洋工程装备专用基础设施项目需报国家核准。今后三年，暂停审批现有造船企业船坞、船台的扩建项目。

（七）完善企业兼并重组政策措施

制定出台鼓励企业兼并重组的政策措施，妥善解决富余人员安置、企业资产划转、债务合并与处置、财税利益分配等问题；采取资本金注入、融资信贷等方式支持大型船舶企业集团实施兼并重组。支持骨干船舶企业兼并重组其他船舶企业，优先核准其技术改造项目，鼓励进行产品结构调整。

（八）加大科研开发和技术改造投入

增加高技术船舶科研经费投入，支持高技术新型船舶、海洋工程装备及重点配套设备研发，支持关键共性技术和先进制造技术研究，加快船舶工业标准体系建设。支持开展船用配套设备、海洋工程装备以及特种船舶制造专业化设施设备等方面的技术改造，支持大型船舶企业兼并重组后进行信息化建设和流程再造，支持中小型造船企业符合相关产业政策要求的调整转型。支持船舶企业和科研机构研发条件建设。

五、规划实施

国务院有关部门要按照《规划》分工，加强沟通协商，密切配合，尽快制定和完善各项配套政策措施，确保《规划》顺利实施。要适时开展《规划》的后评价工作，及时提出评价意见。

有关地区要按照《规划》确定的目标、任务和政策措施，结合当地实际抓紧制订具体落实方案，确保取得实效。具体工作方案和实施过程中出现的新情况、新问题要及时报送发展改革委、工业和信息化部等有关部门。

船舶工业技术进步和技术改造投资方向（2009～2011）

科研开发重点领域和主要内容

重点领域	主要内容
三大主流船型	散货船、油船、集装箱船符合国际造船新规范标准，拥有自主知识产权，具有安全可靠性、绿色环保性、营运经济性和使用舒适性的产品开发与优化升级
高技术高附加值船舶	大型液化天然气船、万箱级以上集装箱船、大型液化石油气（LPG）船、大中型工程船舶、大型汽车运输船、客滚船、高档化学品船、科学考察船、大型远洋渔船、豪华游艇、豪华游轮等
海洋工程装备	1. 主流海洋移动钻井平台（船舶） 120m 及以上水深自升式钻井平台、3 000m 水深钻井船、3 000m 水深半潜式钻井平台自主研发 2. 主流浮式生产系统 深水浮式生产储卸装置（FPSO）关键设计技术、深水半潜式生产平台关键设计技术研究 3. 主流海洋工程作业船和辅助船 万马力级深水三用工作船、3 000m 水深大型起重铺管船、高性能物探船、5 万载重吨及以上半潜运输船、3 000m 水深工程勘察船自主研发 4. 新型海洋工程装备 浮式 LNG 生产储卸装置（LNG－FPSO）关键设计技术、多功能自升式平台关键设计技术、边际油田型浮式生产储油装置（FPSO）关键设计技术、立柱式生产平台（SPAR）关键设计技术研究 5. 基础共性技术 深水浮式结构物运动耦合及外载荷分析、海洋工程装备总装建造技术、海洋工程装备项目管理技术研究 6. 关键配套设备和系统 大型海洋工程装备深水定位系泊系统、FPSO 单点系泊系统研究及关键装置、动力定位系统、海洋工程船舶综合信息集成管理系统、大型海洋平台电站集成技术研究及关键设备、自升式钻井平台升降系统研制
船用设备	1. 船舶动力系统及装置 超大型船用螺旋桨、大型高效喷水推进装置、推进用感应电机、推进电动机变频调速电源系统、LNG 船用双燃料发动机、吊舱推进器、船用电力变换装置、柴油机推进系统、船舶电站系统、超大缸径低速柴油机、新型小缸径低速柴油机、柴油机关键零部件、大功率中高压发电机、柴油机节能减排技术 2. 甲板机械 中国品牌船用锚绞机、中国品牌船用舵机、中国品牌船用吊机、海洋平台吊机、船舶减摇装置 3. 舱室设备 蝶式分离机、污水处理装置、海水淡化装置 4. 船舶通信导航及自动化系统 综合船桥系统、动力定位系统、液货装卸自动化系统

（续）

重点领域	主要内容
现代造船技术与基础共性技术	超大型船厂生产模式及工艺工装技术研究；快速搭载、精度控制等新工艺研究；节能减排新技术及应用研究；国际新造船规范标准的研究与推广应用；船舶虚拟制造技术等信息化技术研究与应用；船舶水动力性能预报优化及计算流体力学（CFD）应用技术研究等基础共性技术研究；船舶线型优化及综合性能预报系统研究、船舶结构设计直接计算分析方法和优化技术研究、基于全寿命周期的船体结构安全性和可靠性技术研究；大型结构物在海洋环境下的运动响应预报技术研究、结构强度设计分析技术研究等前沿关键技术研究

技术改造重点领域和主要内容

重点领域	主要内容	有关要求
船用配套设备	船用柴油机；船用柴油机曲轴、轴瓦、进排气阀、连杆、缸套、活塞、凸轮组件、空冷器、增压器、油嘴油泵等关键零部（配）件；船用大型铸锻件；电力推进系统及装置；船用发电机；推进装置；船用阀门；船用起重机、舵机、锚绞机等甲板机械；船用锅炉、焚烧炉、油水分离机、海水淡化装置等舱室设备；通信导航自动化系统	1. 生产能力明显满足不了市场需求 2. 具有为出口船和远洋船舶批量配套业绩 3. 具有显著节能、环保效果 4. 具有自主知识产权，符合国际规范、公约及标准要求 5. 已通过船级社等相关专业机构认证 6. 通过技术引进、消化吸收再创新，填补国内空白 7. 通过并购海外知名品牌生产企业或研发机构，建立品牌生产或售后服务体系
海洋工程装备配套设备	海洋工程甲板机械、单点系泊系统、深海锚泊系统、电站、电力系统及装置、动力定位系统、主动力及传动系统、应急动力系统、天然气排放系统、油污水处理及海水淡化系统等	
海洋工程装备	海洋工程装备中自升式钻井平台、半潜式钻井平台和生产平台、立柱式平台等的专业化配套设施	1. 项目核准或备案符合国家产业政策要求 2. 已承接订单 3. 具有一定的自主设计能力
其他	船舶企业生产高技术高附加值船舶的专业化设施设备 大型船舶企业集团和骨干企业兼并重组船舶企业后进行的信息化建设、流程再造等技术改造 中小型造船企业调整转型符合相关产业政策要求的技术改造 船舶企业和科研机构研发条件建设	1. 项目核准或备案符合国家产业政策要求 2. 已承接订单 3. 具有一定的自主设计能力

从用户的角度解析石化设备的发展状况及前景要求

附录

中国用户市场

2008年我国石油天然气行业发展概况

我国石油天然气行业在2008年全球经济不景气的大背景下，依然实现了稳步发展；2009年，继续保持持续增长的发展势头。

一、石油消费较快增长，石油进出口贸易活跃

受国内原油加工亏损、加工进口油给予增值税返还优惠等因素的影响，2008年上半年原油产量同比增长1.7%，而二季度原油产量只同比增长0.8%；下半年，国内原油加工利润上升，原油产量增速有所回升。2008年，原油产量1.89亿t，同比增长1.07%。

2008年，国内石油需求仍保持较快增长速度，但全年各季度市场需求变化较大。2008年，我国石油表观消费量达38 965万t，比2007年增加2 395万t，同比增长6.5%，增幅较上年上涨1.7%。石油对外依存度51.3%，比上年的50.5%增加0.8个百分点。

受全球金融危机、国际油价波动、特大自然灾害以及国内宏观调控政策等多种因素的影响，2008年国内石油市场起伏变化比较大，呈现以下特点：

(1)全年石油需求很不平衡，上半年一度出现油品供应紧张的局面，下半年市场却走软。按季度对比，二季度石油表观消费量达到10 044万t，石油需求量全年最大，此后逐季下降。

(2)成品油供应仍增长较快，但增速回落，沿海地区与内陆地区增长不平衡。

(3)石油进口继续较快增长，对外依存度突破50%，达到51.3%。据海关总署统计，2008年我国累计进口石油(含燃料油)21 853万t，比上年增加2 156万t，同比增长10.9%，其中，全年累计进口原油17 888万t，比上年增加1 571万t，同比增长9.6%；累计出口石油1 868万t。全年净进口石油19 985万t，比上年增加2 228万t，同比增长12.55%。

2008年，我国原油进口平均价格为723.03美元/t，比上年的488.9美元/t上涨234.13美元/t，涨幅47.9%；原油出口平均价格716美元/t，比上年上涨282.3美元/t，涨幅65.1%。成品油进口平均价格为358.98美元/t，比上年的486.3美元/t减少127.3美元/t，降幅为26.2%；成品油出口平均价格802美元/t，比上年的589.9美元/t上涨212.1美元/t，涨幅36%。

2008年，我国进口原油的50%来自中东地区，进口量8 970万t，比上年增加1 696万t，同比增长23.3%；其次为非洲地区，进口量5 395万t(占30%)，比上年增加90万t，同比增长1.7%；欧洲和美洲进口量3 025万t(占16.9%)，比上年减少138万t，同比下降4.4%；亚太地区进口量498万t(占2.8%)，比上年减少76万t，同比下降13%。进口量排名前五位的国家分别为沙特阿拉伯(3 637万t)、安哥拉(2 989万t)、伊朗(2 132万t)、阿曼(1 458万t)、俄罗斯(1 164万t)。

二、天然气生产与消费强劲增长，市场前景广阔

近年来，我国天然气消费增长强劲。2000～2008年，天然气消费量呈快速增长态势，2000年全国天然气消费量为245亿m^3，2008年达到720亿m^3，年均增速14.4%。

2000 年以前，受输送管道的限制，我国天然气消费市场局限于油气田周边地区，天然气主要作为工业燃料和化工用气。2000 年全国天然气消费总量中，工业燃料和化工用气占 78.3%，城市燃气占 17.6 %，燃气发电占 4.1%。

随着西气东输、陕京二线、忠武线、涩宁兰等长输管线的建成投产，用气区域迅速向经济发达的沿海市场转移，消费结构也随之发生变化，城市燃气和发电用气明显增加，工业燃料和化工原料用气逐步减少。

2008 年中国石油天然气股份有限公司发展状况

截至 2008 年 12 月 31 日，按照国际会计准则，中国石油天然气股份有限公司（以下简称中国石油）实现归属于公司股东的净利润 1 144.31 亿元；按照中国企业会计准则，实现归属于公司股东的净利润1 137.98亿元。面对重大自然灾害、国际金融危机的严峻挑战，中国石油生产经营保持平稳、有序、健康发展。

按照国际会计准则，2008 年中国石油实现营业额 10 700 亿元，同比增长 28.1%，每股基本盈利 0.63元，同比下降 0.19 元。根据董事会决议，建议按 2008 年度末期国际准则净利润的 45% 派发末期股息，每股股息 0.15 元，连同中期股息 0.13 元，2008 年度全年股息为 0.28 元。

一、勘探与生产

中国石油 2008 年全面实施储量增长高峰期工程，继续深化整体研究、整体部署，强化新技术应用，加快老区精细勘探，大力推进预探和风险勘探，取得一批重要勘探成果。油气储量保持良好增长态势，资源基础更加牢固，油气综合储量接替率为 1.165。油气田开发强化生产组织协调，积极转变开发方式，实现油气总产量 1 877.64 万 m^3（11.81 亿桶）油当量，同比增长 5.7%；生产原油 1 384.78 万 m^3（8.71 亿桶），同比增长 2.9%；生产可销售天然气 526.69 亿 m^3，同比增长 14.5%。期内，这一板块实现经营利润 2 402 亿元，同比增长 15.8%。

二、炼油与销售

一批大型炼化基地相继建成投产，炼化规模实力大幅提升，原油加工量、炼化主要产品产量再创历史最好水平。2008 年前三季度，面对旺盛的市场需求，充分发挥炼化一体化优势，全力以赴增产增供；第四季度，积极应对市场需求大幅下降的状况，及时调整炼油加工负荷。期内共加工原油 1 351.39 万 m^3（8.5 亿桶），同比增长 3.2%；生产汽油 2 347 万 t、煤油 221 万 t、柴油 4 829 万 t。炼化基地建设取得重要进展，大连石化千万吨含硫原油加工配套项目全面建成投产，独山子石化项目主体工程、广西石化炼油常减压装置基本建成。成品油销售积极关注、预测和应对市场变化，加大网络开发和调整优化力度，加油站平均单站日销量达到 9.6t。这个板块受成品油价格宏观调控及年末成品油销售萎缩的影响，期内亏损 829.7 亿元。

三、化工与销售

化工与销售业务实现规模有效、安全平稳运行，各项主要技术经济指标持续改善，资源配置和产品结构进一步优化。化工销售面对剧烈的市场变化，积极促销降库，加强直销用户开发，扩大产品出口，实现化工商品产量 1 627 万 t，同比增长 4.6%。受市场需求疲软和产品价格下跌的影响，这一板块经营亏损 28.8 亿元。

四、油气管网建设和下游市场

油气管网建设和下游市场拓展协调推进，天然气销量快速增长。油气战略通道建设取得重大突破，西气东输二线全线开工建设。国内油气管网建设积极推进，兰郑长成品油管道兰郑段主体完工，永唐秦输气管道工程有序推进；西气东输一线 170 亿 m^3 增输工程进展顺利，西段具备年输送量 170 亿 m^3 能力；涩宁兰输气管道复线开工建设，大连、江苏 LNG 项目一期工程开工建设；城市燃气及天然气利用项目有序推进。在向重点城市、公共事业和重点工业用户安全平稳供应天然气的同时，保证了北京奥运会供气以及抗击雨雪冰冻灾害、抗震救灾的油气供应。期内，天然气与管道板块实现经营利润160.6亿元，同比增长28.5%。

五、海外油气业务

海外油气业务保持储量和产量的较快增长，对中国石油的贡献率逐步增大。乍得和哈萨克斯坦项目获得重大发现，海外业务实现油气净产量146.43万 m^3(9 210万桶)油当量，同比增长50%，占公司总产量的7.8%。期内实现国际油气贸易量5 740万 t，同比增长54.5%。

2009年，中国石油持续发展的基本面没有改变，仍处于发展的重要战略机遇期，具有较强的综合实力和可持续发展能力。中国石油将坚定信心、迎难而上，大力实施资源、市场、国际化战略，灵活应对市场变化，着力调整、优化结构，转变发展方式，着力控制投资，降低成本，提高质量，保持中国石油平稳较快发展，全面提升综合实力、国际竞争力和可持续发展能力。

2008年中国石油化工股份有限公司发展状况

截至2008年12月31日，按照国际会计准则，中国石油化工股份有限公司(以下简称中石化)全年营业额、其他营业收入及其他收入为15 024.43亿元，同比增长24.19%；股东应占利润为297.69亿元，同比下降47.34%。每股基本净利为0.343元，同比下降47.34%。

按照中国企业会计准则，2008年全年实现营业收入14 521.01亿元，同比增长20.52%；归属于母公司股东的净利润为296.89亿元，同比下降47.47%；基本每股收益为0.342元，同比下降47.47%。

勘探及开采业务方面，油气产量稳中有升，经营收益达到666亿元，同比增长36.5%。新增油气可采储量425.45万 m^3(2.676亿桶)油当量。

炼油业务方面，由于受到国际原油价格高企、国内成品油价格控制从紧的影响，经营亏损615亿元。营销及分销业务方面，随着国内市场成品油需求的增加，以及公司不断完善营销及分销网络成品油零售比例大幅提高，实现经营收益382亿元，同比增长6.9%。

由于第四季度国际化工产品需求和价格急剧下降，化工业务经营亏损达131亿元。

2008年，中石化采取各项措施有效降低原油采购成本、运输成本及生产能耗、物耗，优化资源配置，全年共降低成本39.64亿元。

2008年，国际油价暴涨暴跌，国内成品油价格从紧控制，成品油市场需求从大幅增长到迅速萎缩，石化产品需求和价格骤然下降，下半年国际金融危机迅速向实体经济蔓延，这一系列的巨变给经营带来了巨大困难和挑战。中石化及时调整经营策略，充分发挥公司各项优势，精细管理，挖潜增效，推进科技创新，加大安全生产和节能减排力度，全年共降低成本39.64亿元。

2008年中国海洋石油总公司发展概况

2008年，中国海洋石油总公司(以下简称中海油)努力克服自然灾害和金融危机的不利影响，紧紧围绕公司“十一五”规划战略目标，突出抓勘探开发和油田生产，突出抓资源落实，突出抓大项目建设，经营绩效大幅提升，各项经营指标创历史最好水平。2008年公司规模与效益同步快速增长，实现销售收入1 983亿元，较上年增长22.4%，利润也有较大幅度增长。截至2008年底，集团总资产达到4 285亿元，净资产达到2 916亿元，分别较年初增长23.7%和15.4%。2008年上缴各种税费和国有资本收益金均有大幅增长。过去5年，中海油持续又好又快发展，以总资产和净资产衡量，5年里相当于再造了3个中海油。

中海油继续保持良好的公司形象和社会影响力。2008年，在美国《财富》杂志全球企业500强排行中，中海油名列第409位，较上年上升60位；中国海洋石油有限公司位列英国《金融时报》全球500强排名第101位，排名又有大幅上升；中海油服和海油工程同时入选2008年中国蓝筹百强和标准普尔大中华区精选股票组合25支表现最强股票。“有特色的中国海油管理模式”等两项管理成果获首届中国管理科学奖。

过去五年来，中海油公司各项主要经营指标均实现了大幅提升。销售收入从521亿元增长到1 983亿元，增幅281%，利润也大幅增长。总资产从1 167亿元增长到4 285亿元，增幅267%；净资产从676亿元增长到2 916亿元，增幅331%，创建国际一流能源公司取得重大进展。

2009年，中海油有超过20个开发在建项目。在中国近海，8个项目陆续投产；在海外，尼日利亚OML130和印度尼西亚东固LNG项目也在年内投产。

2009年1月20日，中海油对外公布了2009年经营策略和发展计划：公司全年资本支出预计达到67.6亿美元，与2008年的预计完成的投资额相比，有19.0%的增幅。在资本投资计划中，勘探投资、开发投资和生产资本化投资分别达到11.1亿美元、43.8亿美元和11.2亿美元。

世界用户市场

2008年国际超级石油公司概况

2008年，尽管国际油气价格同比大幅上涨，但由于市场担心国际金融危机影响石油需求，下半年国际油价急剧下跌，同时石油产量继续减少，炼化毛利总体下滑，装置负荷率和产品销量下降，埃克森美孚、壳牌、BP（以下简称“三超”石油公司）营业收入虽然继续增长，但净利润基本与上年持平，经营业绩从四季度开始大幅下滑。其中，上游板块业绩整体继续增加，而炼油与营销、化工板块业绩整体则出现较大幅度下降。国际金融危机对“三超”石油公司经营业绩的影响从2008年四季度开始凸显。

一、2008年第四季度营业收入和净利润双双大跌

2008年，布伦特原油平均价格为97.26美元/桶（1桶＝158.987 3dm^3），上涨24.87美元/桶，涨幅达34.4%；美国天然气期货贸易集中地Henry Hub天然气价格为9.04美元/(10^6Btu)（1Btu＝1 055.06J），同比增长31.8%。

尽管国际油气价格同比大幅上涨，推动“三超”石油公司2008年营业收入达12 669.12亿美元，同比增长24.5%，但受国际金融危机的影响，“三超”石油公司2008年合计净利润931.63亿美元，同比仅增长0.1%。2008年第四季度，“三超”石油公司合计营业收入2 194.96亿美元，同比下降25.8%；合计净利润18.08亿美元，同比下降92.7%。壳牌和BP甚至出现较大亏损。第四季度经营业绩陡然下降是全年效益不佳的主要原因。

2008年，各公司营业收入增幅基本相当，但净利润增幅差距较大。埃克森美孚和BP净利润增幅分别为11.35%和2.35%，而壳牌下降16.13%。埃克森美孚净利润增加，主要原因是炼油与营销、化工板块净利润降幅相对较小，且无一板块亏损。而壳牌和BP表现较差，主要在于其油品贸易业务规模大，库存大，2008年下半年油价急跌时损失惨重，导致全年炼油与营销板块微利甚至出现亏损，拖累了整个公司的经营业绩。同时，壳牌化工板块出现亏损，利润同比减少近25亿美元，占公司总利润降幅的近一半。

二、石油产量下降，但上游板块利润涨幅超过30%

2008年第四季度，由于国际油价急剧下跌，上游板块赢利情况发生逆转，“三超”石油公司上游板块净利润均出现较大幅度下滑，合计净利润跌幅达31.9%。但由于前三季度高油价的强力支撑，全年上游板块仍取得骄人成绩。

2008年，“三超”石油公司石油产量均下降，其中埃克森美孚和壳牌均减产6%～8%，BP也有小幅减产。但由于国际油气价格继续大涨，“三超”石油公司的上游板块净利润增幅均超过30%，合计净利润涨幅达38.1%。以埃克森美孚为例，油气价格上涨增加效益118亿美元，但油气产销量下降减少利润37亿美元，税收和操作成本增加减少利润15亿美元。

三、炼油与营销板块业绩大幅下滑

2008年，“三超”石油公司炼油与营销板块合计实现净利润67.13亿美元，同比大幅下降74.3%。仅埃克森美孚利润降幅较小，壳牌和BP利润降幅均超过95%，BP甚至出现亏损。埃克森美孚和壳牌原油加工量和油品销量均有较大幅度下降，仅BP因德克萨斯城和怀廷两大炼厂复产，原油加工量和油品销量有所增加。

2008年，全球炼油毛利升降不一，总体有所下降，其中北美地区和亚太地区分别下降30.6%和16.3%，西欧则上升34.2%。因此，炼油业务主要位于美国的埃克森美孚炼油与营销板块净利润同比下降14.8%。壳牌和BP炼油与营销板块净利润均大幅下降95%以上，BP甚至出现亏损。2008年壳牌和BP油品销量与原油加工量之比分别高达1.9和2.6，而埃克森美孚仅为1.2，基本上是自产自销。因而2008年第四季度国际油价急剧下跌时，壳牌和BP油品贸易业务损失惨重，炼油与营销板块分别亏损64亿美元和81亿美元，拖累炼油与营销板块全年利润大跌甚至出现亏损。但若按重置成本利润计，2008年壳牌炼油与营销板块利润同比仅下降25.8%，而BP息税前利润则增长59.3%。

四、全球化工毛利和产品销量下降，利润大减

2008年第四季度，埃克森美孚和壳牌化工板块业绩直线下滑。埃克森美孚化工板块利润因化工毛利下降减少利润3亿美元，产品销量下降20%，减少利润3.5亿美元。壳牌化工生产装置开工负荷率从2007年第四季度的86%降至67%，产品销量也同比下降20%。但若按重置成本利润计，第四季度壳牌化工板块仅亏损0.19亿美元。

2008年，化工产品需求下降，毛利下降，上半年化工原料成本大幅增加、运营成本升高，下半年装置负荷率大幅下降、产品销量下滑等多种因素叠加，导致化工板块利润大幅下滑。降幅较小的埃克森美孚，化工板块利润同比减少约17亿美元，其中化工毛利下降减少利润约12亿美元，产品销量下降9%减少利润约5亿美元。而壳牌则出现亏损，主要原因是化工装置负荷率下降，产品销量同比下降10%。若按重置成本利润计，2008年壳牌化工板块仍实现利润1.56亿美元。

五、炼油与营销板块支出开始减少

2008年第四季度，“三超”石油公司合计资本支出222.66亿美元，同比仅增长9.1%，与第三季度大幅增长78%相比陡然减缓。其中，上游板块和化工板块分别同比增长14.4%和13.6%，但炼油与营销板块同比下降5.0%。由此可见，“三超”石油公司资本支出增幅明显放缓甚至开始缩减支出，资本支出趋于谨慎。

2008年，“三超”石油公司合计资本支出达919.55亿美元，同比增长40.2%，上游、炼油与营销、化工板块合计资本支出分别同比增长46.1%、12.2%和53.4%。

从“三超”石油公司各业务板块合计资本支出占总资本支出的比例看,上游板块所占比重从2007年的74.0%升至2008年的77.1%,增加3个百分点;炼油与营销板块所占比重则从19.0%降至15.2%,下降3.8个百分点;化工板块所占比重从4.9%升至5.3%。

从各公司情况看,2008年,埃克森美孚资本支出增幅相对较小,为25.4%,主要是加强化工板块,减少炼油与营销板块支出。壳牌和BP资本支出增幅相对较大,均超过45%,主要是加强上游板块,减少炼油与营销板块支出。

六、股价呈下跌之势

2008年,“三超”石油公司股价走势大体相同,均呈下跌之势,一季度较弱,二季度略有回升,三季度大幅下滑,四季度止跌回稳。除埃克森美孚股价10月以来止跌回稳并逐步走高、跑赢大盘外,壳牌和BP股价走势多数时间弱于大盘。截至2009年2月初,标准普尔500工业指数较2008年初下跌41%,埃克森美孚股价仅下跌15%,壳牌和BP股价分别下跌41%和43%。

2008年世界炼油工业概况

一、世界炼油工业现状

1. 世界炼油总能力连续7年增长并创新高

截至2008年底,世界炼油能力达到42.8亿t/a,比上年增加1 475万t/a,同比增长0.35%,炼油能力连续7年增长,但连续3年呈低速增长。其中,亚太地区炼油能力增长最快,增幅1.2%,西欧增长0.2%,北美略有下降,其他地区保持不变。炼厂总数继续稳步减少,降至655座,比上年减少2座。过去10年,全球关闭了100多座炼厂,多数为低效高成本炼厂。

2. 全球炼油业格局稳中有变

由于亚太地区炼油工业的不断发展和地位的逐步提升,世界炼油业先在20世纪90年代初期形成了“北美独大,西欧、亚太居次席”的格局,继而又在20世纪90年代末期以后形成了“北美和亚太两强并立,西欧居次”的新格局。2005年,亚太地区以超出北美约7 000万t/a的炼油能力优势稳居世界炼油业第一位。亚太地区炼油工业已在世界炼油工业中占有重要地位,且地位正日益稳固并呈上升之势。2008年,亚太地区炼油业占世界炼油总能力的比例从1992年的18.3%增加到26.3%。亚太地区跻身世界10大炼油国的国家已达4个。由于今后数年世界新建炼油项目主要集中在亚太和中东地区,世界炼油重心将继续东移。

3. 全球炼油业集中度仍在进一步提高,炼厂规模进一步扩大

以世纪之交欧美几大跨国石油石化公司大兼并为标志,全球炼油业集中度进一步提高,炼厂规模进一步扩大。

10年来,世界炼厂总数从755座减少到655座,减少13.2%,而同期炼油能力却增长6.6%,炼厂平均规模从532万t/a提高到653万t/a。2008年,全球10大炼油国合计炼油能力为28.84亿t/a,占世界炼油总能力的67.4%;全球最大的25家炼油公司的合计炼油能力为25.72亿t/a,占世界炼油总能力的60.1%,而1997年为19.3亿t/a,占49.3%。全球炼油能力大于或等于2 000万t/a的炼厂达19座,比1997年增加3座,合计炼油能力达5.13亿t/a,占世界总炼油能力的12%。

值得指出的是,在世界炼油业集中度进一步提高、装置规模逐渐增大的同时,不少国家和地区加大了关停并转小炼厂和落后亏损炼厂的力度。例如,日本的炼油能力从1998年的2.53亿t/a逐年降至2008年底的2.35亿t/a,累计削减炼油能力近2 000万t/a。东欧和前苏联地区的炼油能力从1992年的6.44亿t/a降至2008年的5.17亿t/a,16年中削减炼油能力近1.3亿t/a。

4. 炼油装置结构进一步调整，加氢能力迅速增加

由于环保对清洁燃料的要求提高，作为生产清洁燃料最主要加工手段的加氢处理能力提升迅速，与原油蒸馏能力之比，已从1992年的40.8%（体积分数）增加到2008年的51.9%。作为生产清洁燃料重要手段的加氢裂化能力增长较快，其与原油蒸馏能力之比也从1992年的3.7%增加到2007年的6.0%。与此相反，作为重油轻质化主要加工手段的催化裂化能力增长较慢，其与原油蒸馏能力之比近年呈下降之势。

二、国际金融危机对世界炼油工业的影响

由美国次贷危机引发的国际金融危机自2008年第四季度爆发以来，已导致世界主要发达国家经济陷入衰退、发展中国家经济增速大幅减缓。

1. 石油需求和原油加工量下降

国际金融危机导致世界经济增长放缓或陷入衰退，已经对世界石油需求造成负面影响。根据国际能源机构（IEA）发布的报告，世界石油需求已从2007年第四季度最高的0.872亿桶/d降至2008年第四季度的0.852亿桶/d，降幅2.3%。

由于石油需求下降，油品销量和价格下滑，世界原油加工量也呈下降之势。从2007年第三季度最高的0.746亿桶/d降至2008年第四季度的0.728亿桶/d，降幅2.4%。

2. 世界炼油工业利润全面下滑，2008年第四季度总体亏损

以埃克森美孚、壳牌、BP、雪佛龙、康菲和道达尔全球六大石油公司为代表的世界炼油工业经营业绩在连续数年高速增长之后全面下滑，2008年第四季度总体出现亏损，原油加工量和油品销量较大幅度下降。

2008年第四季度，全球六大石油公司炼油与营销板块合计亏损121.59亿美元，而上年同期赢利76.54亿美元。除雪佛龙利润增长9倍、埃克森美孚利润增长6.5%外，康菲利润下降74.2%，壳牌、BP和道达尔分别亏损64.2亿美元、80.6亿美元和24.6亿美元。全球六大石油公司合计原油加工量和油品销量分别同比下降6.2%和3.5%。

总体而言，美国石油公司炼油与营销板块业绩表现较好，而欧洲石油公司表现较差，这与各地区炼油毛利的变化趋势正好相反。导致石油公司炼油与营销板块业绩表现与炼油毛利出现反差的原因可能是：欧洲石油公司（还包括雪佛龙）炼油与营销板块中油品贸易业务规模大，库存高，而埃克森美孚和康菲油品贸易业务规模小，因而2008年第四季度国际油价急剧下跌时，壳牌、BP和道达尔油品贸易业务损失惨重，拖累炼油与营销板块全年利润大跌甚至出现亏损。

雪佛龙炼油与营销板块净利润同比增长9倍，主要原因为：①美国业务油品销售毛利大幅上升，炼厂经营改善，商品衍生工具实现正收益，计划和非计划停工时间大幅减少，毛利较低的汽油和燃料油销量下降；②国际业务商品衍生工具实现正收益，油品销售毛利大幅上升。

埃克森美孚炼油与营销板块净利润有所增长，原因是炼油毛利增收约9亿美元，但外汇损失、产销量下降和操作费用上升（包括飓风造成的维修成本）减少利润约8亿美元。其美国炼油与营销业务亏损0.2亿美元，上年同期赢利6.42亿美元；海外业务赢利24.34亿美元，同比增加7.89亿美元。

2008年，全球六大石油公司炼油与营销板块业绩全面下滑，合计实现净利润132.36亿美元，同比大幅下降67.3%。所有六家公司净利润同比均下降，其中BP亏损18.84亿美元。除BP和雪佛龙加工量有所增加外，其余4家公司原油加工量和油品销量均有较大幅度下降。全球六大石油公司合计原油加工量和油品销量同比分别下降3.8%和2.3%。

总体而言，2008年美国石油公司利润降幅较小，而欧洲公司利润降幅较大，这也与炼油毛利的变化趋势相反。2008年，全球炼油毛利升降不一，总体有所下降，其中北美和亚太分别下降30.6%和16.3%，西欧则上升34.2%。

3. 炼油资本支出趋于谨慎，部分炼油项目推迟或取消

随着国际金融危机的加深和蔓延，包括炼油行业在内的整个石油工业的资本支出开始趋于谨慎。

仍以全球六大石油公司为例,2008 年第四季度,全球六大石油公司合计资本支出 440.99 亿美元,同比增长 21.3%,较前三季度的 41.8% 陡然减缓。其中,炼油与营销板块同比仅增长 7.2%,而前三季度增长 27.9%。

从全球主要石油公司公布的 2009 年资本支出计划看,2009 年支出均趋于谨慎。埃克森美孚和壳牌 2009 年资本支出预算分别为 250 亿~300 亿美元和 310 亿~320 亿美元,而二者 2008 年的资本支出分别为 261.43 亿美元和 351.12 亿美元,呈持平或下降之势。雪佛龙 2009 年资本支出预算总额为 228 亿美元,与 2008 年持平,而 2008 年比上年增长 13.7%;其中炼油与营销板块预计支出 43 亿美元,仅比 2008 年增长 2.3%。康菲 2009 年资本支出预算为 117 亿美元,比 2008 年大幅削减 38.7%,而 2008 年比上年增长 62.0%;其中炼油与营销板块预计支出 20 亿美元,比 2008 年削减 11.9%。

在国际金融危机的冲击下,一些重大炼油项目被推迟或取消。例如,2008 年 11 月,沙特阿美宣布与康菲在延布合资建设的 2 000 万 t/a 出口型炼厂项目招标工作暂停,提交投标书的时间从 2008 年 12 月推迟到 2009 年第二季度。2009 年 1 月,沙特阿美与道达尔重新签订朱拜勒 2 000 万 t/a 出口型炼厂合资项目协议,项目建成时间推迟到 2012 年底。2009 年 3 月,科威特宣布取消在 Al Jour 建设该国第四座 3 150 万 t/a 炼厂计划。科威特国家石油公司于 2008 年 5 月授予韩日公司 EPC 合同,但该合同已于 2009 年 3 月 20 日取消。伊朗曾宣布许多炼油和改质项目,以增加国内油品供应,其中许多项目将因缺乏资金而被取消。目前正在进行的扩建和改质项目可望继续进行,但新项目很难获得资金。

此外,一些国家和公司正在出售或剥离炼油资产。在国际金融危机之前,壳牌就已开始有选择地剥离炼油资产,公司目标是 2000~2009 年出售炼油能力 4 000 万 t/a 以上,从而将炼厂平均规模提高 15%。公司还将继续剥离德国和新西兰的部分炼油和营销资产。受国际金融危机的冲击,尼日利亚财政赤字恶化,政府计划出售其在 4 座炼厂中的股权,4 座炼厂合计加工能力 2 225 万 t/a。2008 年世界前 20 位产油国见表 1。

表 1　2008 年世界前 20 位产油国

序号	国家	产量(100 万桶/d)	序号	国家	产量(100 万桶/d)
1	俄罗斯	9.76	11	伊拉克	2.30
2	沙特阿拉伯	9.22	12	挪威	2.27
3	美国	5.17	13	尼日利亚	2.11
4	伊朗	3.90	14	安哥拉	1.89
5	中国	3.80	15	巴西	1.82
6	阿联酋—阿布扎比	2.85	16	哈萨克斯坦	1.42
7	墨西哥	2.81	17	英国	1.40
8	加拿大	2.68	18	阿尔及利亚	1.40
9	科威特	2.55	19	利比亚	1.30
10	委内瑞拉	2.39	20	印度尼西亚	0.98

〔供稿单位:中国石油和石油化工设备工业协会〕